内 容 简 介

本书系统地阐述了 Flor 的基因–对–基因假说的提出，和形成一种学说的病理遗传学研究的工作基础，及其在植物病理遗传学和植物病理分子遗传学中的应用和发展。从亚麻–亚麻锈病菌、马铃薯–马铃薯晚疫病菌、小麦–小麦秆锈病菌、水稻–稻瘟病菌等四种寄主–寄生物体系的寄主抗病基因与寄生物的非致病基因互作的病理遗传，阐述了寄生体系的基因–对–基因关系及其在作物抗病育种中的应用。

病原菌的生理小种分化、致病性变异的遗传和作物品种抗病性遗传等研究，为寄主品种–病原菌小种互作体系的基因–对–基因关系提出了科学的实验证据，证明了基因–对–基因学说的正确性和科学性。亚麻–亚麻锈病菌等寄生体系的平行遗传研究证明，这些寄生体系的遗传符合孟德尔的遗传法则。Person 提出的寄主–寄生物互作的理想的基因–对–基因关系的数学模式，即侵染不同品种群的小种群之间和被不同小种群侵染的品种群之间存在几何法则的关系。Person 的研究结果补充和扩大了 Flor 的基因–对–基因假说的适用范围，即尚不能进行寄主–寄生菌平行遗传研究的寄生体系也存在基因–对–基因关系，进一步证明了 Flor 基因–对–基因假说的普遍适用性。欧、美植物病理遗传学家的杰出研究成果充实和发展了 Flor 提出的基因–对–基因假说，形成了完整的基因–对–基因学说。基因–对–基因学说指导了 20 世纪 50 年代以后的作物病理遗传研究工作，也指导了作物抗病育种，为培育农作物抗病优良品种提供了理论和方法。作者以基因–对–基因假说作为理论基础，以上述四种寄生体系及其他寄生体系为对象，主要阐述了 20 世纪 80 年代之后国际上对作物–病原互作的病理遗传的分子生物学和分子遗传学的研究进展和研究成果。

本书适用于高等院校生命科学学院师生、农业科学研究院（所）植物病理专业和作物遗传育种专业的研究工作者和研究生阅读。对作物科学研究领域的分子生物学和分子遗传学研究工作也有参考价值。

国家出版基金项目
NATIONAL PUBLICATION FOUNDATION

现代农业科技专著大系

作物-病原互作遗传的 基因-对-基因关系和作物抗病育种

凌忠专 编著

中国农业出版社

作 者 简 历

凌忠专，1938年11月出生，福建省南安市人，1957年毕业于爱国侨胞陈嘉庚先生的女婿李光前先生创办的南安国光中学。1961年华东师范大学生物系毕业，1964年北京师范大学生物系植物学专业研究生毕业。1965—2003年，在中国农业科学院作物育种栽培研究所从事作物品种资源、水稻育种和稻瘟病等研究工作。1980—1982年，公派赴日本留学；1995年应邀在菲律宾国际水稻研究所任访问科学家；1996年由国家教委派往日本农业研究中心开展合作研究工作。曾任研究员、博士生导师、中国民主同盟（简称民盟）第八届中央委员会委员、民盟中国农业科学院委员会主任委员、中国科学技术协会专家组成员。先后主持国家级、部级研究项目10多项，国际合作项目3项，创建了中国农业科学院作物育种栽培研究所稻瘟病课题组；创建一套国际上应用的鉴别稻瘟病菌生理小种的水稻单基因近等基因系。获得国家级、部级、院级成果奖8项，出版著作4部、译作5部，获批国家知识产权局颁发的国家发明专利1项。1991年被评为全国农业教育、科研系统成绩突出的优秀留学回国人员，1992年获国务院颁发的政府特殊津贴，2007年获第四届国际稻瘟病会议颁发的"杰出研究奖"。

前　言

　　遗传学是从 1900 年孟德尔定律再发现之后才正式形成的一门科学，孟德尔 1866 年提出的分离法则和自由组合律及其后摩尔根增补的连锁交换律，奠定了近代遗传学的科学基础。

　　在孟德尔以前，所谓"混合遗传"的概念，即后代的性状是双亲的混合体的观点占支配地位。孟德尔的粒子遗传概念，是遗传学整个思想体系上的重大突破。他认为存在于细胞中的粒子，后来称为基因（1909 年，约翰逊）的遗传因子对遗传起决定作用。20 世纪初，基因理论在果蝇和玉米的遗传研究中得到广泛的验证。在大量试验的基础上建立了细胞遗传学。细胞遗传学的中心内容是遗传粒子（基因）主要存在于细胞核的染色体上。基因在染色体上呈直线排列，这就是基因染色体学说，即所谓的"摩尔根遗传学"。遗传的概念从混合遗传发展到颗粒遗传，是遗传学的重大发展。但是，这个正确的发展方向，也出现过波折，例如，曾把基因同蛋白质的关系理解为基因的多样性来源于蛋白质的多样性，把基因当成蛋白质的错误观点。这种见解是不对的，因为事实证明在遗传上起支配作用的化学物质成分不是蛋白质而是核酸，尤其是简称为 DNA 的脱氧核糖核酸，这就扭转了这种错误观点。1953 年，华生和克里克确定了 DNA 呈双螺旋结构，是生物学上继达尔文进化论之后的第二个发展里程碑。从此，生物科学开辟了分子生物学、分子遗传学等一系列全新的研究领域。分子遗传学的研究确定了基因是特定 DNA 区段中核苷酸的排列顺序，遗传信息储存在特定的核苷酸顺序之中。

　　植物病理遗传学家 Flor 根据亚麻和亚麻锈病菌互作的平行遗传研究（既研究亚麻的抗病性遗传，又研究亚麻锈病菌的致病性遗传），证明亚麻抗病/感病和亚麻锈病菌非致病/致病遗传符合孟德尔的遗传法则，并提出了亚麻-亚麻锈病菌寄生体系互作的基因-对-基因假说。此后，植物病理学家和遗传学家根据自己对不同寄生体系的寄主-寄生菌互作的遗传研究结果，证明 Flor 的寄主-寄生菌互作的基因-对-基因假说是正确的，在寄生体系中普遍存在。

Person 对 Flor 亚麻-亚麻锈病菌体系遗传研究的所有资料和马铃薯（茄属）-马铃薯晚疫病菌体系的遗传研究资料进行了全面的分析，并用大量的病原小种接种寄主品种，根据寄主和病原互作的表型，发现寄主品种与病原小种的互作存在"几何系列"的相互关系。他以寄主品种-病原小种 5 个基因位点互作，并假定抗病基因是完全显性的，病原小种的致病基因与相应的抗病基因互作产生感病和致病表型 S。所以寄主-病原互作的反应型只表现 R（抗病，非致病）和 S（感病，致病）两种表型，在这些研究和假定的基础上，提出了寄生体系互作的理想的基因-对-基因关系。

Flor 的基因-对-基因假说和 Person 的寄主品种与病原小种互作的理想的基因-对-基因关系，指导了 20 世纪半个多世纪的植物病理遗传学的研究工作。Person 称 Flor 是 20 世纪对植物病理学做出最伟大贡献的科学家。当然 Penson 也是寄主-寄生菌互作研究领域的杰出学者；Sidhu 等对 Flor 和 Person 的研究工作和杰出成绩也作了科学的评价。他认为，寄主-寄生菌互作遗传的基因-对-基因关系和互作的"几何系列"关系相互补充、相互验证，都是基因-对-基因学说的组成部分。包括上述三个科学家在内的一大批欧、美、日、加、澳学者都对作物品种的抗病性和病原小种的致病性遗传以及作物抗病育种的理论研究做出独特的贡献。

在 20 世纪 80 年代以前，我国的植物病理学家和遗传学家很少涉足作物病害的寄主-寄生菌互作及其遗传的研究；80 年代以后才有少数的研究工作者步入这个研究领域。20 多年来，尽管我国也做出一些成绩，但是，从总体上看，我国的作物病理遗传研究与发达国家存在相当大的差距。近期有些年轻学者开始关注国外在本研究领域的发展动态并进行一些综述，有些科研单位和高等院校开始做这项研究工作。但是，对本领域的发展历史还是不够了解。当然，我们应当急起直追，一方面努力了解和学习发达国家的先进科学和技术，另一方面认认真真、踏踏实实地开展本领域的研究工作。发达国家花了一个多世纪创造的科学研究成果，我们绝非短时间所能企及，但是只要通过系统的学习和艰苦的努力，或许我们能在他们搭建的平台上，花较短的时间步入他们的行列，为本领域的发展争到发言权，这是作者编写本书的出发点和寄托的希望。

本书阐述了亚麻-亚麻锈病菌、马铃薯-马铃薯晚疫病菌、小麦-小麦秆锈病菌、水稻-稻瘟病菌等四种农作物寄生体系的基因-对-基因关系、作物品种抗病性遗传和病原小种的致病性遗传、病原的生理小种分化和小种鉴别体系、作物抗病育种、基因-对-基因学说与分子遗传学的关系等。前两个体系的互作遗传研究奠定了基因-对-基因学说形成的基础，后两个体系涉及主要粮食作物小麦和水稻的重要病害。这对主要农作物的病害防治和作物抗病育种的理论研究和实践活动有参考价值。因此，本书选用上述四种寄生体系并吸纳其他相关的寄生体系，从科学研究和农业生产的两个层面看，都有重要意义。

本书第四章承蒙中国农业科学院作物科学研究所夏先春博士审阅并提出宝贵的修改意见，特此致谢。

编著者

2011 年 12 月

目　　录

第二章 作物品种的抗病性和病原的致病性遗传

第三章　病原的生理小种和作物抗病育种

第四章 基因-对-基因学说和分子遗传学

一、植物病理学和分子遗传学 …………………………………………………… 221

二、真菌对植物致病性的病理和分子机理 …………………………………… 226

三、基因-对-基因体系的植物抗病基因和病原非致病基因的鉴定克隆和验证 ………… 234

第一章　基因-对-基因学说及其应用

一、寄主-病原互作遗传的基因-对-基因学说

Flor 是研究亚麻（*Linum usitatissimum* L.）和亚麻锈病菌（*Melampsora lini* Desm）的寄主-寄生物互作遗传的第一人。他根据寄主亚麻和寄生菌亚麻锈病菌双方互作的平行遗传研究结果，于 1942 年提出寄主-寄生菌互作遗传的基因-对-基因假说，指出在亚麻品种感病时，决定亚麻抗病性的每个抗病基因，在亚麻锈病菌中都存在决定致病的特异的有关基因[1]。

加拿大农业部植物病理实验室的病理遗传学家 Person 全面研究了 Flor 已发表的关于亚麻-亚麻锈病菌体系的遗传研究资料和分析了马铃薯-马铃薯晚疫病菌体系的遗传研究资料，证明了这两个体系的寄主-寄生物的互作遗传都存在基因-对-基因关系。同时也证明了 Flor 的基因-对-基因假说——寄主中决定抗病和感病的每一个特异的位点，在寄生物中存在决定致病和非致病的特异的有关位点，二者之间的互作决定了寄主的抗病/感病反应和寄生物的非致病/致病反应的结论是正确的[2]。而且，这种基因-对-基因关系，在寄主-寄生物体系中是普遍发生的，而不是一种例外。Person 为了阐明基因-对-基因关系的遗传特性，提出了研究和分析这些特性的新方法。他根据 Flor 等的寄主-寄生物互作遗传研究结果，设计了寄主-寄生菌 5 个对应的基因位点的寄主-寄生物互作的理想基因-对-基因体系[2]。试图从理论上解释普遍存在的寄主-寄生物互作遗传的基因-对-基因关系。

Flor 的基因-对-基因关系的标准是建立在特定的寄生体系，即亚麻品种与亚麻锈病菌小种体系的双方平行遗传研究的基础上。因此，他的分析方法的应用，只限制于寄主和寄生物生活周期已搞清楚的寄生体系。然而，有许多寄生体系还不能对寄主和寄生物双方都进行遗传研究，例如，在 20 世纪 70 年代发现稻瘟病菌有性生殖之前，在对水稻品种进行抗病基因遗传分析时，就不可能同时也对稻瘟病菌的致病性进行遗传研究，因为还不可能通过杂交进行稻瘟病菌的遗传分析。因此，对不能进行平行遗传分析的寄主-寄生物体系的遗传研究，需要有替代的或补充的分析方法。这就是 Person 提出的寄主和寄生物 5 个有关位点互作的理想基因-对-基因体系的分析方法。因此，寄主-寄生菌互作的基因-对-基因关系的确定有两种标准：①Flor 的标准；②Person 的标准[3]。

Flor 的标准取决于寄主抗病/感病和寄生物非致病/致病遗传的孟德尔法则。就是说，Flor 在亚麻和亚麻锈病菌的抗病/感病和非致病/致病的遗传研究结果符合孟德尔在豌豆杂交中发现的遗传学的两个基本法则——分离法则和独立分配法则。例如，用寄主品种"A"与"B"杂交，构建寄主的 F_2 群体，再用合适的培养菌"X"和"Y"接种、鉴定 F_2 群体，揭示群体的抗病/感病分离。然后，培养菌"X"与"Y"杂交，构建寄生物的 F_2 群体，用寄主品种"A"和"B"鉴定寄生物杂交 F_2 群体的非致病/致病分离。若寄主杂交的 F_2 群体和寄生物杂交的 F_2 群体的分离都符合孟德尔分离法则，就证明这个寄生体系存在基因-对-基因关系。Person 的标准是根据寄主品种与寄生物互作表现的许多表型特征，来鉴定寄生体系的基因-对-基因关系。Person 不进行寄主、寄生物的杂交遗传分析，而是

根据寄主-寄生菌互作的表型特征及相互关系来判断寄主-寄生物互作的基因-对-基因关系。Person 的标准在遗传上不如 Flor 的标准准确，但是，它的主要优点是能在没有现成可利用的遗传资料，或者不能同时得到寄主和寄生物遗传资料的寄生体系中应用。这两种标准对于研究寄主-寄生物的互作及其遗传都有指导意义，二者相互支持，相互补充[3]，使基因-对-基因关系的学说更趋完善。因此，Person 的基因-对-基因关系的定义是，一个群体基因的存在由另一个群体连续存在的基因来确定，以及两种基因之间互作产生单一的表型表达，通过这种表达能确认两种生物的任何一方相关基因的存在或缺如，在这两种情况下，存在基因-对-基因关系[2]。

1 20 世纪 40 年代 Flor 提出的基因-对-基因假说的研究工作基础

Flor 用寄主品种亚麻与寄生菌亚麻锈病菌的互作，研究亚麻锈病菌的致病性遗传[1]。他用 6 个亚麻锈病菌生理小种（以下称小种）自交和杂交，在 11 个亚麻鉴别品种上测定自交和杂交后代培养菌的致病性（表 1-1）。他的研究结果如下：①小种自交：6 个小种自交，其中 3 个小种的后代培养菌对 11 个鉴别品种的侵染型与亲本小种相同，说明这 3 个小种对 11 个鉴别品种的致病性是纯合的；另外 3 个小种的自交后代培养菌，每个小种都有一些后代培养菌对 11 个鉴别品种的侵染型与亲本小种不同，说明这 3 个亲本小种的致病性是杂合的；②小种之间杂交：非致病始终表现显性；③小种 6 与小种 24 杂交的 F_2 培养菌，对鉴别品种 Buda，Akmolinsk 和 Bombay 的侵染型发生分离（表 1-2）。Flor 根据 F_2 培养菌对不同鉴别品种的不同分离比率提出如下解释：两对基因控制 F_2 培养菌对鉴别品种 Buda 的侵染型；一对非致病的显性独立基因控制对 Akmolinsk 和 Bombay 的侵染型；控制对 Akmolinsk 侵染型的这对基因与控制对 Buda 致病的其中一对基因连锁。

表 1-1 亚麻 11 个鉴别品种对亚麻锈病菌亲本小种和自交小种 F_1 培养菌及杂种的反应

(Flor, 1942)

亲本小种和自交的或杂交的 F_1 培养菌	研究的培养菌数	Buda C.I.270-1	Williston Golden C.I.25-1	Williston Brown C.I.803-1	Akmolinsk C.I.515-1	J.W.S. C.I.708-1	"Pale Blue Crimped" C.I.647	Kenya C.I.709-1	Abyssinian C.I.701	Argentine C.I.462	Ottawa 770B C.I.355	Bombay C.I.42	培养菌的小种
小种 6		R^a	S	S	R+	I	S—	S	I	I	I	I	6
自交的小种 6	2	R	S	S	S	I	b	R	I	I	I	I	33
自交的小种 6	7	R	S	S	R+	I	b	R	I	I	I	I	6
小种 9		S—	S—	S	R+	S	S—	R	I	I	I	I	9
自交的小种 9	3	S—	R	S	R+	S	R—~S—^b	R	I	c	c	c	13^d
自交的小种 9	8	S—	S	S	R+	S	R—~S—^b	R	I	c	c	c	9
小种 10		R+	R+	R	R+	I	S—	R+	I	I	I	I	10
自交的小种 10	11	R+	R+	R	R+	I	R^b	R	I	c	c	c	10
小种 20		I	S	S	S	S	S	S	S	S	I	I	20
自交的小种 20	4	S	S	S	S	S	S	S	S	S	I	I	19
自交的小种 20	15	I	S	S	S	S	S	S	S	S	I	I	20
小种 22		S	S	S	S	I	S	S	S	S	I	I	22

（续）

亲本小种和自交的或杂交的 F₁ 培养菌	研究的培养菌数	鉴别品种的反应											培养菌的小种
		Buda C.I.270-1	Williston Golden C.I.25-1	Williston Brown C.I.803-1	Akmolinsk C.I.515-1	J.W.S. C.I.1708-1	"Pale Blue Crimped" C.I.647	Kenya C.I.709-1	Abyssinian C.I.701	Argentine C.I.462	Ottawa 770B C.I.355	Bombay C.I.42	
自交的小种22	9	S	S	S	S	I	S	S	S	S	S	I	22
小种24		S—	S	S	R+	I	S—	R	I	I	I	S	24
自交的小种24	15	S—	S	S	R+	I	S—	R	I	I	I	S	24
小种9×10	13	SR~S—	R	S—	R+	I	R—~S—b	R—	I	c	c	c	17
小种10×9	19	SR	R	S—	R+	I	Rb	R	I	c	c	c	17d
小种6×22	1	SR	S	S	S	I	b	R	R—	I	I	I	34
小种6×22	2	SR	S	S	R+	I	b	R	R+~I	I	I	I	14
小种22×6	2	SR	S	S	R+	I	b	R	R+~I	I	I	I	34
小种22×6	1	SR	S	S	R+	I	b	R	R+~I	I	I	I	14
小种6×24	2	SR	S	S	R+	I	b	R	I	I	I	I	14d
小种24×6	2	SR	S	S	R+	I	b	R	I	I	I	I	14d
小种22×24	1	S	S	S	R+	I	b	R	R+~I	I	I	I	2d
小种24×22	6	S	S	S	R+	I	b	R	R+~I	I	I	I	2d

注：a. "＋"号和"－"号表示比字母 R 或 S 等标示的寄主反应有较强的或较弱的抗病性或感病性。字母表示的意思：I，免疫；R，抗病；SR，半抗病；S，感病。

b. 这些测定在春天进行，"Pale Blue Crimped"的反应是异常的。

c. 测定时不利用这些鉴别品种。

d. 若干鉴别品种对这些 F₁ 培养菌的反应与它们对典型小种的反应稍有不同，但是，因为环境对中间反应(R＋，R，R－，SR 和 S－)的影响，根据反应程度的差异来鉴别小种被认为是不明智的。

表 1 - 2　小种 6 与小种 24 杂交的 F₂ 对品种 Buda，Akmolinsk 和 Bombay 的致病性分离

（Flor，1942）

品　　种	寄主反应等级	侵染型/感染型	产生表明侵染型/感染型的 F₂ 培养菌的数目	
			计算的	观察的
Buda	抗病的	1	6	5 a b
Buda	中间的：			
	中等抗病的	1~2＋	24 ⎫	24 ⎫
	半抗病的	1，2 和 3－	36 ⎬ 84	42 ⎬ 84
	轻度感病的	1，2＋和 3－	24 ⎭	18 ⎭
	中等感病的	1＋~3	6	7 c
Akmolinsk	抗病的	1	72	71
Akmolinsk	感病的	3~4	24	25 d
Bombay	免疫的	0	72	67
Bombay	感病的	3~4	24	29

注：a. 对 Buda 侵染型比率的卡方：1（侵染型 1）：4（侵染型 1 至 2＋）：6（侵染型 1，2 和 3－）：4（侵染型 1，2＋和 3－）：1（侵染型 1＋至 3）＝2.83。P 在 0.50~0.70 之间。

b. 对 Buda 侵染型比率的卡方：1（侵染型）：14［侵染型 1 至 3－（中间的）］：1（侵染型 1＋至 3）＝0.33。P 在 0.80~0.90 之间。

c. 对 Akmolinsk 侵染型比率的卡方：3（侵染型 1）：1（侵染型 3 至 4）＝0.056。P 在 0.80~0.90 之间。

d. 对 Bombay 侵染型比率的卡方：3（侵染型 0）：1（侵染型 3 至 4）＝1.39。P 在 0.20~0.30 之间。

亚麻鉴别品种 Akmolinsk 和 Bombay 对自交和杂交培养菌的反应，受一对独立的抗病基因控制。Buda 对小种 6 的反应受两对抗病基因控制，而对小种 24 的反应只受其中一对基因控制[1]。由以上所述可见，锈病菌每个小种的致病范围受成对基因控制，这些基因与寄主品种所具有的每对不同的抗病基因或免疫基因之间存在特异的对应关系。

Flor 对小种自交和杂交所产生的后代培养菌致病性的理论解释，符合孟德尔的分离和重组法则，而且根据理论分析所预言的新的小种，例如他所预测的 6 个小种，以前未曾描述，但在后来的研究实践中分离到了。这说明 Flor 的遗传研究结果和理论分析得到了实践的证明[3]。

后来，广泛的寄主-寄生菌互作的遗传学研究证明，Flor 的基因-对-基因假说，即寄主中决定抗病/感病的特异位点，在寄生菌中存在决定非致病/致病的特异的相关位点与之对应的这个结论是正确的，而且在寄主—寄生菌体系中是普遍存在的。

2 基因-对-基因关系的概念及其演变

1962 年，Person 发表了"基因-对-基因概念"一文[4]，指出病理遗传学家用来鉴定基因-对-基因关系的标准不一致，或者证明这种关系的试验不一致。这是因为这种关系的特异性，即寄主-寄生物体系任何一方成员的基因鉴定，只有互作双方的一方成员的特异基因先前已被鉴定，而且对鉴定另一方成员的基因有效时，才能进行这种基因鉴定。在 Flor 提出寄主-寄生物互作的基因-对-基因假说之后，基因-对-基因关系的遗传分析已广泛开展，但基因-对-基因概念尚未被明确定义。没有明确的定义，也就难以估计这种关系可能发生的范围或者难于确认基因-对-基因关系的判断是否正确。例如，有的体系的寄生物只在部分生活周期中为专性寄生，它在两个或两个以上的寄主上寄生；而且还存在重寄生现象这种更为复杂的寄生体系，为此，基因-对-基因概念需要有一个明确的定义来确定它的适用范围。如前所述，Person 的基因-对-基因关系定义如下：一个群体的基因的存在要由另一个群体连续存在的基因来确定，而且两种基因之间互作产生单一的表型表达，通过这种单一表型表达能确认两种生物的任何一方相关基因的存在与否，在这两种情况下存在基因-对-基因关系[4]。

Person 是根据若干或许多不同的培养菌，接种若干寄主品种所产生的互作模式的典型特征来阐明寄主-寄生物体系的基因-对-基因关系。在基因-对-基因关系起作用的寄生体系，根据互作典型特征的识别，可以鉴定寄主和病原的"互作单位"。

生物体系中的基因-对-基因关系是由于选择压引起自然群体某些位点基因频率的变化，而其他位点现有的频率保持不变。假如这种选择压是特异的，生物群体就会做出特异的调节反应。例如，在青霉素处理的群体发生的生产青霉素酶的基因，DBT 处理的群体中发生的生产脱氯化氢酶的基因就是生物体对选择压作出调节反应的恰当例子。这些基因的作用专门针对引起这种变化的因子。通过突变或把新的抗病基因导入寄主群体，也会引起寄生群体的调节变化，产生新的致病基因，其作用是专门针对被导入的抗病基因的。Turner 证实了燕麦全蚀病菌燕麦变种（*Ophiobolus graminis* var. *avenae*）对燕麦的致病特异性，是由于这种病原具有产生燕麦碱酶的能力，这种酶破坏燕麦植物存在的燕麦碱——一种糖苷抑制剂。因此，寄生物突变引起寄主抑制剂失活，对寄生菌的生存可能有很大的价值。当然，只有决定突变体生存的寄主遗传条件保持不变，才能保持寄生群体中这种基因的继续存在。在寄主出现新的抗病基因以后，寄生群体原有的致病基因就会失效。总之，寄主新抗病基因的导入，导致原有寄生物群体中对寄主群体致病的基因失效，又为克服新抗病基因的新致病基因的产生施加选择压，最终又导致新致病基因的产生和新抗病基因的失效。如此循环往复，导致寄生体系的动态平衡和进化。

保持或者引起基因频率变化的选择压的作用，不局限于寄生体系，对其他生物状态的选择压，也可能产生基因-对-基因关系。例如，对拟态有选择价值的颜色基因和体态基因，是由被模拟的生物存在的那些颜色基因和体态基因预先决定的。这个例子和其他例子说明，选择压的机理是普遍存在的，因此，基因-对-基因这个概念可以应用于大部分的生物状态，在这种状态下生物体彼此建立联系并彼此施加选择压。但是，迄今为止，基因-对-基因概念只应用于寄生体系。因为寄生是共生的一种形式，所以，为了探讨基因-对-基因概念是否也能应用于其他共生形式，就把研究范围扩大到这些共生形式。这里所指的共生形式是互利共生，就是共生的双方成员因另一方的存在而得益。因此，共生体系任何一方的突变，只有既有利对方，也有利突变一方的突变体才能继续生存，反之，不利对方或不利本身的突变体都不能继续生存。因为共生体系突变一方获得的新基因，对共生的另一方不构成威胁，不会引起另一方的调节反应，所以共生体系不具备产生特异的基因-对-基因关系的基础。

Pant 和 Fraenkel 提供了共生双方之间缺乏遗传特异性的证据，他们证明了取自 *Stegubium* 和 *Lasioderma* 两个属的甲虫消化道的共生生物酵母菌可以被互换，而酵母菌仍然保持它们的形态特征和生理特性。*Triatoma* 属的某些共生物能被转移到 *Rhodnius* 属的不育个体中，为不育个体提供了发育所需的微量营养。这些实例看不到共生体系高度特异性的证据，而基因-对-基因关系是有高度特异性的寄生体系的特征。Quispel 指出，"两种生物没有给对方益处，而是从对方夺取尽可能多的益处"，换言之，只有一方的优势给另一方造成劣势，又引起另一方发生调节反应时，才存在基因-对-基因关系。简言之，共生关系是互利关系，共生双方不存在基因-对-基因关系，而寄生关系是拮抗关系，寄生体系的双方成员之间存在基因-对-基因关系。

综上所述，只有共生的双方成员之间变成拮抗关系时，才形成基因-对-基因关系。共生双方成员之间形成非常密切的结合关系，但是一旦形成基因-对-基因关系，就不可能有密切的结合关系。不过，从科学研究的角度看，寄主-寄生物之间的关系是密不可分的。例如，不可能离开病原而独立研究寄主对寄生物的抗病性，也不可能离开寄主而独立研究寄生物对寄主的致病性。也就是说，在研究工作中，必须同时研究寄主和寄生物两种生物，这是研究寄生体系基因-对-基因关系的一个先决条件。因此，被定义的基因-对-基因这个概念应当局限于寄生体系。

3　基因-对-基因学说的形成

Flor 于 1942 年发表了"亚麻锈病菌的致病性遗传"一文，证明了致病性的遗传符合孟德尔的遗传规律[1]。1947 年，他进一步发现亚麻品种抗病基因及亚麻锈病菌致病基因的连锁、交换和基因的等位关系[5]。1955 年，Flor 发表了"亚麻锈病的寄主-寄生物互作——它的遗传及其他含义"的论文，提出亚麻锈病的寄主-寄生物互作所表现的寄主的抗病/感病分离和寄生物的非致病/致病分离，可以通过寄主-寄生物之间的基因-对-基因关系来解释[6]。Flor 在这篇论文中第一次用基因-对-基因关系来解释亚麻抗病/感病和亚麻锈病菌非致病/致病的互作遗传关系。Flor 于 1971 年发表了"基因-对-基因概念的现状"一文[7]，他总结了

1942 年以来亚麻锈病菌致病性和亚麻品种抗病性遗传的研究结果和其他病理遗传学家对其他作物的寄主-寄生物互作的遗传研究结果，肯定了基因-对-基因假说在理论上和实际应用上的正确性，即对病原物致病性和作物抗病性的遗传研究结果作最简单解释的基因-对-基因关系，已经在病原的致病性遗传和寄主的抗病性遗传研究中得到广泛证实。其间，Person 1959 年发表了"寄主-寄生物体系的基因-对-基因关系"一文，他根据若干或许多不同的培养菌接种若干寄主品种所产生的互作模式的典型特征来阐述寄主-寄生物互作的基因-对-基因关系。同时，他设计了寄主-寄生物 5 个基因位点互作的理论模式，这就是 Person 理想的基因-对-基因互作体系。这个理想的基因-对-基因关系的特征是寄主品种与寄生物小种的互作表型表现为"几何系列"的关系[2]。Person 还利用理想的基因-对-基因关系的原理对 Flor 等的亚麻-亚麻锈病菌互作和 Mastenbroek 等的马铃薯-马铃薯晚疫病菌互作的遗传研究结果进行分析。他的研究结果证明，亚麻-亚麻锈病菌体系和马铃薯-马铃薯晚疫病菌体系的寄主-寄生物互作存在基因-对-基因关系。欧、美、加拿大、澳大利亚、日本、印度等国的病理遗传学家按照 Flor 和 Person 确定的基因-对-基因关系，广泛开展作物寄生体系互作的遗传研究，都证明寄生体系遗传的基因-对-基因关系的正确性和科学性。在 20 世纪 70 年代已证明或提出在 25 个以上的寄生体系中存在基因-对-基因关系（表 1-3，表 1-4）。因此，基因-对-基因关系的假说已发展成为一个完整的学说。

表 1-3 根据 Flor 的标准已证明和提出的基因-对-基因关系的寄主-寄生物体系

(Sidhu, 1975)

体 系	作 者	年 份
亚麻-亚麻锈病菌	Flor	1942
小麦-小麦秆锈病菌	Watson	1958
	Luig 和 Watson	1961
	Loegering 和 Powers，Jr.	1962
	Green	1964，1966
	Rondon 等	1966
	Williams 等	1966
	Knott 和 Kao	1968
	Kao 和 Knott	1969
	Gough 和 Williams	1969
小麦-小麦叶锈病菌	Samborski 和 Dyck	1968
	Dyck 和 Samborski	1968
	Bartos 等	1969
	Freitas	1969
玉米-玉米普通锈病菌	Flangas 和 Dickson	1957，1961
	Dickson 等	1959
	Hooker 和 Russell	1962
小麦-小麦白粉病菌	Powers 和 Sando	1957，1960
	Leijerstam	1968

（续）

体　系	作　者	年　份
	Slesinski 和 Ellingboe	1969，1970
大麦-大麦白粉病菌	Moseman	1957，1959
	Moseman 和 Schaller	1960，1962
	Hiura	1964
	Moseman 等	1965
	Hiura 和 Heta	1969
大麦-大麦坚黑穗病菌	Sidhu 和 Person	1971
燕麦-燕麦散黑穗病菌	Holton	1964
	Haisky	1965
苹果-苹果疮痂病菌	Day	1960
	Bagga 和 Boone	1968

表 1-4　根据 Person 的标准提出和证明的基因-对-基因关系的寄主-寄生物体系

（Sidhu，1975）

体　系	作　者	年　份
小麦-小麦条锈病菌	Zadoks	1961
	Lewellen 等	1967
向日葵-向日葵锈病菌	Sackston	1962
	Miah 和 Sackston	1970
燕麦-燕麦秆锈病菌	Martens 等	1970
咖啡-咖啡锈病菌	Noronha - Wager 和 Bettencourt	1967
小麦-小麦散黑穗病菌	Oort	1963
小麦-小麦腥黑穗病菌	Metzger 和 Trione	1962
小麦-小麦矮腥黑穗病菌	Holton 等	1968
小麦-1 种黑穗病菌	Schaller 等	1960
马铃薯-马铃薯晚疫病菌	Toxopeus	1956
马铃薯-马铃薯癌肿病菌	Howard	1968
马铃薯-马铃薯金线虫	Jones 和 Parrott	1965
大麦-大麦禾谷胞囊线虫	Hayes 和 Cotton	1971
番茄-茄叶霉病菌	Day	1956
水稻-稻瘟病菌	van Dijkman 和 Kaars Sijpesteijn	1971
	Kiyosawa	1967
菜豆-菜豆炭疽病菌	Alber sheim 等	1969
苹果-苹果疮痂病菌	Boone 和 Keitt	1957
	Fincham 和 Day	1963
草棉-棉花角斑病菌	Brinkerhoff	1970

二、基因-对-基因学说的应用——四种农作物 寄主-病原体系的基因-对-基因关系

如上所述，到 20 世纪 70 年代初，已证明基因-对-基因关系在 25 个以上的寄生体系中起作用（表 1-3，表 1-4）。基因-对-基因关系可以用于：①建立致病真菌变异的研究方法；②鉴定控制寄主品种垂直抗病性的主效基因；③培育抗病品种；④阐明抗病性或感病性的生理功能；⑤解释寄主-寄生物体系的共进化[7]。

本章介绍经济作物亚麻和重要的粮食作物小麦、水稻和马铃薯等 4 种寄主-寄生物体系的基因-对-基因关系。

1 亚麻品种-亚麻锈病菌小种的基因-对-基因关系

1.1 亚麻品种-亚麻锈病菌小种 1-对-1 的基因-对-基因关系

亚麻锈病菌小种 6 与小种 24 杂交，其 F_1 培养菌自交的 F_2 家系，在 11 个鉴别品种上测定致病性的分离。这个研究证明锈病菌的主效基因决定了小种 6 和小种 24 对 11 个鉴别品种的致病差异，而且发现锈病菌的非致病对致病为显性。有些 F_2 家系对一些鉴别品种表现非致病，而另一些 F_2 家系表现致病。Flor 认为这是控制寄主抗病/感病反应与控制锈病菌非致病/致病反应的基因互作的结果。例如，用某个锈病菌株接种某个鉴别品种，表现锈病菌的非致病和鉴别品种抗病的表型，而用同一个菌株接种另一个鉴别品种，则表现锈病菌致病和鉴别品种感病的表型。这是由鉴别品种的主效基因差异或者锈病菌的主效基因差异引起的。就是说，一种生物的基因，如锈病菌的致病性基因，与另一种生物的基因，如亚麻鉴别品种的抗病性基因互作而产生不同的表型分离，即亚麻品种的抗病/感病和亚麻锈病菌的非致病/致病分离。Flor 进一步探索这两种不同生物之间的基因互作，究竟是锈病菌的一个基因与亚麻鉴别品种的一个基因互作，还是锈病菌的一个基因与亚麻鉴别品种的一个以上的基因互作。这就是 Flor 提出的疑问："致病小种侵染已知具有不同锈病反应基因（抗病基因）的许多亚麻品种的能力是由一个因子（基因）引起的，还是由致病小种的每个因子都克服寄主的特异'抗病性'因子的许多因子引起的?"通过测定小种 6 与小种 24 杂交的 96 个 F_2 培养菌对亚麻品种 Bombay，Akmolinsk 和 Buda 的致病性研究，解决了上述的问题。96 个 F_2 培养菌对表现单基因抗病性的品种 Bombay 和 Akmolinsk 的致病性，都受一对致病性等位基因控制。但是，这两个亚麻品种携带的抗病基因不同，因此，致病性基因表现了彼此独立的分离。即对这两个亚麻品种的非致病/致病分离，分别受 2 对致病性基因控制。Buda 对小种 6 具有两对有效的抗病基因，小种 6×小种 24 的 F_2 培养菌对 Buda 的致病性（非致病/致病）分离受两对致病性基因控制。

Flor 通过小种 6 与小种 24 杂交 F_2 家系在 11 个亚麻鉴别品种上的致病性测定，发现寄主对某个家系的抗病性受单基因控制时，这个家系对该寄主品种的致病性受单基因控制（或者说受 1 对致病性等位基因，即非致病基因/致病基因控制）；如果寄主的抗病性受两个抗病基因控制，病原物对这个寄主的致病性分离受两对致病性基因（非致病基因/致病基因）控制，寄主品种的两个抗病基因不同，控制 F_2 群体对具有两个抗病的寄主品种的致病性基因

也不同。就是说，亚麻品种的每个抗病基因与锈病菌的独立的、特异的基因互作表现为 1 对 1 的关系，后来，称之为基因-对-基因关系。实际上，Flor 1942 年的亚麻锈病菌致病性遗传研究第一次证明了亚麻锈病菌小种的自交和杂交获得的致病性遗传，可以用孟德尔的分离规律和杂交小种固有的致病特性的重组来解释，就是说亚麻锈病菌致病性的遗传是符合孟德尔遗传规律的。而提出基因-对-基因假说和证实 1-对-1 的基因-对-基因关系是 1955 年。有些研究者在研究基因-对-基因关系时，常常提到 1942 年 Flor 提出基因-对-基因假说，这是不准确的。

1.2　亚麻品种主效抗病基因的确定及遗传关系

1947 年，Flor 研究了 20 个亚麻品种（包括 16 个小种鉴别品种）抗病基因之间的互作，通过确定品种间杂交的 F_2 群体的抗病反应来确定品种间抗病基因的相互关系。这个研究证明 16 个亚麻鉴别品种至少含有 19 对抗病基因。其中 16 对抗病基因分属于 3 个不同的连锁群：Ottawa770B 连锁群或称 *LL* 系列，包含 7 对抗病基因；Newland 连锁群或称 *MM* 系列，包含 4 对抗病基因；Bombay 连锁群或称 *NN* 系列，包含 5 对抗病基因。*LL* 系列或 *MM* 系列的抗病基因之间或每个系列内的抗病基因之间没有发现交换，因此认为它们是等位基因，而具有 *NN* 系列抗病基因的品种之间的杂种获得一些交换和无规律的分离比率，这些抗病基因为连锁的而不是等位的[5]。被研究的其他 4 个品种发现了其他的抗病基因。

亚麻品种 Ottawa770B，J. W. S.，Pale Blue Crimped 和 Kenya 分别具有 *LL* 系列的 1 对抗病基因。亚麻品种 Buda，Williston Golden 和 C. I. 438 具有两对抗病基因，其中 1 对抗病基因属于 *LL* 系列，品种 Morve 具有 3 对抗病基因，其中 1 对抗病基因也属于 *LL* 系列。品种 Newland，Williston Brown 和 Billings 具有 *MM* 系列的 1 对抗病基因。品种 Buda，Williston Golden，Bolley Golden，Italia Roma 和 C. I. 416 - 3 的两对抗病基因中的 1 对基因属 *MM* 等位基因系列。Williston Brown 和 Williston Golden 的 *MM* 系列抗病基因或许是相同基因，Bolley Golden 和 Italia Roma 的 *MM* 系列抗病基因或许也是相同基因。品种 Bombay，Akmolinsk，Abyssinian，Leona 和 Tammes Pale Blue 都具有 *NN* 连锁群的 1 对抗病基因可能属于 *NN* 连锁群。Bolley Golden 的 1 对抗病基因和 Morve 的两对抗病基因还没有定位。Morve 与具有 *NN* 群抗病基因杂交的杂种尚未研究。

寄主的某些抗病基因之间的连锁与锈病菌致病性基因之间的连锁存在平行性。对具有等位抗病基因 *L* -3*L* -3 的品种 Pale Blue Crimped 和具有等位抗病基因 *L* -4*L* -4 的品种 Kenya 的致病性基因和对具有等位抗病基因 *N* -1*N* -1 的 Akmolinsk，具有抗病基因 *N* -2*N* -2 的 Abyssinian 和具有抗病基因 *N* -3*N* -3 的 Leona 的致病性基因以单位遗传。然而，对具有 *NN* 系列抗病基因的后三个品种的致病性基因也与对具有 *L* -1*L* -1，*M* -2*M* -2 的品种 Buda 的致病性基因连锁，这说明致病性基因之间的连锁频率超过寄主抗病基因的连锁频率。

寄主-寄生物之间的互作可以利用寄生物特异小种的致病性来鉴定寄主亚麻的锈病抗病基因，同样地，可以根据寄主特异品种对锈病菌的反应来鉴定寄生物的致病性基因。以上的亚麻品种的抗病基因及其相互关系就是根据亚麻与亚麻锈病菌的互作所表现的表型确定的。对所有病原小种具有相同反应，可以认为这些品种具有相同的锈病抗病基因。反之，对一个寄主品种具有相同致病性的小种可以认为对那个品种具有相同的致病性基因。

现在用一种基因命名体系来表示寄主与寄生物亚麻锈病菌基因互作的特异性，例如 *A*

和 V 表示锈病菌的非致病和致病，把亚麻的抗病基因符号置于 A 和 V 的右下角，以表示寄主抗病基因与寄生菌非致病基因及致病基因互作的特异性。例如 $A_L A_L$，$A_M A_M$，$A_P A_P$，$A_{N-1} A_{N-1}$……表示病原小种与抗病基因 L，M，P 和 $N-1$ 为非致病的互作关系，而 $V_L V_L$，$V_M V_M$，$V_P V_P$ 和 $V_{N-1} V_{N-1}$ 则表示病原小种对抗病基因 L，M，P 和 $N-1$ 为致病的互作关系。

Flor 在亚麻对亚麻锈病菌的抗病性遗传研究中，发现了亚麻的 29 个不同的抗病基因，这些抗病基因位于 L，M，N，P，K 等 5 个遗传位点上[6]。其中只有 K-位点包含 1 个抗病基因，其他位点都包含多个抗病基因：L-位点 14 个，M-位点 7 个，N-位点 3 个，P-位点 4 个。抗病基因的这种遗传多态性也在大麦的抗白粉病基因、水稻的稻瘟病抗病基因、苹果的疮痂病抗病基因等抗病基因中得到证实。

1.3　亚麻品种与亚麻锈病菌小种互作的基因分析

1955 年，Flor 发表了"亚麻锈病的寄主-寄生菌互作—它的遗传及其他含义"一文，报道了如下研究结果[6]：①他在 32 个亚麻品种上测定锈病菌小种 6×小种 22 的 67 个 F_2 培养菌的致病性。Bombay 和 J. W. S. 两个品种抵抗全部 F_2 培养菌，培养菌不表现致病性分离；Akmolinsk、Barnes、Bison、Victory A、Wilden 和 Williston Brown 6 个品种对全部 F_2 培养菌都表现感染。对其他 24 个品种中的 23 个品种，F_2 培养菌发生致病性分离。F_2 培养菌对具有 1 对抗病基因的鉴别品种 Akmolinsk 和 Bombay 的致病性，受一对致病性基因控制，非致病培养菌与致病培养菌的比率接近预期的 3∶1，对具有 2 对抗病基因的品种 Buda 的致病性，受 2 对致病性基因控制。这 24 个品种分为 12 个鉴别品种群（表 1-5），67 个培养菌被鉴定为 54 个小种。②小种 22 和小种 24 的杂交后代培养菌在 16 个鉴别品种上测定，16 个品种中的 15 个都分别受两个亲本小种侵染，其中 3 个品种同时受两个亲本侵染。小种 22×小种 24 的 F_1 培养菌只侵染对双亲都感染的 3 个鉴别品种。非致病的亲本小种，对具有一对抗病基因的 Abyssinian，Akmolinsk，Bombay，Kenya 和 Tammes Pale Blue 等鉴别品种的致病性受一对致病性基因控制；对具有 2 对抗病基因的 Bolley Golden 和 Italia Roma 等品种的致病性，受 2 对致病性基因控制；对具有 3 对抗病基因的品种 Morve 的致病性受 3 对致病性基因控制。③上述的研究结果，即亚麻锈病的寄主-寄生物互作所表现的病原的致病性分离，可以通过寄主的抗病性和寄生物的致病性之间的基因-对-基因关系来解释[7]。Flor 在这篇论文中第一次用基因-对-基因关系来解释亚麻抗病性基因与亚麻锈病菌致病性基因互作的遗传。

表 1-5　亚麻品种和品系对亚麻锈病菌小种 6 与小种 22 杂交的 67 个培养菌的反应

(Flor, 1955)

有明确致病性的培养菌数	对鉴别品种的反应											
	1	2	3	4	5	6	7	8	9	10	11	12[b]
1	S[a]	S	R	R	S	R	R	R	S	S	R	S
1	S	R	S	R	S	R	R	R	R	R	R	S
1	S	R	R	R	R	R	R	R	S	S	R	S
1	S	R	R	S	R	R	R	R	R	S	S	R
1	S	R	R	R	S	R	R	R	R	S	S	R
1	S	R	R	R	R	R	R	R	R	S	S	R

（续）

有明确致病性的培养菌数	对鉴别品种的反应											
	1	2	3	4	5	6	7	8	9	10	11	12[b]
1	S	R	R	R	R	R	R	R	R	R	R	R
3	R	S	S	R	R	S	S	R	R	R	R	R
1	R	S	S	R	R	R	R	S	S	S	R	R
1	R	S	S	R	R	R	R	R	R	R	S	R
1	R	S	R	S	R	R	R	S	R	R	R	S
1	R	S	R	R	S	R	R	S	S	R	R	R
1	R	S	R	R	S	R	R	R	R	R	R	R
1	R	S	R	R	R	S	S	R	S		S	R
1	R	S	R	R	R	S	S	S	R	R	R	R
1	R	S	R	R	R	S	S	S	R	S	R	R
1	R	S	R	R	R	R	R	S	R	S	R	R
1	R	S	R	R	R	R	R	S	R	S	R	R
1	R	S	R	R	R	R	R	R	R	R	R	R
1	R	R	S	S	S	R	R	S	S	R	S	R
1	R	R	S	S	R	S	S	R	R	S	S	S
1	R	R	S	S	R	S	S	R	R	R	R	S
1	R	R	S	S	R	R	R	S	R	R	R	R
1	R	R	S	R	S	S	S	S	R	R	R	R
2	R	R	S	R	S	S	S	R	R	R	R	R
1	R	R	S	R	S	R	R	R	R		R	R
1	R	R	S	R	R	S	S	R	S	R	R	S
1	R	R	S	R	R	S	S	R	R	R	R	S
1	R	R	S	R	R	R	R	R	S	S	S	R
1	R	R	S	R	R	R	R	R	S	S	S	S
1	R	R	S	R	R	R	R	R	R		S	R
1	R	R	S	R	R	R	R	R	R	R	R	S
1	R	R	R	S	S	S	S	R	S	S	R	R
1	R	R	R	S	S	R	R	R	R	R	R	S
1	R	R	R	S	S	S	S	S	R	R	R	S
1	R	R	R	S	R	R	S	S	R	R	R	S
1	R	R	R	S	R	R	S	R	R	R	R	R
1	R	R	R	S	R	R	R	S	R	R	S	S
1	R	R	R	S	R	R	R	R	R	R	S	R
1	R	R	R	S	R	R	R	R	R		R	R
1	R	R	R	R	S	R	R	S	S	R	R	S

（续）

有明确致病性的培养菌数	对鉴别品种的反应											
	1	2	3	4	5	6	7	8	9	10	11	12
1	R	R	R	R	S	R	R	S	R		S	S
1	R	R	R	R	S	R	R	R	S	S	S	R
1	R	R	R	R	S	R	R	R	R	S	R	R
1	R	R	R	R	R	R	R	R	R	R	R	R
1	R	R	R	R	R	R	S	S	R	R	R	S
1	R	R	R	R	R	R	R	R	R	R	R	R
2	R	R	R	R	R	R	R	S	R	R	R	R
1	R	R	R	R	R	R	R	R	R	R	R	S
1	R	R	R	R	R	R	R	R	R	R	R	S
2	R	R	R	R	R	R	R	R	R	R	R	R
2	R	R	R	R	R	R	R	R	R	R	R	S
8	R	R	R	R	R	R	R	R	R	R	R	R
致病的培养菌数	7	15	21	14	17	17	19	17	19	16	15	22
χ^2 (3∶1)[c]	7.56	0.24	1.43	0.60	0.01	0.01	0.40	0.01	0.40	0.04	0.24	2.19
χ^2 (15∶1)	2.02											

注: a. S＝感病的；R＝抗病的。

  b. 1＝Ottawa 770B；2＝Dakota；3＝Cass；4＝Abyssinian，Koto，Leona，Ward 和 Wells；5＝Bowman，Clay，Grant 和 Minnesota sel.；6＝Polk；7＝Marshall；8＝Birio；9＝B. Golden sel.，Kenya，Norman 和 Pale Blue Crimped；10＝Towner；11＝Argentine sel.，Cortland 和 Lino6899M. A.；12＝Burke。这里列出的所有品种对小种 6 都是抗病的，而对小种 22 都是感病的。

  c. 比率是指非致病培养菌与致病培养菌的对率。5％水平的 χ 为 3.84；1％水平的 χ 为 6.64。

  Flor 于 1971 年总结了 1942 年以来亚麻锈病菌致病性和亚麻品种抗病性遗传的研究结果和其他病理遗传学家对其他作物的寄主-寄生菌互作的研究结果，肯定了基因-对-基因假说在理论上和实际应用上的正确性，即亚麻锈病菌小种与亚麻品种互作的 1-对-1 关系或基因-对-基因关系能解释亚麻锈病菌致病性遗传和亚麻品种的抗病性遗传研究结果，这种互作遗传关系在农作物的其他寄生体系中普遍存在。这种互作关系已经在作物病原的致病性遗传和作物品种的抗病性遗传研究中得到广泛证实[7]。对具有 1 对等位抗病性基因的亚麻品种为非致病的亲本小种，其杂交 F_2 培养菌表现单基因的分离比率，而对具有 2，3 或 4 对抗病基因的品种，非致病亲本小种的 F_2 培养菌分别表现 2，3 或 4 基因的分离比率[8]。这说明在寄主-寄生菌互作表现感病反应/致病反应时，控制寄主反应的每个抗病基因，在寄生菌中都存在控制致病的相对应基因。所以，寄主-寄生菌体系的遗传研究，要同时进行寄主的抗病性遗传和寄生菌的致病性遗传研究，二者任何一方成员的每个基因的确定都只能通过该体系另一成员的对应基因来鉴定。

1.4 亚麻品种与亚麻锈病菌小种的基因-对-基因关系

  Flor 的研究结果表明，小种 6 和小种 24 对鉴别品种的致病性差异由主效基因决定，而且非致病对致病为显性。寄主抗病性的差异也由主效基因决定，抗病性对感病性也为显性。

他指出病原在寄主上生长或不生长这种不同的表型，是寄主的抗病基因与锈病菌致病性基因互作的结果。例如，用特殊的锈病菌系接种特殊的鉴别品种所观察到的寄生物在寄主上不能生长的表型，这是寄主的主效基因不同引起的，或者是病原的主效基因不同引起的。更具体地说，是寄主的主效抗病基因与寄生物的主效非致病基因互作的结果。在推断亚麻和亚麻锈病菌这两种生物由于互作而表现出某种表型时，应进一步研究和考虑这些互作基因之间的相互关系（后述）。

Flor 根据如上所述的亚麻锈病菌致病性和亚麻品种的抗病性的系统遗传研究，得出如下结论：当寄主对特殊菌系的抗病性受单基因控制时，对寄主品种的致病性由这个菌系的单基因控制；如果寄主的两个基因有效，就是说寄主的抗病性由两个基因控制，病原表现两个基因有效，即病原的致病性由两个基因控制。另外，两个寄主品种都对一个特殊的菌系表现抗病，它们的抗病性分别由一个不同的基因控制，则病原菌系含有一对不同的分别对应每个品种的致病性基因。Flor 的这些研究结果表明，一种生物如亚麻锈病菌的每个基因都与另一种生物如亚麻的独立的、特异的基因互作。

Flor 的基因-对-基因假说得到了他自己研究结果的支持。例如，Flor 在 16 个寄主品种上测定了小种 22×小种 24 的 133 个 F_2 代[3]，在 14 个品种上发生致病性分离：①对非致病亲本小种具有单基因抗病性的 9 个寄主品种，133 个 F_2 代培养菌表现单基因杂种的分离比率；②对非致病亲本小种具有 2 个抗病基因的 2 个寄主品种，133 个 F_2 代培养菌表现二基因杂种分离比率；③对非致病亲本小种具有 3 个抗病基因的一个寄主品种，133 个 F_2 代培养菌表现三基因杂种的分离比率。Flor 又把小种 6×小种 22 的 67 个 F_2 培养菌在由 32 个品种组成的一套鉴别品种上进行测定。他确定这些品种的大部分（24 个品种）只具有一个抗病基因，67 个 F_2 培养菌在这 24 个品种上表现致病性分离，所有的分离（Ottawa770B 除外）都符合单基因杂种的分离比率。这些致病性基因对彼此不同，基因对与基因对之间独立分离，或者只有不完全的关联。

为了表示寄主和病原的基因-对-基因之间互作的特异性，Flor 1955 年提出了记载寄主抗病性基因和病原致病性基因的符号，用这种符号来表示基因-对-基因互作关系及其特殊性，例如亚麻锈病抗病基因 L-2，及与 L-2 互作的病原非致病基因 avr，用 avr_{L-2} 表示寄主的抗病与病原的非致病的互作关系；抗病基因 L-2 与相应的致病基因 vr，用 vr_{L-2} 来表示寄主感病和病原致病的互作关系。用这些符号表示寄主和病原菌两对对应基因互作结果如下：

亚麻寄主基因与病原基因互作

病原菌基因型	寄主基因型	
	L-2-	ll
avr_{L-2}-	— *	＋
$avr_{L-2}avr_{L-2}$		

* 一表示病原不生长，＋表示病原生长。

由上表可见，寄主抗病性的表现要具备两个条件：①寄主存在抗病基因；②锈病菌系存在与抗病基因对应的非致病基因。这样的寄主与这样的病原互作，表现了寄主的抗病性和病原的非致病性（一，病原不生长）。如果寄主品种具有 2 个或 2 个以上的抗病基因，与寄主互作的病原菌只需要具有一个非致病基因就能表现寄主的抗病和病原的非致病，即上表的病原不生长（一），这时，即使病原对寄主的其他抗病基因为致病基因，也都表现寄主的抗病和病原的非致病，因为在这种情况下，抗病基因与非致病基因的互作（即不生长互作）是"上位的"。可见，互作的特异性显然是在寄主，寄生物两种生物的显性基因或共显性基因之间发生。因此，"控制寄主抗病性的每个基因，在病原中存在对抗病基因非致病的、独立的、特异的基因"这样的表述或许能最准确地说明基因-对-基因关系。

Flor[5,6,7,8]，Statler 和 Zimmer，Statler[9] 和 Lawrence 等关于亚麻锈病菌对具有 29 个已知抗病基因中 27 个抗病基因的鉴别品种的致病性遗传研究，获得了非致病为显性的单基因杂种分离比率，这些研究资料与假定在这些研究中分离的 27 个病原基因是不同的这种假设是一致的，并没有发现它们存在任何矛盾。目前，所有有效的研究资料都证明病原具有与寄主的每个抗病基因对应的、特异的非致病基因。

1.5 理想的基因-对-基因互作体系

如前所述，Person 根据若干或许多不同的培养菌接种若干寄主品种所产生的互作模式的典型特征来阐述寄主-寄生菌互作的基因-对-基因关系。同时，他设计了寄主-寄生物 5 个基因位点互作的理论模式，根据理论的互作结果提出了理想的基因-对-基因互作体系。这个理想的基因-对-基因关系的特征是寄主品种与寄生物小种的互作表现为"几何系列"的关系[2]。Person 还对 Flor 等发表的亚麻-亚麻锈病菌互作和 Black 等发表的马铃薯品种-马铃薯晚疫病菌互作的遗传研究结果进行分析。因为当时已发现亚麻品种的 5 个抗病基因位点，而马铃薯品种只发现 3 个抗病基因位点，因此，亚麻-亚麻锈病菌体系互作的基因-对-基因关系的分析，比马铃薯品种-马铃薯晚疫病菌体系的分析复杂。正因为 Flor 等研究的这个体系涉及 5 个位点，而 Black 等的互作体系只涉及 3 个位点，前者应当出现的寄主-寄生物互作的表型数是后者的 4 倍。

Flor 根据锈病菌与 18 个寄主品种互作，只区分出 179 个锈病菌小种，许多可能的寄主表型都没有出现，而只出现 18 种表型，说明这个体系的互作资料是不完整的[2]。这 179 个小种中，48 个小种是自然发生的，131 个小种是 Flor 用锈病菌杂交后出现的小种。在 179 个小种中，有 7 个小种在 Flor 的杂交研究中没有被利用，在 Person 的互作分析中也被排除。亚麻品种 Bison 对 172 个小种都感病，是亚麻-亚麻锈病菌体系的普感品种。小种 10 只侵染品种 Bison。小种 1，3，13，41；180，210 和 225 等 7 个小种都只侵染 18 个鉴别品种中的 2 个品种（Bison 和另一个品种）。这说明这个体系可能有 7 个位点互作，但是，18 个鉴别品种鉴定的小种数多于 2^7，暗示互作位点数至少有 8 个位点。当 Person 把侵染这些鉴别品种的小种数排列成递减（或递增）系列时，侵染各品种群的小种数没有形成几何系列，似乎不具备基因-对-基因关系的主要特征，因此，必须进一步研究 Flor 的资料，以期找到基因-对-基因体系的这种特征。

细查 Flor 的资料发现，鉴别品种中的 Leona、Abyssinian、Akmolinsk 和 Bison 分别受 35 个小种，53 个小种，101 个小种和 172 个小种侵染，通过卡方检定（表 1-6），侵染 Leona，Abyssinian，Akmolinsk 和 Bison 的小种数与 1：2：4：8 的比率一致，表明它们形成一个几何系列[2]。卡方检定表明，与理想比率的偏离主要由侵染 Bison 的小种数不足和侵染具有三个抗病基因的 Leona 的小种数过多引起的。鉴别品种 Leona，Koto 和 Bison 也形成几何系列，这个系列与期待的 1：4：8 比率也存在明显的偏离。以上分析的诸品种之间的相互关系及可能具有的抗病基因数示如图 1-1。图 1-1 中侵染 Leona 的 35 个小种，也无一例外地侵染 Abyssinian，Koto 和 Bison；另外 18 个小种侵染 Abyssinian，这 18 个小种也无一例外地侵染 Akmolinsk 和 Bison，但不侵染 Koto；侵染 Akmolinsk 的 101 个小种和侵染 Koto 的 94 个小种也侵染普感品种 Bison。以上的叙述解释了品种之间抗病基因的关系，也能说明小种之间应具有的致病基因位点即侵染 Leona 的 35 个小种必须在 a，b，c 三个位点上是致病的；侵染 Abyssinian 和 Akmolinsk，但不侵染 Koto 或 Leona 的 18 个小种必须有 a，b 两个位点是致病的，而侵染 Akmolinsk 但不侵染 Abyssinian 或 Leona 的 49 个小种必须有 a 位点是致病的；侵染 Koto 但不侵染 Leona 的 59 个小种必须有 c 位点是致病的。由 Flor 的寄主-寄生菌互作遗传研究资料可见，小种 210 只侵染 Koto 和 Bison，只有 c 位点是致病的，小种 3 只侵染 Akmolinsk 和 Bison，只有 a 位点是致病的，小种 239 侵染 Bison，Akmolinsk 和 Abyssinian，a、b 位点都是致病的，c 位点不致病。

表 1-6　由品种 Leona，Abyssinian，Akmolinsk 和 Bison 形成的几何系列的 χ^2 分析

（Person，1959）

品　　　种	小种数		$\dfrac{(O-C)^2}{C}$
	观察的（O）	理论的（C）	
Leona	35	24	5.0
Abyssinian	53	48	0.5
Akmolinsk	101	96	0.3
Bison	172	193	2.3
	361	361	$\chi^2=8.1$

注：P 在 0.02～0.05 之间。

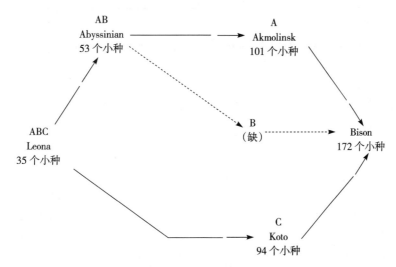

图 1-1　品种 Leona，Abyssinian，Akmolinsk，Koto 和 Bison 之间的关系

（Person，1959）

用 n 代表寄主-寄生菌互作的位点数，也是这个体系全部单基因的品种数，用它们能鉴别寄生菌群体全部小种。在鉴别病原小种时，若用两个或两个以上位点表现抗病的品种作为鉴别品种，其鉴别效率不高，对寄主-寄生菌互作模式会发生如下影响：①对非致病小种的鉴别比较差，只侵染单一抗病位点的小种，在品种具有两个或两个以上抗病基因位点时，侵

染单一位点的小种数明显不足，例如侵染 H7 和 H8 的小种比侵染 H3 和 H4 的小种少，因为寄主品种 H7 和 H8 多一个抗病基因（表 1-13）；②能侵染那些在 2 个或更多位点上表现抗病的鉴别品种的小种明显过多。

现在已经发现，除 Abyssinian 具有 2 个抗病基因之外，Ottawa，Dakota，Cass，Clay，Polk，Birio，Kenga，Bowman 等 8 个品种也具有 2 个抗病基因。通过表 1-7 资料的对比分析证实这一点，也进一步证实 Akmolinsk 和 Koto 为单基因品种。与二基因品种的比较测定证明，鉴别品种 Wilden、Williston 和 Victory 也具有单一位点抗病基因（表 1-8）。

表 1-7　Akmolinsk 和 Koto 与具有二个抗病基因的鉴别品种的比较

(Person，1959)

品种（x）	Akmolinsk（y）侵染的小种数			Koto（z）侵染的小种数			总比率		
	x	x+y	y	x	x+z	z			
Ottawa	101	21	37	94	25	37	195	46	74
Dakota	101	33	64	94	31	64	195	64	128
Cass	101	34	49	94	28	49	195	62	98
Clay	77	31	40	49	23	40	126	54	80
Polk	92	23	47	88	35	47	180	58	94
Birio	78	22	36	50	21	36	128	43	72
Kenya	101	31	57	94	35	56	195	66	113
Bowman	86	25	31	58	17	24	144	42	55
Abyssinian	101	53	53	94	36	53	94	36	53
总数*	737	220	361	715	251	406	1452	471	767

* 不包括 Abyssinian。

表 1-8　品种 Wilden，Williston 和 Victory 与二基因组成员的比较

(Person，1959)

品种（x）	Wilden（m）侵染的小种数			Williston（n）侵染的小种数			Victory（o）侵染的小种数			总比率		
	m	m+x	x	n	n+x	x	o	o+x	x			
Ottawa	150	35	37	164	31	37	80	16	21	394	82	95
Dakota	150	56	64	164	62	64	80	31	52	394	149	180
Cass	146	46	49	164	49	49	80	31	39	226	77	88
Clay	96	38	40	121	35	40	71	25	32	288	98	112
Polk	130	47	47	147	44	47	72	21	27	219	65	74
Birio	95	35	36	110	34	36	68	23	34	273	92	106
Kenya	153	54	57	164	55	57	80	33	40	397	142	154
Bowman	105	31	31	127	30	31	77	25	29	204	55	60
Abyssinian	153	42	53	164	48	53	80	27	45	397	117	151
总数*	943	306	336	1 161	339	365	688	232	319	2 792	877	1 020

* 排除 Wilden-Polk，Wilden-Bowman 和 Williston-Cass。

至此，Person 根据 Flor 的 172 个小种与 18 个鉴别品种的反应型，应用寄主-寄生物体系基因-对-基因互作的"几何法则"，基本上查了 18 个鉴别品种具有的抗病基因数[2]。

Flor 在亚麻品种抗病性遗传研究中，记载了 Akmolinsk 与 Abyssinian 杂交的 168 个 F_2 个体对亚麻锈病菌小种 1 和小种 3 的抗、感反应，发现 168 个 F_2 亚麻植株对小种 1 不发生抗病性分离，全部植株都表现抗病；而对小种 3 分离为 3/4 抗病：1/4 感病[8]。Flor 对前一个结果的解释是，Akmolinsk 和 Abyssinian 的"单基因"是等位的或者是"如此紧密连锁，以至于它们以一个单位遗传"[9]。但是 Person 对上述结果的解释与 Flor 不同，他认为 Akmolinsk 的抗病基因型应为 AA，而 Abyssinian 的抗病基因型为 AABB，病原小种 3 能侵染 Akmolinsk，它具有与 A 抗病基因位点对应的致病位点 a，以 vr_pvr_p 代表小种 3 的隐性致病基因型，但是小种 3 不侵染 Abyssinian，所以它应具有抗病基因 B 对应的非致病基因 B_p，小种 3 的完整基因型应为 $vr_pvr_pavr_pavr_p$。小种 1 不侵染 Akmolinsk，它至少在 A 位点具有一个显性的非致病基因。关于小种 1 的 B 位点，因为具有上述基因型的两个品种杂交的 F_2 群体不存在 B-位点的单基因的个体植株，因此与 B 抗病基因对应的病原菌致病性位点的致病或非致病性质，也就是说，不能确定小种 1 的致病性基因型。因此，这个研究只能确定小种 1 的 avr_pavr_p 基因型。Person 对 Flor 上述实验结果的重新解释示如表 1-8。Akmolinsk 和 Abyssinian 都具有 A-位点的抗病基因，二者杂交的 F_2 代植株都具有 AA 基因型。小种 1 对 F_2 代不具有相关的致病基因，而具有对应非致病基因，因此，F_2 代的亚麻植株对小种 1 全部表现抗病。小种 3 具有对应于寄主抗病基因 AA 的致病基因，它的基因型为 $vr_pvr_pavr_pavr_p$，用小种 3 测定时，F_2 代的这个抗病基因无效，它被掩盖了。然而，因为小种 3 对 B 位点的抗病基因不存在致病基因，而存在非致病基因，因此 B-位点的显性抗病基因得到表达，F_2 分离群体对小种 3 就表现为 3 抗：1 感的分离。因为这是对寄主抗病性遗传解释有用的一个典型例子，为了使研究者掌握和应用普遍正确的原理和方法进行寄主抗病性和寄生菌致病性遗传分析，再举一个例子说明如下：假如有 A、B、C 三个抗病（显性）或感病（隐性）位点随机分离的一个寄主 F_2 群体，如果这个群体的全部植株都存在第 4 个位点 D，且 F_2 代植株一律表现抗病；还存在第 5 个位点 E，具有这个位点的 F_2 代植株一律表现感病（ee）。所以，接种的病原小种与寄主抗病位点 D 对应的位点不具有致病基因（dd），全部 F_2 植株都抗病，而病原小种为非致病的锈病菌小种；这个 F_2 群体的抗病性或感病性表现不受与位点 E 有关的锈病菌基因型影响。这样看来，只要相应的小种对 F_2 代都具有的共同抗病基因位点有相应的共同致病基因，寄主 8 种不同的基因型都能用 8 个相应的锈病菌小种来鉴定[2]。在 F_2 群体共同的抗病基因被掩盖（失效）的情况下，包含 A，B，C 三个抗病基因的 F_2 群体，对适宜的不同小种表现如下抗病性分离：抗、感植株的比率分别为 63：1，15：1，3：1，1：0 和 0：1。这些不同的结果取决于作测定的小种的基因型，例如对 A，B，C 三个抗病基因不具任何致病基因的 P1 小种，F_2 寄主群体分离比率为 63 抗：1 感，对 A 抗病基因具有致病基因的 P2 小种，F_2 群体分离比率为 15 抗：1 感，等等。

2 马铃薯品种-马铃薯晚疫病菌小种的基因-对-基因关系

2.1 实验研究结果和理论分析

英国的 Black，荷兰的 Mastenbroek，美国的 Peterson 和 Mills 等，都就马铃薯品种对马铃薯晚疫病菌的抗病性遗传进行了广泛的研究[10,11]。Black 把病原培养菌接种于具有新抗病基因组合的寄主植物上，根据遗传研究和观察到的病原培养菌的变化，描述和预测了当时还不知道的病原新小种的发生[10]。在不知道寄主抗病性遗传和病原致病性遗传的情况下，利用寄主-寄生菌互作表型的有关资料的分析也能得到与遗传分析相似的结论，Person 应用基因-对-基因体系的分析方法来分析马铃薯-马铃薯晚疫病菌体系早期的研究资料。他所选择和分析的资料列于表 1-9。这个表是根据 Mastenbroek 的表 5 复制的，它表示了 1947 年被认可的 6 个病原小种与 6 个寄主之间的互作[2]。

表 1-9　来自 Mastenbroek 的"小种 N1，N2，N3，N4，N5，N6 的系列和测定系列"

(Person，1959)

群	N1	N2	N3	N4	N5	N6
Ⅰ	－*	－	－	－	－	－
Ⅱ	＋	－	＋	＋	＋	＋
Ⅲ	＋	＋	－	＋	＋	－
Ⅳ	＋	＋	＋	－	＋	－
Ⅴ	＋	＋	＋	＋	－	＋
Ⅵ等	＋	＋	＋	＋	＋	＋

* －表示感病的/致病的，＋表示抗病的/非致病的。

在这个表中可以找到普感品种Ⅰ，而 N1 和 N3 两个小种只侵染这个品种，不侵染表中的其他品种，这是根据 Person 的理想基因-对-基因体系能预料到的唯一品种。表中的其他小种（除 N1 和 N3 之外）分为侵染 2 个品种的小种 N2，N4 和 N5 及侵染 4 个品种的小种 N6 两组，这说明 Mastenbroek 的研究结果揭示了品种与小种的互作表现了侵染小种数之间，和被侵染的品种数之间都存在几何级数关系，即马铃薯品种与马铃薯晚疫病菌小种之间的互作符合几何法则。小种 N6 能侵染的品种数最多，但它不能侵染品种Ⅱ和品种Ⅵ，说明这个小种不是普遍致病的小种。如果马铃薯品种-马铃薯晚疫病菌是一个基因-对-基因体系，则普遍致病的小种迟早会被发现。就品种受侵染的情况看，表中各品种分别受 0、1、2 和 6 个小种侵染，小种数之间不形成几何系列，与小种和品种互作的几何法则不符。这说明现有这些资料还不足以表现理想的基因-对-基因体系的全部特征，但有些特征与期待的特征相当一致。由表 1-9 可以看到，小种 N2 侵染品种Ⅰ和Ⅱ，小种 N4 侵染品种Ⅰ和Ⅲ，小种 N5 侵染品种Ⅰ和Ⅳ，品种Ⅰ为不具任何抗病基因的普感品种。因此，根据三个品种与三个小种互作产生"－"反应的结果，可以确定这个体系的有关位点数 $n=3$。包括三个位点的寄主-寄生菌互作的理想体系，应当出现如表 1-10（a）所示的 8 种表型。在此，对表 1-9 的实际研究结果与表 1-10 的模式作一比较如下：Mastenbroek 的普感品种Ⅰ对应于表 1-10（a）的品种 H1。Mastenbroek 的小种 N1 和 N3，对应于表 1-10（a）的小种 P1，它们只侵染品种Ⅰ，不侵染其他品种。Mastenbroek 的 N2、N4 和 N5 分别对应于表 1-10（a）的小种 P2，P3 和 P4。根据这种对应关系，表 1-9 可以排列为表 1-10（b）。Mastenbroek 的小种 N6 侵染品种Ⅲ和Ⅳ，不侵染Ⅱ，这个小种的位置只能与表 1-10（a）小种 P7 相对应，因为在 Person 的理想体系中小种 P7 侵染 H3 和 H4，但不侵染 H2。Mastenbroek 的品种Ⅴ的位置与表 1-10（a）的品种 H7 相对应。Mastenbroek 研究结果中的品种Ⅵ，根据可利用的资料，它不受 N1～N6 的任何小种侵染，其位置可以暂时排列在与理想体系［表 1-10（a）］的品种 H5、H6 或 H8 相应的任何位置上。根据以上的分析可以断定，Mastenbroek

在 1947 年研究结果中的小种和品种互作，符合三个位点互作的寄主-寄生物的基因-对-基因关系。

表 1-10　包含三个位点的基因-对-基因体系的寄主-寄生物互作（a）和 **Mastenbroek** 的小种与品种互作

(Person，1959)

理想小种	(a) 理想的品种								Mastenbroek 的小种	(b) Mastenbroek 品种				
	H1	H2	H3	H4	H5	H6	H7	H8		Ⅰ	Ⅱ	Ⅲ	Ⅳ	Ⅴ
P1	S								N1, N3	S				
P2	S	S							N2	S	S			
P3	S		S						N4	S		S		
P4	S			S					N5	S			S	
P5	S	S	S		S					S	S	S	S	
P6	S	S		S		S				S	S	S		S
P7	S		S	S			S		N6	S				S
P8	S	S	S	S	S	S	S	S		S	S	S	S	S

　　Person 对 Mastenbroek 1947 年发表的资料的分析和所做的预测，都被 Mastenbroek 后来的研究工作所证实[2]。例如，Mastenbroek 后来发现了侵染品种Ⅱ和Ⅲ，但不侵染品种Ⅳ的新小种 N7，这个小种与表 1-10（a）的小种 P5 相对应。这是根据理想的基因-对-基因关系预测到的、后来才发现实际存在的小种。Mastenbroek 的研究结果还证实了小种 N7 除侵染品种Ⅱ和Ⅲ之外，还侵染品种Ⅵ。品种Ⅵ与表 1-10（a）的品种 H5 相对应。Mastenbroek 还发现了抵抗 N1～N7 全部小种的一个新品种，这个品种应当排列在表 1-10（a）的品种 H6 或 H8 的任一品种的相应位置上。Mastenbroek 在他 1949—1950 年的研究资料中又记载了另一个新小种 N8，它侵染品种Ⅱ～Ⅶ的全部品种，表明这个小种具有理想的基因-对-基因体系中三个互作位点的致病基因。同时也记载了一个新品种Ⅷ，这个品种不仅抵抗 N1～N7 的小种，还抵抗小种 N8。这表明品种Ⅷ不仅具有 Person 理想体系的三个位点的抗病基因，而且还具有一个新的抗病基因位点，即具有第 4 个位点的抗病基因，而小种 N8 对这个位点不具有相关的致病基因。Person 对上述这些资料和 1951 年的资料进行分析，并假定病原具有 4 个致病位点，因为此时被认可的 8 个小种（三个致病位点）当中，没有一个小种是普遍致病的。一旦马铃薯品种-马铃薯晚疫病菌体系中第 4 个位点的作用被确认，对这个体系互作所表现的特征描述，将进入 4 个位点互作的基因-对-基因关系。根据理想的基因-对-基因互作关系，在马铃薯品种-马铃薯晚疫病菌体系中将会发现寄主和寄生物的 16 种表型，即表现 4 个基因位点互作所表现的 16 种寄主表型（16 个品种）和 16 种寄生物表型（16 个小种）。上述的分析和预测都表明，可利用的 Mastenbroek 的遗传资料与 Person 分析得出的结论是一致的，说明 Person 的寄主-寄生物互作的分析方法是有根据的、可靠的[2]。

2.2　马铃薯品种与马铃薯晚疫病菌小种互作的抗病基因型和小种（菌系）的分类

　　经验证明，含有 R-基因的大部分马铃薯材料，只是在生长季后期在一定程度上最终变成受感染的。只要 R-基因在大面积栽培的马铃薯中占绝对优势，而且如果它对其块茎中的新小种是高度感病的，就能预料到病害将会严重流行，且能形成流行中心。如果没有出现这种情况，则每年一定会在含有 R-基因的马铃薯上的真菌群体中重新产生新的菌系。

关于寄主植物马铃薯品种的抗病性遗传，已经做了许多研究，用若干方法进行了遗传解释。经过 Black 和 Mastenbroek 精心的遗传研究，已发现了马铃薯品种中存在 R-1，R-2，R-3 和 R-4 4 个抗病基因，这就意味着经过品种间杂交，有可能出现 4 个抗病基因的 16 种组合：具有 1 个显性基因的组合 4 个，具有 2 个显性基因的组合 6 个，具有 3 个显性基因的组合 4 个以及具有全部 4 个显性基因的组合 1 个和不具有抗病基因的完全隐性的基因型 1 个。就是说，马铃薯品种的抗病基因型包括 1 个显性抗病基因、2 个显性抗病基因、3 个显性抗病基因、4 个显性抗病基因和不具有抗病基因的完全隐性的种种基因型。因此，马铃薯品种可以根据是否含有抗病基因及含有抗病基因的数目进行如下分类：含有 R-1，R-2，R-3，R-4 4 个抗病基因中任一个抗病基因的品种；含有其中 2 个抗病基因如 R-1R-2，R-1R-3，R-1R-4，R-2R-3，R-2R-4 和 R-3R-4 的品种；含有 R-1R-2R-3，R-1R-2R-4，R-2R-3R-4 和 R-1R-3R-4 3 个抗病基因的品种；含有 R-1R-2R-3R-4 4 个抗病基因的品种以及不含抗病基因的品种。马铃薯晚疫病菌可以根据侵染或不侵 R-基因以及侵染 R-基因数目分为如下 5 种菌系（小种）：

a. 只能侵染没有 R-基因的完全隐性植株的菌系。

b. 能侵染具有 1 个 R-基因植株的菌系。

c. 能侵染具有 2 个不同 R-基因植株的菌系。

d. 能侵染具有 3 个不同 R-基因的菌系。

e. 能侵染全部基因组合的菌系[11]。

借助于寄主的 16 种基因型，可以区分病原真菌为 16 个不同的菌系（小种）；所有 16 个不同菌系似乎都已被发现。因为这些研究结果与亚麻锈病菌致病性的遗传相似，这就有利于证明，当寄主植物感病时，寄主植物的每个抗病基因都遭遇到病原真菌相对应的致病基因的侵袭。

假定细胞核一般为单倍体，病原真菌的基因型 $P1$ 能侵染 R-1 植株；$P2$ 能侵染 R-2 植株；$P1P2$ 基因型能侵染 R-1，R-2 和 R-1R-2 等。根据这种假定，基因组合中应当有不同位置的 4 个不同的 P-基因。可以假定每个 P-基因有一个无活性的 O 等位基因，所以，只侵染 R-1 的菌系基因型可以表示为 $P1O2O3O4$。只能侵染完全隐性植株的病原真菌的基因型为 $O1O2O3O4$。

因此，关于马铃薯晚疫病菌若干小种的起源问题，实际上是不同的 P-基因及其组合的起源问题。$Weurospora$ 属，青霉属（$Penicillium$）和酵母菌的遗传研究已经证明了这些真菌新的致病特性常常来源于基因突变。对这些种所做的这种研究主要涉及营养缺乏的影响，现在已确定在缺乏某些氨基酸的基质上生长可能是依靠特殊的基因，这些突变的发生与环境无关，环境只选择由自然变异产生的突变。P-基因也在某种程度上控制营养过程，它也可能是经由突变产生的。当马铃薯晚疫病在一个普通的完全隐性的品种上流行期间，压倒多数的孢子囊是 O 基因型。除去选择的影响和遗传演变之外，携有 P-基因的孢子囊发生的频率依赖于 $O{\rightarrow}P$ 突变的频率。根据其他真菌突变频率的资料，其频率由 1/10 000 到 1/1 000 000。

这样的突变体孢子囊能在 R-品种的叶片上产生病斑，至于是否有机会出现病斑，取决于空气中和 R-品种总叶面积上孢子囊悬浮的密度。上述悬浮孢子囊的密度取决于孢子囊产生的强度和气流的方向和强度。

3　水稻品种-稻瘟病菌小种的基因-对-基因关系

3.1　稻瘟病菌有性生殖的发现和利用

1971 年，Hebert 首先在离体培养中得到了稻瘟病菌（*Pyricularia grisea*）的有性阶段，并证明这种真菌是异宗交配的[12]。此前，没有发现稻瘟病菌的有性生殖阶段，不可能进行稻瘟病菌的杂交。20 世纪 70 年代以前的水稻品种-稻瘟病菌体系的遗传研究，只能在该体系的水稻一方进行，对稻瘟病菌不可能像亚麻锈病菌那样，与寄主品种的抗病性遗传研究同时，进行稻瘟病菌的致病性遗传的平行研究。

从 20 世纪 60 年代开始，日本对水稻与稻瘟病菌的互作和水稻品种的抗病性遗传，进行了比较多的研究，发现了水稻品种中的 13 个主效抗病基因。日本先后利用两套鉴别品种鉴定日本稻瘟病菌小种[13]。自 20 世纪 60 年代以来，日本的稻瘟病研究取得长足的进步，但是，稻瘟病菌的致病性遗传及水稻-稻瘟病菌的互作是否存在 Flor 提出的基因-对-基因关系和 Person 的寄主-病原互作的几何法则，一直没有得到证明。

为了通过杂交研究稻瘟病菌的致病性遗传，必须寻找杂交可育性高的稻瘟病菌菌株，才能为病原菌的致病性遗传和寄主的抗病性遗传研究提供足够的后代培养菌。自从发现稻瘟病菌的有性阶段（*Magnaporthe grisea*）以来，已对这种病原菌的致病性遗传进行了若干研究。例如，法国的 Silue 和美国的 Lau 等[14,15]都进行了稻瘟病菌对不同基因型水稻品种的非致病/致病的遗传研究。因为对水稻致病的菌株的杂交可育性低，这对稻瘟病菌的致病性遗传研究和水稻品种的抗病性遗传研究造成一定困难。后来，发现了对水稻致病的两性菌株 GUY11 能与对水稻致病的其他菌株杂交，而且杂交的可育性高，这为稻瘟病菌致病性的遗传研究提供了有力的工具。但是，不同地理来源的、保存于法国蒙特皮利埃植物病理实验室的 470 个水稻菌株当中，只有几个菌株与 GUY11 交配产生可育的子囊壳，而其中马里的菌系 ML25 与 GUY11 杂交的可育性很高[14]。

3.2　水稻品种-稻瘟病菌小种基因-对-基因关系的证实——水稻品种 Pi4 号和 Katy 与稻瘟病菌小种互作的基因-对-基因关系

已知菌株 OG2 和 IN1 的交配型为 MAT1 - 1，OG5 和 GUY11 的交配型为 MAT1 - 2，利用 OG2，IN1，OG5 和 GUY11 等 4 个两性菌株来确定被研究的每个菌株的交配型。为了提高可育性和为水稻品种的抗病基因鉴定提供非致病的杂交亲本，Silue 等做了表 1 - 11 列示的一些杂交。为避免弄错和便于使用，稻瘟病菌交配产生的子囊孢子以三名法命名：第一个数字为杂交编号，第二个数字为子囊编号，第三个数字为子囊孢子编号。它们由 GUY11×ML25 的杂交得到 38 个子囊孢子。F₁ 代做了三种类型杂交：①全同胞杂交（姐妹交）；②F₁ 代与 GUY11 回交；③全同胞杂交后代与 GUY11 杂交。与 ML25 的回交没有获得成功。14 个杂交的交配型都分离为 1∶1 的比率。32/0/14×GUY11，32/0/19×GUY11 和 2/0/3×GUY11 等杂交是可育的，且能分离到足够用的四分体。对日本粳稻品种 Pi4 号非致病的 F₁ 代之间做了 1/0/4×1/0/7 和 1/0/27×2/0/31 两个杂交，对 Pi4 号致病的菌株与对 Pi4 号非致病的菌株之间做了 12 个杂交。

表 1-11 对水稻品种 Pi 4 号非致病的稻瘟病菌 14 个杂交随机子囊孢子的分离

(Silue 等，1992)

杂　交	稻瘟病病害等级[a]		分离[b]	预期分离比率	χ^2
	P1	P2	致病：非致病		
GUY11×ML25	6	1	19：19	1：1	…
1/0/2×GUY11	1	6	20：21	1：1	0.02[c]
1/0/7×GUY11	1	6	16：16	1：1	…
1/0/20×GUY11	1	6	11：20	1：1	2.60[c]
1/0/27×GUY11	1	6	18：16	1：1	0.50[c]
1/0/7×1/0/37	1	5	20：18	1：1	0.05[c]
1/0/13×1/0/37	1	5	24：14	1：1	2.60[c]
1/0/4×1/0/7	1	1	0：34	0：1	…
1/0/27×1/0/31	1	3	2：35	0：1	…
1/0/1×1/0/19	5～6	1	16：19	1：1	0.25[c]
1/0/9×1/0/19	4	1	19：17	1：1	0.11[c]
32/0/14×GUY11[d]	1	5～6	18：18	1：1	…
32/0/19×GUY11[d]	1	6	14：13	1：1	0.03[c]
2/0/3×GUY11[d]	1	5～6	27：23	1：1	0.32[c]

a. 亲本菌株 P1 和 P2 的稻瘟病病害等级。

b. 后代致病的（病害等级 4～6）和非致病的（病害等级 1～3）的分离。

c. 不显著。

d. 杂交分离的四分体。

　　为了研究水稻品种与稻瘟病菌互作的基因-对-基因关系，选择了如下三个粳型品种作为鉴别寄主，并通过杂交创制 F_2 群体，经接种鉴定研究寄主品种的抗病/感病和寄生菌非致病/致病的分离：①意大利的极感染粳型品种 Maratelli。这个品种在田间从未发现对稻瘟病菌株的特异抗病性，因此，它可以用于评定全部稻瘟病菌株的致病性；②日本品种 Pi4 号。这个品种是日本鉴别品种之一，携带抗病基因 $Pi\text{-}ta^2$[16]；③意大利品种 Indio，这个品种也是感染稻瘟病的粳型品种。

　　用对 Pi4 号为非致病，对 Indio 为致病的 ML25 菌系接种 Pi4 号×Indio 的 F_2 群体，得到 143 个抗病植株：38 个感病植株的分离，符合 3：1 的分离比率。这个结果说明由一个显性抗病基因控制 Pi4 号对 ML25 的抗/感病分离。1/0/15 和 1/0/30 这两个菌株也对 Pi4 号为非致病，对 Indio 为致病，用它们接种 Pi4 号×Indio 的 F_2 群体，同样得到 3 抗：1 感的分离比率（表 1-12）。用 ML25 和稻 72 接种来自同一个 F_2 群体的 77 个植株，连续的接种鉴定结果证明，凡对菌系 ML25 抗病的植株对另一个菌系稻 72 也表现抗病。这个研究结果证明水稻品种 Pi4 号对所利用的菌系有一个显性的抗病基因起作用。菌系 ML25 和稻 72 的比较接种实验证明，本研究鉴定的基因与清泽用稻 72 鉴定的抗病基因是同一个基因 $Pi\text{-}ta^2$ 或是与 $Pi\text{-}ta^2$ 紧密连锁的基因。

表 1 - 12　稻瘟病菌 3 个菌株对水稻品种 Pi4 号×Indio 的 F₂ 幼苗的鉴定结果

(Silue, 1992)

杂　交	菌　株	F₂ 分离[a] 抗：感	理论分离比率	χ^2
Pi4 号×Indio	ML25	143：38	3：1	0.17[b]
Pi4 号×Indio	1/0/30	109：34	3：1	0.11[b]
Pi4 号×Indio	1/0/25	107：33	3：1	0.15[b]

a. 等级 1～3（抗病的）F₂ 幼苗与等级 4～6（感病的）F₂ 幼苗的比率。

b. 不显著。

上述的研究结果表明来自水稻自然感染的 GUY11 和 ML25，对不同水稻品种的非致病性不同。这两个菌系在人工培养基上都能生长并形成丰富的孢子，适用于水稻品种的抗病性遗传和稻瘟病菌致病性遗传研究。利用全同胞杂交及与 GUY11 回交提高后代育性的目的，就是保证实验研究有足够的接种源。GUY11×ML25 对水稻品种 Pi4 号表现的分离受 ML25 的一个非致病基因 *avr1 - Pi4* 号控制，GUY11 及其致病的后代具有控制致病的等位基因 *Avr1 - Pi4* 号⁺。Pi4 号对 ML25 及非致病后代 1/0/25 和 1/0/30 的抗病性遗传受 1 个显性抗病基因控制（表 1 - 12）。用 ML25 和稻 72 连续接种表明，本研究鉴定的 Pi4 号的抗病基因与清泽用稻 72 在 Pi4 号品种中鉴定的 *Pi-ta*² 是同一个基因或与 *Pi-ta*² 非常紧密连锁的基因。ML25 对 Pi4 号非致病的单基因与 Pi4 号对 ML25 的显性抗病性单基因的互作结果，证明了水稻品种-稻瘟病菌体系的基因-对-基因关系。Lau 等研究了稻瘟病菌与美国水稻品种 Katy 互作的致病性遗传，也证明了水稻-稻瘟病菌的基因-对-基因关系[15]。

4　小麦品种-小麦秆锈病菌小种的基因-对-基因关系

早在 1914 年，美国植物病理学家 Stakman 就进行了小麦锈病菌的生理小种[17]（以下简称小种）研究，并建立一套锈病菌小种的鉴别品种。1940 年 Johnson 等发表了"小麦秆锈病菌（*Puccinia graminis* f. sp. *tritici*）某些致病特性的孟德尔遗传"，他根据研究结果得出结论：小麦秆锈病菌小种的致病特性，大部分是按照孟德尔的遗传规律遗传的[18]。1962 年 Loegering 等发表了"小麦秆锈病菌小种 111 与小种 36 杂交的致病性遗传"[19]，利用这两个小种杂交的 108 个 F₂ 培养菌在 20 个小麦品种上进行致病性鉴定，发现了 8 个独立遗传的致病性基因 *P1～P8*。1966 年，Williams 等发表了"小麦秆锈病菌致病性基因与普通小麦（*Triticum aestivum* ssp. *vulgare*）品种'Marquis'和'Reliance'反应基因（抗病基因）的互作"。该研究确定了小麦秆锈病菌的亲本培养菌，F₁ 培养菌和来自培养菌 111 - 55A（小种 111）与培养菌 36 - 55A（小种 36）杂交的 103 个 F₂ 培养菌对小麦品种 Reliance，Marquis, Little Club 和来自 Little Club×Reliance 和 Little Club×Marquis 的单基因抗病性纯合品种的致病性[20]。研究结果证明，小麦秆锈病菌具有与小麦的每个抗病基因对应的致病基因。就是说，在小麦品种感病时，不管这个品种含有几个主效抗病基因，引起小麦感病的病原菌株，具有与抗病基因同等数目的对应的致病基因。所以，小麦的抗病基因与小麦秆锈病菌的致病基因的互作符合 Flor 的基因-对-基因学说。

Williams 等还确定了小麦秆锈病菌亲本培养菌，F₁ 培养菌和培养菌 111 - 55A（小种 111）×培养菌 36 - 55A（小种 36）的 103 个培养菌对小麦品种 Reliance、Marquis、Little

Club 以及来自 Little Club×Reliance 和 Little×Marquis 的单基因纯合品种的致病性。这个研究所利用的亲本培养菌 111-55A 和 36-55A 对 Little Club 高度致病，对 Reliance、Marquis 和单基因品系都为非致病。研究结果证明上述的 103 个培养菌对 Reliance 的致病性受三对基因控制，而寄主品种 Reliance 有三对抗病基因在互作中起作用。对 Marquis 的致病性受二对基因控制，寄主品种 Marquis 有二对抗病基因在互作中起作用。对来自 Reliance 的携带不同抗病基因的、纯合的三个品系和来自 Marquis 携带不同抗病基因的、纯合的二个品系的致病性受一对基因控制，寄主和病原菌株都表现单基因遗传。Marquis 的另一个单基因纯合品系，对用来选择这个品系的培养菌 111-SS2 是抗病的，而对培养菌 111-55A，36-55A 和 111-55A×36-55A 的 F_1 和 F_2 是感病的。研究结果表明小麦秆锈病菌的致病性基因与寄主反应基因之间的 1 对 1 关系，这个研究结果与 Flor 的亚麻与亚麻锈病菌互作的遗传研究结果完全一致，说明锈病菌致病基因与寄主反应基因（抗病基因）存在基因-对-基因的互作关系。

根据 Flor 的基因-对-基因关系的学说，亲本培养菌 111-55A 和 36-55A 具有三个不同的位点控制对 Reliance 的致病性，有两个不同位点控制对 Marquis 的致病性。由此得出结论，Reliance 对培养菌 111-55A 具有 $R-1$、$R-2$ 和 $R-3$ 三个抗病基因，而 Marquis 具有其中 $R-2$ 和 $R-3$ 两个抗病基因。Rondon 等和 Berg 等也证明了 Reliance 和 Marquis 对培养菌 111-SS2 都具有三个抗病基因。控制对培养菌 111-SS2 抗病性的 Marquis 的三个抗病基因中，只有二个基因控制对培养菌 111-55A 的抗病性。培养菌 111-55A 和 36-55A 或许具有与 Marquis 和 Mq-B 的抗病基因 $Srmq-2$ 相对应的一个致病基因，而培养菌 111-SS2 具有与抗病基因 $Srmq-2$ 相对应的一个非致病的等位基因。Reliance 的三个抗病基因和 Marquis 的二个抗病基因，经过杂交分离都育成了如上所述的对培养菌 111-55A 为抗病的单基因品系。这从实践上进一步验证了基因-对-基因学说的正确性和科学性。

111-55A×36-55A 的 F_2 培养菌，对这些单基因品系中的每个品系的致病性都表现单基因分离。因此，已经证明培养菌 111-55A 对 Reliance，Marquis 及由它们育成的单基因品系所包含的每个抗病基因都具有相对应的非致病基因。

三、寄主-寄生物体系基因-对-基因关系的特征和分析

1 寄主-寄生物的共进化和基因-对-基因关系

在考虑基因-对-基因关系的起源时，首先要关注促成寄主-寄生物体系进化的主要机理。寄主的抗病性突变和寄生物的致病性突变对寄主-寄生物体系的进化具有积极的作用。只有在寄生物流行的寄主群体中，寄主个体的抗病性突变（由感病到抗病的突变）才会给寄主群体带来益处，寄主群体这种突变基因频率的继续增加，最终会形成完全抗病的群体，这样的寄主群体对寄生物的生存不利。另一方面，如果致病基因在整个寄生物群体中蔓延，则寄生物的这种致病性突变有利于寄生群体的发展和进化。在这种状态下，寄主为了生存和发展，必须再次发生主动的抗病性突变，以抑制病原群体的蔓延和对寄主群体的危害。寄主-寄生物体系的两大突变是推动寄主-寄生物体系进化的动力。一般的规律是先出现寄主抗病性的突变，寄主群体中抗病基因频率逐步增加，以抑制病原物在寄主群体中的蔓延，随后是寄生物病原的致病性变异，造成能抑制病原的寄主抗病基因失效，使病原寄生物得到生存和发

展。如果突变体抗病基因有效，它就会在整个寄主群体中蔓延，抗病基因在寄主群体中蔓延起两种作用，一是排除寄主其他位点的选择压；二是给寄生菌所有位点施加选择压。当寄生物的某个位点出现有效的致病基因，而且在寄生物群体中蔓延时，它同样具有排除寄生物其他位点选择压的作用；同时具有使携带有关抗病基因的寄主失去优势的作用。在寄生物群体的全部或几近全部成员都具有新的致病基因时，寄主群体原有的有关抗病基因就不再起作用。如此循环往复，实现了寄生体系的发展、进化，因此，寄主-寄生物体系应当是一个动态的基因-对-基因互作的共进化体系[21]。

　　寄主-寄生物体系进化的外在因素是自然选择。自然选择不利于寄生物繁殖，就有利于寄主所发生的突变，而自然选择有利于恢复和提高寄生物的繁殖能力，则不利于寄主所发生的突变。所以，自然选择对寄主有利，就对寄生物不利，反之亦然。自然选择对寄主-寄生物共进化的作用，是寄主发生的突变，只有通过自然选择才能帮助寄主限制寄生物的生长和繁殖，而寄生物也会发生同样的突变，如果自然选择对这种突变的寄生物不利，则这种突变不会保留下来，在这种情况下，自然选择对寄主有利。另一方面，寄生物发生的突变也只有通过自然选择，才能帮助寄生物提高其生长和繁殖的能力，因为自然选择对寄生物的突变有利，它就被保留下来。这就是自然选择在寄主-寄生物体系进化过程中，对寄主-寄生物二者发生的突变进行选择，出现或有利于寄主生存发展或有利于寄生物生长繁殖的条件。因此，就形成了寄主-寄生物互作中的既相互抑制又相互促进的寄生体系的动态平衡和进化[2]。

　　人为因素对寄生体系的共进化起了干扰作用，例如，在当今的农业中很熟悉的病害流行，在自然界很少发生[29]，这是人为干扰的结果。农作物及其病原寄生物在长期的共进化过程中，形成相互一致、相互促进的动态平衡关系。现代的人们通过他们的育种计划和植物及其病原在全世界的运输，已经打乱了自然界的平衡，妨碍了寄主和寄生物共进化的研究。作物抗病育种过程中，导入主效抗病基因，培育和应用抑制病原寄生物生长、繁殖的高抗作物新品种，是干扰作物-病原寄生物体系平衡发展的一种人为干扰因素。

　　Mode 把现代遗传学概念应用于寄生体系的微进化，他用表现特异的基因-对-基因关系的数学模式来解释寄主-寄生物的共进化[21]。他认为寄主和寄生物能形成一个相互包容的寄生体系，是由一方向另一方施加选择压而建立它们互作的基因体系。在寄主与寄生物的基因-对-基因互作的基础上，他又假定了寄主的抗病基因与独立遗传的致病性基因的等位性。具有这些特性的寄生体系处于动态的平衡，保证了寄主和寄生物二者都能生存。Mode 的共进化数学模式揭示了大部分寄生体系具有的本质特征[22]。

　　Person 认为，基因-对-基因关系是寄主-寄生物体系普遍存在的规律，这种关系是通过寄主的抗病性突变和寄生物的致病性突变和自然选择建立起来的。Johnson 证明了作物锈病菌的进化是受人为因素控制的，他以亚麻种植区获得的亚麻锈病菌小种对分别携带 P，P-1，P-2 和 P-3 抗病基因品种的致病性来说明[23]。Person 也承认人为因素的影响导致进化的可能性。Mode 或 Person 关于寄主-寄生物体系共进化的阐述只是一种假说，还没有实验资料或科学的证据来解释寄生体系的进化。

　　Mode 和 Person 详细研究了寄主及其寄生物如何保持它们长期共存的问题[21,22]。他们断定遗传多态性导致寄主-寄生物保持平衡状态，从而保证了它们的共进化。他们认为寄主群体在遗传上是异质的（heterogeneous），这种异质性（heterogeneity）由异交产生。为此，Mode 断定亚麻现在存在的遗传多态性是"残遗"的多态性，这种现象可追溯到寄主群体异交的年代。另一方面，在整个大群体中，只要保持着小的群体比较稳定的异交，多态性就能在主要为自交的群体中保持下去。Mode 和 Person 描述的多态性的模式体系，必须包括品种间杂交的一个群体内，在寄主抗病性的一个遗传位点上，保持着许多不同的等位基因，但是这种群体无论在自然的寄生体系中或农作物的寄生体系中都没有发现。因此，根据已有的证据，不可能就遗传多态性的确切作用以及遗传多态性对寄主及其寄生物共进化的重要性得出可靠的结论。因此，关于遗传多态性对保持寄主-寄生物平衡及其共进化的作用有待进一步研究。另外，在寄主和寄生物的整个进化过程中，水平抗病性或多基因抗病性可能具有保持寄主和寄生物之间生物学平衡的作用。在植物的主要起源中心，大部分的栽培植物及其野生祖先，对地方性的病原具有某种程度的水平抗病性[23]，在它们的进化期间，具有垂直抗病新基因的寄主植物应当具有生存优势。这种优势是暂时的，价值是有限的，这一点已由主要起源地区获得的植物保持的抗病种质的多样性所证明。具有水平抗病性的植物幼苗对寄生物尤其是植物锈病菌，常常比较感病，这使得在接种源数量受到限制时，这种病原物也能在生长季的早期定居下来。随着植物的生长，寄主植物变得比较抗病，即使接种源增加了，寄主植物也不容易受侵染。只具有水平抗病性的成熟植株，很少具有由控制垂直抗病性的主效基因提供的免疫性，这使得对寄主危害较小的寄生物能持续存在。因此，在寄主和寄生物之间建立了平衡状态，保证了二者的生存。这可以解释为什么在植物的主要起源中心存在不具有垂直抗病基因的植物。

2 理想的基因-对-基因体系及其特征

Person 在根据特异的基因-对-基因互作构建理想的基因-对-基因体系时，提出两个假定：①每个参加互作的位点只有两种可能的表型，即显性是完全的。②每个寄主位点控制对寄生物有关位点的抗病反应或感病反应，而寄生物的每个位点控制对寄主有关位点的非致病反应或致病反应[22]。他以 Flor 研究亚麻抗病性和亚麻锈病菌致病性发现的 5 个基因位点为根据，构建了如表 1-13 所示的寄主-寄生物体系 5 个位点的基因-对-基因互作模式。这个模式的基因互作位点数为 5，所以寄主或寄生物群体的表型总数为 2^5。根据寄主包含的抗病基因数，由左至右列出抗病基因数由少至多的寄主品种，形成一个渐进（递增）的品种系列。再根据寄生物含有的致病基因数，由上至下列出致病基因数由少至多的寄生物小种的系列，同样也形成一个渐进的系列。这就形成表 1-13 所示的理想的基因-对-基因体系。5 个互作基因位点的两个互作群体，每个群体都有 32 个表型出现。根据侵染寄主品种的病原小种的数量多少，从左至右列出 32 个寄主品种。根据侵染小种的数量，把寄主品种分为 6 群。同样地，根据病原小种侵染的品种数的多少，由上至下列出 32 个病原小种，根据侵染的品种数，病原小种也分成 6 群。6 群寄主品种分别受 32、16、8、4、2 和 1 个小种侵染，而 6 群病原小种 P 分别侵染 32、16、8、4、2 和 1 个品种。这表明病原小种与寄主品种的互作所表现的表型之间存在几何系列的关系。Person 的理想基因-对-基因体系的最重要特征是寄主-寄生物二者互作表现为"几何法则"的关系。这个特征一般可以作为植物寄生体系基因-对-基因关系的一个衡量标准。表 1-13 中的"S"代表品种的感病反应和病原小种的致病反应，空白处代表品种的抗病反应和病原小种的非致病反应。当应用这个模式来观察寄主品种时，就能发现这些寄主与侵染它们的病原的关系存在某种普遍的规律。同样地，观察这个模式中的病原小种，也发现病原小种与它们所侵染的品种之间的关系存在某种规律性。

表1-13 5对位点的基因-对-基因关系的寄主-病原互作体系
(Person, 1959)

病原小种	a	b	c	d	e	H1	H2 (A*)	H3 (B)	H4 (C)	H5 (D)	H6 (E)	H7 (A B)	H8 (A C)	H9 (A D)	H10 (A E)	H11 (B C)	H12 (B D)	H13 (B E)	H14 (C D)	H15 (C E)	H16 (D E)	H17 (A B C)	H18 (A B D)	H19 (A B E)	H20 (A C D)	H21 (A C E)	H22 (A D E)	H23 (B C D)	H24 (B C E)	H25 (B D E)	H26 (C D E)	H27 (A B C D)	H28 (A B C E)	H29 (A B D E)	H30 (A C D E)	H31 (B C D E)	H32 (A B C D E)	被侵染品种数	表现致病的基因数
P1	a⁺					S⁺⁺																																1	0
P2	a					S	S																															2	1
P3		b				S		S																														2	1
P4			c			S			S																													2	1
P5				d		S				S																												2	1
P6					e	S					S																											2	1
P7	a	b				S	S	S				S																										4	2
P8	a		c			S	S		S				S																									4	2
P9	a			d		S	S			S				S																								4	2
P10	a				e	S	S				S				S																							4	2
P11		b	c			S		S	S							S																						4	2
P12		b		d		S		S		S							S																					4	2
P13		b			e	S		S			S							S																				4	2
P14			c	d		S			S	S									S																			4	2
P15			c		e	S			S		S									S																		4	2
P16				d	e	S				S	S										S																	4	2
P17	a	b	c			S	S	S	S			S	S			S						S																8	3
P18	a	b		d		S	S	S		S		S		S			S						S															8	3
P19	a	b			e	S	S	S			S	S			S			S						S														8	3

（续）

病原小种＼致病基因型	a	b	c	d	e	H1	H2	H3	H4	H5	H6	H7	H8	H9	H10	H11	H12	H13	H14	H15	H16	H17	H18	H19	H20	H21	H22	H23	H24	H25	H26	H27	H28	H29	H30	H31	H32	被侵染品种数	表现致病的基因数
抗病基因型							A*					A	A	A	A							A	A	A	A	A	A					A	A	A	A		A		
								B				B				B	B	B				B	B	B				B	B	B		B	B	B		B	B		
									C				C			C			C	C		C			C	C		C	C		C	C	C		C	C	C		
										D				D			D		D		D		D		D		D	D		D	D	D		D	D	D	D		
											E				E			E		E	E			E		E	E		E	E	E		E	E	E	E	E		
P20	a		c	d		S	S		S	S			S	S					S						S													8	3
P21	a		c		e	S	S		S		S		S		S					S						S												8	3
P22	a			d	e	S	S			S	S			S	S						S						S											8	3
P23		b	c	d		S		S	S	S						S	S		S									S										8	3
P24		b	c		e	S		S	S		S					S		S		S									S									8	3
P25		b		d	e	S		S		S	S						S	S			S									S								8	3
P26			c	d	e	S			S	S	S								S	S	S										S							8	3
P27	a	b	c	d		S	S	S	S	S		S	S	S		S	S		S			S	S		S			S				S						16	4
P28	a	b	c		e	S	S	S	S		S	S	S		S	S		S		S		S		S		S			S				S					16	4
P29	a	b		d	e	S	S	S		S	S	S		S	S		S	S			S		S	S			S				S				S			16	4
P30	a		c	d	e	S	S		S	S	S		S	S	S				S	S	S				S	S	S				S					S		16	4
P31		b	c	d	e	S		S	S	S	S					S	S	S	S	S	S							S	S	S	S						S	16	4
P32	a	b	c	d	e	S	S	S	S	S	S	S	S	S	S	S	S	S	S	S	S	S	S	S	S	S	S	S	S	S	S	S	S	S	S	S	S	32	5
侵染小种数						32	16	16	16	16	16	8	8	8	8	8	8	8	8	8	8	4	4	4	4	4	4	4	4	4	4	2	2	2	2	2	1		
表现抗病的位点数						0	1	1	1	1	1	2	2	2	2	2	2	2	2	2	2	3	3	3	3	3	3	3	3	3	3	4	4	4	4	4	5		

* A、B、C、D、E表示寄主品种抗病的5个基因位点，没有标记的位点表现感病；＋：a、b、c、d、e代表病原物表现致病的5个基因位点，没有标记的位点表现非致病；＋＋：S表示寄主病原物组合表现感病反应，空白处表示抗病反应。

在这个互作模式中，寄主品种 H1 受所有的小种侵染，H32 只受一个普遍致病的小种侵染，其他品种都受一个以上的小种侵染。病原小种 P1 只侵染 H1 这个品种而不侵染这个体系中的其他品种。这也是这个互作体系所表现的特征。H1 品种受所有的小种包括 P1 侵染，而其他的品种都不受 P1 侵染，所以 H1 品种是一个普感品种。如上所述，根据侵染寄主品种的小种数，把寄主品种划分为品种群，发现侵染各品种群的小种数形成 32、16、8、4、2 和 1 的几何系列。根据病原小种能侵染的品种数，把病原小种划分为小种群，发现各小种群能侵染的品种数也形成 32、16、8、4、2 和 1 的几何系列。H2～H6 这个寄主品种群中，每个品种都被总小种数 32 的一半，即 16 个小种侵染。用这个品种群能鉴别这个互作体系的全部病原小种。病原小种群 P27～P31 中的每个小种能侵染 16 个寄主品种，占本互作体系寄主品种数的 1/2。这个小种群能鉴别本互作体系的全部寄主品种。

在品种群内的任何成对品种，侵染两个品种的小种数是侵染其中一个品种的小种数的 1/2，1/4，1/8 等。例如品种 H2 或 H3，每个品种都受 16 个小种侵染，而二者同时受 8 个小种侵染，品种 H7 和 H16，每个品种受 8 个小种侵染，二者同时受 2 个小种侵染等。在这个互作体系中能找到与成对品种反应相同的第三个品种，例如品种 H7 受同时侵染 H2 和 H3 的 8 个小种侵染；品种 H29 只受同时侵染 H7 和 H16 的 2 个小种侵染。由不同品种群随机抽取的任何成对品种，也存在上述的"几何法则"，例如分属于不同品种群的 H2 和 H16，前者受 16 个小种侵染，后者受 8 个小种侵染，二者同时受 4 个小种侵染，侵染二者的小种数分别为侵染前者小种数的 1/4 和侵染后者小种数的 1/2。来自 3 个或 3 个以上品种群的寄主品种，侵染它们的小种数之间，同样存在这种几何法则，例如品种 H1 受 32 个小种侵染，H6 受 16 个小种侵染，H12 受 8 个小种侵染，H22 受 4 个小种侵染。病原小种侵染的品种数之间，同样存在这种几何法则的关系，例如，小种 P29 和 P32 能同时侵染 H22，H12，H6 和 H1，它们是分别侵染这 4 个品种的小种数的 1/2，1/4，1/8 和 1/16。

在这个模式体系中，也可以发现几何法则的一种特殊情况，即侵染某一个品种的全部小种也都能同时侵染另一些品种，例如侵染品种 H19 的全部小种都能侵染品种 H13，H10，H7，H6，H3 和 H2〔表 1-13-1（c）〕。这些品种也能排列成一个系列，这个系列的特征是侵染第一个品种的小种都能侵染其后的所有品种；侵染这个系列第二个品种的全部小种都能侵染其后的全部品种，等等。以上是基因-对-基因体系揭示的寄主-寄生菌互作的主要特征。

3 理想的基因-对-基因体系分析方法的应用

在对具体的寄主-寄生菌体系的基因-对-基因互作关系进行分析时，首先要发现这个互作体系所表现的各种表型相互关系的几何法则和几何系列，然后解释寄主品种和病原小种互作所发现的这些特征。前面已详细研究了理想的基因-对-基因体系的特征，但是，建立这个理想的体系时，提出了一些假定，如显性是完全的，表型只有两种等，因此，特异的基因-对-基因关系所表现的寄主-寄生菌互作的表型很完善。

在这个理想的基因-对-基因体系或其他任何基因-对-基因体系中，不难辨认不具有抗病基因的普感寄主品种和具有全部致病基因的普遍致病小种。同时，一看就能辨认不具致病基因的病原小种只能侵染普感的寄主品种，具有全部抗病基因的品种只被具有普遍致病的小种侵染。我国以普感品种丽江新团黑谷为轮回亲本，已创制一套单基因的近等基因系，有条件构建理想的基因-对-基因关系的鉴别体系，通过单基因近等基因系与稻瘟病菌互作，研究稻瘟病菌小种。目前发现和鉴定的水稻稻瘟病抗病基因，一般都是显性的，而且都根据寄主品种的抗病/感病（病原菌的非致病/致病）两种表型来划分病原小种，所以利用我国单基因的近等基因系构建稻瘟病菌小种鉴别体系，完全符合 Person 构建理想的基因-对-基因关系时提出的假定条件。因此，暂且以 5 个单基因近等基因系的品系组成类似表 1-13 的寄主鉴别体系，寄主的抗病基因型与表 1-13 的基因型相对应。A，B，C，D，E 分别代表近等基因系的 5 个单基因品系的抗病基因。表中的 H1 为不具有抗病基因的普感品种丽江新团黑谷，H2～H6 代表近等基因系 5 个寄主品系。P1～P32 代表要研究的致病基因型不明确的稻瘟病菌菌株。根据 Person 发现的寄主-病原互作的几何法则，对我国近等基因系鉴定的稻瘟病菌小种及其致病基因型进行理论推断如下：

H1 是普感品种丽江新团黑谷（LTH），受接种鉴定的全部菌株侵染，如果侵染品系 H2～H6 的菌株数是侵染 H1 菌株的一半，说明分别侵染 H2～H6 的菌株具有相应的致病基因 a，b，c，d，e，其基因型分别为 aa，bb，cc，dd，ee。假如接种的大量稻瘟病菌株中存在的 32 种致病型或小种，则利用 H1～H6 鉴别寄主就能把 32 个致病型或小种区分出来。因此这组寄主品种（系）能区分这个体系中的全部稻瘟病菌小种，具有最强的鉴别稻瘟病小种的能力。表 1-13 中的病原小种 P27～P31，分别侵染 32 个寄主品种中的 16 个品种，用这 5 个病原小种鉴定寄主品种，能把 32 个寄主品种的表型区分开来。因此这 5 个病原小种具有最强的鉴别寄主品种表型或基因型的能力。实际上，我国甚至全世界还没有找到这样的稻瘟病菌小种，这正是我们应用单基因近等基因系要寻找而且一定能找到的小种。

近等基因系可以根据侵染它们的稻瘟病菌株数进行分类并排列，如果侵染近等基因系及近等基因系组合（近等基因系品系群）的稻瘟病菌株数形成 1、2、4、8、16 等的几何系列，就可以对稻瘟病菌及稻瘟病菌群的致病基因进行推断。然后，根据这个体系的基因-对-基因关系，分析被鉴定的互作体系的各种特征。

当对被测定的水稻单基因品系-稻瘟病菌群体中的同一个类群的两个或两个以上的品种进行特征比较，或病原群体中的同一个病原小种群的两个或两个以上的小种特征进行比较时，同样要应用理想的基因-对-基因体系的几何法则。例如，品系 H2 和 H3 分别受侵染 H1 的菌株数 X 的一半（$X/2$）侵染；二者共同受 $X/4$ 个菌株侵染。因为同时侵染 H3 和 H2 的菌株数正好是能单独侵染 H2 的菌株数的一半，因此，侵染 H3 以及 H2 的这 $X/4$ 个菌株具有两个致病位点。它们比只侵染 H3 寄主品种的小种多一个侵染 H2 寄主品种的致病位点；比只侵染 H2 寄主品种的菌株多一个侵染 H3 寄主品系的致病位点。由此发现了上述 $X/4$ 个菌株具有两个致病位点 a 和 b，一个是对品种 H2 的致病位点，另一个是对 H3 的致病位点。因此，这些稻瘟病菌株可以分为三个类群：①对 H2 的抗病基因具有致病基因位点 a 的菌株；②对 H3 的抗病基因具有致病基因位点 b 的菌株；③对 H2 和 H3 的抗病基因都具有致病基因位点 a 和 b 的菌株。在 H2 和 H3 两个寄主品种中，H2 的抗病基因位点 A、H3 的抗病基因位点 B 表现抗病性。能侵染品种 H2 的小种具有相关的致病位点 a，其基因型为 aa；能侵染寄主品种 H3 的小种，具有相关的致病基因位点 b，其基因型为 bb，因此侵染寄主品种 H2 和 H3 的那些小种的基因型为 aabb。此外，同时侵染单基因品系 H2 和 H3（抗病基因 A 和 B）的稻瘟病菌株基因型 aabb 相当于表 1-13 的 H7，侵染品系 H5 和 H6 的稻瘟病菌株，相当于表 1-13 中侵染 H16 的病原菌，其致病基因型为 ddee。（具有侵染表 1-13 寄主品种 H7 两个抗病基因 A 和 B 的致病基因位点 a 和 b，致病基因型为 aabb；同时也具有侵染 H16 抗病基因 C 和 D 的致病基因位点 c 和 d，其致病基因型为 ccdd。）由此可见，能同时侵染寄主品种 H7 和 H16 的病原小种，相当于同时侵染近等基因系 H1，H2，H5，H6 等 4 个单基因品系的稻瘟病菌，这样的菌株具有 4 个致病基因位点 a，b，d，e，其致病基因型为 aabbddee。根据这个鉴定和分析结果，这些稻瘟病株可以分为三群：①具有 aabb 致病基因型的菌株群；②致病基因型为 ddee 的菌株群；③致病基因型为 aabbccdd 的菌株群。品种 H29 只被同时侵染 H7 和 H16 二者的小种侵染，H29 具有 H17 携带的 2 个抗病基因以及 H16 携带的 2 个抗病基因，分析结果仍然会发现侵染寄主品系的病原小种具有 4 个致病基因位点。同样的分析方法也适用随机取得的任何成对品种。例如，表 1-13-1 (a) 的品种 H2（A 基因）受 16 个小种侵染，H16（D、E）受 8 个小种侵染，H2 和 H16 二者共同受 4 个小种侵染。因此，H2 和 H16 二者受侵染 H2 的小种总数 1/4 的小种侵染，受侵染 H16 的小种总数 1/2 的小种侵染。这说明品种 H16 具有 H2 不存在的两个位点上的抗病基因，而 H2 具有 H16 不存在的一个位点的抗病基因。由此可以判断，侵染品种 H2 的小种具有与 H2 的抗病性位点（位点 A）对应的致病基因位点（a），而侵染品种 H16 的小种具有与 H16 的抗病基因位点（位点 D 和 E）对应的致病基因位点（d 和 e）。表 1-13-1 中的品种 H22 只对同时侵染 H2 和 H16 的那些小种感染，由此可以推断与品种 H22 的三个抗病基因位点（A、D、E）有关的病原小种的致病基因型为 aaddee。

表 1-13-1　由表 1-13 归纳的几何法则和几何系列的例子

病原小种	寄主品种																
	H2	H16	H1	H6	H12	H22	H19	H13	H10	H7	H6	H3	H2	H19	H7	H2	H1
	(a)		(b)				(c)							(d)			
P1			S														S
P2	S		S										S			S	S
P3			S														S
P4			S														S
P5			S														S
P6			S	S							S						S
P7	S		S							S		S	S	S	S	S	S
P8	S		S										S		S	S	S
P9	S		S										S		S	S	S
P10	S		S	S					S	S			S		S		S
P11			S									S					S
P12			S		S							S					S
P13			S	S			S					S	S				S
P14			S														S
P15			S	S							S						S
P16		S	S	S							S						S

（续）

病原小种	寄主品种																
	H2	H16	H1	H6	H12	H22	H19	H13	H10	H7	H6	H3	H2	H19	H7	H2	H1
	(a)		(b)				(c)							(d)			
P17	S		S							S		S			S	S	S
P18	S		S		S					S		S			S	S	S
P19	S		S		S		S	S	S	S				S	S	S	S
P20	S		S										S		S	S	S
P21	S				S				S			S	S				S
P22	S	S	S			S			S			S	S				S
P23			S		S							S					S
P24			S						S			S					S
P25		S	S		S				S								S
P26		S	S									S					S
P27	S		S		S					S		S	S		S	S	
P28	S		S	S								S			S	S	
P29	S	S	S	S		S				S		S	S	S	S	S	
P30	S	S							S			S					
P31			S	S	S				S			S					S
P32	S	S	S	S	S	S	S	S	S	S	S	S	S	S	S	S	S
侵染小种数	16	8	32	16	8	4	4	8	8	8	16	16	16	4	8	16	32

能够排列为几何系列的品种，侵染这种系列第一个品种的所有小种都能侵染这个系列的第二个以及后续的全部品种，很显然，使这个系列的后续成员受侵染的小种，不需要添加其他致病基因。换言之，这个系列的每一个品种都具有后续品种具有的全部抗病基因。反过来说，如果系列中的第一个品种受侵染后续品种的总小种数的 1/2 侵染，就说明前者还有另一个抗病基因，或者如果受总数 1/4 的小种侵染，就表明第一个品种还有其他两个抗病基因。表 1-13-1 (d) 把品种 H19，H7，H2 和 H1 放在一个几何系列中，它们分别对 4，8，16 和 32 个小种感病，也分别具有抗病基因 ABE，AB，A 和没有抗病基因。同样地，侵染这些品种的小种可以根据它们是否分别具有致病基因 aabbee，aabb 或 aa 进行分类。

就任何一个基因-对-基因体系而言，可作比较的方法比较多，研究者可以根据寄主-寄生菌互作的实验结果，参照 Person 的这个理想的基因-对-基因体系的分析方法，对成对的品种或小种进行分析。建立寄主-寄生菌互作的理想体系，是以特异的基因-对-基因关系为基础的，它能否应用于实际存在的各种寄主-寄生菌体系，需要进行深入的研究和分析。对其他体系的基因-对-基因关系的分析，首先要发现前面描述的那些特征，即几何法则和几何系列，其次在于解释所发现的那些特征。要详细研究理想的基因-对-基因体系的特征，以审视这些特征究竟揭示了寄主-寄生菌遗传学的什么问题。在理想的基因-对-基因的体系中，或者在符合基因

-对-基因关系的任何寄主-寄生菌互作体系中，确认不具抗病基因的普遍感病品种（普感品种）和具有全部致病性基因的普遍致病小种（普致小种）没有困难；不具致病基因的小种，只能侵染普感品种，而具有全部抗病基因的品种只受普致小种侵染，这是一目了然的。

4　Person 的互作研究与 Flor 的遗传研究结果的异同

　　Flor 研究寄主抗病性的主要结论是：①亚麻-亚麻锈病菌体系存在特异的基因-对-基因关系；②亚麻在 5 个位点上存在抗锈病基因，每个位点有一个抗病基因的等位基因系列，或者有一个抗病基因的紧密连续群。Flor 把 Koto 的抗病基因 P，Akmolinsk 的抗病基因 P-1，Abyssinian 的抗病基因 P-2 和 Leona 的抗病基因 P-3 等归入 P-位点；把 Bombay 的抗病基因 N，Polle 的抗病基因 N-1 和 Marshall 的抗病基因 N-2 等归入 N-位点。P 和 N 两个位点紧密连锁[7,8]。Flor 断定 Koto、Akmolinsk、Abyssinian 和 Leona 各具有 1 个抗病基因。但是，Person 的研究结果证明，Koto 和 Akmolinsk 分别具有 1 个抗病基因，而 Abyssinian 具有 2 个抗病基因，Leona 有 3 个抗病基因。

　　Flor 记载了 Akmolinsk 与 Abyssinian 杂交产生的 168 个植株组成的 F_2 分离群体与亚麻锈病菌小种 1 和小种 3 的互作[10]。这个群体对小种 1 没有分离，全部后代植株都抗病；对小种 3 有分离，后代的 3/4 植株感病，1/4 植株抗病（表 1-14）。Flor 关于 Akmolinsk 和 Abyssinian 的单基因是等位的或者连锁的这个结论，是以分离群体中没有出现对小种 1 感病的个体这个事实为根据的。

表 1-14　由 Flor 的 Akmolinsk 与 Abyssinian 杂交获得的 F_2 分离的重新解释

(Person, 1959)

测定小种	基因型	亲本品种		预期的 F_2 的表型			
		Akmolinsk	Abyssinian	Person 的分析		Flor 的实验结果	
		AAbb	AABB	AAB-	AAbb		
小种 1	$avr_p avr_p$ —	R	R	R	R	R R	S
小种 3	$vr_p vr_p avr_p avr_p$	S	R	R	S	R S	S
	观察频率			130	38	130 38	0
	理论频率			126	42	126 42	0

　　Flor 指出："双亲对小种都为免疫的或抗病的、其杂交后代没有出现对该小种感病的分离体，对这种现象的解释是，被研究的品种中有控制锈病菌的基因存在，这种基因与 Ottawa770B、Newland 或者可能还有 Bombay 的免疫基因等位或连锁。"Flor 在后来的论文中指出，这个规律也适用于 Akmolinsk 与 Abyssinian 杂交的结果。因此 Flor 断定，Akmolinsk、Abyssinian 和 Leona 在不同位点上具有的不同基因是"如此紧密连锁，以至于它们以一个单位遗传"[7,8]。

　　Person 对 Flor 的研究资料及结果作如下分析：假定具有 1 个抗病基因的 Akmolinsk 的基因型为 AA，具有 2 个抗病基因的 Abyssinian 的基因型为 AABB，病原小种 3 在与寄主 A 位点有关的位点 a 表现致病，除 Bison 外，Akmolinsk 是小种 3 能侵染的唯一品种。如果用 $vr_p vr_p$ 代表这个位点的隐性基因型，则由于它不能侵染 Abyssinian，它们的完整基因型应为 $vr_p vr_p avr_p avr_p$。而不能侵染 Akmolinsk 的小种 1 至少必须在与 A-位点有关的位点上具有 1 个显性的非致病基因。

根据上述的假设，Akmolinsk 和 Abyssinian 都具 A-位点的显性抗病基因，全部 F₂ 代都携带 AA，它们都抵抗不具有相关致病基因的小种 1；另一方面，小种 3 具有克服寄主抗病基因 AA 的致病基因，因此，用小种 3 测定后代时，F₂ 所有植株的这个抗病基因就被掩盖。然而，因为小种 3 不存在与 B 位点相关的致病基因，这就显示了 Abyssinian 的 BB 基因的作用。表现了 B 位点的抗病性分离。所以，Flor 的资料满足了对各个方面的解释。根据 Person 的解释，对小种 1 和小种 3 没有感病的植株是可以预见的；而 Flor 假设的单基因是等位基因或紧密连锁没有被证实。

因为这是评定寄主抗病性分离的经典遗传解释的典型例子，Person 在进一步研究 Flor 的遗传资料之前，先举例说明他的解释的普遍正确性。例如，现在有 A、B、C 3 个抗病基因位点随机分离的 F₂ 群体，如果这个群体中存在第四个共同的抗病基因位点 D，接种对 D 位点不具有致病基因位点 d 的锈病菌小种时，F₂ 群体的全部植株（DD）抗病，而接种对第五个抗病基因位点 E 具有致病基因 e 的锈病菌小种时，全部植株（EE）感病。F₂ 群体的全部植株对不具有致病基因（dd）的全部锈病菌小种都抗病。而第 5 个抗病基因 E 的 F₂ 的全部个体植株（EE）被锈病菌致病基因型（ee）克服，所以全部个体都表现感病。这是因为相应的锈病菌小种对 F₂ 群体具有的共同抗病基因位点，具有共同的致病基因时，F₂ 群体内的这种抗病基因的存在完全被掩盖了。这一点用表 13-1（a）的例子来说明，"小种 9"对双亲和后代的 D-位点为非致病，F₂ 群体一致表现抗病。如果接种鉴定用的小种对抗病基因位点 D 具有致病基因 d，F₂ 群体一致表现感病。当然，由于接种的菌株不是纯一的小种，也会导致具有共同基因位点 F₂ 群体的分离，例如"小种 9"可能包含对 D 位点的致病基因 d，或者接种的小种中包含对抗病位点 E 非致病的小种，F₂ 群体也会表现分离。如表 1-13-1（b）所示，在共同存在的抗病基因被掩盖的情况下，F₂ 群体的抗感植株的分离比率取决于所用的测定小种。如果用纯一的小种分别测定，上述的 F₂ 群体就能获得如下的抗感分离比率：63∶1，15∶1，3∶1，1∶0 和 0∶1。例如接种的锈病菌小种对 A，B，C 三个抗病基因位点都具有非致病基因 avrA，avrB，avrC，得到的抗病植株与感病植株的分离比率为 63∶1；接种的小种侵染其中任何一个抗病基因，分离比率为 15∶1；接种小种侵染三个抗病基因中任何二个，分离比率为 3∶1；而 1∶0 和 0∶1 的分离比率则是前面分析过的具有共同抗病基因的群体的分离比率。所以，被揭示的分离位点的数目，实际上完全取决于测定小种的选择。利用 2 个测定小种能获得的比率，也列示表 1-13-1（b）中。这再一次揭示分离位点的数目由选择的测定小种决定。3∶1 的比率不一定总是意味着只有一个位点发生分离，或有关的品种具有单一抗病基因。所以，在进行作物品种抗病基因分析时，必须注意两个不同的过程，否则可能导致分析的完全失败。例如，Flor 经常用双亲品种表现抗病的小种来测定 F₂ 代[8]。Person 认为下列的亲本及其杂交后代 F₂ 代，可以进行如下测定：

（1）H2（A 基因）×H7（A，B 基因）用小种 P1（无致病基因），P3（有致病基因 vrb）或 P4（有致病基因 vrc）接种鉴定；

（2）H3（B 基因）×H6（E 基因）用小种 P1（具有非致病基因），P2（具有致病基因 vra）或 P4（具有致病基因 vrc）接种鉴定；

（3）H4（C 基因）×H5（D 基因）用小种 P1（具有非致病基因），P2（具有致病基因 vra）或 P3（具有致病基因 vrb）接种鉴定。

（4）某些亲本及其杂交后代用"小种 P9"接种鉴定。

上述的 1、2 和 3 三种鉴定，对测定抗病基因的等位性或连锁是合理的；而（4）的这种测定是不合理的。为了进行合理的测定，需要有具备单致病基因的小种，而且双亲品种及其杂交后代群体没有共同抗病基因。然而，Person 认为，Flor 用的大部分鉴别品种具有 2 个或 2 个以上的抗病基因。因此，等位性测定所需要的致病单基因小种不能鉴别，而且基本上不能获得这种小种。另一方面，所用的许多小种，对双亲品种抗病的位点表现非致病，这些小种中的任何一个小种，对测定（4）即合理的等位性测定是有用的。因为这两种类型的测定中，双亲及其后代都一律为抗病的。Flor 的方法不能辨别最频繁进行的一个不合理的测定（由于不能排除不适合的测定小种），而且 Flor 的方法用于测定非等位的或者不相同的寄主抗病基因，能得到明确的结果。另一个方面，上述的（4）能进行测定时，被测定的 2 个品种共同存在抗病基因时是合理的测定。如果是这样，则根据本分析方法应当发现和已经发现的具有共同抗病基因的品种，也是根据 Flor 的方法发现的具有等位基因的那些品种。

现在用证实双亲事实上都具有共同抗病基因 A 和这种测定事实上是等位性的不合理测定的观点来重新研究。亲本都是抗病的 Akmolinsk 与 Abyssinian 杂交，用小种 1 对杂交后代 F_2 群体进行接种鉴定和抗感个体分离分析（表 1-13-1）。假设 Akmolinsk 的基因型为 AA，Abyssinian 的基因型为 AABB，Leona 的基因型为 AABBCC，用 1 个单一的具有致病性基因位点 avr_p（a），avr_p（b）或 avr_p（c）的小种接种鉴定，观察 F_2 锈病菌群体发生的致病与非致病分离。这时 avr_p（c）位点发生分离，接种的锈病菌小种就会出现非致病［基因型 vr_p（a）vr_p（a）vr_p（b）vr_p（b）avr_p（c）$-_p$］和致病［基因型 vr_p（a）vr_p（a），vr_p（b）vr_p（b），vr_p（c）vr_p（c）］两种表型，其比率为 3:1。这种分离只在品种 Leona 能观察到，因为所有的分离体对 Abyssinian 的两个位点（A，B）和 Akmolinsk 的一个位点（A）都是致病的。avr_p（b）位点对 Abyssinian 和 Leona 的分离有连带关系，因为 Abyssinian 和 Leona 这两个品种都具有 avr_p（b）位点的 B 基因。avr_p（a）位点对 Akmslinsk，Abyssinion 和 Leona 3 个品种的分离也有连带关系，因为这 3 个品种都存在 A 基因。分离的比率都为 3 非致病:1 致病［基因型 avr_p（a）-avr_p（b）vr_p（b）vr_p（c）vr_p（c）:1vr_p（a）vr_p（a），vr_p（b）vr_p（b），vr_p（c）vr_p（c）］。Flor 用锈病菌做的杂交研究[4]，证明病原在这些品种上的共分离符合这些预测。在小种 22×小种 24 的杂交 F_2 培养菌，都对三个品种表现共分离[24]。小种 6×小种 22A[24] 和小种 6×小种 22[6] 杂交的 F_2 培养菌，对 Abyssinian 和 Leona 二个品种的分离也符合预期的共分离。这些预期的实现又证实了关于 Akmolinsk，Abyssinian 和 Leona 的先前结论，也证明 Flor 的 Akmolinsk×Abyssinion 杂交的等位性测定是不合理的。Mayo 调查研究了 Flor 关于亚麻抗病基因等位性和紧密连锁的证据，证明了 Flor 的结论没有得到已发表资料的支持[25]。

四、寄主-寄生物互作的植物病理学和遗传学有关术语的基本概念

1　应用于真核生物的致病性和致病的概念

1.1　名词术语准确定义和正确应用的重要性

概念、结构和现象的名称，是科学通信、信息交流和学术研究不可缺少的。当然，即使

对名词术语有准确的定义，但是不能正确运用，也同样会妨碍科学活动的学术交流。最典型的例子是 1989 年 6 月在匈牙利布达佩斯举行的关于植物致病细菌的第七届国际会议上发生的一件趣事。在会议期间的一次讨论会上，一位植物病理学家挑战一位分子生物学家，要求她的研究工作要集中在致病上。这位分子生物学家问道，什么是致病？她说她得到来自三个著名的植物病理学家关于致病的三个不同的定义。于是，她又问道："当你们不能就什么是致病达成一致意见时，我怎样研究致病呢？"这说明名词术语准确定义的重要性，同时也表明存在一定的难度。例如，尽管植物病理学家对致病性（pathogenicity）和致病（virulence）这两个术语的概念的理解逐步深入和渐趋一致，但是仍然存在一些混乱[26]。

出现这种混乱有如下三个主要原因：①对这两个术语的定义不够明确；②在应用上存在各自有根据的彼此意见分歧；③一些植物病理学家未能及时了解名词术语概念的演变过程，即旧的概念被新的概念取代的过程。为了增强科学家之间的相互理解、增长学问，应当努力向名词术语定义的标准化和应用的一致性迈进。

这里讨论与植物病理学有关的几个术语，主要介绍它们在真核生物真菌与寄主植物互作及在原核生物细菌和病毒与其寄主植物互作中的应用。同时对本书中出现的重要名词术语作简要的解释。

1.2　致病性和致病

在植物病理学、医学和科学词典中，对致病性（pathogenicity）和致病（virulence）有不同的定义，有关的研究领域的研究者也有相同或不同的解读。对致病性和致病至少有如下几种定义或解读：①致病性是指致病的性质或状态，致病能力的程度，而致病是指病原微生物克服寄主植物体防卫的相对能力。②致病性是指引起疾病的能力或者依靠传染性、攻击性和产毒性的病原微生物的致病程度，产生或者能产生病理变化和疾病的状态；而致病是指引起疾病的病原微生物表现致病性的相对能力和程度或者任何侵染原表现致病性或产生疾病的能力。③依植物病理学教科书引言的定义，致病性是病原引起病害的能力，而致病是特定的病原致病性的程度。Robinson 把致病性定义为病原的一种属性，是病原引起病害的能力或程度[27]。根据 Robinson 的观点，致病性可以根据它能克服的抗病性的类型划分为垂直致病性和水平致病性。Nelson 等认为致病性不是种的属性，而是菌株的属性[28]。例如一个菌系引起特定寄主发病，这个菌系对那个寄主是致病的（pathogenic），表现了这个菌系的致病性，而致病则是一个菌株与其他菌株相比引起病害的相对能力。④致病性作为一个遗传性状，受真菌中存在的等位基因控制，其表型为致病或非致病，因此致病和非致病是致病性的量化。比如，锈病菌侵染型划分为致病的、半致病的、中等致病的和非致病的，这些侵染型及其数量关系，实际上就是致病和非致病的表型。如果把致病性比喻为高度（height），非致病比喻为高（tall），致病比喻为矮（short），则致病性和高度一样，作为一种遗传性状，是通过致病和非致病这种数量性状的表型，像高和矮这种表型一样，是可以观察到的遗传特征[29]。⑤研究原核生物例如细菌引起的植物病害，所使用的术语大部分借用真核生物例如真菌病原研究中所使用的术语，但是，致病性和致病这两个术语在原核生物引起的病害研究中常常作为同义词使用。⑥在植物病毒研究的文献中不常出现致病性这个术语，当使用这个术语时，一般指引起病害的能力。根据 Fraser 的观点，病毒与具体的寄主种互作的表型，用致病的或非致病的来描述。Mathers 认为，"如果病毒引起种或品种全身的病害，则病毒为致病的",而"如果具体的植物种或品种对病毒免疫或抗病,那么,病毒对那个种或品种为不致病的"。致病这个术语在植物病毒病的研究领域中频繁出现,它是一个相对的术语,比如"致病的"病毒株比弱致病的病毒株引起较严重的症状,这时,致病的病毒株的对立物是"轻度的"(mild)或"微弱的"(attenuated)病毒株。Bander 在讨论由烟草花叶病毒(TMV)和其他病毒的轻度病毒株和严重病毒株引起的症状的相对严重度时,采用了致病这个术语。Matler 在说明"引起严重病害的病毒比引起轻度病害的病毒更致病"这个意义上利用致病这个术语[29]。Walkey 定义致病为引起病害的相对能力。在分子生物学中也沿用"致病的","轻度的"或"微弱的"这些与致病有关的术语[30]。Fraser 等把致病定义为"病毒的具体株系的繁殖能力或者引起对这种病毒具有抗病基因的寄主种的个体发生病害的能力,就是说致病是克服抗病性的能力"。

1.3　攻击性

攻击性(aggressiveness)这个术语有时用于描述病原在自然界中引起病害的能力。有些植物病理学家认为攻击性是病原菌系生存所必需的。例如,在小麦秆锈病菌中曾出现两个稀有的小种,它们对小麦品种广泛致病,但是"…它们不是攻击性的,在自然界没有存活下来";燕麦秆锈病菌小种 NA27 在北美占超优势的时间达 25 年之久,从侵染型看,它对种植的大部分品种是致病的,但从来不引起燕麦的流行病[31]。因此,有些病理学家认为这个小种不具有在自然界引起严重病害的攻击性。一些学者用攻击性来表示病原克服寄主水平抗病性(horizontal resistance)或一般抗病性(general resistance)的能力,而致病是克服小种特异的(垂直的)抗病性[race specific(vertical)resistance]的能力[32]。

植物病毒学家不常利用攻击性这个术语,不过一些研究者认为攻击性可以作为病毒繁殖的数量、速率及由细胞到细胞蔓延的参数与病毒株广义的致病相联系。Bos 用攻击性这个术语来描述侵染、侵入寄主以及在寄主内繁殖的迅速程度[33],他认为病毒的致病性取决于它的攻击性和致病。Fraser 认为攻击性是指病毒毒株在感病的或抗病的寄主内繁殖和引起病害的能力。他与 Bos 具有相似的观点,认为攻击性和致病是致病性的组成成分。根据 Bos 和 Fraser 的观点,病原本身的侵染性(infectivity)和侵袭力(invasiveness)是攻击性的组成成分。

1.4　适合度

适合度(fitness)也是用来描述病原在自然界存活的一个术语[34]。这个术语来自群体遗传学,被定义为"个体对下一代基因库作出的贡献。"适合度不是特指引起病害的能力,它不是致病或致病性的同义词。不过,对基因库作出大贡献的病原菌系,由于占据较多的寄主组织和为了繁殖而利用较多的寄主营养,从而引起比其他菌系更重的病害。Hollidog 把适合度定义为"生物存活和繁殖的能力"。

1.5　毒素

研究产生寄主特异性毒素(toxin)这种病原的病理学家,用"致病的"(pathogenic)这个术语来描述产生寄主特异的毒素的菌系。植物病理学家在研究玉米圆斑病菌产生 HC 毒素或维多毒素的能力及对玉米或燕麦致病性的遗传时,发现玉米圆斑病菌(*Cochliobolus carbonum*)与燕麦维多利亚疫病菌(*Cochliobolus victoriae*)的杂交后代中,对玉米或燕麦的致病性与毒素的产生之间有紧密的联系[35]。玉米圆斑病菌小种 1 的菌株间杂交，后代产生的 HC 毒素在数量上有明显的变化，这与杂交后代菌株的毒性变化有关联。Yoder 和 Scheffer 证明了燕麦的维多利亚疫病菌穿入燕麦的抗病品种和感病品种，但是，真菌被局限于抗病品种侵入点附近的表皮细胞。燕麦的非病原玉米圆斑病菌（*Helminthosporium carborum*）和高粱叶茎腐病菌（*Helminthosporium victoriae*）的"不致病的"突变体在某种程度上都侵入感病燕麦品种，与野生型的燕麦维多利亚疫病菌侵入抗病品种的程序相同。所以，"不致病的"（nonpathogenic）这个术语，在这里意味着这些真菌没有能力扩展到离寄主穿入点很远的部位。如果在接种源中加入维多毒素，则玉米圆斑病菌就变成致病的，和燕麦维多利亚疫病菌一样侵入感病的燕麦品种。在玉米叶片内发育的非致病的玉米圆斑病菌或燕麦维多利亚疫病菌像抗病玉米叶片内的野生型的玉米圆斑病菌一样，都被限制在 1 个或 2 个细胞内。

2 表示寄生物致病和非致病的形容词及反义词

致病的（pathogenic，virulent）：这是用来描述病原具有的致病特征，Paul Hollidag 编著的植物病理学词典注明 virulent 是 highly pathogenic。当一个菌系引起特定寄主发病时，这个菌系对那个寄主是致病的（pathogenic），而菌系引起寄主严重发病时，用 virulent 这个形容词来表述。菌系引起寄主免疫性或过敏性反应，对该寄主而言，这个菌系是非致病的（nonpathogenic，avirulent）。在植物病理学的文献中，pathogenic 与 virulent，nonpathogenic 与 avirulent 是同义词。因此，有些病理学家分别用 virulent 和 avirulent 及 pathogenic 和 nonpathogenic 来表示上述的"致病的"和"非致病的"。有的植物病理学家建议保留和利用 pathogenic 和 nonpathogenic，而取消 virulent 和 avirulent。作者在此说明植物病理学文献中几个与病原致病性有关的英语形容词，目的是提醒阅读本书的读者在参考本书的引用文献时，注意这些形容词的意义和正确使用。

3 本书出现的常用术语的解释

（1）锈孢子器（aecidium）和锈孢子（aeciospore）：典型的锈病菌生活史中产生性孢子、锈孢子、夏孢子、冬孢子和担孢子等 5 种孢子，以罗马数字 O、Ⅰ、Ⅱ、Ⅲ、Ⅳ代表各个孢子阶段。锈孢子是锈病菌生活史的Ⅰ阶段在锈孢子器内形成。性孢子与授精丝配合形成双核菌丝，由双核菌丝形成锈孢子器。典型的锈孢子器有包被，有杯状、管状、囊状等多种形状。没有包被的锈孢子器称为锈孢子堆。锈孢子器内形成的锈孢子为单胞、双核、黄色、球形或卵形。典型的锈孢子的形态是链状，表面有小疣。

（2）锈菌性孢子器（pycnidium of rusts）：是锈菌的性器官，由单核的初生菌丝集结形成；通常为瓶状，顶部有孔口，孔口边缘有孔丝和授精丝；由性孢子器上部的器壁长出的授精丝，伸入含有性孢子的蜜滴中，实现授精丝与性孢子的配合。性孢子器位于寄主表皮下。

（3）锈菌性孢子（pycniospore of rusts）：来自锈菌性孢子器或精子器的一种孢子；由性孢子器的器壁长出许多单核性孢子梗，性孢子梗以向下方式产生单胞、单核、无色的椭圆形或纺锤形的性孢子。锈菌的性孢子（有时也用 spermatium）与异宗配合的其他真菌一样携带交配的基因，例如锈菌中以符号＋和－表示的交配基因。性孢子是锈菌生活史的 O 阶段。每个性孢子器或者为＋或者为－，来自性孢子的两种菌丝形成双核体，双核体形成双核的锈孢子。

（4）冬孢子（teliospore 或 teleutospore）：形成担子的孢子，有时是指黑粉菌目具有相同功能的孢子，不过黑粉菌目更常用黑粉菌孢子（ustilospore）这个术语。冬孢子堆（telium）和冬孢子是由锈孢子、夏孢子萌发形成的双核菌丝体产生的，形成于寄主表皮层或角质层下。有些锈菌的冬孢子堆外露，而另一些始终不外露。冬孢子为单胞、双胞或多胞，由冬孢子形成冬孢子堆。冬孢子初为双核，核配后形成单核二倍体。冬孢子也称为原担子（probasidium）或下担子（hypobasidium），冬孢子产生的芽管称为异担子（metabasidium）或上担子（epibasidium），锈菌生活史的冬孢子阶段为Ⅲ阶段。

（5）夏孢子堆（uredium）和夏孢子（urediospore）：在锈孢子阶段之后，由双核菌丝形成黄色或橙黄色的夏孢子堆，位于寄主表皮细胞下。夏孢子堆内形成单胞、双核的夏孢子。夏孢子通常为球形、卵形或椭圆形，有 2 个至多个芽孔，偶尔只有一个芽孔。夏孢子重复产生无性孢子，这个生活史阶段为Ⅱ阶段。

（6）担子（basidium）和担孢子（basidiospore）：担子由冬孢子萌发形成。担子的每个细胞具有一个单倍体核。由担子长出一个小梗，梗的顶端形成一个担孢子，担孢子萌发产生单核的初生菌丝。锈菌生活史的这个阶段为Ⅳ阶段。

（7）子囊孢子（ascospore）：由子囊内自由细胞形成的孢子。

（8）子囊（ascus）：子囊菌亚门的典型细胞，形状像一个袋或中空一端较粗的棍棒，通常含有 8 个囊，这些囊是在自由细胞形成的核融合和减数分裂之后形成的。囊分成 2～3 类子囊，例如双囊壁的子囊（双重壁的），原囊壁的子囊和单囊壁的子囊，后者是子囊的一种简化。

（9）菌丝体（mycelium）：真菌的菌体，一团菌丝。

（10）菌丝（hypha）：菌丝体的一条丝状物。

（11）病害反应（disease reaction）：这个术语是指侵染之后病害所表现的一个实际的现象，是寄主和寄生物之间发生互作的直接结果。不同寄生体系的病害反应是不同的，而在一个寄生体系内，一种互作的病害反应，也可能与另一种互作的病害反应不同。病害反应表现为免疫性、过敏性、耐病性和逃病等。在遗传研究中，一般以抗病品种与感病品种杂交，分析杂交 F_2 群体的抗病植株与感病植株的分离比，或 F_3 系统的抗病系统与感病系统的比率，根据分离比推断抗病品种的基因数。或者在病原菌杂交的 F_2 培养中鉴定非致病培养菌与致病培养菌的比率，根据分离比推断非致病菌系的非致病基因数。因此，病害的遗传研究要对分离群体的病斑的类型、植株枯萎的程度或发病植株的百分率进行调查和记载。

（12）抗病性表现：植物病理学家把植物抗病性的表现划分为：①免疫性（immunity）：由于植物的遗传结构特性或功能特性而免除了病原的侵染；②过敏性（hypersensitivity）：由寄生菌初始侵染杀死的植物细胞，形成对专性寄生菌的包囊作用而阻止其发展；③耐病性（tolerance）：忍受无严重产量损失的病害或损害的能力；④逃病（escape）：由于植物的内在特性或生育期的缘故而减少了与当地病原接种的机会，使感病的植物逃脱病害。

（13）对病原的抗病性（resistance to pathogen）：植物抑制或阻止潜在病原的侵入。植物抗病性与病原的致病性是互补的关系。在实践中，主要应用于特化的或专性类型病原侵染的研究。首先，大部分植物是抵抗大部分病原的，即大部分植物为非寄主。其次，许多病原是非特化的，引起植物学上无关的许多植物发生病害。一些抗病性在比较简单的状态表现出来，例如通过叶子的角质层、茎或根的木栓等阻止病原的侵入。所有这些状态都能对全部病原类型起作用（有关抗病性的各种术语参阅第二章抗病性的分类）。

（14）准性世代（parasexual cycle）：丝状真菌在有丝分裂基础上的遗传重组，包括异核体单倍体核的融合和单倍体化之后的有丝分裂交换。

（15）交配型（mating type）：同一种生物依据能否彼此交配分成的类群，不同交配型之间的菌株才能交配。交配型由交配型基因控制，具有一对交配型基因的生物有两种交配型；具有二对交配型基因的生物有四种交配型。

（16）二核体（dikaryon＝dicaryon）：具有遗传上不同的 2 个单倍体核的真菌，细胞。因此，这是一种二核化（dikaryotisation）。

（17）异核现象（异核性）（heterokaryosis）：形成真菌的异核体，具有 2 个或 2 个以上遗传上不同的单倍体核的菌丝或细胞的状态。双核体是异核性的一种类型。

（18）接种源（inoculum）：含有微生物或病毒颗粒，用于接种植物或培养基的材料；接种源也指土壤中、空气中和水中潜在的、有效的侵染材料，一有机会就引起植物的自然接种。

（19）潜在的接种源（potential inoculum）：对在被侵染的植物器官表面或定居在基质表面的、对侵染植物或寄主或在基质上群集有效的寄生物或真菌生长的能量。这个定义像植物感染的这种富于哲理的概念一样有价值，即使这不能直接用数量表示。潜在的接种源，尤其在复杂的土壤环境中的潜在的接种源，在实践上和理论上都在继续研究。这个术语最初由研究橡胶白根腐病的 Bancroft 于 1912 年提出的，意思是病害出现之前，需要一定水平的接种源。

（20）侵染（infection）：一种生物侵入植物或寄主并建立寄生或致病关系。顺便说明侵入过程的一些有关术语：①侵入场（penetration ceurt）：侵入的部位；②侵入垫（penetration cushion）：由菌丝形成的根的外生寄生物附着于幼小根的表皮细胞之间的连接线上并沿着连接线生长，菌丝产生分枝形成细胞团或垫状物，侵入楔在细胞团或垫状物下生长并侵入植物；③侵入楔（侵入丝）（penetration peg）：由木质素、胼胝质、纤维素和木栓质等沉积而形成的结构。在这种结构物周围的菌丝穿透活的寄主细胞壁；④侵染期（infection period）：真菌的孢子萌发与建立侵染之间耗费的时间，这可能需要几个小时或几周不等。

（21）附着胞（appressorium）：附着胞也称侵染结构，是在真菌病原穿入寄主之前由菌丝形成的附着于寄主的一种器官。附着胞可以是不同的细胞，有时具有厚的细胞壁，或者可能是来自亲本菌丝的未分化的细胞。在后一种情况下，只能根据它黏附于害术组织（寄主组织）来区分。附着胞与附着器官（attachment organ）不同，后者指由真菌附着于基质的单一气生菌丝开始并发生二歧分枝，它不像附着胞那样是穿入寄主的最初器官。

（22）孟德尔遗传定律（Mendel's law of inheritance）：奥地利遗传学家孟德尔根据豌豆杂交实验结果，于1865年提出的遗传学中最基本的定律，即分离定律和独立分配定律。

（23）显性（dominance）、隐性（recessiveness）：二倍体生物杂交 F_1 代表现的性状称为显性，被显性性状掩盖的性状叫做隐性。例如抗病品种与感病品种杂交，F_1 杂种表现抗病，不表现感病。在这种情况下，抗病性对感病性为显性，而感病性对抗病性而言为隐性。

（24）显性基因（dominant gene），隐性基因（recessive gene）：二倍体生物在杂合状态表型所显现的基因称为显性基因；在杂合状态不显现，但在纯合状态表型显现的基因称为隐性基因。例如二倍体植物的抗病基因为显性基因，感病基因为隐性基因。

（25）显性性状（dominant character），隐性性状（recessive character）：相对性状在 F_1 代表现的性状称为显性性状，在 F_1 代被掩盖的性状称为隐性性状，例如植物的抗病性和感病性，病原菌的非致病性和致病性，前二者为显性性状，后二者为隐性性状。

（26）分子生物学（molecular biology）：在分子水平研究生物学过程，特别是细胞成分的物理、化学性质和变化以及这些性质和变化与生命现象的关系。

（27）分子遗传学（molecular genetics）：研究分子水平的遗传和变异机制，主要研究基因的化学性质、结构、功能及基因的变化等本质问题。沃森和克里克 1953 年提出的 DNA 分子的双螺旋结构是分子遗传学的理论基础。分子遗传学是分子生物学最为活跃的部分，它渗入到生物学的许多分支中。

（28）复制子（replicon）：能独立复制的 DNA 部分，包括启动基因和复制区两个部分。前者是启动复制的基因，后者是接受启动信号并进行复制的位点。细菌染色体的一个 DNA 分子是一个复制子，而许多真核生物的一个染色体包含几个复制子。失掉复制子的 DNA 分子不能独立复制，但它一旦与另一个复制子连接起来，又会重新恢复复制。

（29）转座因子，或转座元件（transposable element）：一段可移动的 DNA 片段，能从染色体的一个部位移动到另一个部位。原核细胞和真核细胞中都存在转座因子，但是原核细胞中的转座因子通称为转座子（transposon）。转座因子也称为转座遗传因子（transposable genetic element）。细菌中的转座遗传因子分为插入序列、复合转座子和 Tn3 转座子三种类型。

（30）插入序列（insertion sequence）：这里指可以插入到基因组数个部位的细菌的一小段可转座因子。它的功能是使插入部位的邻近片段转座。插入序列含有的基因，编码与转座有关的蛋白质。转座序列只具有转座功能，尚不知其他功能。

（31）质粒（plasmid）：染色体外的遗传结构，例如质体基因、附加体、潜伏性病毒、叶绿体、线粒体。所有的细菌质粒都由环状的 DNA 组成，是细胞质中的复制子。细菌的质粒与染色体无关。

（32）连接酶（ligase）：这种酶分为连接 DNA 的 DNA 连接酶和连接 RNA 的 RNA 连接酶。连接酶催化核苷酸的 5′磷酸与另一核苷酸核糖或脱氧核糖 3′羟基形成共价的二酯链。

（33）黏粒（cosmid）：携带 Lambda 噬菌体染色体黏性末端的质粒。黏性末端的核苷酸序列称为 cos 部位，而两个黏性末端连接形成双股环状分子时，黏性末端的氢链连合区称为 cos。含有 cos 位点的 DNA 都能被蛋白外壳包埋，这便于携带基因的载体有效地导入其他生物。cos 部位也保护质粒不致断裂，并提高筛选外源基因重组质粒的几率。黏粒作为克隆载体，用于研究突变（畸变）的真核细胞结构基因；也用作遗传载体的转化性病毒的核酸引入培养细胞中。

（34）分子克隆（molecular cloning）：研究分子遗传学的一种技术，即来源于不同的生物的 DNA 区段发生共价连接的技术。利用这种技术，把来自原核或真核生物的重组 DNA 分子插入正在进行复制的载体，如质粒载体或病毒载体，再将形成的杂交分子引入受体细胞而不改变细胞的活力。

（35）重组 DNA（recombinant DNA）：用限制性内切酶处理"目的基因"和载体 DNA，或把聚腺苷酸加到 DNA3′端，使两种 DNA 分子产生互补的黏性末端，联合成互补配对。再经连接酶的作用，使 DNA 双链上的缺口连接形成共价结合而产生一个新的、完整的 DNA 分子，这就是重组 DNA。

（36）DNA 印迹法（Southern blotting）：把琼脂糖凝胶电泳分离的 DNA 片段转移到硝酸纤维素膜上。再以 Naoh 浸渍凝胶中的 NDA 片段使其变性，把凝胶放置在硝酸纤维素膜上，压上重物挤出液体。变性的单链 DNA 片段与硝酸纤维素膜结合，用放射性标记的 DNA 或 RNA 探针进行杂交，通过放射自显影可以鉴别哪个 DNA 片段和探针具有同源顺序。这是 E. M. Southern 创立的一种印迹杂交技术。

（37）RNA 印迹法（Northern blotting）：将电泳分离的待测 RNA 片段转移到重氮苄氧甲基（CBN）纤维素膜或滤纸上，并用放射性 RNA 或单链 DNA 探针进行杂交。这是 DNA 印迹杂交技术的一种变更的方法。

（38）分子杂交（molecular hybridization）：分子杂交是检验来源不同的两条聚核苷酸链上碱基顺序同一性的方法。两条具有互补碱基顺序的 DNA 链，在溶液中一起冷却时，形成一个双链结构的 DNA - DNA 杂交体。一条 DNA 链与一条具有互补碱基顺序的 RNA 链在溶液中共同冷却，同样也能形成一个双链结构的 DNA - RNA 杂交体。

（39）复制（replication）：以亲代的 DNA 分子为模板合成一个新的子代 DNA 分子的过程。如果亲代 DNA 分子为单链，则合成一个子代 DNA 分子；如果亲代 DNA 分子为双链，则合成两个子代 DNA 分子。另一个复制过程是以亲代分子作为合成的模板，由一个亲代 DNA 或一个亲代 RNA 合成一个新的子代分子。

（40）亲和的（compatible）：用"亲和的"这个术语有好几种意义：①在病害发生的情况下，寄主和病原之间的关系为亲和的；而在不发生病害的情况下，寄主和病原的关系为不亲和的（incompatible）。②植物根状茎与接穗之间的关系，二者之间形成完全的功能联合体，这称为亲和的。而二者之间出现异常，引起缺陷生长或断裂，这种联合体称为不亲和的。不亲和性（incompatibility）的症状可能与病毒侵染引起的病征相似。③当真菌种的菌系生长在一起能形成有性阶段或完全阶段，例如形成有性型或双核体，这种情况也称为亲和的。受遗传控制的交配体系，如一些卵菌、许多子囊菌、锈菌和黑粉菌，可能是具有两种亲和性类型＋或－，A 和 a 菌系的简单交配体系，有多遗传因子或多交配因子控制同一个种的菌系的不同群体。无性阶段的真菌菌丝体，可以由两性菌丝融合形成稳定的异合体，这是无性的亲和性。

（41）基因-对-基因概念（gene - for - gene concept）：指寄主和病原分别存在着相对应的抗病基因和致病基因。这个术语来源于 Flor 1946—1947 年的亚麻对亚麻锈病菌抗病性的遗传分析和亚麻锈病菌的致病性遗传分析。他认为："除非寄主存在抗病等位基因和病原存在相对应的非致病等位基因。否则就不发生寄主的抗病性。"Kerr 指出这个假说或概念与致病性遗传基础相混淆。这是附加于病原与寄主之间关系上的识别现象。这个概念认为寄主的抗病基因和病原的非致病基因是显性的。相应的隐性等位基因不形成识别所需要的产物。

（42）专性寄生物（obligate parasite）：与另一种生物存在紧密联系，而且完全依靠另一种生物得到营养的生物，称为专性寄生物。寄生物这个术语适用于生活方式，而病原（pathogen）这个术语指引起病害的寄生物，病原也称为病原物、病原体。寄生物（parasite）这个术语用于引起病害的病原。因此，病原和寄生物有时是同义的。专性的（obligate）是兼性的（facultative）的反义词。

（43）共生（symbiosis）：共生这个术语指两种不同的生物种联系在一起和生活在一起的状态，它们相互提供支持和益处。就是说它们的相互关系是一种互惠关系，与相互拮抗的寄生关系完全不同。

（44）识别（recognition）：由寄主植物引起快速而显露反应的早期特异事件，它促进或者阻止病原的进一步生长。

（45）免疫（immune）：免除侵染；植物不能被侵染；免除潜在的致病介质的侵袭。免疫性（immunity）则与免除病害不是相同概念，它适用于把介质之类全部排除在外。免疫反应（immune reaction）这个术语与过敏反应（hypersensitive reaction）不是同义词，因为过敏性反应适用于瞬间侵染。能感染的（infectible）可以作为免疫（immune）的反义词。

（46）生理小种（physiologic race）：利用一个寄主种的不同品种对寄生菌的特异性进行描述并划分为不同的菌株群，这样的菌株群称为生理小种。小种这个术语的来源至少可追溯到1894年的 Eriksson 的发现。他证明了对寄主种特化的禾谷类作物锈病菌不同寄生类型（现在称为奇异的专性型）的存在。1913年，Stakman 证明了在这些寄生类型内存在小种，因此寄生类型和小种代表寄生特化水平不同的两个类群。Parlevliet 把小种定义为所有个体都携带致病基因相同组合的群体。对小种的认识仍然存在不一致的混乱情况，应当寻找比较统一的概念。

（47）生理型（physiotype）：所有个体都具有特殊生理学特性而不是特殊致病性特性的病原群体。

（48）鉴别寄主（differential host）：对小种特异的病原菌株产生不同反应的寄主或者对特异的病原产生区别性反应的植物，它能使这种特异的病原与普遍存在的其他病原区别开来。

五、作物与病原之间互作的基因-对-基因特异性

研究寄主-寄生菌体系的遗传，应当考虑寄主和寄生菌二者各自的遗传并对二者互作进行遗传分析。这种遗传研究是根据寄主-寄生菌互作所表现的特征，即互作的表型推断寄主和寄生菌的遗传组成。植物育种学家在不了解病原遗传时，常常用一群寄生菌菌系或田间共有的混合菌系对抗病育种材料和育成品种进行抗病性鉴定。根据互作的表型对抗病品种进行选择，这对抗病育种具有实际应用的意义。但是，如果根据这种结果进行遗传分析，将会导致错误的遗传解释。

1　寄主-寄生物互作特异性的一般概念

Heath 把病原的特异性分为两种类型，第一种是病原对植物种的特异性，这种特异性决定病原的寄生范围；第二种是病原对植物种内品种的特异性，这种特异性决定病原寄生的品种范围[36]。在 Heath 之前，已发表了关于寄主-寄生物互作特异性概念的一些见解[37]，后来 Heath 把这些见解做了概括和归纳，并提出一些假设来解释寄生物与寄主互作的特异性。

真菌病原对植物种和品种特异性的假设图解如下：

寄生真菌对品种的特异性是寄生真菌小种与一套寄主品种互作产生独特反应型的能力，

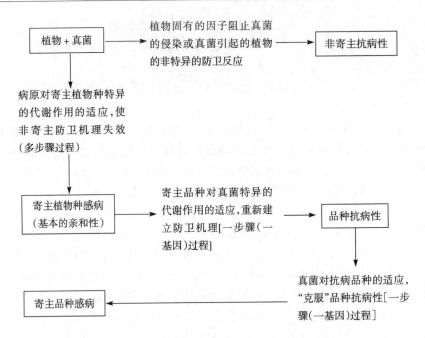

图 1-2　真菌病原对植物种和品种特异性的假设
(引自 Heath，1981)

根据寄主品种的抗病/感病反应和寄生菌的非致病/致病反应，综合评定寄主-寄生真菌的特异性。抗病性和致病性这两个术语的概念是互补的，二者相互影响，即一方的水平和程度受另一方水平和程度的影响。因此，寄主的抗病性和寄生真菌的致病性遗传，需要通过评定寄主和寄生真菌两种生物各自杂交后代的抗病/感病和非致病/致病的水平来鉴别。

2　基本的亲和性

不管非寄主抗病性的机理如何，真菌成功寄生于植物的能力一定是因为病原对其寄主特异的"适应"，而使植物的防卫因子或防卫反应无效引起的。对病原与寄主种之间形成的这种"基本的亲和性"，提出了多种多样的理论：①病原"被动的"适应，这是指病原对植物固有的或者诱发的抗微生物的化合物产生了耐性；②比较"主动的"适应，这是指病原产生的酶把这些化合物变成非毒性的衍生物，使病原得到有利的生存环境；③主动干扰抗病性，这是指病原产生寄主选择性的毒素，这种毒素在寄主表达抗病性之前就把寄主细胞杀死，从而阻止了寄主细胞产生特异防卫反应所需的抑制物。病原对抗病性的主动干扰，能有效地诱导寄主种产生"诱导的感病性"。

基本的亲和性这个概念的明显特征是寄主植物与寄生物之间高度特异的互作在亲和的（寄主）状态下发生，而不在非亲和的（非寄主）状态下发生。病理遗传学中的所谓亲和性是指植物-病原互作时，植物产生感病反应，病原产生致病反应。而非亲和性是指植物-病原互作时，植物表现抗病反应，病原表现非致病反应。

3　基因型的特异性

基因型的特异性是通过感病寄主群体中抗病个体的诱导和选择形成的。基因型特异性破坏了基本的亲和性，使寄主与病原之间恢复了不亲和性的关系。当通过育种操作形成基因型特异性时，例如育种学家把抗病基因导入某个感病的作物品种，寄主作物品种与寄生菌就形成非亲和的互作关系。所以，基因型的特异性本质上是通过感病群体的突变、选择和抗病基因导入，使寄主-寄生菌的互作由亲和性变为非亲和性。目前对基因型特异性的生理学或生物化学的性质尚不清楚。

亚麻-亚麻锈病菌寄生体系的互作，支持了非亲和性或基因型特异性的概念[6,7]。当亚麻品种杂交的 F_2 代用亚麻锈病菌的 F_2 代接种时，F_2 代植株的抗病反应和 F_2 代菌株的非致病反应，只发生在寄主的显性抗病等位基因与病原的显性非致病等位基因特异互作的情况下，而 F_2 群体中的其他植株或菌株的任何基因型互作都导致 F_2 代群体中的亚麻植株感病和锈病菌株致病（见第二章图 2-2）。图 2-2 列示被测定的 2 种 F_2 寄主-寄生菌基因型发生 9 种不同基因型的互作，这 9 种互作的结果只出现抗病/非致病（—）和感病/致病（＋）两种表型。当根据 9 种互作的表型集中成一种模型时，就形成称为正方检验的简单模式。图 2-2 中用加减号表示寄主和寄生菌对应的四种基因型互作表现抗病/非致病表型，这种互作的特异性是遗传的，它们表现了这些基因型遗传的稳定性。因此，寄主-寄生菌之间互作的特异性被锁定在非亲和性上。作物寄生体系中的非亲和性导致基因-对-基因关系的建立。

在 20 世纪 90 年代初关于基因-对-基因假说的讨论中，Vanderplank 提出存在两种基因-对-基因假说[38]。一种假说是 Flor 的"寄主中控制抗病性的每个基因，在寄生菌中存在控制致病性的相对应的基因"；另一种假说是 Kerr 的"寄主中的每个抗病基因，在寄生菌中存在相对应的非致病基因[39]"。前者认为感病/致病是特异的（致病说法），后者认为抗病/非致病是特异的（非致病说法）。

Johnson 等认为只有 Flor 提出的一种基因-对-基因假说，Vanderplank 所谓的两种基因-对-基因假说，实质上是对 Flor 的基因-对-基因关系的特异性来源有不同的理解和解释，就是所谓的致病说法（virulence version）和非致病说法（avirulence version）。这两种说法中，Kerr 提出的非致病说法是最恰当的说法，因而被广泛接受[39]。这种说法的根据是正方检验（图 2-2，表 1-15）中的寄主与病原之间的不亲和性（抗病/非致病），只能由抗病等位基因 $R-1$ 与非致病等位基因 $avr1$ 的特异组合产生，而寄主与病原之间的亲和性却可以由 $R-1/vr1$（抗病/致病），$r-1/avr1$（感病/非致病）和 $r-1/vr1$（感病/致病）三种组合产生。就是说，只有寄主中存在抗病等位基因和寄生菌中存在相应的非致病基因，才能表现寄主与病原之间的非亲和性，而其他任何组合都表现亲和性。$R-1/avr1$ 组合是唯一表现非亲和性的组合，所以它是特异的。

表 1-15 1 个抗病位点和 1 个相应非致病位点的寄主与病原之间纯合基因型全部组合的互作

病原基因型	寄主基因型	
	$R-1R-1$	$r-1r-1$
$avr1avr1$	不亲和的	亲和的
$vr1vr1$	亲和的	亲和的

R＝寄主抗病性等位基因，r＝感病性等位基因。

avr＝病原非致病等位基因，vr＝致病等位基因。

Johnson 等认为 Vanderplank 只是根据他对 Flor 利用的术语如"致病或致病性的对应基因"的解释提出自己的主张。Vanderplank 所说的 Flor 交替地和一贯地利用这两个术语来表明致病是特异的[40]，实际上并非如此。例如，Flor 在 1946 年发表的论文中写道"控制寄主锈病反应的每一对基因，在锈病菌中存在相应的致病的（pathogenic）一对基因"。他用

"对"的意思是指寄主的抗病基因和感病基因及寄生菌的致病基因和非致病基因的对应等位基因对。在 Flor 的这个说明中，对寄主的抗病基因或感病基因没有做特别说明，但病原的致病基因或非致病基因却存在特异性。1961 年，Flor 阐述"控制寄主反应的每个基因，在寄生菌中存在控制致病性（包括致病/非致病）的特异的或者互补的基因"。他利用了在特异性来源没有含义的反应（抗病/感病）和致病性（非致病/致病）这种普通的术语。另外，Flor 于 1960 年用 X 射线照射诱发亚麻锈病菌小种 1 突变，引起这个小种的显性非致病基因缺失，这个突变体与具有相应显性抗病基因的品种发生了亲和的或抗病/致病的寄主-寄生菌互作。Flor 由此断定"致病是由于显性的非致病基因缺失引起的"，这个证据表明，亚麻锈病菌的特性是亚麻的显性抗病基因-亚麻锈病菌非致病基因互作表现的某种抑制功能。所以，Vanderplank 所说的 Flor 关于致病特异性而不是非致病特异性的"一贯的，明确的"这样的判断与事实不符。

Vanderplank 的另一个重要的失误是忽略了基因-对-基因假说的最关键特征，即寄主的每个基因或位点，在病原中存在相对应的基因或位点。产生抗病/感病、非致病/致病的互作，特异地存在于这些对应基因的等位基因之间，而不是存在于这些基因与其他不相对应的基因之间。Vanderplank 忽视了基因-对-基因互作特征的证据是，他主张抗病是由寄主基因 $R-1$ 与病原非致病基因 $avr2$，$avr3$ 或 $avr4$ 互作以及 $R-1$ 基因与"互补的"基因 $avr1$ 互作产生的。Vanderplank 1986 年列示了寄主反应的 3 个位点与病原致病的 3 个位点的基因-对-基因模式（表 1-20）。在表 1-20 的寄主与病原的 3 个基因互作的完整模式中，Vanderplank 只能证明表中底下画线的部分，他不能对这个模式进行完整的解释。这个模式只描述纯合的位点，而且每个位点用单一等位基因如 $R-1$ 表示，而不用 R_1R_1 表示。表 1-20 说明当寄主中存在单一抗病基因如 $R-1$（基因型 $R-1r-2r-3$）和病原携带相对应的致病基因 $vr1$ 时，就表现感病性（亲和性），这时与病原其他 2 个位点（基因型 $vr1avr2vr3$，$vr1vr2avr3$ 和 $vr1avr2avr3$）非致病等位基因的存在无关。这说明了 Vanderplank 上述的 $R-1$ 与 $avr2$ 或 $avr3$ 互作产生抗病的主张是错误的。所以他根据这种主张，想证明抗病性的表现是非特异的这种意图是失败的。

表 1-16　寄主 3 个反应位点和病原 3 个相对应的致病性位点全部可能组合的基因-对-基因模式

病原位点	寄主位点							
	$r-1r-2r-3$	$R-1r-2r-3$	$r-1R-2r-3$	$r-1r-2R-3$	$r-1R-2R-3$	$R-1r-2R-3$	$R-1R-2r-3$	$R-1R-2R-3$
$avr1avr2avr3$	C	1	I	I	I	I	I	I
$vr1avr2avr3$	C	C¹	I	I	I	I	I	I
$avr1vr2avr3$	C	I	C	I	I	I	I	I
$avr1avr2vr3$	C	I	I	C	I	I	I	I
$avr1vr2vr3$	C	I*	C*	C*	C	I	I	I
$vr1avr2vr3$	C	C*	I*	C*	I	C	I	I
$vr1vr2avr3$	C	C*	C*	I*	I	I	C	I
$vr1vr2vr3$	C	C*	C*	C*	C	C	C	C

　　表中只包括纯合的基因型，而且只列出每个位点单一等位基因。R 代表寄主抗病性等位基因，r 代表感病性等位基因；avr 代表病原非致病等位基因，vr 代表致病等位基因，C 及其他字母底下画线的部分取自 Vanderplank 1986 年和 1991 年发表的资料。

表 1-17 也证明了每当寄主的抗病等位基因与病原的相对应非致病等位基因相遇时，就表现不亲和性（抗病/非致病），而在其他的任何情况下都表现亲和性。所以，这个表的整体不能用特异的致病假说来解释，因为不仅在特异的抗病等位基因遇到相对应的致病等位基因的场合发生亲和性，而且在病原的致病或非致病等位基因不遇到相应的抗病等位基因时，也都表现亲和性。这一点在表 1-20 寄主基因型为 $r-1r-2r-3$（无抗病等位基因）的这一列表现最为明显，不管病原为致病或非致病等位基因，寄主和病原的互作都表现为亲和反应。如上所述，相对应的互作基因的每对独特基因的正方检验（quadratic check）证明，等位基因的一种独一无二的状态导致了非亲和性，其他三种状态导致亲和性。$R-1vr1$ 互作是特异性的根源这种假设显然不正确，因为这种互作的结果不是独一无二的，因为如表 1-15 所示的其他两种互作也是亲和的。

Vanderplank 在区别基因-对-基因假说的两种说法时，在抗病育种方面，也提出了不正确的理论。他想当然地假定，育种学家可以从携带三个位点感病等位基因（基因型 $r-1r-2r-3$）的寄主开始，育成并推广分别具有 $R-1r-2r-3$，$r-1R-2r-3$ 和 $r-1r-2R-3$ 抗病等位基因的三个新品种。Vanderplank 提出这种抗病育种的主张，其理论根据依然是他选择的表 1-16 底下画线的部分。他说，为了克服基因型为 $R-1r-2r-3$ 品种的抗病性，病原必须具有基因型 $vr1avr2vr3$（特异的致病说法）或基因型 $vr1avr2avr3$ 或 $vr1vr2avr3$（特异的非致病说法）。他以此为根据，声称非致病说，病原要克服寄主品种的抗病性需要过量的致病。事实上，无论致病说法或非致病说法，病原基因型 $vr1avr2avr3$ 都是致病的。因此，Vanderplank 只是选择适合于他主张的表 1-16 中的病原基因型而不顾及其他基因型来区分基因-对-基因关系的两种说法是不可靠的。

现在已发现在寄主与病原的互作当中，存在寄主抗病等位基因和病原非致病等位基因产物的特异互作，这种研究结果和理论解释已被普遍接受，而且与 Flor 的基因-对-基因假说并不矛盾，因此，可以断定基因-对-基因关系特异性的非致病说法是正确的。而 Vanderplank 的致病说法是对表 1-16 的基因-对-基因模式的误用，是经不起检验的、站不住脚的。

4　抗病性的特异性

特异性是大部分寄主-寄生物相互关系的一个重要属性，也是寄主抗病性与非寄主抗病性的主要区别。真正的寄生物是寄主的正常病原，寄主的抗病性对这种真正的病原起作用；寄生物会偶然在某种非寄主植物种上寄生，这时，非寄主抗病性对偶然寄生物起作用。例如，小麦对小麦秆锈病菌（*Puccinia graminis tritici*）表现的抗病性为寄主抗病性，而大麦对苹果疮痂病菌（*Venturia inaegualis*）表现的抗病性和苹果对大麦坚黑穗病菌（*Ustilago hordei*）表现的抗病性为非寄主抗病性。

4.1　非寄主抗病性的特异性

非寄主抗病性的特异性受植物体存在的各种物理的和（或）化学的机理控制，例如植物体的周皮或木栓形成、上表皮层、细胞壁加厚、硅沉积和感染点木质化等都是偶然寄生物侵入的物理障碍[41]。另外，非寄主抗病性的特异性可能是由一些真菌的因子或活动引起的植物的主动反应。每种植物似乎不可能都具有识别成千上万的潜在真菌的特异的不同基因[42,43]。而是每个植物种不仅含有本身存在的"阻止"侵染的大量因子，如前所述的各种物理障碍，而且具有一套非特异的防卫反应，这种防卫反应是由病原试探性的一次或多次侵染引起的。潜在的偶然寄生菌引起非寄主植物的非特异反应的激发子（elicitor），是相似的非特异的产物，它是许多病原共有的、表面结合的或分泌的产物。真菌细胞壁成分常常是为抵抗植物抗毒素而积累的多种多样的激发子，这些激发子诱导非寄主植物的防卫反应。然而，由于潜在的偶然寄生物的侵入而激活的非寄主植物的生物化学因素的变化，对植物本身的保护可能比非寄主植物物理障碍和防卫反应起更重要的作用。激活反应可能是由寄生物释放的一些因子或诱导因子[36]诱发的。现在已证明真菌和细菌都存在能诱导非寄主植物反应的诱导因子，而且有证据证明非寄主植物对不同的偶然寄生物作出不同的反应，说明非寄主植物可能具有很多防卫机构[36]，一些机构对真菌起作用，另一些机构对非真菌，如细菌起作用。这只是根据现有的有关知识所作的一种推测，还没有其遗传研究结果可资证明，也不可能作出有实验根据的遗传解释。

4.2 寄主抗病性的特异性

由非寄主到寄主的变化过程，是潜在的寄生物对其潜在寄主逐步适应的进化过程。这是两种生物之间的互作，其特异性的变化是受遗传控制的。一旦形成寄主和寄生物的互作关系，遗传的特异性就导致寄主与寄生物的基本的亲和性，即寄主感病/寄生物致病的关系，这也就产生了植物的病害。寄主植物出现病害自然会引起植物育种学家的关注，为了减少或控制病害，育种学家通过诱变或植物育种操作，从感病品种中获得能形成"抗病品种"的个体植株，例如，化学诱变、辐射诱变和导入抗病基因等。获得了抗病性的作物品种，对引起病害的病原物产生特异的适应，感病的品种也就变成抗病的品种。这是人为干扰的结果。在自然界，也发生作物抗病性变化的种种现象，例如，致病病原物的活动能诱导正常抗病品种感病，但是，菜豆细菌性晕斑病的病原，在进入抗病的菜豆品种植物体内后，由于其细胞内多糖的降解而失去这种诱导作用[41]。还有，病原的寄主选择性毒素的受体部位有可能被消除或被改变而使毒素失效，因而产生了非特异的"非寄主型"互作。在这种情况下，由毒素引起的感病品种就成为抗病品种。另一种可能性是一些真菌产物或活动可能激发寄主主动的防卫反应。在这种情况下，就很容易看到植物与病原之间具特征性的基因-对-基因关系的建立。于是，控制植物识别真菌的基因自动变成抗病基因，而控制被识别特征的真菌基因是非致病基因。这时的真菌产物也是抗病性的"特异的激发子"，这种激发子控制病原的非致病。寄主对病原的"识别"阻断了寄主与病原建立基本的亲和性，使非寄主型防卫反应不受阻碍。对品种抗病性形成的这种"一步"的基因-对-基因类型的抗病性很容易被病原一步的随机突变所克服。因为，这种突变使激发子不再能被寄主抗病基因的产物识别。这种预测得到如下事实的支持：①病原在田间普遍产生新的、致病的小种；②病原在实验室内能由非致病突变为致病[44]。

在寄主方面，也可以预期有随机突变发生，如果寄主的抗病基因产物受一些真菌活动的特异干扰，则衍生出寄主抗病基因的随机突变，但是，这种突变的频率比较低。如果抗病性不以对真菌产物的特异识别为基础，则随机突变的频率较高。很显然，诱变处理可能易于产生品种抗病性的新类型，但是，也可能不容易产生这种新型抗病性。

研究工作者从不同的角度，根据不同的标准对植物抗病性进行分类。Vanderplank 把植物的抗病性划分为两种类型：垂直抗病性和水平抗病性。后来许多研究工作者也对抗病性进行研究，进一步把植物抗病性分为小种特异的抗病性和非小种特异的抗病性。Parlevliet 则把抗病性分为非寄主抗病性、广泛的或普遍的抗病性、病原特异的抗病性、非小种特异的抗病性和小种特异的抗病性[39]。所谓非寄主抗病性常常是病原不存在致病性而不是寄主存在抗病性。广泛抗病性是对全部寄生物类群都有效的抗病性，例如，植物抗毒素对微生物的抵抗就是一种广泛的抗病性。有些寄生物包含着抵消、忍受或阻止这种广泛抗病性的机理。禾谷类作物的锈病菌是抑制这种广泛抗病性的高度特化的病原，因而引起禾谷类作物对这些锈病菌具有更特异的抗病性机理。这些小种特异的或者非小种特异的抗病性只对一个病原种起作用，所以，这些抗病性是病原特异的抗病性。例如，小麦的 Sr、Lr 和 Yr 基因是控制小种特异抗病性的抗病基因，它们只分别对秆锈病菌、叶锈病菌和条锈病菌的一些小种有效。还有，大麦对叶锈病的部分抗病性（partial resistance）对条锈病不起作用，小麦对叶锈病的部分抗病性与对秆锈病的抗病性无关。这些抗病性都属于小种特异的抗病性。

5 小种的特异性

在 20 世纪 20 年代，Stakman 研究了先后在感病的寄主上寄生，在中等抗病的寄主上寄生和在高度抗病的寄主上寄生的秆锈病菌培养菌的致病性变化。Marshall Ward 的过渡（桥梁）寄主理论认为，经过上述这个过程，培养菌增强了致病性。1916 年，发现了秆锈病菌的 2 个培养菌对 2 个小麦品种的侵染能力差异[40]。这 2 个变异体起初称为菌系，后来称为生理型，最后称为生理小种（以下简称小种）。后来，根据在一套抗病性不同的寄主品种上产生的侵染型的差异来鉴定小种。关于禾谷类作物锈病菌小种的最早报告列于表 1 - 17。

表 1 - 17 禾谷类作物锈病菌生理特化的初期研究

（Roelfs）

寄主	病原	寄主鉴别品种数	病原小种数	发表年份	作者
小麦	小麦秆锈病菌	—	—	1917	Stakman 和 Piemerisel
小麦	小麦秆锈病菌	12	—	1922	Stakman 和 Levine
燕麦	燕麦锈病菌	2	4	1919	Hoerner
燕麦	燕麦锈病菌	3	5	1923	Stakman 等
小麦	小麦锈病菌	7	12	1926	Mains 和 Jackson[a]
大麦	大麦锈病菌	1	2	1926	Mains[b]
大麦	大麦锈病菌	2	2	1926	Mains
玉米	高粱轮斑鞘枯病菌	3	4	1926	Mains[c]
小麦	小麦条锈病菌	6	4	1930	Allison 和 Isenbeck
大麦	大麦秆锈病菌	5	3	1930	Cotter 和 Levine[b]

初期的锈病菌分类，大部分是以形态差异为根据的，因此，在发现了小种和进行系统的小种鉴定之后，有的研究者在小种之间寻找它们的形态差异。Levine[45]对锈病菌的孢子宽度和长度作了许多测量，尽管小种之间存在一些形态差异，但是，他认为根据病原对鉴别品种的致病性差异，最能充分反映锈病菌的本质差异。例如由国际鉴别品种鉴定的 343 个小

种，要用形态差异进行分类是不现实的，也是没有意义的。当然，为了特殊的研究目的，也对小种形态或其他性状进行研究。Hartley 和 Williams[43] 报道了在不同培养基上不同小种形成的侵染结构的差异，但是，这种差异没有被其他研究者的研究所证实。Burdon 等报道了不同小种的萌芽孢子中存在的不同的同工酶，并根据同工酶的差异提出了澳大利亚小麦秆锈病菌进化的证据[44]。这些研究对禾谷类作物锈病菌的进化和多样性的研究有深远的影响。同工酶标记是遗传研究的一种可利用的方法，不过，就目前所知，还不能肯定同工酶与致病之间有直接的联系。

因为侵染型受温度、光照、寄主营养、湿度、侵染密度和植株年龄等多种因素的影响，所以侵染型并不是总能完整地判断寄主或病原的基因型，而且，许多研究表明，实验方法的变化也造成侵染型的一些差异。在小麦秆锈病的情况下，因为有标准化的实验条件，这种差异能大大降低。一些寄主-病原互作对温度和光照非常敏感，但是，温度 18～22℃，12h 日照长度和 10 000 1x 日光灯的条件下，甚至像小麦-小麦秆锈病菌这种最敏感的互作也不受影响。创造这种稳定的环境条件，对准确地研究寄主-病原互作的遗传十分重要。同时应当注意到，寄主的遗传背景对诸如 Sr 基因的一些抗病基因的表达也有影响，例如一些遗传背景能产生比其他遗传背景更稳定的和更能识别的侵染型。

Flor 提出的基因-对-基因假说逐步被其他研究工作者提炼和深化，形成完善的基因-对-基因学说，能科学地阐明寄主-病原互作关系的遗传。禾谷类作物锈病菌的稳定表型一般是低侵染型，不稳定的表型一般是高侵染型。侵染型是寄主和寄生菌之间互作的一种特性，低侵染型（稳定的表型）可以用来确定寄主抗病的表型和病原的非致病表型。低侵染型只在病原对相应的寄主抗病基因（HH or Hh）为非致病（PP 或 Pp）时才发生。低侵染型和高侵染型可以用数值表示，尽管这些侵染型不是实际的资料，但是它们代表了普遍的经验。表1-18A 列出了包含 1 个寄主与 1 个病原的基因互作的基因-对-基因体系的寄主-病原可能的组合。当病原和寄主都各自进行杂交时，遗传研究所得到的这种资料是完整的、典型的。当被研究群体的个体数量少时，杂交的寄主和病原基因型都表现不完全显性。研究病原小种时，一般只利用纯合的寄主基因型，以减少组合数，如表 1-18B 所示。

表1-18 表示存在基因-对-基因关系的寄主-病原互作引起的感染型/侵染型的理论图解
(Roelfs, 1984)

寄 主	A 病 原		
	PP	Pp	pp
HH	0	1	4
Hh	;	1+	4
hh	4	4	4
寄 主	B 病 原		
	PP	Pp	pp
HH	0	1	4
Hh	;	1+	4
hh	4	4	4

（续）

寄 主	C 病 原			
	PPQQ	pPqq	ppQQ	ppqq
HHTT	0	0	2	4
HHtt	0	0	4	4
hhTT	2	4	2	4
hhtt	4	4	4	4

寄主	D 病 原								
	PPQQ	pPQq	PPqq	PpQQ	PpQq	Ppqq	ppQQ	ppQq	ppqq
HHTT	0	0	0	1	1	1	2	2+	4
HHtt	0	0	0	1	1	1	4	4	4
hhTT	2	2+	4	2	2+	4	2	2+	4
hhtt	4	4	4	4	4	4	4	4	4

注：抗病性 H 和 T 及非致病性 P 和 Q 表现为显性性状。本表的 A 部分表示 1 对寄主基因之间的互作；B. 除删去 1 对杂合基因之外，与 A 相同；C. 2 对寄主-病原基因之间的互作，删去显示上位性效应 2 对杂合基因；D. 除了包括显示不亲和的显性效应的病原杂合基因对之外，与 C 相同。

大部分小麦栽培品种寄主具有若干个抗锈病基因，表 1－18C 是基因-对-基因关系的 2 基因体系的理论表示，表中删去了 5 个可能的杂合寄主基因型和 5 个杂合的病原基因型。在这个表中，当表现寄主-病原基因型 *HHPP* 时，产生侵染型 0，当表现寄主-病原基因型 *TTQQ* 时，产生侵染型 2。在 *HHPP* 和 *TTQQ* 都存在时，在两种侵染型中表现较低的侵染型 O。在禾谷类作物锈病菌中一般表现控制最低侵染型基因的作用，虽然可能出现例外。就是说作用力强的基因对作用力弱的非等位基因表现上位性。

不完全显性和上位性结合的效应产生广泛的低侵染型，尤其像表 1－18D 举例说明的那种情况，当 2 对相应的寄主-病原基因互作产生显著不同的侵染型时，就经常看到这种低侵染型。小麦秆锈病菌原来的标准鉴别品种之一的 Marquis 具有 5 个抗秆锈病基因，假定 Marquis 在这 5 个位点的抗病性是纯合的，而且存在相应的全部可能的病原基因型，则有 243 对不同的寄主-病原基因能产生低的侵染型。这说明这种多基因寄主的抗病性表达非常复杂，从侵染型考虑，应当产生由最低的低侵染到最高的低侵染型的连续变异，所以，Stakman 用于标准鉴别品种的三歧检索，实际上不可能准确地划分这些侵染型。小麦秆锈病菌小种是根据寄主小麦品种与病原小麦秆锈病菌互作产生的侵染型（感染性）划分的，Marquis 在上述的理论推断中所表现的低侵染的最低到最高的侵染型（感染性），实质上都是抗病的表型，如果一套鉴别品种中包含许多这样的鉴别品种，则很难划分病原的小种，所以 Marquis 是不宜作为鉴别品种的。如果把 Marquis 的 5 个 *Sr* 基因分开，制成 5 个单基因的近等基因系，用这样的体系能准确区分培养菌的非致病/致病（P-/pp），即能正确划分病原的小种。

6 基因-对-基因关系特异性的学术观点分歧

寄主-寄生物互作特异性的基本观点分歧，本质上是承认不承认基因-对-基因体系中存在特异的抗病性。Ellingboe 利用了基因-对-基因体系中的"非亲和性识别"这个术语，反对"亲和性识别"的观点，以支持基因-对-基因体系中存在特异的抗病性的假说[48]。Kenneth 认为特异的抗病性和非亲和性的识别所表达的意思是相同的。Vanderplank 认为抗病性决不是特异的[46,47]，他的这个主张没有得到有关研究的支持。

审视基因-对-基因体系中寄主品种-病原寄生物互作的正方检验（quadratic check）（图 1-3，A），最容易理解特异的抗病性观点与特异的感病性观点的分歧，同时也能进一步理解抗病性和感病性的遗传基础[19,49]。正方检验的一种解释是，寄主的 R 显性基因（抗病基因）和病原寄生物的 avr 显性基因（寄生物的非致病基因）互作决定了图 3A 左上角的小方格的非亲和性反应，这是特异的抗病与特异的非致病互作的结果。这种关系的表达称为非亲和性的识别。图 1-3A 中其余的三个小方格表现的亲和性是非特异的，因为这些互作表明互作中存在一种以上的基因产物或识别位点[50,51,52]。Vanderplank 对特异性的解释与别人不同之处在于他假设基因的蛋白产物聚合决定了左上角小方格以外的其余三个小方格中表现亲和的特异感病性[49]。他对左上角小方格中非亲和性或垂直抗病性的解释是"寄主蛋白和病原蛋白不能结合或者如果它们结合，也不能完成适宜的四级结构的发生"[49]。Vanderplank 对右上角小方格中亲和性的解释是，这种亲和性包含的寄主蛋白比左下角小方格中包含的蛋白更疏水，它的亲和性是比较疏水的寄主蛋白与比较不疏水的病原蛋白的聚合作用引起的。Vanderplank 没有明确讨论的右下角小方格中的亲和性应当是具有最疏水的寄主（rr）蛋白与病原（aa）蛋白的互作。根据 Vanderplank 的解释，人们可以预测右下角小方格中的亲和性与其他 2 个小方格的两种亲和性相比，是表现特异的感病性增强的第三种亲和性类型。Vanderplank 对亲和性的种种解释纯属假设，没有得到有效证据的支持。实际上，右上角小方格与右下角小方格相比，其亲和性弱[54]，这归因于 R 基因的残效或微小作用。

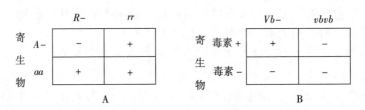

图 1-3 比较许多基因-对-基因体系

（A）近等基因寄主和寄生物特征互作和燕麦寄主特异的毒素体系

（B）特征互作的正方检验 ＋表示非亲和的 —表示亲和的

在特异的毒素体系的研究中，对寄主-病原物互作的解释，支持感病性为特异性的说法。例如，燕麦维多利亚焦枯病寄主燕麦的显性 Vb-基因控制对病原 Hv-毒素的敏感性和对病害的抗病性（图 1-3，B）。特异的毒素体系的研究结果已证明，产生毒素或不产生毒素的能力明显地受单基因控制[54]。图 1-3 B 左上角的小方格的符号＋表示寄主-寄生物互作表现感病，其他三个小方格中的符号—表示互作引起抗病。这是亲和性或特异的感病性识别的典型例子。有的研究者认为这种体系与包含活体营养的真菌病原在内的基因-对-基因体系是不可比较的，因为后一种体系不存在毒素或 Vb 编码的位点。Vanderplank 提出的或间接提到的品种-小种的例子（小麦秆锈病，亚麻锈病，小麦或大麦白粉病和马铃薯晚疫病）明确地包含着基因-对-基因体系，在这些体系中有许多寄主的抗病性位点，其中一些位点具有对病原的各种小种的抗病性等位基因系列。这种体系不被产生寄主特异的毒素的病原识别。正是这些类型的基因-对-基因体系而不是寄主-特异的毒素体系支持了特异的抗病性的主张，反驳了特异的感病性的主张。

支持特异的抗病性的一种主张来自 Flor 的 X 射线诱导亚麻锈病菌小种 1 突变的遗传研究[71]。他指出，与亚麻品种 Koto 抗病基因对应的非致病基因的突变，是由于非致病基因缺失引起的。当非致病基因不存在时，原有的寄主-寄生物的非亲和性互作，就变为亲和的或感病/致病的寄主-寄生物互作，就是说，寄生物不存在与寄主抗病基因对应的非致病基因时，寄主与寄生物的互作结果表现了感病/致病的表型。Flor 这篇论文的最后一段写道："在锈病的寄主-寄生物关系中，当寄主和寄生物的互补基因为显性时，通常产生抗病性。当寄主或寄生物的互补基因为隐性时或者寄主和寄生物的互补基因都为隐性时，通常产生感病。这些事实说明成对基因的显性基因控制相互拮抗的或以拮抗代谢物起作用的物质的生产。致病是显性非致病基因缺失的结果这种证据支持基因-对-基因假说，这种证据说明表现亚麻锈病菌生理特化的是显性抗病-非致病基因的某种抑制功能"。这个说明反映了 Flor 关于抗病性特异性的观点，直接反驳了 Vanderplank 说的 Flor 关于致病性特异性是"一贯的、明确的"的论点。

在此，还应当指出，关于非致病基因对亲和性（致病）基因的上位性，小麦秆锈病的 Sr - 6/$P6$ 温度敏感互作和亚麻的 L - $2L$ - 10 重组体不能识别适宜的锈病菌株等其他争论，多数的论点支持非致病性识别或非亲和性识别或抗病性特异性的（寄主抗病基因与病原非致病基因相互识别、互作引起寄主抗病反应/病原非致病反应）这个概念。这里再举几个有关的证据。例如，当 Staskawicz 等对大豆细菌性斑枯病菌/大豆推定的基因-对-基因体系的研究时[53]，发现小种 6 基因组的 DNA 的黏粒克隆被转化并与其他三个小种结合时，表现了野生型小种 6 的非亲和性，使其他三个小种由亲和小种变为非亲和。表现了被转化小种的非致病和原寄主品种对被转化小种的抗病反应。转化的结果总使原致病的小种 6 变为非致病的。到目前为止，没有观察到，也没有通过生物技术操作实现病原菌由非致病的到致病的这种变化，所以，不能产生转化小种 6 致病模式这个事实，有力地驳斥了 Vanderplank 的特异的感病性假说。Gabriel 利用棉花角斑病菌/陆地棉体系获得了相似的结果[54]。5 个不同的克隆的非致病的 a 基因，每个基因都与棉花的 R 基因互作，这个结果也为 Flor 的基因-对-基因假说提供了明确的证明。关于寄主品种与病原小种互作所表现的特异性，在以后的章节的寄主基因的多种多样互作或者寄生菌基因间的互作以及寄主基因与寄生物基因之间的互作遗传研究中进一步体现和阐述。

Loegering 和 Sears[54] 提出了小麦非整倍体失去对小麦秆锈病菌一定小种的抗病性位点，与假设这种非整倍体具有感病性"等位基因"的想法是相同的。他们认为感病性等位基因可能是整倍体无抗病功能或者无互作的 DNA 序列。另一方面，抗病性却需要寄主中显性的等位基因的物理存在和明显的表达。产生感病性不需要隐性基因的物理存在。隐性基因存在或缺失，其侵染型都一样。

寄主和寄生物似乎存在控制基本亲和性的基因[55,56]，但是这些基因不是 Vanderplank 借以建立的个案的基因-对-基因体系中的基因。总之，Vanderplank 的基因-对-基因互作引起的特异的感病性的假说，没有任何令人信服的证据，不能与非亲和性的特异的识别和特异的抗病性存在的证据相比。

第二章　作物品种的抗病性和病原的致病性遗传

一、寄主品种抗病性遗传和病原寄生物致病性遗传研究的理论基础和基本概念

1　经典遗传学的基本规律

1.1　孟德尔的遗传规律——分离和自由组合规律

　　抗病性和致病性遗传研究的理论基础是孟德尔的分离规律、自由组合规律和摩尔根的连锁交换规律。与经典的遗传学研究不同，作物的抗病性遗传和病原寄生物的致病性遗传涉及寄主作物的遗传体系和寄生物的遗传体系以及这两种遗传体系互作的遗传；另外，抗病性和致病性只有在寄生物与寄主接触开始互作之后才能表现的性状，因此，在常态下的抗病性和致病性是肉眼不可见的性状。就寄主和寄生物各自的遗传体系而言，抗病与感病是寄主的一对"相对性状"，非致病与致病是寄生物的一对"相对性状"。在寄主-寄生物互作及环境条件影响下，表现了寄主的抗病性状或感病性状和寄生物的非致病性状或致病性状。当对某个菌系表现抗病的品种（RR）与对这个菌系表现感病的品种（rr）杂交时，子一代（F_1）所有植株都表现抗病，这种现象称为"显性现象"，这说明寄主的抗病与感病这对相对性状中，抗病为显性性状，感病为隐性性状。F_1 代自交，获得了 F_2 代种子和由种子长成的植株，用原先的菌株培养菌接种鉴定 F_2 群体植株，发现有抗病的植株和感病的植株，即 F_2 代又出现了隐性的感病性状，这种现象称为"分离现象"。F_2 群体中抗病个体数与感病个体数的比率为 3：1[58]（图 2-1）。

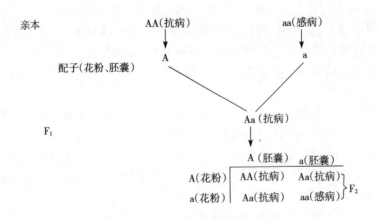

图 2-1　抗病性与感病性的分离

　　寄主的抗病/感病和病原的非致病/致病的遗传研究表明，这些性状受寄主的抗病基因/感病基因和寄生物的非致病基因/致病基因控制。假设寄主的抗病性受一对抗病基因 *RR* 控制，

寄生物的非致病性受一对非致病基因 AA 控制，则寄主-寄生物互作的结果如图 2-2 所示。

R 和 A 表示寄主和病原各自一个位点的显性等位基因，r 和 a 为隐性等位基因；一表示抗病或非致病，＋表示感病或致病。

根据寄生体系的寄主和寄生物互作的遗传研究结果，证明分离为 3∶1 的杂交 F_2 群体中，表现抗病显性性状的基因型为 RR 和 Rr。表现感病隐性性状的植株基因型为 rr，说明不同的基因型表现为不同的表型，如 RR 表现为抗病和 rr 表现为感病，但也看到不同的基因型表现为相同的表型，如 RR 和 Rr 都表现为抗病（图 2-2）。

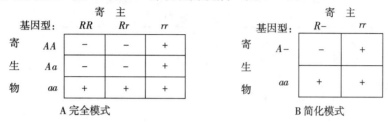

图 2-2　基因-对-基因关系的模式

寄主显性基因 R 控制抗病性，它的隐性等位基因 r 控制感病性；寄生物显性基因 A 控制非致病，它的隐性等位基因 a 控制致病

减号（—）病害反应表示 $R∶A$ 互作抗病性和非致病是显性的，而加号（＋）病害反应表示感病性和致病是隐性的

寄主在产生生殖细胞（配子）时，每个生殖细胞只得到抗病品种植株 RR 基因中的一个 R 基因和感病品种植株的 rr 基因中的一个 r 基因。抗病寄主品种与感病寄主品种杂交，F_1 代的基因型为 Rr。F_1 代植株自交，杂合的植株产生 R 和 r 两种基因型的雄配子及 R 和 r 两种基因型的雌配子。经过不同基因型雌、雄配子的自由组合，就形成 F_2 代 RR，Rr，rr 三种基因型的合子。由合子发育成的 F_2 代植株，前两种基因型的植株表现抗病，后一种基因型的植株表现感病。表现抗病的植株中有两种不同的基因型 RR 和 Rr。经过病原寄生物的接种鉴定发现 F_2 代群体中有 1/4 的植株表现感病，3/4 的植株表现抗病。F_2 代群体的所有植株经自交，形成 F_3 代系统，抗病性鉴定结果证明，有 2/4 的系统出现分离，即在这种系统内既有抗病植株，也有感病植株。这种系统的基因型为 Rr；有 1/4 的系统，其植株全部抗病，这种系统的基因型为 RR；还有 1/4 的系统，其植株全部表现感病，这种系统的基因型为 rr。上述的实验研究结果，证明作物的抗病性遗传符合孟德尔的分离和自由组合规律。

本书在介绍亚麻-亚麻锈病菌体系，马铃薯-马铃薯晚疫病菌体系，小麦-小麦秆锈病菌体系和水稻-稻瘟病菌体系的基因-对-基因关系和寄主-寄生菌的遗传研究时，不仅看到了这四种寄主植物的抗病性/感病性遗传符合孟德尔的"分离和自由组合规律"，而且病原寄生物的非致病/致病的遗传也同样符合这个规律。致病的与非致病的病原寄生物杂交，F_1 代表现非致病性状，非致病性状对致病性状为显性性状，致病性状对非致病性状为隐性性状。控制非致病性状的非致病基因为显性基因，而控制致病性状的致病基因为隐性基因。上述四个寄生体系的病原寄生物和寄主互作的遗传研究结果符合孟德尔的分离和自由组合规律的学说。这里以水稻品种农林 17 与关东 51 杂交的稻瘟病抗病性遗传为例，具体分析作物品种普遍存在的抗病性遗传的孟德尔规律。

作物抗病育种的实践发现，某个作物品种抵抗某种病原的一些生理小种，感染另一些生理小种，而另一个品种对小种的抗感反应正与前者相反。为了把两个品种的抗病性结合在一起，培育具有这两个品种抗病性的品种，就进行了两个品种的杂交，并在杂交后代选择符合人们需要的抗病作物品种。这就涉及两对相对性状的遗传学问题。例如日本水稻品种农林17对菌系稻72抗病，对北1感病，品种关东51对菌系稻72感病，对北1抗病。农林71×关东51的F_1植株对菌系稻72和菌系北1都表现抗病反应。F_2群体植株对菌系稻72和北1，都表现3抗病：1感病的分离比率。因此，无论对菌系稻72，还是对北1的抗病性都受一个抗病基因控制[85]。农林17与关东51杂交的F_2抗病性分离列示如表2-1。

表2-1 农林17与关东51杂交 F_2 的抗病性分离

（清泽，1978）

稻72 ＼ 北1	R	S	合计
R	150 (9)*	63 (3) P₁**	213 {3}**
S	52 (3) P₂	17 (1)	69 {1}
合计	202 [3]**	80 [1]	282

* 实际结果的抗病个体数与感病个体的比率与括号（）内的分离比率几乎一致。

** 括号 {} 内的数字表示对稻72的分离比率接近3：1，括号 [] 内的数字表示对北1的分离比率接近3：1。

*** P_1的位置表示农林17全部植株对两个菌系的抗、感反应，P_2的位置表示关东51全部植株对两个菌系的抗、感反应，即农林17供试的全部植株对菌系稻72抗病，对菌系北1感病；关东51对菌系北1抗病，对菌系稻72感病。

由表2-1看出分离的情况是对两个菌系抗病的植株9：只对稻72抗病的植株3：只对北1抗病的植株3：对两个菌系都感病的植株1这样的9：3：3：1的分离比率[57]。

如果把控制农林17对菌系稻72抗病性视为相当于孟德尔研究的豌豆7对相对性状的显性性状，控制抗病性的基因为显性基因AA，感病性相当于豌豆7对性状的隐性性状，基因型为aa；关东51对菌系北1的抗病性受显性抗病基因BB控制，同样相当于豌豆的显性性状和显性基因，而感病性相当于豌豆的隐性性状，基因型为bb。则农林17与关东51杂交

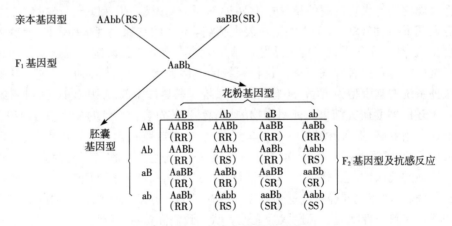

图2-3 二基因杂种 F_2 的分离

*RS表示对菌系72抗病（R），对北1感病（S），SR表示感菌系稻72，抗菌系北1，RR表示抗两个菌系，SS表示感两个菌系。F_2抗感分离如下：

	合计
RR：AABB (1)，AABb (2)，AaBB (2)，AaBb (4)	9
RS：AAbb (1)，Aabb (2)	3
SR：aaBB (1)，aaBb (2)	3
SS：aabb (1)	1

的 F₂ 群体的水稻植株的基因型如图 2-3 所示。

1.2　摩尔根的基因连锁交换和重组规律

1.2.1　基因的连锁

为了说明基因的连锁和交换，要简述一下细胞减数分裂的相关情况。在减数分裂开始时，通过联会，同源染色体沿着与长轴平行的方式形成染色体对。联会使 4 条染色单体聚在一起，相互缠绕。在缠绕过程中，两条染色单体有时在相应的位置发生断裂，出现 4 个断裂末端，它们能交叉连接，每条染色单体的一部分与另一条染色单体的一部分连接，形成重组的染色单体。在这个过程中，染色体之间发生了物质（基因）交换。

孟德尔研究的豌豆的 7 对相对性状，所有相对基因分别位于不同染色体，相互之间都独立分离，而两个或更多的非等位基因位于同一条染色体上，在遗传中它们结合在一起的频率大于按独立分配规律所期望的频率。孟德尔在豌豆的遗传研究中没有发现两个基因位于同一条染色体的连锁现象。

1906 年，英国遗传学家 Bateson 等在香豌豆的杂交实验中发现了连锁遗传。这种遗传偏离了自由组合的规律，两对性状在 F₂ 出现的四种表型不符合 9∶3∶3∶1 的比率。1911 年摩尔根在果蝇的遗传研究中发现了相似的现象，并提出了连锁和交换的概念[58]。所谓连锁遗传是指位于同一条染色体上的不同基因，在减数分裂形成配子时，与染色体一起进入一个配子，因此，这些基因控制的性状结合在一起遗传。连锁遗传是遗传学的第三个遗传规律。作物品种的抗病性遗传和病原寄生物的致病性遗传都存在这个遗传规律。

1.2.2　基因交换和重组

大多数生物的同源染色体之间都会发生基因交换和基因重组而产生重组体。凡是位于同一条染色体上相互连锁的基因，都属于同一"连锁群"，物种连锁群的数目与染色体的数目相等。例如豌豆有 7 条染色体，基因的连锁群为 7 群；玉米有 10 条染色体，基因连锁群数为 10。基因连锁的进一步研究发现，在染色体减数分裂时，染色体发生了"交叉"，相对的两条染色体互相"交换"了片段，在杂交的后代出现了新的类型，这是生物界普遍存在的现象。例如，种子紫色、饱满的玉米品系与种子白色、瘪粒的品系杂交，F₁ 代种子为紫色、饱满。种子紫色、饱满的 F₁ 代与白色、瘪粒的品系回交后，得到少数（3.6%）紫瘪和白满两种类型。这是基因交换、重组后出现的重组体。以 C 和 c 代表种子紫色和白色基因，S 和 s 代表种子饱满和皱瘪基因，经基因交换、重组后出现 Cs（紫瘪）和 Sc（白满）两种新型的重组体。

1.3　遗传规律的细胞学证据

20 世纪初，遗传学研究进入到细胞学水平，基因理论得到广泛的验证，从而建立了细胞遗传学。细胞遗传学的实质性内容是遗传基因主要存在于细胞核的染色体上，呈直线排列，即基因的染色体学说。这是在孟德尔 1866 年发表著作之后几乎没有引起人们注意的 30 多年间，生物学家研究细胞核的重大进展。

1.3.1　细胞分裂与染色体

细胞是通过分裂增殖的，无论由一个细胞的合子长成胚胎，还是动、植物的生长都靠细胞分裂。细胞分裂的最重要变化是细胞核的变化。细胞没有开始分裂时，在细胞核的附近有两个小颗粒，称为中心体，核的最重要组成部分是核里面的一种丝状结构物，即细胞核的染色体。

细胞核开始分裂时，每条染色体变粗、变短、变直，一条染色体分成两条染色单体，同时核旁的两个中心体逐步彼此离开一些，其周围出现星芒状的细丝。此后，两个中心体越离越远，最后分别位于核的两方位置。这时核膜消失，双单体的染色体位于两个中心体之间，且中心体有一条细线与每条染色体连接。当每条染色体的双单体分开时，两条单体分别由中心体拉到两端。这时两端的单体染色体的数目与细胞分裂前的染色体数目相等，在原细胞两端的染色单体外面形成一层膜，这就形成了两个新的细胞。两个细胞旁原有的一粒中心体，又形成两粒，所以，新形成的两个细胞依然有自己的两个中心体。至此，细胞分裂完成，原来的细胞分成两个子细胞，每个细胞包含一个细胞核。这个过程周而复始，细胞不断增多，使生物体得以生长。

1.3.2　减数分裂

生物体内的生殖细胞，雄配子和雌配子或精子和卵子，其染色体数目是体细胞染色体数目的一半。这种配子是经过成熟分裂产生的，成熟分裂经过两次细胞分裂而形成 4 个细胞。经过这两次分裂而形成的配子，其染色体数目为体细胞染色体数目的 1/2，因此，成熟分裂也称为"减数分裂"。

减数分裂与普通细胞分裂不同在于：①普通分裂时，每条染色体分成两条单体，但减数分裂时，每条染色体不分成单体，而是相对的染色体并排配合，称为配对。然后，每条染色体复制一次形成两条染色单体，一对染色体就形成 4 条染色单体。每条染色体的两条染色单体不分开，而是一对染色体中的一条染色体移到一端，另一条染色体移到另一端。子细胞形成时，每个子细胞核内的染色体数目为原细胞染色体数的一半，这是成熟分裂的第一次分裂。②第二次分裂，每条染色体的两条单体分开，所以子细胞核的染色体数目为原细胞核染色体数的一半，每个子细胞就成为配子。这些过程在 1900 年之前，已被生物学家研究清楚了，而且还发现每种生物体的染色体数目都是成双成对的，每对染色体的一条来自父本而另一条来自母本。1902 年，有的生物学家把细胞学的成就与孟德尔的规律联系起来，发现了染色体行为与孟德尔遗传因子（基因）行为的相似性。例如二者都在生物体内成对存在；产生配子时，每个配子仅得到其中之一；配子结合成合子时，二者又配合成对。这就提出了基因与染色体的关系问题。

1.3.3　基因与染色体

1903 年，美国生物学家 Sutton 发现二倍体由两组形态上相似的染色体组成，在减数分裂过程中，每一个配子都获得一对同源染色体中的一条染色体，他假设基因是染色体的一部分。他用上述的发现和假设来解释孟德尔在豌豆实验中发现的规律。他推测控制黄色和绿色种子的基因在某一特定染色体上，控制种子圆粒和皱缩粒的基因在另一不同染色体上，这样的假设和推测解释了豌豆遗传实验中出现的二对相对性状的 9：3：3：1 的分离比率。尽管 Sutton 没有证明遗传的染色体理论，但是他把遗传学和细胞学两个独立学科的实验研究结果整合在一起以解释一些遗传规律却具有重要的科学意义。

摩尔根以大量的事实证明了染色体是遗传的主要物质基础，也证明了基因在染色体上是直线排列的。以上有关基因与染色体的独立行为及二者行为的一致性圆满地解释了孟德尔的独立分配律。

2　寄主抗病性和病原物致病性的遗传基础

2.1　抗病性的遗传基础

孟德尔于 1866 年发表的关于豌豆的遗传研究，当时不被其他科学家理解和采纳。1900 年前后，孟德尔定律的重新发现奠定了寄主抗病性遗传研究的基础。1898 年，Farrer 就指出小麦对锈病菌的感病性是遗传的[59]。Biffen 于 1903 年用条锈病菌（*Puccinia glumarum*）人工接种抗病小麦品种与感病小麦品种杂交的 F_2 代群体，获得了感病植株与抗病植株为 3：1 的分离比[60]。尽管这个结果受到置疑，但在他后来发表的论文中证实了小麦对锈病的抗病反应依照孟德尔定律遗传。菜豆植物对菜豆炭疽病菌（*Colletotrichum lindemuthianum*）的抗病性遗传实验也证明抗病性和感病性依照孟德尔原理分离，例如用两个小种培养菌分别接种菜豆抗病品种与感病品种杂交的 F_2 分离群体，都获得 3 抗：1 感的分离比，而两个小种的培养菌混合接种时，这个寄主群体分离为 9 抗：7 感的比率。

鉴定作物抗病基因的遗传，要利用遗传上纯合的病原培养菌，这是保证鉴定的准确性和可靠性的重要因素。就是说，以遗传上稳定的、纯合的小种培养菌或者来自单个冬孢子的培养菌为接种源所得到的鉴定结果，都有说服力，在统计学上能被接受。而用田间采集的、遗传上非纯合的冬孢子，或遗传上不稳定的、杂合的小种培养菌来鉴定作物品种的抗病性遗传，则不能获得准确可靠的、有说服力的鉴定结果。

2.2　致病性的遗传基础

早期的致病性遗传研究是在寄生于燕麦黑穗病菌属（*Ustilago*）的种上进行的，通过分离燕麦散黑穗病菌（*Ustilago avenae*）纯一的冬孢子进行致病性的遗传研究，证明致病性的遗传为孟德尔遗传，而且在某些情况下受单一遗传位点控制。冬孢子对特定品种的致病性位点，可能是纯合的，也可能是杂合的。有关研究证明，来自两个病原亲本的双核体培养菌对品种表现中间类型的致病[61]。Johnson 和 Newton 发现了小麦秆锈病菌对特定的小麦品种的致病/非致病的分离符合孟德尔的分离规律，对病原小种致病性的分离作了有说服力的遗传解释。小麦黑穗病菌和白粉病菌的致病性遗传研究也得到相似的结果。

对大麦黑穗病也进行了相似研究，以对大麦黑穗病菌（*Ustilago hordei*）表现病害的大麦植株的百分率作为衡量这种黑穗病菌致病的尺度（也是衡量大麦抗病性的尺度），因品种不同，这个百分率可能落到 0～100 的任何位置，这取决于互作的寄主和病原的基因型。Jhomas 等研究了大麦黑穗病菌弱致病的遗传基础，证明了非致病（0）与弱致病（5%）的对比病害反应，受该病原的单一遗传位点控制。后来证明，中等的致病（5%～35%）以及严重致病（30%～70%）的差异也受病原的个别隐性基因控制。植物的大部分致病真菌如锈病菌、白粉病菌和黑穗病菌的寄生体系，已有约 12 个体系报道了这些真菌的致病基因。说明真菌的致病性受致病基因控制，大部分致病性的遗传符合孟德尔遗传定律。

3　寄主抗病性的分类和病原致病性的变异

3.1　寄主抗病性的分类

在作物病害、抗病性遗传和作物抗病育种的长期研究工作中，植物病理学家、遗传学家和育种学家，对作物抗病性提出各种各样的术语，并对各种术语的含义进行描述，归结起来简介如下：

3.1.1 原生质抗病性、形态抗病性和机能抗病性

这三个抗病性术语是 Hart 于 1931 年提出并定义的[62]：原生质抗病性（protoplasmic resistance）是由原生质决定的，对特定的病原小种表现高抗的抗病性。形态抗病性（morphological resistance）是由寄主的表皮厚度和硬度等形态特征决定的抗病性。机能抗病性（functional resistance）是由植物具备的某些机能，例如有些植物品种气孔开启迟钝，通过气孔侵入植物体的锈病菌，孢子萌发后因气孔关闭而不能侵入，如此形成的抗病性称为机能抗病性。

3.1.2 特异抗病性和非特异抗病性

一些作物品种只对某些菌系表现高度的抗病，而对另一些菌系表现感病，这种只对特定菌系起作用的抗病性称为特异的抗病性（specific resistance）也称为小种-特异的抗病性（race-specific resistance）。作物品种对病原的全部菌系都表现抗病性称为非特异的抗病性（non-specific resistance），也称为小种非特异的抗病性（race-non-specific resistance）或一般的抗病性，普遍的抗病性（general resistance，generalized resistance）[63]。

3.1.3 幼苗抗病性和成株抗病性

作物品种在幼苗期表现的抗病性称为幼苗抗病性（seedling resistance），成年植物表现的抗病性称为成株抗病性（adult-plant resistance，adult resistance）[13]。

3.1.4 质的抗病性和量的抗病性

作物品种完全不产生病斑或者产生抵抗型的病斑，这种抗病性称为质的抗病性（qualitative resistance），抗病性介于抗病品种和感病品种之间，有感染型病斑，但数量较少，所谓中抗品种的抗病性属于量的抗病性（quantitative resistance）[13]。

3.1.5 真抗病性和田间抗病性

真抗病性和田间抗病性这两个术语最早用于马铃薯品种对马铃薯晚疫病的抗病性，后来日本学者引进这两个术语，并普遍应用于水稻品种对稻瘟病的抗病性遗传研究。Müller 和 Haigh 把马铃薯品种对晚疫病表现过敏性（hypersensitivity）反应的抗病性称为真抗病性（true resistance），不具有真抗病性的品种在田间条件下表现的抗病程度差异称为田间抗病性（field resistance）[64]。

3.1.6 主效基因抗病性和微效基因抗病性

作物品种受作用力大的主效基因控制的抗病性称为主效基因抗病性（major gene resistance），无主效抗病基因或主效抗病基因失效，由作用力比较小的微效抗病基因控制的抗病性称为微效基因抗病性（minor gene resistance）。抗病基因分析的结果已证明，大部分特异的抗病性或真抗病性属于主效基因抗病性[13]。而非特异抗病性、田间抗病性和一般抗病性属于微效基因抗病性。

3.1.7 垂直抗病性和水平抗病性

垂直抗病性（vertical resistance）和水平抗病性（horizontal resistance）这两个术语是 Vanderplank 于 1963 年提出来的，前者指对特定菌系起作用的抗病性，后者指对全部菌系都起作用的抗病性。

此外，有的学者把抗病性分为单基因抗病性（monogenic resistance）和多基因抗病性

（multigenic resistance）；完全抗病性（complete resistance）和部分抗病性（partial resistance）；也有学者使用慢锈病抗病性（slow-rusting resistance，late-rusting resistance），慢白粉病抗病性（slow-mildewing resistance）和耐病性（tolerance）等术语。

上述的抗病性分类所依据的标准不同，特异的抗病性和非特异的抗病性、垂直抗病性和水平抗病性是根据小种特异性进行分类的；质的抗病性和量的抗病性、真抗病性和田间抗病性、幼苗抗病性和成株抗病性，是根据抗病性表现的程度划分的，原生质抗病性、形态抗病性、机能抗病性也基本上属于这种分类方法。此外，慢锈病抗病性和慢白粉病抗病性属于抗病性较弱的类型，也可以归入这种分类。主效基因抗病性和微效基因抗病性、单基因抗病性和多基因抗病性是根据控制作物品种抗病性的抗病基因数划分的。只有对作物品种进行抗病基因分析，确定了抗病基因的性质和数目之后才能进行这种抗病性分类。

3.2　病原致病性的变异

自 20 世纪 60 年代始，对稻瘟病菌的致病性变异进行了比较广泛的研究，在研究者之间形成了鲜明而不同的学术观点。以欧世璜为代表的一方，主张稻瘟病菌的致病性变异是频繁的、不断发生的，以日本江塚为代表的另一方，认为稻瘟病菌的致病性是可变的，但反对欧世璜夸大其变异频率的观点[13]。

3.2.1　致病性变异的实验证据

在菲律宾国际水稻研究所（IRRI），从田间的 1 个叶瘟病斑分离的 56 个单孢菌株，分别由菲律宾鉴别品种和国际鉴别品种鉴定出 14 个和 10 个小种。另一个病斑的 44 个菌株，都由这两套鉴别品种鉴定出 8 个小种。从来自第一个病斑的 2 个菌株分离的各 25 个单孢再培养菌，用菲律宾鉴别品种分别鉴定出 10 个和 9 个小种，用国际鉴别品种鉴定出 6 个小种。Chien 在中国台湾省也做了相似实验。他把来自一个病斑的菌株连续培养 5 代，对每个世代的单孢再培养菌在台湾鉴别品种上进行小种鉴定，每个世代都能鉴定出 2～5 个小种[65]。Giatgong 和 Frederiksen 把来自美国小种 1 的一个菌株的 20 个单孢再培养菌接种在国际鉴别品种的 4 个品种上，发现 13 个再培养菌株与母菌株表现相同反应，其他 7 个再培养菌株与母菌株的反应不同[66]。再由 7 个变异菌株的一个菌株分离单孢再连续培养两代，重复出现上述的变异现象。以上研究者的结论是，稻瘟病菌的致病性非常容易变异。

Latterell 由保存了 10～20 年的约 50 个美国小种的标准菌株分离了约 600 个单孢，对其单孢培养菌进行致病性鉴定，只发现极少数的培养菌发生致病性变异[67]。藤川等和中村调查了一个病斑内的小种组成，以审视稻瘟病菌在寄主植物上是否极易产生致病性变异。结果在日本大分县和广岛县都只分离到一个优势的小种，小种组成比较简单的地区基本如此[68,69]。在小种组成稍复杂的地区，70%～90% 的分离菌株属同一个小种，而其他菌株是优势小种致病性减弱的小种。

3.2.2　培养基上的致病性变异

在培养基上继代培养的致病性变异，日本农业技术研究所在 1968 年对在马铃薯琼脂培养基上保存了 1～15 年，每半年移植（转管）一次的 199 个菌株进行了小种的再鉴定。其中 69 个菌株与刚分离时的小种一样，60 个菌株失去对全部鉴别品种的致病性，50 个菌株对鉴别品种的致病范围缩小。长 87 和稻 72 两个菌株，都属小种 031，保存了 10 年以上，没有发现致病性的变化，至今仍作为标准菌株广泛利用。继代培养致病性变异的另一例子是日本农业技术研究所 1957 年分离的，以同样方法保存两年的 26 个菌株的致病性变化。表现与刚分离时相同反应的菌株 16 个，对 $Pi-k$ 基因获得新致病的菌株 3 个，对 $Pi-i$ 基因表现新致病的菌株 2 个，对 $Pi-i$ 丧失致病的菌株 1 个，对全部鉴别品种都丧失致病的菌株 4 个。由此可见，在马铃薯琼脂培养基上的继代培养，致病性的变异比率相当高，可以看到获得对某个抗病基因致病的能力，不过，大趋势是向着丧失致病的方向变异。但是，也发现不少菌株致病性无变异，但孢子形成能力下降了。

3.2.3 单孢再培养菌的致病性变异

日本农业技术研究所从 1962 年采集、分离和鉴定的小种中，选取 20 个菌株进行单孢分离，作成单孢再培养菌，接种鉴定后再分离培养菌，发现 8 个再培养菌对具有已知抗病基因的品种爱知旭（$Pi-a$）、石狩白毛（$Pi-i$）、关东 51（$Pi-k$）的致病性发生如下变化：属 $vr-avr-iavr-k$ 菌系的再培养菌中，很多菌株变为 $vr-avr-ivr-k$ 菌系，出现频率为 34/69，即供试的许多再培养菌在关东 51（$Pi-k$）上产生许多感染型的病斑，说明原先对关东 51 不致病的菌系的再培养菌变成致病的菌系。对 $Pi-k$ 失去致病性，由 $vr-avr-ivr-k$ 变为 $vr-avr-iavr-k$ 菌系，其出现率为 4/69，对 $Pi-a$ 失去致病性的再培养菌，出现率为 1/69。

3.2.4 混合培养菌的单孢再培养菌的致病性变异

这个实验用研 60-19，北 373，长 87，广 65-182，长 61-14 和研 54-04 等 6 个菌系，做成 4 个组合的混和菌系。基本方法是混合两个菌系的孢子、菌丝悬浮液，在 A 培养基上培养一个月后转移到 B 培养基上，形成孢子后进行单孢分离，或者把两个菌系的孢子并排培养，形成孢子后单孢分离，经再培养后在鉴别品种上进行致病性鉴定。结果是研 60-19 与北 373 组合的变异频率为 5/52，长 87 与北 373 的变异频率为 1/195，广 65-182 与北 373 及长 61-14 与研 54-04 两个混合培养组合都不发生致病性变异，频率分别为 0/48 和 0/34。研 60-19 的致病性基因型为 $vr-avr-ivr-kavr-ta$，北 373 的致病性基因型为 $vr-avr-iavr-k$ 和 $avr-ta$。混合培养和单孢再培养获得的 5 个变异菌株的致病性基因型为 $vr-avr-ivr-ta$，接种在 $Pi-ta$ 品种 Pi1 号上产生非常多的感染型病斑。而长 87 与北 373 和广 65-182 与北 373 两个混合培养组合，致病性基因型 $vr-avr-iavr-k$ 并不变为 $vr-avr-ivr-k$。综上鉴定结果，可以认为以上组合的变异是由致病性基因型为 $vr-avr-ivr-kavr-ta$ 的研 60-19 菌株发生非致病基因 $avr-ta$ 的突变产生基因型为 $vr-avr-ivr-kvr-ta$ 的变异体引起的。

3.2.5 致病性突变的孢子频率

把非致病小种以高浓度的孢子悬浮液接种在某个高抗的水稻品种上，在通常情况下不出现任何感染型病斑，但是有时会产生比率很低的个别感染型病斑。由这种病斑分离的菌株再回接到该品种上，就产生许多感染型病斑，因此，由于非致病菌系的突变就获得了对原为高抗品种致病的突变菌系。日本学者山中、清泽和新关都在这项研究工作中获得对不同已知抗病基因的突变菌株。

清泽用 Ra/sa×Sv/RV 这个公式计算变异菌系的出现频率。这里的 Ra 表示某个菌系在抗病品种上产生的感染型病斑数，Sa 表示同一个菌系在感病品种上形成的感染型病斑数，则 $\dfrac{Ra}{Sa}$ 为该菌系的突变孢子频率。Rv 和 Sv 表示突变菌系在原抗病品种上和感病品种上产生的感染型病斑数。如果两个品种上感染型病斑差异较大，说明两个品种除了与原菌系非致病基因对应的抗病基因的差异之外，还存在其他影响抗病性的因素。因此，上述的突变孢子率必须乘 $\dfrac{Sv}{Rv}$ 以修正突变孢子率的值，才能消除原菌系与突变菌系之间遗传上的差异，更准确地获得突变的孢子频率。

研究结果表明，突变孢子率因抗病基因的种类及使用菌系不同而异，侵染 $Pi\text{-}k$ 的突变孢子率为 $10^{-2}\sim10^{-3}$，突变率相当高，侵染 $Pi\text{-}ta$ 的突变率也比较高。侵染其他已知抗病基因的突变率为 $10^{-4}\sim10^{-5}$[70]。

3.3　病原致病性变异的机理

3.3.1　杂交的致病性变异

在北美主要的种子用亚麻产区，亚麻锈病菌只在冬孢子阶段越冬。因此，本菌的杂交与每年的侵染始期相伴随。对照的实验证明了杂交对致病性变异的作用[3,24,6]。在亚麻锈病菌小种 6×小种 22 杂交的 67 个 F_2 培养菌的群体中，鉴定了 54 个致病性不同的小种[7]。亲本小种对 12 个"单基因"鉴别品种的致病性不同，对这个杂交的大量 F_2 培养菌进行了研究，已鉴定了来自这个杂交的 212 个小种，若有足够的 F_2 培养菌，则在理论上可在 12 个单基因的鉴别品种上鉴定出 4 096 个小种。锈病菌和生活周期中具有有性阶段的其他真菌，如黑穗病菌、白粉病菌和苹果疮痂病菌[71,72,73]的杂交是致病变异的重要方式。然而，杂交引起的致病变异只是亲本小种已有基因的重组引起的，并不包括全部的变异，下面进一步阐述引起病原菌致病变异的种种原因。

3.3.2　突变的致病性变异

新的致病基因的产生是突变的结果。研究致病性的突变，或者说由突变产生新的小种，存在一些困难。有许多例子表明，研究者既不知道用来筛选突变体的寄主品种的抗病基因数目和性质，也不知道他想得到突变体的锈病菌夏孢子的致病性基因型。一般地说，寄主的抗病和病原的非致病为显性，在具有 2 个或更多抗病基因的品种上筛选夏孢子突变体的可能性极小。因为要侵染这样的品种，夏孢子必须对寄主所具有的各个抗病基因都致病。而且，显性非致病基因为纯合的夏孢子致病性的突变，只有双核的夏孢子的每个细胞核的相应基因都突变才能在二基因或多基因的抗病品种上测出夏孢子致病性的突变。

Anderson 和 Hart 用不同剂量的热中子和 X 射线辐射处理小麦秆锈病菌小种 48 的夏孢子，在 4 个小麦秆锈病菌鉴别品种上进行筛选，没有发现锈病菌的突变体[74]。Loegering 和 Powers 辐射处理小麦秆锈病菌小种 111 的夏孢子和小种 111×小种 36 的 F_1 培养菌的夏孢子，并在品种 Marquis 上筛选突变体。前者没有发现突变体，而后者获得许多致病突变体。由此可见，单基因抗病品种和致病基因杂合的夏孢子培养菌，是突变研究的理想材料[19]。

为了获得这种理想的培养菌，把亚麻锈病菌致病最广的小种 22 与致病最窄的小种 1 杂交。自交研究证明，小种 22 对 14 个鉴别品种的致病是纯合的，对 2 个鉴别品种的非致病也是纯合的；而小种 1 对 1 个鉴别品种的致病也是纯合的；对 11 个鉴别品种的非致病也是纯合的，对 4 个鉴别品种是杂合的。亲本小种 22 和小种 1 对品种 Bombay（NN）都为非致病，其 F_1 培养菌 A 的夏孢子对 Bombay 保持非致病（avr）。在这种情况下，即使一个核中的 avr_N 基因突变为致病基因（隐性基因）vr_N，培养菌依然保持非致病性，因为另一个核中的 avr_N 基因控制着夏孢子对 Bombay 的非致病。但是，小种 1 的情况就不一样，小种 1 的核

中显性 avr_M 基因的突变，使孢子变成隐性基因型 $vr_M vr_M$ 的纯合体，它能侵染 Dakota（MM）。这种假说，或者说这种解释是否成立，需要实验的检验。用 LD_{50} 和 LD_{90} 的 X 射线辐射处理小种 22×小种 1 培养菌 A 的 F_1 夏孢子，在单基因抗病品种上进行突变鉴定[52]。在 Stewart 或 Bombay 上没有形成夏孢子堆，因为夏孢子对这两个品种为非致病纯合的。而在 F_1 培养菌表现为致病杂合的鉴别品种上形成夏孢子堆，在所获得的 154 个夏孢子堆中，94 个夏孢子堆能产生足够致病测定的接种源。测定结果发现，92 个夏孢子堆对筛选出它们的鉴别品种的致病与 F_1 培养菌不同。这可能是对基因系列的一次"碰撞"，另外 2 个培养菌对其余的鉴别品种是致病的，可能又有一次"碰撞"，因此上述结果可能由辐射处理的两次"碰撞"造成。

Schwinghamer 断定由小种 1 诱发的对亚麻品种 Dakota 的致病性突变，是由于携带 avr_M 基因的染色体片段丢失造成的[75]。Flor 用 Schwinghamer 由小种 1 经 X 射线处理诱发得到的、对 Kota 致病突变的 2 个培养菌自交，所得到的 198 个自交培养菌都对 Kota 致病，而且有 16 个自交培养菌对 Abyssinian（P^2）和 Leona（P^3）致病，原来的小种 1 对这两个品种的非致病是纯合的。所以，经过 X 射线辐射，诱发了锈病培养菌新的致病基因组。这种突变是由于携带对 Kota、Abyssinian 和 Leona 非致病的紧密连锁基因的染色体部分的缺失引起的。

3.3.3 异核的致病性变异

Parmeter，Snyder 和 Reichle 指出，除锈病菌和黑穗病菌特殊的双核体的异核现象影响真菌的致病变异之外，支持异核现象影响致病性（pathogenicity）或致病（virulence）变异的证据不足[76]。在各种锈病真菌中，经常观察到生殖管（germ tube）与菌丝之间的融合。通过小麦秆锈病菌两个小种夏孢子混合体的筛选，获得了致病的变异体和颜色变异体，这种变异体的出现归因于菌丝融合的核交换，体细胞杂交或准有性生殖。这个实验的亲本培养菌和由亲本培养菌得到的变异体的致病基因型尚未确定。

Flor 通过小种 22 与小种 1 杂交，获得了称为 A，B，C，D 的 4 个 F_1 夏孢子培养菌[77]。把这 4 个培养菌单独地，或以多种多样的配对接种于对这 4 个培养菌高抗的三个鉴别品种上。小种 22 的致病性是纯合的，对 4 个鉴别品种都致病，小种 1 对 4 个品种的致病性是杂合的，每个 F_1 培养菌的一个核具有小种 22 的致病基因型。在 F_1 培养菌 B 的夏孢子与 A，C 或 D 培养菌的夏孢子混合时，都重新获得小种 22。如果培养菌 B 所含的小种 22 的核为交配型（＋），而培养菌 A，C，D 所含的小种 22 的核为另一种交配型（－），通过菌丝融合和核移动，交配型（＋）和（－）就组合在一个细胞内。

3.3.4 准有性生殖或体细胞杂交的致病性变异

有些真菌的遗传重组不以有性生殖的减数分裂为基础，而是建立在有丝分裂的基础之上。这种不是典型的有性生殖，又与有性生殖有一定关系的生殖称为准有性生殖。菌丝融合或核突变形成异核体、异核体内基因型相同或不同的两个单倍体核融合形成二倍体和二倍体核在分裂过程中出现的非整分裂等多种多样的准有性生殖会引起真菌致病性的变化。

亚麻锈病菌小种 22×小种 1 的配对 F_1 培养菌的致病变异体的实验[77]，适用于体细胞杂交和异核现象的测定。F_1 培养菌许多致病位点是杂合的，如果发生准有性过程或体细胞杂交，就能得到若干位点上的致病变异体。现在已确认一些锈病菌小种的若干致病基因型是杂合的。由于每个小种具有交配型（＋）和（－）的单倍体核，所以，每个小种就像 2 个或更多的小种夏孢子混合体一样，通过准有性过程产生变异体。因此，由准有性过程产生的变异体仍然是由小种混合体得到的。

二、寄主-寄生物互作的遗传和基因分析方法

1　寄主-寄生物互作的遗传

　　普通的遗传分析是通过性状不同的两个生物体之间杂交，根据其后代相对性状的分离情况推断控制性状的基因组成。这种情况的基因间互作要考虑两种互作：第一种互作是相同基因位点内、等位基因间的互作，表现为显性、隐性或不完全显性等；第二种互作是不同基因位点的基因间互作，在这种情况下，表现出性状的基因型为上位，不表现性状的基因型为下位。寄主和寄生物互作的遗传涉及两种生物，所以存在图 2－4 列示的四种互作。Loegering 和 Powers[76] 把寄主和寄生物各自的一个基因位点内等位基因间的互作称为第一种互作（category Ⅰ interaction），寄主和寄生物各自的两个基因位点间的互作称为第二种互作（category Ⅱ interaction），两种不同的生物间两个对应的基因位点间的互作称为第三种互作（category Ⅲ interaction），第三种互作之间的互作称为第四种互作（category Ⅳ interaction）。

　　Ⅰ．R-1←→r-1 $P1$←→$P1$ 一种生物内一个基因位点的等位基因之间互作；

　　Ⅱ．R-$1R$-1←→R-$2R$-2 $P1P1$←→$P2P2$ 一种生物内两个或两个以上基因位点的基因型之间互作；

　　Ⅲ．R-$1R$-1←→$P1P1$ 两种不同生物中各两个对应位点的基因型之间互作；

　　Ⅳ．R-$1R$-1　　R-$2R$-2 第 3 种互作之间的互作。

$P1P1$　　　　$P2P2$

图 2－4　寄主-寄生物的四种互作关系

　　因此，表型取决于第四种互作及环境的影响。一般地说，表型是由基因型与环境的互作产生的。即使用同样的方法把相同的菌株接种于相同的品种上，由于环境条件不同，表型也会发生变化。可称为免疫的高度抗病性，即使环境有变化也表现高度抗病性，但是中度以下的抗病性的表现则因环境条件的变化而有很大的不同。

　　假定环境条件相同，则某个品种的抗病表现不仅取决于该品种的基因型，而且也受接种菌系的极大影响。一般地说，菌系的致病力强时，寄主的反应更趋感病，而致病力弱时，寄主趋向抗病。另外，某个菌系对寄主的致病反应，也因品种的抗病力不同而异。对抗病力（田间抗病性）强的品种，菌系更趋向于非致病，而对抗病力弱的品种，菌系更趋向于致病。因此，第四种互作对寄主-寄生物的互作关系及其表型表达起重要作用。但是如前所述，基因分析是分别对寄主和寄生物进行分析的，然后综观两者的结果，综合评定寄主-寄生物互作的遗传。

　　如前所述，寄主中存在抗病基因，寄生物中存在着与抗病基因相对应的非致病基因，通过两者的互作表现寄主的抗病反应和寄生物的非致病反应。而且在种种病害中已经证明，在寄生物中存在着与抗病基因相对应的、数目相同的非致病基因。现在假定 A 和 B 为两个抗病基因，与 A 和 B 相对应的有 a 和 b 两个非致病基因，如表 2－2 所示，具 A 抗病基因的寄主遇上具有 a 非致病基因的菌系时，表现寄主的抗病反应和病原的非致病反应。A 抗病基因

与 b 非致病基因相遇不表现抗病性。因此，抗病基因与非致病基因之间的互作是非常特异的，只有相互对应的基因间发生互作时，才表现抗病或非致病。寄主抗病基因 B 与病原非致病基因的互作也是如此。所以，只有抗病基因与同抗病基因特异相对应的非致病基因的互作才表现出寄主的抗病反应和寄生物菌的非致病反应。这个原理是 Flor 提出的。起初，Flor 根据寄主的抗病基因与病原的非致病基因的互补作用所表现抗病反应和非致病反应的「寄主-寄生物」体系称为互补基因体系（complementary genic system）。但是，现在通常使用基因-对-基因关系（gene for gene relationship）这个用语，阐明这种关系的学说称为基因-对-基因学说。在这种场合，寄主的抗病基因及与抗病基因特异对应的病原非致病基因，只要存在一对这样的抗病基因-非致病基因，不管其他的基因组合如何，总是表现抗病反应和非致病反应。

表 2-2　具特异抗病性的寄主与寄生物的关系

(凌忠专等，2005)

非致病基因型 抗病基因型	ab	a+	+b	++
AB	R	R	R	S
A+	R	R	S	S
+B	R	S	R	S
++	S	S	S	S

　　基因-对-基因学说主要是根据亚麻对锈病菌的抗病性遗传和锈病菌对亚麻的致病性遗传的研究建立起来的，后来在大麦的白粉病、小麦的秆锈病和叶锈病中，根据寄主和寄生物两方面的基因分析得到确认，现在已证明这个学说能适用于许多病害。其中不仅包括上述的真菌病害，也包括了细菌病害，病毒病甚至线虫病害和虫害等。

　　这些病害的共同特征是已经发现了许多基因，对某个抗病基因或抗虫基因，既存在非致病的菌系（或昆虫生物型），也存在致病的菌系（或昆虫生物型），而且存在着与抗病（虫）基因对应的、数目相等的非致病基因。对包括小麦锈病、白粉病在内的多种病害，同时进行寄生物的基因分析和寄主的基因分析，证明了基因-对-基因学说是成立的，另一些病害，只进行寄主一方或寄生物一方的基因分析，或者没有进行基因分析，只是根据寄主-寄生物体系的互作反应进行基因推断。在 20 世纪 80 年代以前，稻瘟病只进行水稻一方的抗病基因分析，再根据水稻与稻瘟病菌的互作反应，推断稻瘟病菌的非致病基因，证明基因-对-基因学说也适用于水稻稻瘟病。80 年代后，稻瘟病菌和水稻品种的平行遗传研究，从遗传学的角度进一步证明水稻品种-稻瘟病菌互作的遗传符合基因-对-基因关系的学说。也证明基因-对-基因学说的科学性和普遍适用性。

　　上述的大部分病害已充分进行了基因分析。所以，可以认为大部分病害的寄主-寄生物关系能用基因-对-基因学说来解释，但是，基因-对-基因学说不适用于所谓非特异抗病性的病害。所谓非特异的抗病性（non-specific resistance），就字面而言，是指对全部菌系都起作用的抗病性，所以也称为普遍的抗病性（general resistance）。但是，这种抗病性的表现有强弱之分，如果分为 0～4 五个等级，表 2-3 所示的寄主品种当中，D 品种抗病性强，A 品种抗病性弱，B、C 两个品种介于二者之间。寄生物的不同小种之间也存在致病力强弱的差异，如表 2-3 的 d 菌系致病力强，a 菌系致病力弱，b、c 两个菌系介于二者之间。表 2-4

表示特异的抗病性的表现，表中的 B、C 两个寄主品种与 b，c 两个病原菌系的互作反应存在逆转关系，这是特异的抗病性的固有特性，非特异的抗病性不存在这种现象。

表 2 - 3　非特异抗病性的特征

(凌忠专等，2005)

寄主＼寄生物	a	b	c	d
A	4	4	4	4
B	4	4	4	3
C	4	4	3	2
D	3	3	2	0

没有发现逆转关系

0　1　2　3　4

强←抗性→弱

表 2 - 4　特异抗病性的特征

(凌忠专等，2005)

寄主＼寄生物	a	b	c	d
A	4	4	4	4
B	4	0	4	0
C	4	4	0	0
D	0	0	0	4

▭内发现有逆转关系

0　1　2　3　4

强←抗病性→弱

但是，实际上确定某个品种的抗病性为特异抗病性或者为非特异抗病性并不容易。例如，现在给你一个抗病品种，如果用某个菌系试验，能确定为非特异的抗病性吗？例如，对含有稻瘟病抗病基因 $Pi\text{-}t$ 的水稻品种，用 1 222 个菌株进行抗病试验，对所有菌株都表现抗病，接种第 1 223 个菌株时，发现品种感病。在实际研究工作中，就算只用这些菌株来确定所有的抗病性是特异抗病性还是非特异抗病性也是做不到的。另外，20 世纪 60 年代已经发现，以前认为是非特异的抗病性，已经找到专门侵染它的菌系，这样的例子在逐步增多。这样看来，确定这样的抗病性究竟是特异抗病性还是非特异抗病性是困难的。所以，关于稻瘟病的抗病性，日本是根据水稻品种对接种菌株的抗病性程度，把高度的抗病性称为真抗病性，中度的抗病性称为田间抗病性。全部真抗病性都是特异的抗病性，田间抗病性是非特异的抗病性，但是有部分品种的田间抗病性有时也表现为特异抗病性。

病原的致病/非致病和寄主的感病/抗病，都受它们各自的遗传体系控制，但是病原与寄主互作的表型表达却是相互依赖的。因此，寄主-寄生菌任何组合所表现的反应型，是两个遗传体系之间互作的结果。Flor 设计的亚麻和亚麻锈病菌的实验，就是研究两种遗传体系的互作。Flor 把亚麻锈病菌杂交的 F_2 分离群体接种到亚麻寄主品种（系）上，得到了 3 非致病∶1 致病的分离比率[1,10]。当用合适的培养菌接种亚麻品种杂交的 F_2 群体时，也得到 3 抗病植株∶1 感病植株的分离比率。用亚麻锈病菌小种 22 和 24 的培养菌接种亚麻品种

Bombay 与 Ottawa 杂交的 F_2 分离群体，获得 9：3：3：1 的分离比率，说明这两个品种各具有一个纯合的、独立分离的显性抗病基因。把小种 22 与 24 杂交的 F_2 分离群体接种到 Bombay 和 Ottawa 两个品种上，也获得 9：3：3：1 的分离比率，说明每个小种各具有一个纯合的、显性非致病基因。

Flor 根据详尽的实验证明，单基因抗病品种，只要病原具有特异的、相关的单致病基因，就能使品种的抗病性失效，如果寄主品种有两个抗病基因，则病原需要具有两个相对应的致病基因才能使品种的抗病性失效等等。亚麻鉴别品种以及其他作物品种杂交的抗病性遗传研究和锈病菌杂交的致病性遗传研究，寄主品种与寄生物互作所表现的表型的"几何系列"关系，都证明 R-基因与 V-基因这种数目相等的关系[2]。亚麻品种中发现的 29 个抗病基因，在亚麻锈病菌小种中有 29 个对应的致病基因。R-基因与相关的 V-基因的基因-对-基因的典型互作见图 2-2。这个图说明寄主基因型与寄生物基因型之间 9 种互作关系，只表现"＋"和"－"两种表型。把表现显性特异互作的表型为"－"的 4 种互作集中在一起，则完全的反应型模式（图 2-2 左）就成为简化的反应型模式（图 2-2 右）。这种"－"反应型是寄主-寄生物互作的关键，也是系统阐明 Flor 基因-对-基因假说的基础条件。

Person 分析了亚麻-亚麻锈病菌体系和马铃薯-马铃薯晚疫病菌体系已发表的遗传研究资料，设计了寄主-寄生物体系 5 个互作位点的理想的基因-对-基因关系[1]（表 1-13），对这个体系的各种特征给以全面的描述。这个理想的基因-对-基因体系最重要的特征是寄主-寄生物互作表现的"几何系列"关系，这种特征一般可以作为植物-寄生物体系的基因-对-基因关系的标准之一。因此，Flor 发现的寄主-寄生物遗传的"孟德尔法则"和 Person 发现的寄主-寄生物互作的"几何法则"是研究寄主品种抗病性/感病性遗传、寄生物非致病性/致病性遗传和寄主-寄生物互作特征遗传的理论基础和设计遗传研究方法的理论根据。

2 寄主抗病基因分析的方法

生物体的各种性状，受染色体上的基因控制。作物品种的抗病性受染色体上的抗病基因控制，病原的致病性受染色体上的致病性基因控制。要知道一个抗病作物品种的抗病性究竟受几个抗病基因控制，就要把这个品种与感病品种杂交，用合适的病原小种接种杂交 F_2 群体，调查群体中抗病植株与感病植株的个体数，计算抗病个体与感病个体的比率，根据其比率确定控制这个抗病品种的基因数。

2.1 单基因控制的抗病性遗传和基因分析

假定 A 品种对某个菌系 a 表现抗病，B 品种对该菌系表现感病，要知道 A 品种的抗病性由几个抗性基因控制，把 A 品种与 B 品种杂交。F_1 和 F_2 种子与双亲种在一起，用 a 菌系接种它们的幼苗，调查每个植株的抗/感反应。F_1 植株可能表现三种不同的反应：①F_1 植株的平均反应与抗病亲本的平均反应相似，这时的抗病性为完全显性；②F_1 植株的平均反应介于双亲之间，抗病性为不完全显性；③F_1 植株的反应接近感病亲本，抗病性为隐性。F_2 群体植株表现抗病性分离，调查记载双亲及 F_2 的每一个体，与抗病亲本反应相同的 F_2 个体为 R，与感病亲本反应相同的 F_2 个体为 S，反应介于双亲之间的 F_2 个体为 M。

计算 R（包括 M）和 S 的个体数，得出 R，S 的分离比，鉴定这个分离比率与单基因抗病性的理论分离比率是否一致。如果抗病性由一个基因控制，而且抗病性为完全显性，观察的抗病个体与感病个体的分离比应当符合 3 抗：1 感的分离比率。这要用卡方检定法确定其符合度，若符合就说明这个杂交的抗病性由一个基因控制。举例说明如下：假定调查结果的 F_2 群体总个体数为 $n=500$，R 个体数为 366，S 个体数为 134，单基因分离的 R 理论个体数为 $500 \times 3/4 = 375$，S 理论个体数为 $500 \times 1/4 = 125$。$\chi^2 = 0.864$（表 2-5）。查 χ^2 分布表得 $\chi^2 = 0.864$ 位于 $P = 0.30$ 到 $P = 0.50$ 之间。P 值＞0.05 时，表示观察分离比与理论分离比率一致，由此得出结论，这个抗病品种含有一个控制抗病性分离的基因。

表 2-5　单基因杂种的抗病基因分析

(山崎义人等，1990)

	抗　病　程　度					
	0	1	2	3	4	5
P_1 *	57	3				
P_2					8	52
观察比（O）	340	20	6		29	105
F_2		366（R）			134（S）	
理论比（C）		375			125	
$\lvert C-O \rvert$		9			9	
$\lvert C-O \rvert^2$		81			81	
$C-O \dfrac{\lvert C-O \rvert^2}{C}$		0.216			0.648	
$\chi^2 = \sum \dfrac{\lvert C-O \rvert^2}{C}$			0.864			

*　P_1 为抗病亲本，P_2 为感病亲本。

　　两个品种对一个菌系表现抗病，这两个品种的抗病性是由相同的或不同的抗病基因控制，也就是说，它们所含的抗病基因是否相同。为了确定这一点，要把抗病品种（A）、抗病品种（C）分别与感病品种（B）杂交，同时 A 与 C 也进行杂交，用对 A、C 为非致病的菌系接种，调查 F_2 的分离比。如果用上述的检定法分别得到 A×B 和 B×C 的 F_2 分离比率为 3：1，这证明 A 品种和 C 品种对接种的菌系各表现由一个抗病基因控制。如若在 A×C 的 F_2 群体中不出现感病个体，这表示 A 和 C 两个品种所包含的抗病基因是相同的或者是等位的。假如 A×C 的 F_2 分离为 15 抗病：1 感病的比率，说明两个品种包含的抗病基因不同。

2.2　二基因控制的抗病性遗传和基因分析

　　抗病鉴定中常常看到某个品种（A）对某个菌系（a）表现抗病，对另一菌系（b）表现感病，另一品种（B）正相反，对 a 菌系感病，对 b 菌系抗病。在 A×B 的 F_2 群体分别接种 a 菌系和 b 菌系，根据对两个菌系的反应看，两个品种具有性质不同的抗病基因。为了要在育种上利用这两个抗病基因，必须进一步确定这两个基因是否在相同染色体上，如果位于相同染色体的相同基因位点上，则在育种上不可能把它们组合在一个品种里。要明确这一点，F_2 的各个体需要接种 a、b 两个菌系，调查对两个菌系的抗、感分离比。如果抗 a 菌系感 b 菌系的个体：抗 a、b 两个菌系的个体：感 a 抗 b 的个体分离比为 1：2：1，而且在 F_2 群体中不出现同时对 a、b 两菌系感病的个体，则可以断定这两个基因在相同染色体上处于相同位置的基因（图2-5右），如果这两个基因在不同的染色体上，则抗a、b两个菌系的个体：抗a菌系感b菌系的个体：感a菌系抗b菌系的个体：感a、b两个菌系个体的分离比＝9：3：3：1（图2-5左及表2-6）。

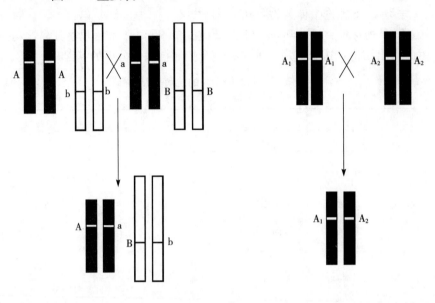

配子基因型	AB	Ab	aB	ab		A_1	A_2
AB	AABB	AABb	AaBB	AaBb	A_1	A_1A_1	A_1A_2
Ab	AABb	AAbb	AaBb	Aabb			
aB	AaBB	AaBb	aaBB	aaBb			
ab	AaBb	Aabb	aaBb	aabb	A_2	A_1A_2	A_2A_2
	A-B-	A-bb	aaB-	aabb		A_1A_1 A_1A_2 A_2A_2	
	9 ：	3 ：	3 ：	1		1 ： 2 ： 1	

图2-5　位于不同染色体上的二基因的分离（左）与位于同一基因位点上的二基因的分离（右）

表2-6　二基因杂种分离比检定

（凌忠专等，2005）

a菌系 b菌系	抗病 抗病	抗病 感病	感病 抗病	感病 感病	合计
观察值（O）	105	34	36	12	187
理论值（C）	105.19	35.06	35.06	11.69	187.00
	$(187 \times \frac{9}{16})$	$(187 \times \frac{3}{16})$	$(187 \times \frac{3}{16})$	$(187 \times \frac{1}{16})$	
$|C-O|^2$	0.035 2	1.128 9	0.878 9	0.097 7	
$\dfrac{|C-O|^2}{C}$	0.000 3	0.032 2	0.025 1	0.008 4	0.097 7（χ^2）

　　在研究品种抗病性遗传时，常常看到一个品种对许多菌系表现抗病，这时对各菌系起作

用的基因常常不止一个。为了分析抗病基因的异同及数目，需要用两个以上的菌系接种抗病品种×感病品种的 F_2 群体或 F_3 系统。用许多菌系接种时，利用 F_3 系统可以得到可靠性更高的结果。采用 F_3 系统时，首先把 F_3 各系统的种子分为若干份（视接种菌系数而定），分别接种一个菌系，观察其反应并调查对各菌系的分离比。当抗病性由一个基因控制时，F_3 系统得到抗：分离：感＝1：2：1的分离比率。对两个菌系的抗病性由不同抗病基因控制，可期待得到1：2：1：2：4：2：1：2：1的分离比（表2-7）。对两个菌系起作用的基因完全相同时，其反应应当完全一致，即抗 a 菌系的系统也抗 b 菌系，对 a 菌系表现分离的系统对 b 菌系也表现分离。对 a、b 两个菌系表现完全相同分离时，可以认为对这两个菌系起作用的抗病基因是相同的[71,81,82]。

表 2-7　二基因杂种 F_3 的分离

(凌忠专等，2005)

a 菌系 b 菌系	抗病			分离			感病			合计
	抗病*	分离	感病	抗病	分离	感病	抗病	分离	感病	
观察值（O）	24	43	19	44	88	40	19	40	22	339
理论值（C）	21.19	42.38	21.19	42.38	84.75	42.38	21.19	42.38	21.19	
	1	2	1	2	4	2	1	2	1	
$\|C-O\|^2$	7.910 2	0.390 6	4.785 2	2.640 6	10.562 5	5.640 6	4.785 2	5.640 6	0.960 2	
$\dfrac{\|C-O\|^2}{C}$	0.373 3	0.009 2	0.225 8	0.062 3	0.124 6	0.133 1	0.225 8	0.133 1	0.031 2	2.438 6

* 这里所说的抗病是指全部个体都抗病，所谓分离是指分离为抗病个体和感病个体的那些系统。

二基因控制的抗病性，表现基因间的种种互作的抗病性分离，当两个基因位于不同染色体上的抗病品种与感病品种杂交时，F_2 群体表现的种种分离如表2-8所示：

表 2-8　二基因杂种 F_2 群体的各种分离情况

(凌忠专等，2005)

F_2 基因型 基因型比率	AABB 1	AABb 2	AAbb 1	AaBB 2	AaBb 4	Aabb 2	aaBB 1	aaBb 2	aabb 1	分离比 R：M：S
a. AA，Aa，BB，Bb（R）*	R	R	R	R	R	R	R	R	S	15：1
b. AA，Aa，BB（R）	R	R	R	R	R	R	R	S	S	13：3
c. AA，Aa（R），BB，Bb（M）	R	R	R	R	R	R	M	M	S	12：3：1
d. AA，BB（R），Aa，Bb（M）	R	R	R	R	M	M	R	M	S	7：8：1
e. AABB，AaBB，AABb，AaBb（R）	R	R	S	R	R	S	S	S	S	9：7
f. AABB，AaBB，AABb，AaBb（R）	R	R	M	R	R	M	M	M	S	9：6：1
AAbb，Aabb，aaBB，aaBb（M）										

*　表示其中的每个基因型都表现括号内标示的抗病性反应。

```
亲本　　AAbb　　　×　　　aaBB
　　　　（RaSb）　　　　　（SaRb）
F₁　　　　　　AaBb
　　　　　　　（RaRb）
F₂　A－B－　　A－bb　　aaB－　　aabb
　（RaRb）　（RaSb）　（SaRb）　（SaSb）
```

RaSb：对 a 菌系为 R 反应，对 b 菌系为 S 反应；A-bb：代表 AAbb 或者 Aabb。

2.2.1 最常见的情况是两个抗病基因都表现显性，分离的个体即使只含一个抗病基因也表现抗病，所以表现为 15：1 的分离比率。

2.2.2 两个抗性基因当中，一个为显性基因，另一个为隐性基因。例如 AaBb 基因型中的 Aa 是抗病性显性基因，Bb 是感病性显性基因，这时在基因型中只要有一个抗病基因 A 就表现出抗病性。所以基因型 AaBB、Aabb 都表现 A 抗病基因的作用，这种基因型的植株表现抗病反应，不表现感病反应。在这种情况下，BB 的抗病性被 A 的抗病性覆盖，Bb 的感病性也被 A 的抗病性覆盖。A，B 两个基因间的这种互作称为上下位性。A 基因能表现出抗病性，称为上位基因，B 基因同 A 基因同时存在时，既不表现其纯合状态的抗病性，也不表现其杂合状态的感病性，B 基因称为下位基因。两个基因互作所控制的抗病性表现为 13R：3S。

2.2.3 A 和 B 两个抗病基因作用力的强弱不同，AA 控制高度抗病性（R），BB 控制中度抗病性（M），这时 AA 对 BB 表现上位性，所以 AABB、AABb、AAbb、AaBB、AaBb、Aabb 等基因型表现高度抗病性，而 aaBB、aaBb 表现中度抗病性，aabb 表现感病反应，因此 AA 对 BB 为上位时，表现 12R：3M：1S 的分离比率。

2.2.4 两个抗病基因都为不完全显性，在杂合的场合，都表现中度抗病性（M），所以 AaBb、Aabb、aaBb 表现 M 反应，AABB、AABb、AAbb、AaBB、aaBB 表现 R 反应，aabb 为 S 反应。这种场合的抗病性分离为 7R：8M：1S 的分离比率。

2.2.5 两个抗病基因共同存在时才表现出抗病，各自单独存在时不表现抗病而表现感病。这两个基因之间的这种互作称为互补关系，这种基因称为互补基因。F_2 群体的分离为 9R：7S 的分离比率。

2.2.6 在不同位点上的两个以上的基因对抗病性起作用，这种基因称为同义基因。把抗病性看成一个性状，与它有关的全部基因都可视为同义基因。两个基因共存时比它们单独存在时表现更强的抗病作用，这种基因称为累加基因。F_2 群体分离为 9R：6M：1S 的分离比率。

分离为 3 抗：1 感的单基因品种与分离为 15 抗：1 感的二基因品种杂交，其 F_2 分离为 $(3R_1：1S_1)(15R_2：1S_2)＝45R_1R_2：3R_1S_2：15S_1R_2：1S_1S_2$，抗病性对感病性表现上位时，$R_1S_2$ 和 S_1R_2 表现抗病反应，所以杂交 F_2 群体分离为 $(3R_1：1S_1)(15R_2：1S_2)＝63R：1S$ 的分离比率。包含两个基因的品种，其中一个基因控制高度抗病性，表现上位作用，另一个基因控制中度抗病性，表现下位性，而单基因的品种表现完全显性，两品种杂交的 F_2 分离为 $(12R_1：3M_1：1S_1)(3R_2：1S_2)＝36R_1R_2：12R_1S_2：9M_1R_2：3M_1S_2：3S_1R_2：1S_1S_2＝60R：3M：1S$ 的分离比率。

2.3 三基因控制的抗病性遗传和基因分析——累积分布曲线法

研究抗病性时，需要通过接种，使菌和植物体接触，植物对菌表现出抗感反应，才能把抗病的作物品种与感病的作物品种区分开来。接种鉴定需要各种设备，例如接种箱、保湿箱等，即使不用接种箱也需要花许多劳力，因此，设备和劳力就成为鉴定个体数的限制因素。尤其是接种箱，不可能容纳太多的个体。况且抗病性是各种农艺性状中最容易受环境影响的一个性状，感病品种接种病原物后，不表现感病性，除病原物与植物没有充分接触这个原因外，环境条件的变化也是其中一个因素。因此，只进行 F_2 个体的抗病性测定，常常不可能得到正确的结果，在许多情况下需要测定 F_3 及 F_3 以后各系统的抗感反应[13]，调查和分析 F_3

系统内抗感分离，以便更准确地确定控制抗病性分离的抗病基因数目。

利用系统鉴定进行基因分析，必须区别每个系统究竟是抗病系统还是分离系统。假如抗病性由三个基因控制，则 F_3 系统的抗病性分离如表 2-9 所示。每个系统测定的个体数少时，不可能把 1 抗：0 感与 63 抗：1 感的系统区别开来，有时甚至不可能区分抗感分离比为 1：0 和 15：1 的系统。比如说，20 个个体都表现抗病，分不出是 1：0 的系统还是 63：1 的系统。由 15：1 的系统中取出 2 个个体，也可能全部表现为抗病。因此，在这种情况下利用普遍的杂交分析法存在许多困难，为解决这个问题，采用另一个基因分析法，叫做累积分布曲线法。

表 2-9　三基因杂种 F_3 的分离

(凌忠专等，2005)

基因型	频率	分离比 (R：S)	基因型	频率	分离比 (R：S)	基因型	频率	分离比 (R：S)
AABBCc	1	1：0	AaBBCC	2	1：0	aaBBCC	1	1：0
AABBCc	2	1：0	AaBBCc	4	1：0	aaBBCc	2	1：0
AABBcc	1	1：0	AaBBcc	2	1：0	aaBBcc	1	1：0
AABbCC	2	1：0	AaBbCC	4	1：0	aaBbCC	2	1：0
AABbCc	4	1：0	AaBbCc	8	63：1	aaBbCC	4	15：1
AABbcc	2	1：0	AaBbcc	4	15：1	aaBbcc	2	3：1
AAbbCC	1	1：0	AabbCC	2	1：0	aabbCC	1	1：0
AAbbCc	2	1：0	AabbCc	4	15：1	aabbCc	2	0：1
AAbbcc	1	1：0	Aabbcc	2	3：1	aabbcc	1	0：1
AABB	1	1：0						
AABb	2	1：0						
AAbb	1	1：0						
AaBB	2	1：0						
AaBb	4	15：1						
Aabb	2	3：0						
aaBB	1	1：0						
aaBb	2	3：1						
aabb	1	0：1						

注：表的上半部是三基因杂种 F_3 的分离。┈┈ 内为单基因杂种 F_3 分离，表的下部左侧为二基因杂种 F_3 的分离。

这种分析法利用 118 个 F_3 系统和两个亲本品种，共 120 份材料，每个材料播 17 粒种子。播 17 粒种子的理由：①包含 1/4 感病植物的群体，从中随机抽取 17 个植株，可以预期在 17 个植株中至少包含一个感病植株（几率大于 99%）；②使播种简化，首先在离播种箱 1cm 的播种行的两端各播一粒种子，然后在这两粒种子的正中间播一粒种子，以下的播种都在两粒种子中间进行。就是说，在每两粒种子的正中间播种 1 粒种子，这样播种 4 次就播下了 17 粒种子。

尽管 17 个植株足以测定单基因分离，但要分析二基因或二基因以上 F_3 系统的分离，例如区分 15：1 和 63：1 的比率，17 个植株数目不够。也就是说不可能把 15：1 的分离系统与 63：1 的分离系统区分开来，利用累积分布曲线法不需要考虑各系统的分离比。例如，一个系统用 17 个个体，分离为 15 抗：1 感的系统的感病个体数的分布是以 $17 \times 1/16$ 为顶点的二项分布。二项分布计算公式如下：

$$n C_s p^s (1-p)^{n-s}$$

各种基因型的感病个体数的频率分布为 $f n C_s p^s (1-p)^{n-s}$。由各基因型的频率分布画出频率分布曲线。把各基因型频率加起来画出来的分布曲线为累积分布曲线。这样得到的曲线称为观察累积分布曲线。以各系统的 17 个个体中的感病个体为横坐标，表示各种感病个体数的系统频率为纵坐标画出曲线。由左至右把这些系统频率相加即得到观察累积分布曲线。

用 KOLMOGOROV - SMIRNOV 检定法鉴定观察累积分布曲线与理论累积分布曲线是否一致。把两条分布曲线相距最远的地方找出来。在检定表中使用系统数一行上找出这个值（参阅《稻瘟病与抗病育种》凌忠专等译，1990）。假如两曲线最大差为 0.15，使用系统数为 100，在 $n = 100$ 这一行找到这个值位于 $P = 0.99$ 和 $P = 0.98$ 之间。当 $P > 0.95$ 时，在 5% 水平上，其差异是显著的；当 $P > 0.99$ 时在 1% 水平上，其差异是显著的。

各种基因型的频率曲线和累积曲线，可根据制定好的表描绘。在进行基因数推断时，可按实际研究结果画出观察频率曲线和观察累积曲线，与各基因型的理论曲线相比较，由此推断有关的基因数[71]。

利用累积频率分布曲线推断一个抗病品种的抗病基因时，把抗病品种与感病品种杂交，F_3 的个体依其抗病性表现分为 R、M、S 三种类型。与抗病亲本相似反应的个体为 R，与感病个体相似反应的个体为 S，介于两者之间的反应为 M。首先把 M 个体作为抗病个体，画出 S 累积分布曲线，假如这条曲线与二显性抗病基因的理论累积频率分布曲线相一致，说明这个品种与两个显性基因有关。其次，把 M 个体作为感病个体处理，画出（M+S）曲线，如果这条曲线与一个显性基因的曲线相一致，表示这个品种的抗病性与一个显性基因有关。结论是这个品种的抗病性与两个基因有关，一个基因控制 R 反应，另一个基因控制 M 反应。

3 作物品种抗病基因的连锁、等位性、复等位性、非等位性和上位性关系及其互作

水稻品种已知的 13 个抗稻瘟病基因中，$Pi\text{-}k^s$，$Pi\text{-}k^p$，$Pi\text{-}k$，$Pi\text{-}k^h$，$Pi\text{-}k^m$ 位于 $Pi\text{-}k$ 位点上[78]，$Pi\text{-}ta$ 和 $Pi\text{-}ta^2$ 位于 $Pi\text{-}ta$ 位点上[82]，$Pi\text{-}z$ 和 $Pi\text{-}z^t$ 位于 $Pi\text{-}z$ 位点上。此外，还存在 $Pi\text{-}i$ 基因，$Pi\text{-}a$ 基因，$Pi\text{-}b$ 基因，$Pi\text{-}t$ 基因。

当水稻品种中发现新的抗病基因时，常常通过与具有已知基因的品种杂交，以确定新基因与已知基因之间的相互关系。关于这些抗病基因间的连锁关系，如图 2-6 所示。清泽确认了 $Pi\text{-}i$ 与 $Pi\text{-}z$ 之间以 30.9% 的交换值连锁[79]。$Pi\text{-}a$，la，$Pi\text{-}k$ 三个基因间的交换值是 $Pi\text{-}a$ 和 la 之间为 31.6%，la 和 $Pi\text{-}k$ 之间为 39.2%[80]，$Pi\text{-}a$ 和 $Pi\text{-}k$ 之间为 50.8%～55.4%[81]。在这种情况下，可以认为交换值最大的两个基因在两侧，另一个基因在中央。39.2+31.6 比 50.8～55.4 大得多，如果距离远的话，则距离远的双方，可能发生两次以上的交换，如果偶尔发生多次交换，则可以看成为非交换型，其结果是对距离估计不足，根据这样的研究，通过抗病基因的连锁分析，发现曾认为是独立的 $Pi\text{-}a$ 和 $Pi\text{-}i$ 之间，实际上存在连锁关系。

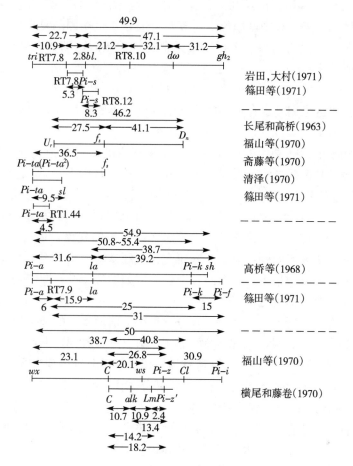

图 2-6 稻瘟病抗病基因的连锁关系

(清泽，1972)

抗病性遗传的性质：除亚麻锈病以外，其他许多病害也进行了抗病基因分析。这里只谈一谈根据连锁分析所得到的一般性的结果。

3.1 抗病基因的连锁及连锁分析方法

已发现的基因当中，相当多是坐落于相同的基因位点上的。亚麻锈病中，L-位点上发现 13 个抗病复等位基因，M-位点上 7 个，N-位点上 3 个，P-位点上 5 个复等位抗病基因。水稻品种的抗稻瘟病基因中发现 6 个复等位基因，小麦的抗秆锈病基因中发现了 3 个复等位基因，玉米的抗锈病基因中有 14 个基因为复等位基因。

在许多情况下，抗病基因是集中于少数几个基因位点上，同时也有集中于比较少数的染色体上的倾向。例如，在亚麻中已发现的锈病抗病基因位点为 7 个，其中有 2 个是连锁的。亚麻的染色体数 $n=15$，两个基因位点连锁的这一条染色体上的基因位点数为 2，它比基因位点数 5 除以染色体数 15 得到的平均每条染色体的基因位点数为 0.33 大得多。大麦白粉病的抗病基因分布就更清楚了，已知的 11 个基因位点当中，至少有 6 个基因位点坐落于第五条染色体上。大麦染色体数 $n=7$，如果基因位点在染色体上平均分布时，则每条染色体的平均抗病基因位点数为 11/7＝1.57。但已知第五条染色体上的基因位点数为 6，它比平均数

1.57 大得多。这说明抗病基因位点在染色体上不是均等分布的。换言之，抗病基因位点有集中于特定染色体的趋势。一个基因位点，有时可能是几个基因的复合体（gene complex）。但是，有些被认为是等位的基因，实际上是紧密连锁的基因，例如大麦白粉病抗病基因的 $ML-a$ 位点的基因 $ML-a$ 和 $ML-a^3$ 之间，发现有 $0.002\%\sim0.46\%$ 的交换值；小麦叶锈病等位基因 $Lr14a$ 与 $Lr14b$ 之间，发现了 0.16% 的交换值。此外，至今不认为是等位基因而看成基因复合体的基因之间，也存在小的交换值，例如小黑麦秆锈病抗病基因 $Pg-2$ 与 $Pg-8$ 之间，以 0.06% 连锁。

　　除上述同一病害的抗病基因的连锁外，对不同病害的抗病基因间也有紧密的连锁。例如，已经确认小麦的秆锈病抗病基因 $Sr-6$ 和叶锈病抗病基因 $Lr-15$ 之间，小黑麦叶锈病抗病基因 $Pc-44$ 与秆锈病抗病基因 $Pg-9$ 之间有紧密的连锁（或等位关系）。小黑麦秆锈病的抗病性与胡麻斑病（*Helminthosporium vorieict*）的感病性，可以认为是连锁的或者是同一基因的多效性作用。这一点无论是特殊的情况还是一般的现象，目前都还不清楚，但是，这是抗病育种上相当重要的问题，应当深入研究，直到查清为止。因为在育种上，不可能把同一基因位点上的抗病基因集中在一个品种上，而假如发现交换，即使是很少的交换，就有组合 2 个基因于 1 个品种的可能性[82]。

　　两个抗性基因存在于同一染色体上，其分离情况与前面叙述的两个抗病基因存在于不同染色体上的分离稍有不同。假定 A 基因对 a 菌系起作用，B 基因对 b 菌系起作用，抗病性为显性，这时，含有 A、B 两个抗病基因的 F_2 群体对两个菌系分别表现为 3∶1 的分离比，而对两个菌系表现的 RR、RS、SR 和 SS 的反应型，其分离比不符合 9∶3∶3∶1。这种现象的出现，在许多情况下是由于两个抗病基因位于同一条染色体上即抗病基因的连锁[83]造成的。

　　在减数分裂前后，染色体形成平行排列的两条染色分体。减数分裂前期，两条染色体配对，形成平行排列的四条染色分体，这时常常在染色分体之间发生交换。染色体的交换能在染色体的各部分发生，所以两个连锁的基因之间的距离越远，发生交换的可能性越大。如果 A、B 两个基因在不同染色体上独立行动，则由①具有 A 基因的品种与具有 B 基因的品种杂交的 F_1（基因型为 AaBb），或者②具有 AB 基因的品种与具有 ab 基因的感病品种杂交的 F_1（基因型 AaBb），都产生相同数目的四种配子，其概率为 1AB∶1Ab∶1aB∶1ab。这时，不同基因型的重组率如下：

$$\frac{Ab+aB}{AB+Ab+aB+ab}或\frac{AB+ab}{AB+Ab+aB+ab}=0.5$$

F_2 不同基因型的个体分离比为 9A-B-∶3A-bb∶3aB-∶1aabb。F_2 群体中抗病个体与感病个体之比为 15∶1。在 A 基因品种×B 基因品种的场合，Ab 和 aB 基因型是亲本原有的基因型①，在 AB 基因型品种×ab 基因型品种的场合，AB 和 ab 基因型是亲本原有的基因型②。如果两个基因连锁得很紧（Ab 连锁，aB 连锁或 AB 连锁，ab 连锁），则 Ab 和 aB 的比率或者 AB 和 ab 的比率变大，相反地，重组的基因型 AB 和 ab①或 Ab 和 aB②的比率变小。这里仅以 A 品种与 B 品种杂交为例说明连锁表现的分离情况。假设重组值为 P，则这个比率用

$$\frac{Ab+aB}{AB+Ab+aB+ab}=1-P$$ 表示。

　　在理论上，AB 的频率与 ab 的频率相同，Ab 的频率与 aB 的频率相同，因此 AB∶Ab∶aB∶ab=P∶$1-P$∶$1-P$∶P。这些配子随机组合产生的组合体的基因型频率为 AB=

$2+P^2$，$Ab=1-P^2$，$aB=1-P^2$，$ab=P^2$（图2-7）。连锁有相斥连锁和相引连锁两种，显性基因和隐性基因在同一条染色体上称为相斥连锁，显性基因和显性基因在同一条染色体上称为相引连锁。前面已指出，染色体配对时常常发生交换，根据 F_2 的分离比可以求交换值（重组值）P。

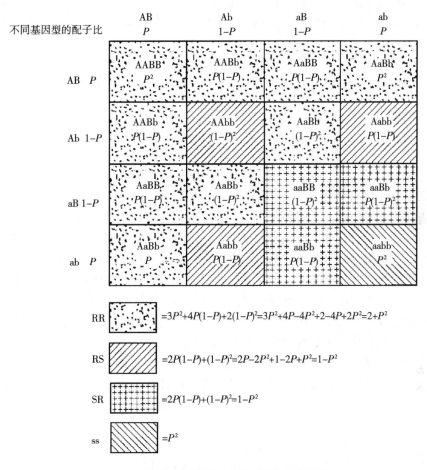

图2-7　不同基因型配子比与 F_2 群体分离的关系

图2-7中的 AB 代表 AABB＋AaBB＋AABb＋AaBb。相斥连锁由 $\dfrac{AB \times ab}{Ab \times aB}=X=\dfrac{(2+P^2)\,P^2}{(1-P^2)^2}$ 求出 P。相引连锁由 $\dfrac{Ab \times aB}{AB \times ab}=Y=\dfrac{(1+P^2)\,P^2}{(2-P^2)^2}$ 求出 P（这时的交换价为 $1-P$）。由这两个式子分别得到

$$P=\sqrt{\dfrac{-\,(1+X)\,+\sqrt{1+3X}}{1-X}}\ \text{和}\ P=\sqrt{\dfrac{1+Y-\sqrt{(3+Y)\,Y}}{1+Y}}$$

两个基因独立行动时，重组值接近0.5（50%），两个基因在同一条染色体上时，重组值显然低于0.5，因此重组值总是在0和0.5之间变动。但应当注意，重组值接近0.5不一定在所有情况下表示两个基因在不同的染色体上，两个基因在同一染色体上而距离很远时也有可能出现接近0.5的重组值。

研究抗病基因的连锁及复等位性在育种上有重要的利用价值。两个抗病基因相斥连锁，

把它们组合在一个品种中的可能性与交换值成反相关，所以很难实现这种组合。在复等位基因的场合，把它们组合在同一个个体后，不能在其后代长久保持下去。因此确定基因数后，还应当确定基因在染色体上的位置，这对于确定育种群体的大小有重要参考意义。

通过连锁分析，求出基因间的交换值，确定各种基因在染色体上的位置，就能画出染色体图，即各种基因在染色体上的位置。例如 A、B、C 三个基因，AB 之间的交换值为 0.32，BC 为 0.43，AC 为 0.25，由此可确定如下图所示的它们的相互位置关系，如果做出与许多性状有关的染色体图，就形成一种连锁群。

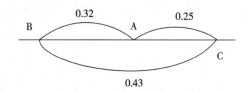

3.2　等位基因之间和复等位基因之间的互作和显隐性转换

等位基因或复等位基因之间的互作，一般用所谓显性或隐性来表示。但是在使用部分显性或不完全显性的场合，全部看成不完全显性。由于研究者不同，不能区别是完全显性还是不完全显性时，有时记载为显性，归入完全显性。因此，对显性与不完全显性的判断也不完全一致，这是因为在有些情况下不能明确区分引起的。但是就整体而言，显性抗病基因占绝大多数，隐性基因少。位于同一基因位点上的复等位基因之间，抗病性强的一方对抗病性弱的一方表现上位性。基因作用的显隐性不是绝对的，由于基因不同以及环境条件的影响，可以看到由显性到隐性或者由隐性到显性的转化。例如，小麦秆锈病抗病基因 $Sr-6$[86]，$Sr-13$，小麦叶锈病抗病基因 $Lr-23$，玉米的锈病抗病基因 $Rp-3$ 等都存在这种显隐性转化。显隐性转化发生的原因是由接种菌系、环境条件、遗传背景、正反交等种种因素引起的：具有抗病基因 $Sr-6$，$Sr-13$ 的小麦品种，用某个菌系接种时，抗病性表现为显性，F_2 分离为3抗病：1感病的比率；用另一个菌系接种时，抗病性表现为隐性，F_2 群体分离为1抗病：3感病；因环境不同引起显隐性变化，在小麦和扁豆锈病的抗病性遗传研究中都有发现。稻瘟病抗病基因 $Pi-i$ 的显隐性表现，不仅受环境影响而变化，而且因接种方法不同而变化。用喷雾接种时，抗病性表现为显性，用注射接种时，抗病性表现为隐性[84]；小麦叶锈病抗病基因 $Lr-23$ 表现的显隐性变化，因杂交的另一方品种不同而不同，与某个品种杂交，抗病性为显性，而与另一个品种杂交则抗病性表现为隐性。这种现象说明显隐性受该组合遗传背景的影响而有不同的表现。另外，小麦对散黑穗病的抗病性，正反交中的 F_2（A♀×B♂，B♀×A♂）表现不同的分离比。这说明抗病性的表现也与细胞质有关。表现中等抗病性的抗病基因，容易发生显隐性转化。

3.3　非等位基因之间的互作

不同基因位点上的抗病基因组合在一个品种内时，各基因之间发生的互作称为非等位基因之间的互作或者基因位点之间的互作。一般地说，抗病性程度不同的基因组合到同一个品种内时，表现出抗病性强的一方的作用。换句话说，高度抗病性的基因对低度抗病性的基因为上位（表2-8，c）。但是，如果两个抗病基因控制中度抗病性，多数情况是两个抗病基因共存时，表现更强的抗病性，显示中等抗病性的累加作用。当 F_2 群体的 2 基因个体与 1 基因个体的抗病反应差异很清楚时，群体的分离比为 7∶8∶1（表 2-8，d），但是在多数情况下，1 基因个体的抗病反应与 2 基因个体的抗病反应，差异很小，分离比以 15∶1 处理。

　　作物品种抗病基因分析大部分是在温室内用特定的菌系接种 F_2 群体和 F_3 系统，调查抗病个体和感病个体或抗病系统和感病系统的分离比，根据分离比推断控制抗病性的基因数及其互作（表 2-8）。抗病基因的表现因所用菌系不同而变化。所以要采用一些方法来防止其他菌系混入，在田间混合菌系侵染的条件下很难得到符合遗传规律的分离比，也很难对结果进行分析。而且在室外条件下，植物多数生长强壮，温室内表现不完全显性的基因，在田间条件下多数表现为完全显性。现在对田间测定的抗病性分离，提出一些假设条件和可能获得的结果。假如在田间侵染 A 基因的病原小种与侵染 B 基因的菌原小种的侵染孢子量以 1∶1 存在，当不存在同时侵染 A 和 B 2 个基因的病原小种时，AB 基因型表现为 R，Ab 和 aB 基因型植株的病斑数相等，而且是 ab 基因型植株上病斑数的 1/2。因此，假如能够鉴别这种病斑数的差异，则 F_2 群体可以得到 9∶6∶1 的分离比（表 2-8，f），若不能区别基因型 Ab，aB 和 ab 基因型植株上的病斑数差异，则得到 9 抗病植株∶7 感病植株的分离比（表 2-8，e）。前者称为二对同义基因，后者称为互补基因。另外，只存在侵染 B 的菌系时，AB 和 Ab 表现抗病，aB 和 ab 表现感病。如果发现 aB 和 ab 的病斑数有差异，但又不能明确划分，则 12∶3∶1 的分离比就成为 12∶4＝3∶1 的抗感分离比。另外，不存在同时侵染 A 和 B 的菌系时，分离比为 15∶1。这样看来，分离比随存在的菌系而不同，所以分析就困难一些。在田间条件下进行基因分析研究，常常发现互补基因就是这个道理。

　　上述的基因分析，主要与称为真抗病性或者特异的（质量抗病性，垂直抗病性，小种特异抗病性）抗病性有关。此外，现在已知在抗病性中存在称为田间抗病性或者非特异的（数量抗病性，水平抗病性，非小种特异）抗病性，它们的遗传行为研究较少，研究的难度较大。早在 1907 年，Bateson 就观察到典型的二基因杂种 9∶3∶3∶1 的分离比率变为 9∶7，15∶1，9∶3∶4 或 12∶3∶1 的比率，这是由于基因的互作引起的（表 2-11）。这种现象称为"上位性"并定义为"基因互作的一种类型，即一个基因干扰另一个非等位基因的表型表达，当两个基因一起出现组成基因型时，表型由前一个基因有效地决定，不是由后一个基因决定"。改变了另一个基因表达的基因称为"上位的"基因，表达被改变的这个基因称为"下位的"基因。纯合显性的（显性上位性），隐性的（隐性上位性）或杂合的类型可能都是有效的：①一个位点的显性上位性：A-位点的显性等位基因抑制 B-位点显性的和隐性的等位基因的表达，结果 9∶3∶3∶1 的比率就变成 12∶3∶1 的比率。②两个位点交互显性的上位性（A 对 B、b 是上位的，B 对 A、a 是上位的），这时二基因杂种的比率变为 15∶1。③一个位点隐性的上位性：一个位点隐性的等位基因抑制另一个位点的显性的和隐性的等位基因，产生 9∶3∶4 的比率。④两个位点交互的隐性上位性：二基因杂种分离比率变成 9∶7。

　　作物的上位性的抗病性分离比率的变化，一般归因于抗病基因的互作。但是这种上位性的比率的变化也可能由分离的寄主群体的每个成员存在的两种寄生物之间的互作产生。不同的真正寄生物和偶然的寄生物之间的互作在自然界十分普遍。单一寄主的寄生物与被寄生的植物形成一个小型的生态体系，在这个体系中有各种寄生物互作，且通过形成病害复合体生存下来。在病害复合体中，一种寄生物能诱导抗病性或感病性，或者与另一种寄生物保持中立。这种寄生物可以称为上位的寄生物，被诱导而发生变更的另一种寄生物称为下位寄生物。这些现象称为"寄生的上位性"。

3.4 抑制基因对非致病基因的抑制作用

作物-病原物互作的抗病性和致病性遗传研究所获得的绝大部分有效资料都符合孟德尔和摩尔根发现的遗传规律，实验研究得到的结果也说明寄主和寄生物的互作存在基因-对-基因关系。但是，也发现病原的致病性遗传表现为非典型的分离，例如亚麻锈病菌小种 22×小种 24 杂交的双亲小种和 F_1 培养菌对品种 Williston Brown（具有 M-1 抗病基因）都是致病的，而杂交后代的 133 个 F_2 培养菌分离为 116 个致病：17 个非致病。为了要对所观察到的这种非典型的分离作出理论解释，Lawrence 假设在双亲的一个亲本中存在显性的抑制基因 I_{M-1}，这个基因与正常控制对 Williston Brown 非致病的显性基因 avr_{M-1} 互作产生致病的表型[88]。根据这种假设，如果基因型为 $I_{M-1} I_{M-1} avr_{M-1} avr_{M-1}$ 的小种 22 与基因型为 $i_{M-1} i_{M-1} vr_{M-1} vr_{M-1}$ 的小种 24 杂交，就出现 4 种基本的基因型 I_{M-1}-avr_{M-1}-，I_{M-1}-$vr_{M-1} vr_{M-1}$，$i_{M-1} i_{M-1} avr_{M-1}$-和 $i_{M-1} i_{M-1} vr_{M-1} vr_{M-1}$，这 4 种基因型与品种 Williston Brown 互作所表现的表型如下：

基因型	与 Williston Brown 互作的表型
I_{M-1}-avr_{M-1}-	+
I_{M-1}-$vr_{M-1} vr_{M-1}$	+
$i_{M-1} i_{M-1} avr_{M-1}$-	—
$i_{M-1} i_{M-1} vr_{M-1} vr_{M-1}$	+

这个假设是合理的，它能解释 Flor 研究中出现的非典型分离。例如上述这两个亲本小种的自交后代及 F_1 杂种（$I_{M-1} i_{M-1} avr_{M-1} vr_{M-1}$）对 Williston Brown 是致病的，这与实际结果一致。而且，预期的 F_2 的非致病的与致病的培养菌的比率为 3:13（$P=0.05\sim0.10$），与 Flor 实验结果也是一致的。

对 Williston Brown 非致病的培养菌自交，F_2 培养菌分离为 61 个非致病：29 个致病。这个结果符合非致病对致病为显性的单基因杂种的分离比率，这就证明了自交的培养菌中存在一对 avr_{M-1}/vr_{M-1} 基因。

Lawrence 等测定了菌系 CH5 和菌系 Ⅰ 自交和杂交的后代。两个自交和一个杂交所得到的三个家系的基因型与双亲菌株基因型（$I_{M-1} i_{M-1} avr_{M-1} vr_{M-1}$）一致，对 Williston Brown（$M$-1）的致病性发生非典型分离，表现致病为明显的显性。CH5 自交后代和 CH5 与 Ⅰ 杂交后代对品种 B14×Burke（L-1），Barnes（L-7）和 Bolley Golden 选系（L-10）的致病性出现相似的非典型分离[85]。对这些分离也通过假定对 L-1，L-7 和 L-10 抗病基因致病的杂交和自交后代的培养菌中包含有抑制基因来解释。但是，Lawrence 等的研究发现，CH5 自交和 CH5 与 Ⅰ 杂交家系对 M-1，L-1，L-7 和 L-10[86] 鉴别品种发生的致病性分离不是彼此独立的。与 I_{M-1}，I_{L-1}，I_{L-7} 和 I_{L-10} 4 个免疫基因对应的非致病基因的 4 个抑制基因在菌系 CH5 中与 I_{M-1}，I_{L-1}，$I_{L-7} I_{L-10}/i_{M-1} I_{L-1} i_{L-7} i_{L-10}$ 非常紧密的相引连锁，4 个抑制基因之间不出现重组体。

稻瘟病菌致病性遗传研究也发现有一些菌系存在非致病基因的抑制基因。例如，Lau 的稻瘟病菌致病性遗传分析发现，交配型 1-1 的致病菌株 76-7 和 76-26 与交配型 1-2 的姐妹菌株杂交，只产生致病的后代。来自杂交 109 号的 6 个致病的、交配型 1 - 1 后代与 GUY11 杂交（表 2 - 52，表 2 - 53）。6 个杂交中的 3 个杂交（251，257 和 253）的全部后代为致病的，而其他的 3 个杂交（252，258 和 259）分离为 1 非致病：3 致病的分离比率。这个分离比表明菌株 109 - 20，109 - 24 和 109 - 49 具有一个非致病基因 P12 和抑制基因 S12。杂交 205（76 - 3×76 - 15）的 4 个致病的、交配型 1 - 1 的后代与 GUY11 杂交。这 4 个杂交中，261 号，254 号和 262 号三个杂交只产生致病的后代，而杂交 255 号产生 10 非致病：14 致病的分离比。杂交 206 号（76 - 3×76 - 22）产生 18 非致病：19 致病的分离比（图 2 - 11，图 2 - 12）。206 号的 2 个致病的后代 206 - 8 和 206 - 12 与 GUY11 杂交，其中 206 - 12× GUY11 只产生致病的后代，而 206 - 8×GUY11 产生 1 非致病：3 致病的分离比率。来自杂交 102 号（76 - 3×76 - 13）的 5 个致病后代与 GUY11 及 70 - 6 杂交（表 2 - 52，表 2 - 53），102 - 10×GUY11，102 - 10×76 - 6，102 - 30×76 - 6，102 - 34×76 - 6，102 - 34×GUY11，102 - 47×76 只产生致病后代，而 102 - 15×GUY11 产生 18 个非致病：28 致病后代，102 - 15×76 - 6 产生 6 非致病：18 个致病。102 - 47×GUY11 产生 5 非致病：6 致病后代，102 - 47×70 - 6 只产生致病后代。上述的分离比都是杂交亲本存在着非致病基因的抑制基因引起的。

4　利用染色体变异的基因分析

4.1　染色体组

在许多情况下，植物的染色体数是偶数的，其中 1/2 来自父本，1/2 来自母本。例如水稻的染色体为 24 条，12 条来自父本，另外 12 条来自母本。全部染色体数为 $2n$，其半数为 n。水稻用 $n=12$，$2n=24$ 来表示染色体数。由 n 个染色体组成的染色体数称为染色体组。这个染色体组是生物表现生活机能的最小单位，缺一条染色体或多一条染色体都不能执行正常的机能[90]。

4.2　多倍性

栽培稻（*Oryza sativa*）所有品种的染色体数都为 $n=12$。但在稻属中，还有 $n=24$ 的小粒稻（*O. minuta*），后一个种的染色体数是前一个种的 2 倍。染色体所存在的这种倍数关系称为多倍性。

在小麦属中，普通小麦（*Triticum aestivum*）为 $n=21$，一粒系小麦（*T. monococcum*）为 $n=7$，而二粒系小麦（*T. dicoccum*）为 $n=14$。这些不同种的小麦，其染色体数存在着以 7 为基数的倍数关系。染色体基本数为 7，用 x 表示，14 条染色体，21 条染色体……分别用 2x、3x、4x、5x、6x 表示。它们分别称为单倍体（haploid），二倍体（diploid），三倍体（triploid），四倍体（tetraploid），五倍体（pentaploid），六倍体（hexaploid）。三倍体以上的植物体称为多倍体（polyploid）。

多倍体有同源多倍体（autopolyploid）和异源多倍体（allopolyploid）。所谓同源多倍体是由一个基本染色体组加倍产生的，异源多倍体则指存在两个以上异源染色体组的生物[87]。

4.3　非整倍性

多倍性是染色体基数的倍数。另一类植物称为非整倍性，它们同多倍性不同，其染色体数比所属种的特有染色体少 1 条或几条或者多 1 条或几条染色体。前者称为亚倍性，后者称为超倍性。染色体为 $2n+1$ 的植物叫做三体植物（trisomics）。染色体为 $2n+2$ 的植物，多出来的两条染色体为相同染色体时，叫做四体植物（tetrasomics），这两条染色体为不同染色体时，叫做双三体植物。染色体为 $2n-2$，缺少的两条染色体为相同染色体时，称为缺对染色体植物。基本染色体数多出一条或者减少一条，就表现或者不表现在该染色体上基因的作用，这可以有效地利用于基因分析。

三体分析（trisomic analysis）：$2n+1$ 的三体植物产生 n 和 $n+1$ 配偶子，第二代分离为正常植物（$2n$），三体植物（$2n+1$）和四体植物（$2n+2$）。三体植物与正常植物杂交，过剩染色体不通过花粉或者很少通过花粉传给后代，所以用三体植物作为母本。三体植物与正常植物杂交，产生三体植物杂种 F_1 和正常植物杂种 F_1 两种类型。在 F_2，正常植物分离为 9AB：3Ab：3aB：1ab，三体杂种植物分离为 24AB：8Ab：3aB：1ab[87]。

5 寄生物杂交和致病性基因分析

要了解寄主与病原菌的关系，一方面要了解寄主的抗病性遗传，另一方面还必须充分理解病原菌的致病性遗传。病原菌的种类很多，它们的生活史和生活方式也是多种多样的，所以致病性的基因分析比寄主的基因分析更为复杂。

5.1 寄生物杂交方法

真菌的杂交方法，因该菌能否人工培养而大为不同。能人工培养的真菌，一般是在培养基上杂交，而不能人工培养的真菌，只能在寄主上杂交。

在病原真菌中，当单独培养单孢分离菌时，有些菌能产生接合孢子，有些菌不产生接合孢子。前者称为同宗配合（homothallism），即在起源相同的菌丝之间，通过有性生殖产生接合子。在另一些真菌中，只有与某些特定的菌系一起培养时才能进行有性生殖。这种能相互交配的菌系具有不同的交配型（mating type），人们给这种交配型的一方以符号＋，另一方为符号－。这种只有在不同交配型之间才能交配的现象称为异宗交配（heterothallism）。

亚麻锈病菌的杂交：亚麻锈病菌属于担子菌类，病菌的器孢子器是由一个单倍孢子发育成的，起配偶子的作用。如果不发生突变，则一个器孢子器中的全部器孢子在遗传上都是一样的。所以，可以通过把一个器孢子器的许多器孢子移进交配型不同的另一个器孢子器内进行杂交。这种操作与把高等植物的花粉授到柱头上相似。由此产生的 2 核体的锈孢子器、夏孢子堆、冬孢子堆与一个植物体相同，遗传上起二倍体的作用。

如上所述，杂交是通过在不同的菌系之间转移器孢子来进行，而自交则是把一个菌系的器孢子转移到同一个菌系的另一个器孢子器内来进行。杂交或自交之后就形成锈孢子器。交配是否成功，以是否产生锈孢子器来判断。

梨形孢菌的杂交：在带有大麦粒和稻秆的 Sach 琼脂培养基上，把要交配的菌株的一小块菌丝体置于大麦粒和稻秆的相对位置进行培养；或者在 1～2mL 的无菌水中用玻璃棒把菌丝体块压碎，然后倒入琼脂的表面进行培养。把携带上述培养菌的培养皿置于 20W 的日光灯下距离约 20cm，在 25℃ 的恒温下培养。这是 Hebert 做梨形孢菌杂交时最早利用的杂交培养方法。Hebert 的实验目的是创造和寻找梨形孢菌杂交的最适条件，以获得其有性世代。因此，实验条件做了种种变更，例如光照条件就有如下几种处理：培养皿置于正常室内光照的实验室架子上，或者置于窗户旁边以提高光照量；培养皿包装于褐色纸袋内，消除大部分光照；用紫外线照射，等等。培养基的基本成分不变，但有时加入微量的其他成分，例如5‰胆固醇的氯仿溶液，苯丙氨酸或大麻种子。Hebert 的种种实验，尤其用菌株 13 和 20 的比较测定表明，胆固醇不提高子囊壳的产量。25℃下的子囊壳发育比 20℃下的发育快，但是，光照因子不是子囊壳形成的关键因子，因为在褐色纸袋内的培养皿中也产生子囊壳。

Hebert 是在大麦粒和稻秆的 Sach 琼脂培养基上获得梨形孢菌杂交成功。杂交的两个菌株对峙培养 3 周出现子囊壳，它们一般在大麦粒或稻秆上或其附近形成。子囊壳一部分或全部埋入琼脂内，由表面伸出鸟喙状物。有时，子囊壳在远离麦粒和稻秆的琼脂内形成，偶尔能在培养皿的底部、琼脂的下面看到子囊壳。

Hebert 把分别来自美国北卡罗来纳中部和东北部的杂草马唐上的菌株 13 与菌株 16 杂交，获得了由子囊单孢形成的 19 个菌株。19 个菌株相互杂交，在 171 个杂交组合中，51 个组合产生子囊壳。这 19 个菌株的每一个菌株至少能与一个其他菌株杂交形成子囊壳，能交配的菌株称为亲和菌株。根据亲和性把 19 个菌株分为 2 组，分别以符号"＋"和"－"表示，称为交配型"＋"和交配型"－"。19 个菌株当中，10 个菌株属于前者，有 9 个菌株属于后者。"＋"组菌株与"－"组菌株杂交形成子囊壳，相同交配型的菌株不能杂交形成子囊壳。Hebert 又做了 33 个水稻菌株的相互杂交以及 33 个水稻菌株与马唐菌株 13 和马唐菌株 20 杂交，全部 930 个杂交都没有得到子囊壳。这说明 Hebert 只是成功地发现了梨形孢属马唐菌株的有性阶段，没有找到稻瘟病菌的有性阶段。虽然 Hebert 这个研究的成功使人们能够研究梨形孢属马唐菌株的致病性遗传，但是人们最期望的是能进行稻瘟病菌之间杂交，以便通过稻瘟病菌和水稻品种的平行遗传研究证实稻瘟病菌-水稻品种的互作遗传是否符合 Flor 的基因-对-基因学说。Notteghem，Lau 和 Ellingboe 等解决了稻瘟病菌之间杂交的问题，使稻瘟病菌的致病性遗传研究得到蓬勃发展。

小麦秆锈病菌的杂交：小麦秆锈病菌是一种完全寄生菌。

小麦秆锈病菌的杂交是在中间寄主小檗（*Berberis sieboldii*）上进行的，所以首先要在培养钵上培育中间寄主小檗，用煤油灯罩把小檗罩上，在灯罩上方吊挂长有冬孢子堆的麦秆，吊挂 2～3h 乃至 24h。这样做，孢子堆均匀地分布在小檗上，要调节孢子堆的相互距离至少在 1cm 以上。接种后的小檗感染植株要在细孔网箱中至少保持 3 周，看看是否形成锈孢子器。如果这时发现由自然杂交产生的锈孢子器，要把它们去掉，选出不产生锈孢子器的孢子堆（pustule），用白金耳把一种菌丝的性孢子器蜜腺（pycnial nectar）移入另一种菌丝的性孢子器蜜腺。每隔两三天调查一次，看看是否已产生锈孢子器。

马铃薯晚疫病菌的杂交：马铃薯晚疫病菌（*Phytophthora infestans*）是马铃薯和番茄的病原菌，以异宗配合为绝对优势，交配型分为 A1 和 A2。马铃薯的一些菌株的交配型为 A1，另一些菌株的交配型为 A2。两种交配型的一方以藏卵器占绝对优势，另一方以精子器占绝对优势，在交配中，前者为雌性，后者为雄性。尽管这种病原自交基本上不育，但是自交的存在却给致病性的遗传分析造成麻烦。例如，两种交配型杂交，双亲都有可能自交，因此杂交后代就有可能包含自交后代，这就使杂交的遗传资料的分析和遗传结果的解释复杂化了。把杂交的后代与自交后代区分开来，对于准确分析实验资料和正确解释遗传结果至关重要。现在已能用同工酶的测定方法来区分杂交后代和自交后代，例如，在墨西哥菌株的杂交中，用同工酶的测定法确定了一个杂交的 332 个 F_1 后代中有 3 个自交后代，另一个杂交的 109 个后代中有 2 个自交后代。还有一个杂交的全部 158 个后代都是杂交后代。

把生长于 20% 澄清的 V-8 果汁琼脂（C-V8）上的亲本菌株，在含有 β-谷固醇，$CaCO_3$（0.2%）和 Difco-Bacto-Agar（0.6%）的 C-V8 琼脂上排列成三排。培养皿直径为 9cm，三排菌株中的中间一排菌株是一种交配型，两侧的菌株为另一种交配型。密封的培养皿在黑暗处 20℃ 培养 3～4d 后，中间一排的菌株与两侧菌株的菌丝彼此接触，交配后形成卵孢子。在上述杂交后 10～28d，以卵孢子喂养蜗牛，在用灭昆虫法进行表面灭虫后，使卵孢子撒布在无菌水琼脂上。在 18℃ 的白光背景中，连续加蓝光照射（430～490nm），天天观察孢子的萌发状态。一般在 3～5d 之后看到萌发，此时要加入无颗粒的黑麦清汤。然后把萌发幼体和卵孢子形成的菌落转移到添加万古霉素和利福平的黑麦 B 或 V-8/利豆琼脂上。

小麦白粉病菌的杂交：小麦白粉病菌寄生于小麦上，不寄生于冰草属上。相反地，冰草属白粉病菌寄生于冰草属上而不寄生于小麦上。要使这两种菌杂交，首先在直径为 15cm 的培养钵里栽一株冰草，为防止菌的混入，要用两面为玻璃，另外两面及上面为白绸布的隔离用的框子罩起来。到抽穗时，用毛笔把冰草属白粉病菌接种在第 4 张叶和第 5 张叶上。5～7d 后，把小麦白粉病菌的分生孢子涂在所产生的菌丛上。杂交后 10d，在涂上分生孢子的部分，形成白色致密的菌丛，2 周后，开始看到淡褐色的子囊壳（被子器），约 20d 后，变成黑色的子囊壳。

燕麦病菌核腔菌属的杂交：把灭过菌的一片玉米叶放在装有 Sach 琼脂培养基的培养皿的中央，再把含有生长到 8d 的菌丝体的琼脂块放在叶的两侧，把培养皿装入塑料袋内以防干燥，在黑暗的冰箱里（15℃）保存。约贮藏 8 个月后，放在 −5℃ 下 8d，再移植于新鲜的 Sach 琼脂上，放置于 15℃ 下。经过 10～11 个月，可以得到成熟的被子器。

黑粉病菌黑粉菌属的杂交：这个属的生活史比较复杂，杂交也复杂。把由担孢子长成的属于不同交配型的两个菌系的新鲜培养菌涂在 3% 琼脂的平面培养基上，使两个菌系在琼脂表面上均匀扩大。用 1∶240 的福尔马林溶液消毒对两个菌系都感病的种子，杀菌 1h 后用自来水冲洗几分钟，洗掉福尔马林，去掉种子外壳，把幼胚放在琼脂表面上，使其直接接触，将培养皿盖盖上，在室温下保存，然后把幼胚移植到温室内令其成熟。这时，由担孢子长成的初生菌丝（primary hyphae）经接合产生二核菌丝体（dikaryotic mycelium），并开始侵入植物体。用在植物体上产生的 F_1 厚垣孢子（chlamydospore）接种在对两个亲本菌系都感染的共同寄主上，并进行致病调查和分析。

荷兰榆树病菌 *Ceratocystis ulmi* 的杂交：这种杂交是利用榆树小枝条浸渍法进行的。先把小枝条浸泡在一个菌系的振动培养液中，在 18℃ 的条件下放置 1 周后，再浸泡在交配型不同的另一个菌系的培养液中。2 周后，形成孕性的被子器。利用这种方法不知道交配双方哪一方为雌性，所以如果想知道是否细胞质基因控制某个性状不能采用这种方法。要知道有无细胞质遗传，必须采用分生孢子授精（conidial fertilization）。把一个菌系转植到榆树白木质琼脂平面培养基的中央，在 18℃ 下放置 10d，使形成原被子器，把麦芽琼脂（malt agar）上培养成的分生孢子放在原先移植的平面培养菌的移植点与新长出的菌的边缘之间，再继续培养，就能得到成熟的被子器。

5.2　病原物致病性基因分析

致病性基因分析时，要考虑两种情况：A. 病原物在二倍体或二核体时寄生于作物上；B. 病原物在单倍体时寄生在作物上。这两种情况的基因分析方法大为不同。二倍体或者二核体寄生时表现致病性的病原物，杂交后代的分离比与高等植物一样，单基因控制病原物的致病性（pathogenicity）时，后代菌株分离为 3 非致病（avirulence）菌株：1 致病（virulence）菌株。但单倍体寄生的病原物，单基因控制致病性的杂交后代分离为 1 非致病：1 致病，二基因控制致病性的杂交后代分离为 3 非致病：1 致病。

这种分离状况详见图 2-8。子囊菌类是在被子器内的子囊中进行配对，然后马上进入减数分裂。配对的两条染色体，分开来像配对前的状态一样，两条染色体分开的时期因细胞而异，第一次分开叫做前减数分裂（proreduction），第二次分开称为后减数分裂（postreduction）。在前减数分裂的情况，通过第二次分裂后产生各两个同源的核（共 4 个核），其后又一次发生核分裂，共形成 8 个核，这 8 个核由膜包被而形成 8 个子囊孢子。这时，上部的 4 个孢子全为同源核，下部的 4 个孢子也为同源核。如果是具有不同基因型的菌系间杂交，则上部的 4 个孢子和下部的 4 个孢子具有不同基因型。这些关系用白圆圈和黑圆圈表示于图2-9。在第一次分裂中，黑圆圈和白圈的位置关系，取决于黑圈向哪一个方向移动。后减数时，情况稍微不同。第一次分裂形成两个同源的核，第二次分裂为减数分裂，来自双亲的染色体分开。然后，进行有丝分裂，一共形成了 8 个孢子（图 2-9）。由于第二次分裂时核分开的方式不同，孢子的排列也不一样。如图 2-9 所示，有四种可能的排列。图 2-8 用两种染色体的行为表示这些关系。具有两条染色体和 a、b 两个基因的菌系与具有两条染色体和 a⁺、b⁺基因的野生型菌系杂交，减数分裂时，两对相同的染色体分别配对，各条染色体分裂为二，然后在第一次分裂中，表现如图 2-8 所示的两种分开方式。图上方孢子的基因型与亲

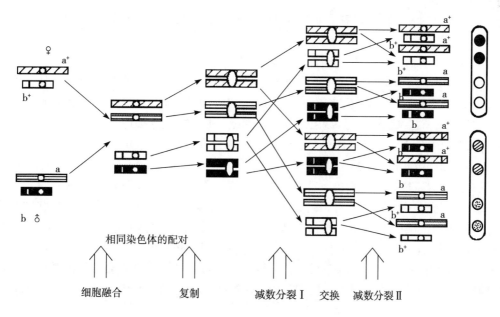

图 2-8　二基因间交换的情况

（清泽，1979）

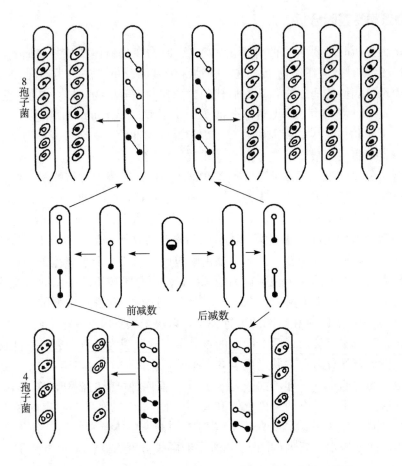

图 2-9 8 孢子菌（上）和 4 孢子菌（下）的子囊孢子形成

（清泽，1979）

本相同，图下方的孢子是双亲基因间重组所产生的重组体（recombinant）。这时，a^+b^+ : a^+b : ab^+ : ab = 1 : 1 : 1 : 1。如果 a，b 为非致病基因，a^+，b^+ 为致病基因，则表现为 3 非致病（ab，a+，+b）：1 致病（a^+b^+）的分离。如果只有 a，a^+ 一对基因，则分离为 1 非致病：1 致病。二基因（a，b）控制的菌系杂交，由于减数分裂地点不同而产生 7 种类型的孢子排列（图 2-10）。图中 P 与亲本型相同，称为亲代双型（parental ditype），R 为重组双型（recombination ditype）或非亲代双型（non-parental ditype），T 称为四型（tetra-type）。减数分裂后产生的 4 个极，称为四分体，利用 4 分体进行基因分析称为四分体分析（tetrad analysis）。从细胞学上看，菌类的染色体也和高等植物一样，是由着丝点拉向两极而分开。在第一次减数分裂中，着丝点来自双亲，原封不动地向两极分开。要分析的基因（a、a^+）与着丝点之间不存在交换时，基因表现前减数（图 2-8 上半部）。而着丝点与要分析的基因存在交换时，着丝点为前减数，基因为后减数。这时，如果要分析的基因离着丝点很远，则发生交换的可能性很大，根据基因后减数的频率，可以推断要分析的基因与着丝点的距离。

基因在染色体图上的距离可以计算如下：两个基因间的距离与它们所产生的重组型的频率成比例。因此，一般用交换率表示基因间的距离。这种表示基因距离的单位称为摩尔根单

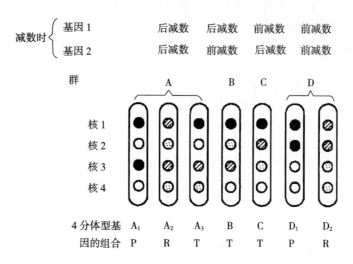

图 2-10　二基因杂交（a⁺b⁺×ab）时，理论上可能形成的 4 分体排列的 7 种类型

(清泽, 1979)

● 亲本类型的组合 a⁺b⁺　　◐ 重组型 a⁺b

○ 亲本类型组合 ab　　⊙ 重组型 ab⁺

P: 亲代双型（parental ditype）

R: 重组双型（recombination ditype）

T: 四型（tetratype）

位（morgan unit）。基因间距离可用下式计算：

$$\frac{交换率}{（摩尔根单位）}=\frac{重组型的数目}{重组型的数目＋双亲型数目}\times 100$$

前面已指出，微生物能进行单倍体分析，所以，有可能测定着丝点与基因之间的距离。这时的计算公式如下：

$$交换率（摩尔根单位）=1/2\times\frac{后减数型子囊数}{后减数型子囊数＋亲本型子囊数}\times 100$$

这个计算式中的 1/2 是指像图 2-8 那样发生交换的子囊中，两条染色体之间发生交换，另外两条染色体不发生交换。

子囊中的子囊孢子按次序排列成一行称为顺序四分体。但是也存在子囊孢子不排列成一行的情况，这称为非顺序四分体。在后一种情况下，不能把前减数分裂与后减数分裂区别开，因此不能求出基因与着丝点的距离，进行基因分析有一些困难。

上面说的是单倍体世代寄生的病原物的遗传情况。双核期（dikaryophase）寄生的病原物具有异宗交配时，分离极其复杂。异宗交配型在子囊中的排列为＋＋－－或－－＋＋（这里的＋、－代表交配型），与致病性有关的排列为 AAaa 或 aaAA。如果交配双方的排列为＋＋－－和 AAaa，则产生的担孢子的基因型为＋A、＋A、－a、－a。由这些担孢子产生的初生菌丝体（primary mycelium）之间发生细胞融合时，细胞融合仅在交配型＋与交配型－之间发生，所以只产生 Aa、Aa、Aa 和 Aa 接合体。因此分离比为 4：0。产生－A、－A、＋a 和＋a 担孢子时，也表现为 4：0 的分离比。

交配型为前减数，致病性为后减数时，总是分离为 AA：Aa：aa＝1：2：1。与两个基因有关时，根据同样的道理可以期待如下分离：

（1）ABABabab　　AB 相引（2 型）

$$\left.\begin{array}{l}+-+-\\-+-+\\+-+-\\-+-+\end{array}\right\}AABB,\ AaBb,\ aabb—1：2：1$$

$$\left.\begin{array}{l}++--\\--++\end{array}\right\}AaBb,\ AaBb,\ AaBb,\ AaBb,\ —4：0$$

（2）aBAbAbaB　　AB 相斥（2 型）

$$\left.\begin{array}{l}+-+-\\-+-+\\+-+-\\-+-+\end{array}\right\}AAbb,\ AaBb,\ aaBB—1：2：1$$

$$\left.\begin{array}{l}++--\\--++\end{array}\right\}AaBb,\ AaBb,\ AaBb,\ AaBb,\ —4：0$$

（3）ABAbaBab　　A 为第一分裂分离，B 为第二分裂分离（4 型）

$$\left.\begin{array}{l}+-+-\\-+-+\end{array}\right\}AABb,\ AaBb,\ AaBa,\ —1：2：1$$

$$+--+\ \ \ AABb,\ AaBb,\ Aabb,\ aaBb—1：1：1：1$$

$$-++-\ \ \ AABb,\ Aabb,\ AaBB,\ aaBb—1：1：1：1$$

$$\left.\begin{array}{l}++--\\--++\end{array}\right\}AaBB,\ AaBb,\ Aabb—1：2：1$$

上面的遗传模式是交配型由一个基因位点上的两个等位基因控制的情况。这种交配型的不亲和性称为两极不亲和性（bipolar incompatibility）。除此以外，在真菌中还存在着由两个基因位点的两对等位基因（$A_1 A_2 B_1 B_2$）引起的不亲和性。这时，具有不同的不亲和性因子的核是亲和的（compatible）而且有相似因子 A 和 B 的核是半亲和的（hemi-compatible）。此时，在 A 因子相同，B 因子不同的菌丝体之间，发生核交换和核迁移（migration），但是不发生锁状联合（clamp connection），也很少形成子实体。A 因子不同，B 因子相同时，发生核交换，但不发生核迁移，也不形成子实体。当然，具有相同不亲和性因子（incompatibility factor）的核为不亲和，这些关系如下：

	$A_1 B_1$	$A_1 B_1$	$A_2 B_2$	$A_1 B_2$	$A_2 B_1$
$A_2 B_2$		不亲和	亲和	半亲和	半亲和
$A_1 B_2$		亲和	不亲和	半亲和	半亲和
$A_2 B_1$		半亲和	半亲和	不亲和	亲和
		半亲和	半亲和	亲和	不亲和

这种类型的不亲和性称为四极不亲和性（tetrapolar incompatibility）[90]。

三、四种农作物品种抗病性及寄生物致病性的遗传研究

1　亚麻品种的抗病性和亚麻锈病菌的致病性遗传

半个多世纪以来，作物的抗病基因分析迅速发展，对许多作物的病害都进行了遗传研究。这里就亚麻对锈病的抗病性遗传和品种抗病基因分析进行阐述。

1.1　亚麻品种的抗病性遗传和抗病基因分析

亚麻对锈病的抗病性：对亚麻锈病进行系统的遗传研究是由 Flor 开始的。在他之前，已经知道抗病品种 Ottawa720 和 Bombay 的抗病性分别受一个显性基因控制，品种 Newland 的抗病性也由一个显性基因控制，而 Bolley Gold 的抗病性受两个显性抗病基因控制。

亚麻品种与亚麻锈病菌系互作所表现的病害反应，显然是寄主的遗传体系与寄生菌遗传体系互作的结果。Flor 在研究亚麻品种和亚麻锈病菌两个物种的遗传时，用不同的亚麻锈病菌菌株，在一定的时间间隔，接种单个亚麻植株不断产生的新叶，建立了由单一寄主基因型与亚麻锈病菌若干不同基因型互作产生的病害反应。Flor 鉴定了亚麻的 26 个抗病基因（R-基因）和亚麻锈病菌的相等数目的控制致病性的位点（V-位点），所有位点的非致病特征都表现显性。把 F_2 锈病菌群体对品种表现单基因致病性分离的那些亚麻品种与对这个 F_2 锈病菌群体完全感病的品种杂交，用杂交亲本的非致病菌株接种品种杂交 F_2 群体，抗病性表现单基因分离。F_2 锈病菌群体表现二基因分离的被接种亚麻品种杂交的 F_2 群体，表现寄主抗病性的二基因分离。寄主和寄生菌分离位点数目相等导致 Flor 提出"基因-对-基因假说"。所以，锈病菌致病性和寄主品种抗病性遗传的平行研究结果是 Flor 提出基因-对-基因假说的遗传学基础。

在 Flor 开始进行亚麻品种抗病基因分析时，锈病菌的小种分化已经搞清楚了。他首先做抗病品种 Buda 和 J. W. S. 的抗病基因分析。这两个品种对小种的反应见表 2-10。Buda 和 J. W. S. 杂交的 F_1 对小种 4 和小种 7 的反应是免疫的。由表 2-10 可以看到 Buda 对小种 4 是感病的，对小种 7 是免疫的，而 J. W. S. 正相反，它对小种 4 是免疫的，对小种 7 是感病的。两个品种的抗病性都表现显性[88]。

表 2-10　亚麻品种 Buda 和 J. W. S. 对锈病菌小种的反应

(Flor，1941)

品种	小　种									
	20	1、5、6、10、11	3、14、17、18、23	2、12、24	4、8、19、22	7	15	9、13	16、21
Buda	I	R+~R−	SR	S−	S	I	SR	S−	S
J. W. S.	I	I	I	I	I	S	S	S	S

注：I=免疫，R+=高度抗病，R=抗病，R−=中度抗病，SR=半抗病，S−=中度感病，S=感病。

在温室内培育亚麻植株，在 6~10 叶期，株高达到 5~7.5cm 时，在感病品种上繁殖锈病菌的夏孢子接种源，把它收集在玻璃瓶中，贮藏于 4℃的孢子用骆驼毛刷掸落到顶芽展开的叶片上。在保湿箱内保湿 18h 以后，把植株移到温室内。接种后 10d 调查形成的孢子堆。

使 F_1 的植株自交产生 F_2 种子，由 F_2 种子长成 F_2 植株群体。首先把小种 4 接种在 F_2 植株上，经过 $7\sim8d$ 再接种小种 7，观察和记载 F_2 植株对两个小种的反应，结果见表 2-11。在 348 个植株中，260 个植株对小种 4 表现免疫，88 个植株表现感病。根据这个分离比及理论分离比为 3:1 的免疫个体数和感病个体数进行 χ^2 检定。得到 $\chi^2=0.0153$，P 值在 $0.90\sim0.95$ 之间，这个 P 值比 0.05 大，可见免疫个体与感病个体的分离比符合 3:1 的比率。由此可以推断 J. W. S. 对小种 4 的抗病性受一个显性基因控制。这个 F_2 群体对小种 7 表现为 297 个植株免疫，18 个植株抗病，33 个植株感病。把免疫个体数和抗病个体数相加得 315 个植株，其免疫（包括抗病）植株与感病植株的分离比为 315:33。χ^2 检定结果不符合 3:1（$\chi^2=6.207$，$P>0.01$）。Flor 认为 Buda 对小种 7 的抗病性受一个以上的基因控制[18]。

表 2-11　亚麻品种 Buda×J. W. S. F_3 系统对锈病菌小种 4 和小种 7 的反应*

(Flor, 1941)

F_2植株		对小种 4 和小种 7 表现如下反应的 F_3 系统						
个体数	小种 4　7	全部个体I（小种4）			I，S（小种4）			全部个体S（小种4）
		全部个体R（小种7）	R，SR，S（小种7）	全部个体S（小种7）	I，R（小种7）	I，R，SR，S（小种）	I，S（小种7）	全部个体I（小种7）
209	I　I	21	13		57	77	41	
18	I　R		18					
33	I　S		6	27				
88	S　I							88
观察数（全部）		21	37	27	57	77	41	88
理论数1:2:1:2:4:2:4**		21.75	43.5	21.75	43.5	87	43.5	87
观察数		21	37	27		134	41	88
理论数1:2:1:6:2:4***		21.75	43.5	21.75		130.5	43.5	87
观察数		85			175			88
理论数1:2:1****		87			174			87

* 反应见表 2-10；** $\chi^2=7.758$，$P=0.2\sim0.3$；*** $\chi^2=2.513$，$P=0.7\sim0.8$；**** $\chi^2=0.063$，$P=0.95\sim0.98$。

Flor 进一步使 F_2 的各个个体自交得到 F_3 种子，并育成 F_3 系统植株，用小种 4 和小种 7 接种 F_3 系统，研究 F_2 的个体反应与 F_3 系统反应的关系（表 2-11）。在 F_2 对小种 4 和 7 都表现免疫的 209 个 F_3 系统当中，34 个系统（21+13）对小种 4 表现分离。对小种 4 表现抗病性稳定的 34 个系统中，21 个系统对小种 7 的抗病性稳定，另外 13 个系统表现分离。如果根据全部 F_3 系统（348 个系统）对小种 4 的反应看，则出现 85 个抗病性稳定的系统，175 个分离的系统和 88 个感病性稳定的系统（85:185:88）。这个分离比十分吻合 1:2:1。另一方面，对小种 7 则出现 166（21+57+88）个抗病性稳定系统，155（37+77+41）个分离系统和 27 个感病性稳定系统。248 个 F_3 系统中，没有出现对两个菌系（小种）都表现感病性稳定的系统。Flor 根据以上结果认为，品种 Buda 具有 $L-1L-1RR$ 基因，J. W. S. 具有 $L-2L-2rr$ 基因[89]。$L-1L-2$ 是同一个基因位点上的不同基因，R 表示与 L 独立行动的基因。Buda 与 J. W. S. 杂交时，F_1 基因型为 $L-1L-2Rr$，F_2 发生如表 2-12 所示的分离：

表 2-12　Buda 和 J. W. S 的抗病基因型推断

(Flor，1941)

♂ \ ♀	L-1R	L-1r	L-2R	L-2r
L-1R	L-1L-1RR	L-1L-1Rr	L-1L-2RR	L-1L-2Rr
L-1r	L-1L-1Rr	L-1L-1rr	L-1L-2Rr	L-1L-2rr
L-2R	L-1L-2RR	L-1L-2Rr	L-2L-2RR	L-2L-2Rr
L-2r	L-1L-2Rr	L-1L-2rr	L-2L-2Rr	L-2L-2rr

由表 2-10 可见，Buda 对小种 4 是感病的，对小种 7 抗病，所以 L-1R 基因对小种 4 无效，但是对小种 7 有效，J. W. S. 对小种 4 抗病，对小种 7 感病，所以 L-2 基因对小种 4 有效，但对小种 7 无效。Buda×J. W. S. F₃ 系统对两个小种的分离如表 2-13 所示。

表 2-13　亚麻品种 Buda×J. W. S. 分离的解释

(Flor，1941)

基因型	频　率	反应		分离
		小种 4	小种 7	
L-1L-1RR	1	感病	抗病	
L-1L-1Rr	2	感病	抗病	4
L-1L-1rr	1	感病	抗病	
L-1L-2RR	2	分离（3∶1）	抗病	2
L-1L-2Rr	4	分离（3∶1）	分离（15∶1）	6
L-1L-2rr	2	分离（3∶1）	分离（3∶1）	
L-2L-2RR	1	抗病	抗病	1
L-2L-2Rr	2	抗病	分离（3∶1）	2
L-2L-2rr	1	抗病	感病	1

由以上的分离结果看，F₃ 系统中没有出现对两个小种都表现感病的系统，说明 L-1 和 L-2 是位于相同基因位点上的抗病基因，理由如下：假如二基因杂种的 A，B 两个基因不在同一基因位点上，则 F₂ 分离为 AABB，AABb，AAbb，AaBB，AaBb，Aabb，aaBB，aaBb，aabb 9 种基因型，其中 aabb 对两个小种都感病，也就是说在 F₂ 的个体中或 F₃ 的系统中应当出现对两个小种都感病的个体或系统，但实验结果不出现这样的个体或系统，这证明了两个抗病基因在相同的基因位点上。F₃ 系统对小种 7 表现的分离为 166 个抗病性稳定的系统，155 个分离系统和 27 个感病性稳定系统。根据前面假定的基因型，对小种 7 应当分离为 7 抗病性稳定系统∶8 分离系统∶1 感病性稳定系统的分离比率。理论的系统数分离比应当是 348 分别乘以 7/16，8/16，1/16，即 152.25∶174.00∶21.75，观察分离比 166∶155∶27 与理论分离比 152.25∶170.00∶21.75 不符。Flor 认为这是由于接种源的量不足，抗病性不是完全显性，杂合个体常常表现感病性等原因引起的。他认为用以上的基因型还是可以说明这种分离。总而言之，对小种 4 的抗病性与一个抗病基因有关，对小种 7 的抗病性与两个抗病基因有关，其中有两个基因是位于同一基因位点上的不同的等位基因。

用上述方法对亚麻品种的抗病性进行基因分析，已在亚麻品种中发现了 29 个抗病基因。目前已发现亚麻抗锈病的 L，M，N，P，K 5 个抗病基因位点。L-基因位点上有 14 个抗病基因，M-位点上 7 个抗病基因，N-位点上 3 个抗病基因，P-位点上 4 个抗病基因，K-位点上 1 个抗病基因。但是，其中有一部分基因虽然被视为位于相同位点上，而实际上是位于极相近的位置上，所以上述的基因位点与其说是一个基因位点，不如说是基因复合体（gene complex）更为确切。

Flor 进一步研究一些被认为存在于同一基因位点的基因，以明确它们究竟是真正的等位基因，还是相距极近的基因。他首先把 LL 植株与 L-$1L$-1 植株杂交，得到 LL-1 植株。然后把 LL-1 植株与不具有 LL-1 这两种抗病基因的 11 个品种杂交[6]。如果在其后代产生纯合的具二基因的抗病个体和感病个体，就可以断定 L 和 L-1 两个基因之间发生了交换。L 和 L-1 两个基因紧密连锁，但不是等位基因时，会发生交换而产生 LL-1 染色体和 ll-1 染色体，让具有这种染色体的植株自交，即产生 LL-$1/LL$-1 植株和 ll-$1/ll$-1 植株。Flor 在确认是否存在 LL-$1/LL$-1 植株和 ll-$1/ll$-1 植株时，不是用自交的方法，而是把 Ll-$1/lL$-1 植株与 ll-$1ll$-1 植株杂交，因为用这种测定法，所得到 ll-$1/ll$-1 或 Ll-$1/LL$-1 的比率高。就是说，如果在 LL-$1/LL$-1 植株中产生染色体交换，就将产生 LL-1 染色体和 ll-1 染色体。把这种植株与 ll-$1/ll$-1 植株杂交，就分别产生 ll-$1/ll$-1 植株和 ll-$1/ll$-1 植株。假如由 Ll-$1/lL$-1 植株自交产生的 LL-$1/ll$-1 植株的比率为 P，则 Ll-$1/lL$-1 植株与 ll-$1/ll$-1 植株杂交产生的 LL-$1/ll$-1 的比率为 $P/2$，但在自交的情况下，L-L-1-的个体比率为 $[2(1-P)^2+4P(1-P)+2P]/4=2/4=1/2$，$l$-$1l$-$1$ 的个体比率为 $P^2/4$（核对）（表 2-14）。L 和 L-1 为等位基因时，由 LL-1 与 11 杂交产生 L-$1l$ 和 Ll-1 植株，没有出现对两个菌系都表现抗病的个体，也没有出现对两个菌系都表现感病的个体。

表 2-14　L 和 L-1 两个基因连锁时各种基因型的频率

(Flor, 1941)

	Ll-1 $(1-P)$	lL-1 $(1-P)$	Ll-1 (P)	ll-1 (P)
Ll-1 $(1-P)$	LLl-$1l$-1 $[(1-P)^2]$	$°LlL$-$1l$-1 $[(1-P)^2]$	LLL-$1l$-1 $[P(1-P)]$	Lll-$1l$-1 $[P(1-P)]$
lL-1 $(1-P)$	LlL-$1l$-1 $[(1-P)^2]$	llL-$1L$-1 $[(1-P)^2]$	LlL-$1L$-1 $[P(1-P)]$	llL-$1L$-1 $[P(1-P)]$
LL-1 (P)	LLL-$1l$-1 $[P(1-P)]$	LlL-$1L$-1 $[P(1-P)]$	LLL-$1L$-1 $[P^2]$	LlL-$1l$-1 $[P^2]$
ll-1 (P)	Lll-$1l$-1 $[P(1-P)]$	llL-$1L$-1 $[P(1-P)]$	LlL-$1l$-1 $[P^2]$	lll-$1L$-1 $[P^2]$

°　是对两个菌系抗病的个体；P 是交换值。

应当指出，抗病鉴定时，在接种源的量不足的情况下，有可能把感病的个体评定为抗病个体。因此，在研究连锁关系时，为了要把握住是否产生对两个小种感病的个体，不用杂种 F_1 自交的方法，而采用与感病品种杂交的方法，这样能产生比较多的对两个小种表现感病的个体，有利于准确判断基因是等位还是紧密连锁。如前所述，自交的测定法产生对两个菌系感染的个体率为 $P^2/4=(P/2)^2$，而与对两个菌系都感病的品种杂交时，则产生的感病个体率为 $P/2$，所以采取后一种测定法可靠性大。总之，测定连锁关系时，用 F_1（LL-1）与对两个菌系感染的品种杂交的方法比 F_1（LL-1）自交的方法好。

Flor 用具有两个 L 位点基因的品种间杂交，得到 F_1（比如 L-$2/L$-1），把感病品种

（基因型 ll）与 F_1 杂交，得到表 2-15 的结果。在这个表中交换值一栏写上数字部分的基因，杂交不成功，实际上是自交，如果染色体没有异常，表示这部分基因存在于紧密连锁的不同的基因位点上。如果这里所用的个体数字存在交换值，表 2-15 最右侧一行的数值是能够鉴定出的值。即便发生交换，表示交换值在这个数值以下。依下列方法进行计算。

$$P_{RC} = (1 - P_1/2)$$

P_{RC} 是得到重组类型（recombinant types）的概率，P 是误差概率。

另外，已知 N-位点和 P-位点之间以 9.6% 或 15% 的交换值连锁，LL-2 或 L-2L-5，L-2L-6 之间没有交换，已经知道 MM-3 之间的交换值为 0.2% 以上。

表 2-15　亚麻锈病抗病基因位点 L，M，N，P 的基因等位性鉴定

(Flor, 1965)

F_1 杂合个体的基因型	鉴定杂交植株数				交换值	能检测的最低的交换值 *
	无基因	母本基因型	父本基因型	二基因		
L 位点						
LL-1	0	268	393	0	0	0.60
LL-2	0	2 242	2 175	0	0	0.10
LL-6	0	308	284	0	0	0.79
LL-7	0	226	210	0	0	1.05
L-2L-1	0	1 109	1 065	0	0	0.21
L-2L-4	0	1 386	1 325	0	0	0.17
L-2L-5	0	1 716	1 726	0	0	0.13
L-2L-6	0	1 643	1 663	0	0	0.14
L-2L-7	0	930	880	0	0	0.26
LL-4	2	856	893	0	0.11	
L-2L-3	5	1 075	1 152	0	0.22	
L-2L-8	2	1 419	1 363	1[+]	0.11	
L-2L-10	12	1 903	1 943	0	0.31	
M，N，P 位点						
M-4M-3	0	737	734	0	0	0.32
M-4M-1	0	···	369	407	0	0.80
MM-1	4	620	653	1[+]	0.39	
MM-3	11	8 049	8 112	16	0.17	
M-4M	3	738	764	1	0.26	
NN-1	5	4 567	4 533	5	0.11	
PP-1	0	3 632	3 722	0	0	0.07
PP-2	0	1 190	1 116	0	0	0.20

* $P=0.01$，＋ 植株死亡，无法确定是交换还是自交。

1.2　已知的亚麻品种的抗病基因

Henry 于 1930 年第一次报道亚麻对亚麻锈病菌的抗病性为简单遗传[90]。他发现寄主免疫性对感病性为显性，亚麻品种 Ottawa770B，Bombay 的免疫性受单因子（基因）控制，

Argentine Selections 的免疫性受他测定的两个基因中的一个基因控制。1937 年，Myers 扩大了这项研究工作，他根据 17 个不同品种的 37 个杂交的后代分离，提出了控制抗病性或免疫性的寄主 L 和 M 两个等位基因系列[91]。

后来，经进一步的遗传研究，发现了 31 个以上控制寄主抗病性的基因，这些基因分为 K，L，M，N，P 等 5 群[8]（表 2-16），同一群的基因是等位基因或紧密连锁的基因，而不同群之间的基因独立分离或在 N 群和 P 群情况下，以疏松连锁分离。经遗传研究所发现的亚麻品种抗病基因分述如下：

L 群的品种抗病基因（L-L-11）

L（Ottawa*）：Myers 于 1937 年发现和鉴定了品种 Ottawa770B 的这个基因[90]。这个品种的鉴别性特征是具有白色的花，它常常作为与具有蓝色花品种杂交的一种标记特征。当用澳大利亚和印度的锈病菌系测定时，发现这个品种还有 P 群的另一个基因，称为 P-5。

L-1（Burke）：这是 Flor 首先在亚麻品种 Buda 发现和鉴定的两个基因之一[88]。基因 L-1 是温度敏感的，在寄主的杂合时，通常不能表现抗病性[89,91]。当控制非致病的特异基因与某些锈病菌菌系中存在的抑制基因 I-1 互作时，这个基因不能表达[92]。

L-2（Stewart）：这个基因是 Flor 于 1941 年首先在品种 J.W.S 中鉴定的[88]。这个基因对温度不敏感[8]，甚至在逆境的生长条件下也产生稳定的锈病反应。因为 J.W.S 感染凋萎病，受此病严重危害时，因种子收量不足而影响研究工作，所以 Bison×J.W.S 的选系 Stewart 后来被其他可利用的选系取代了[6]。

L-3（Pale Blue Crimped）：L-3 是 Flor 于 1947 年在品种 Pale Blue Crimped 中发现和鉴定的一个基因[8]。这个基因对温度敏感。

L-4（Kenya）：L-4 是控制对许多锈病菌系高抗反应的一个抗病基因[8]。用某些澳大利亚锈病菌系在品种 Kenya 中还鉴定了其他基因如 P[91]和 Ke[96]。Kutuzo 和 Kulikoya 也于 1985 年用俄罗斯锈病菌鉴定了 Kenya 的其他基因。

L-5（Wilden）：L-5 是 Flor 于 1947 年首先在品种 Williston Gold 中测定的两个基因之一[8]。后来，这个品种被 Bison×Williston Golden 的 F_3 选系 Wilden 取代[9]，Wilden 也具有白色花。

L-6（Birio）：L-6 是 Flor 于 1947 年首先在品种 Rio 中鉴定的三个基因之一[8]。Rio 具有 L，M 和 N 三群中各一个基因。L-6 基因是由 Rio×Bison 的分离体分离得到的。这个基因对温度不敏感[72]，产生稳定的锈病反应。

L-7（Barnes）：L-7 是 Flor 于 1954 年首先在品种 Minnesota Selection 中鉴定的两个基因之一[97]。L-7 基因对温度高度敏感，在寄主为杂合时，通常不能表现抗病性[8]。当控制非致病的特异基因与某些锈病菌菌系存在的抑制基因 I-1 互作时，L-7 基因不能表达[95]。不用北美锈病菌系而用印度的菌系鉴定了 'Minnesota Selecton' 和 'Barnes'（来自 Minnesota Selection × Bison）的基因，发现的基因被命名为 L-11[98]。然而，这个报道被忽略了，导致后来在品种 Linore 中发现的一个基因也被命名为 L-11。

L-8（Towner）：L-8 是 Flor 于 1954 年首先在 'Bisbee' 中鉴定的基因。Towner 来自 Bisbee×Bison，由 F_2 后代的一个 L-8 纯合的品系获得。Lawrence 等 1981 年报道了 Towner 这个品种中的另一个基因 M-4。而 Jones1988 年却证明了 Towner 只具有 L-8 基因[92]。L-8 对温度敏感。当病原中的特异基因 A-L-8（非致病基因）与某些锈病菌系中

存在的抑制基 I-1 互作时，L-8 的表达受到抑制[92]。

L-9（Bison）：L-9 是用澳大利亚锈病菌系鉴定的品种 Bison 的一个基因[96]。来自比利时的品种 Bison 曾在北美作为抗锈病品种推广，在 20 世纪 30 年代末，几乎是只种植它而排斥其他品种。然而，在 40 年代初，因锈病而严重受害。它现在对北美的全部锈病菌系都感病，被作为"普感的"亲本利用。

L-10（Bolley Golden Selection）：Myers1937 年发现品种 Bolley Golden 由两个品系组成，一个品系具有一个抗锈病基因，另一个品系具有 2 个抗锈病基因。Bolley Golden Selection 是由 Myers 的 Bolley Golden 选择的，具有 L-10 基因的抗病品系。L-10 基因对温度敏感[97]。当控制非致病的特异基因与某些锈病菌系存在的抑制基因 I-1 互作时，这个基因也不表达抗病性[8]。

L-11（Linore）：L-11 是 Flor 和 Comstock 于 1972 年测定的品种 Linore 的一个基因。Linore 是由一个大的群体选择的亲本未知的作为耐病性的一个单株的后代。来自 Bison×Linore 的选系 55 号携带这个基因。L-11 对温度敏感。

此外，1986 年 Antonelli 报道了 L 群中以前没有描述的三个基因：品种 Pergamino Pampa Mag 中的 L-p 基因；'Magnif 134' 中的 L-m 基因；品种 Buck9 的 L-b 基因。Mayo 和 Shephfrd 1980 年获得一个新基因 L-x，他们认为这个基因是由 L-6 基因内稀少的重组产生的。L 群的其他基因来自亚麻的野生种。（＊：括号内的品种表示被普遍利用的基因源。）

M 群的品种抗病基因（M-M-6）

M（Dakota）：M 是 Myers 于 1937 年首先在品种 Newland 中鉴定的一个基因[103]。Newland 对欧洲锈病菌系免疫，但对凋萎病高度感病。因此，在 1946 年推广了携带 Newland 的基因、对凋萎病抗病的品种 Dakota。30 多年以来，这个基因对北美锈病菌系依然有效。

M-1（Williston Brown）：M-1 是 Flor 于 1947 年在品种 Williston Brown 中发现和鉴定的一个基因。Williston Brown 是来源于 Williston Golden 种子繁殖地的一个选系。这个基因的表达受某些锈病菌系中存在的抑制基因 I-1 或 I-2 所抑制[95,100]。

M-2（Ward）：M-2 是 1941 年 Flor 首先在品种 Buda 中鉴定的两个基因之一，起初命名为 R[80]。这个基因 R 在 M 群中存在，被重新命名为与品种 Ward 中相同的 M-2[11]。

M-3（Cass）：M-3 是 Flor 于 1947 年首先在品种 Bolley Golden 中鉴定的两个基因之一[8]。Myers1937 年发现 Bolley Golden 由两个品系组成，对锈病的反应由单基因引起的抗病品系和携带两个基因（一个基因为免疫性显性，另一个基因为抗病性显性）的免疫品系[91]。携带免疫基因 M-3 的品种 Cass 来自 Bison 与 Myers 的 Bolley Golden 的免疫品系的一个杂交[97]。

M-4（Victory）：M-4 基因是 Flor 于 1954 年首先在品种 Victory 中鉴定的一个基因。品种 Victory 的锈病反应是杂合的，选择了从 A 到 D 的 Vitory 4 个品系群。Victory A 的基因起初命名为 M-7。

M-5（Cortlad）：M-5 这个基因首先在品种 Pale Blue Verbena 中发现，后来，从品种 Cortland 分离的[97]。

M-6：M-6 是首先在品种 C. I. 2008 的选系 4 中鉴定的一个基因。品种 C. I. 2008 来自巴基斯坦，鉴定编号为 P. I. 250568。

N 群和 P 群的品种抗病基因

除了 L 和 M 群的基因之外，Flor 在 1947 年还鉴定了一个新系列 N 的 5 个基因 $N\sim N$-4。后来在这个系列中添加了 N-5 和 N-6[94]。在 N 系列中，具有锈病抗病基因的品种之间的杂种中，获得了重组和无规则的分离比率[95,96,97]。因此，这个系列的基因被认为是连锁的，而不是等位基因。Kerr1954 年研究 N 群基因的分离，断定这些基因在称为 2-N 和 1-N 的两个连锁的位点上以复等位基因发生。因此，Flor 保留了与控制 Bombay 锈病抗病基因等位的2-N 位点的 N 符号[6]。P 符号是给位于另一个位点 1-N 的基因符号。因此，寄主基因 N，N-1，N-2，N-3，N-4，N-5 和 N-6 分别被重新命名为 N，P-1，P-2，P-3，N-2，N-1 和 P。

N 群的品种抗病基因（N，N-1 和 N-2）

N（Bombay）：N 是 Flor1947 年首先测定的品种 Bombay 的一个基因[8]。Bombay 可能具有埃及和俄罗斯锈病菌系能测定的一个以上的基因。

N-1（Polk）：N-1 是 Flor 于 1947 年首先在品种 Polk 中鉴定的一个基因。利用俄罗斯锈病菌还鉴定了这个品种的另一个基因。

N-2（Marshall）：N-2 是 Flor 于 1947 年首先在品种 Tammes Pale Blue 中鉴定的两个基因之一[11]。由 Tammes Pale Blue×Bison 杂种分离出 2 个品系，一个品系携带 Koto 基因，另一个品系携带 Grant 基因，是控制锈病的不同抗病基因。1949 年发现 Koto 和 Grant 对一个锈病菌系都是感病的，但亲本 Tammes Pale Blue 是抗病的。在鉴定 Tammes Pale Blue×Bison 的其他 F3 品系期间，分离了一个新的抗病品系 Marshall。此外，Antonelli 于 1986 年报道了品种 Pargamino 10678-3 中的一个以前未描述的基因 N-x。

P 群的品种抗病基因（P-P-5）

P（Koto）：P 是品种 Morye 中测定到的三个基因之一。Koto 是由（Frontier × Morye）×Bison 的亲本之一 Morye 获得的锈病抗病基因。

P-1（Akmolinsk）：P-1 是 Flor 于 1947 年在品种 Akmolinsk 中检测到的一个基因[8]。

P-2（Abyssinian）：这个基因是 Flor 于 1947 年首先在品种 Abyssinian 中发现的[5]。

P-3（Leona）：Flor1947 年首先在品种 Leona 中发现的一个基因[8]。

P-4（C. I. 1888 选系 8 号）：Zimmer 和 Comstock 1973 年首先在一份材料 C. I. 1888 的选系 8 号检测到的一个基因。这份材料来自匈牙利，当地称它为 Martoni。品种 Punjab53 也被利用作为具有 P-4 基因的鉴别品种。

P-5：P-5 是用澳大利亚[103]和印度[102]锈病菌系测定的鉴别品种 Ottawa770B 的另一个基因。P-5 这个基因最近已被分离，并保存在怀特（Waite）研究所。

此外，Kerr 于 1960 年在品种 Newland，Bolley Golden 和 Kenya 发现了相同的一个抗病基因，命名为 P-6，品种 Walsh 的一个基因为 P-7，但是，没有分离出携带这些基因的小种鉴别品种。

K 群的品种抗病基因（K-K-1）

K（Clay）：K 是 Flor 1955 年测定的品种 Morge 中的三个基因之一[6]。Clay 是Morge×Bison 的 F3 选系。

K-1（Raja）：这是控制品种 Raja 抗病性的一个基因。Zimmer 于 1976 年首先描述的 Raja 的这个抗病基因。Raja 是从 Argentine Seln. 1025×J. W. S. 153B9 杂交后代中选择的一个加拿大品种。

表 2-16　栽培亚麻品种已知的抗病基因

(Flor，1965)

基因群	基因数	基因名称
K	2	K 和 K-1
L	14	L，L-1～L-12，L-x
M	7	M，M-1～M-6
N	3	N，N-1 和 N-2
P	6	P，P-1～P-5
D	?	
Q	?	

1.3　亚麻锈病菌致病性遗传的基因分析

早期对锈病菌致病性遗传进行最系统研究的学者，首推 Flor。他对亚麻锈病进行了小种的研究、寄主的抗病基因分析、鉴别品种的确立、致病性遗传的基因分析等。

Flor 把锈病菌小种 22 与小种 24 杂交，再把其 F_1 和 F_2 培养菌接种在鉴别品种上，观察其致病性分离[3]。表 2-17 只记载了其结果的一部分，其中左侧两行是亲本的反应，F_2 没有得到表现一方亲本小种 22 反应的菌株，说明出现了至今没有发现的新小种。他对这些结果进行了如下的研究：首先根据在各个品种上的分离，观察对各个品种的致病性由几个基因控制。如表 2-17 右侧两行所示，在多数情况下，表现了非致病与致病的分离比率为 3：1，有时表现 15：1 和 63：1 的分离比率，这说明这个杂交的致病性在多数情况下受 1 个基因控制，但是，也存在由 2、3 个非致病基因控制的情况。结果说明，除对 Williston Golden 和 Williston-Brown 致病表现为显性之外，非致病多为显性。

表 2-17　亚麻锈病菌小种 22 与 24 杂交 F_2 的分离

(Flor，1946)

鉴别品种	反应										havr[a]	avr	vr	hvr	分离比	χ^2
Buda	S[b]	S$^-$	S	S$^-$	S	…	S	…	S	S	0	0	39	94	0：1	—
Williston Golden	S	S	R	R	R	…	S	…	S	S	0	17	0	116	1：3	10.59**
Williston Brown	S	S	R	R	R	…	S	…	S	S	0	17	0	116	1：15	9.69**
Akmolinsk	S	R	R	R	R	…	R	…	S	S	0	110	0	23	3：1	4.21*
J. W. S.	I	I	I	I	I	…	I	…	I	I	133	0	0	0	1：0	—
Pale Bule Crimped	S	R$^-$	R$^-$	R$^-$	R$^-$	…	R$^-$	…	R$^-$	S	0	96	0	37	3：1	0.55
Kenya	S	R	R	R	R	…	R	…	R	S	0	96	0	37	3：1	0.55
Abyssinian	S	I	I	I	I	…	I	…	S	S	110	0	0	23	3：1	4.20*
Morye	S	I	I	I	I	…	I	…	I	I	121	2	7	3	63：1	0.41
Ottawa 770B	S	I	I	I	S	…	I	…	S	I	101	0	0	32	3：1	0.06

（续）

鉴别品种	反应										havr	avr	vr	hvr	分离比	χ^2
Bombay	I	S	S	S	I	…	I	…	S	I	105	0	0	28	3∶1	1.07
Newland	S	I	I	I	I	…	I	…	S	I	97	0	0	36	3∶1	0.30
Bolley Golden	S	I	I	I	I	…	I	…	I	R	100	27	0	6	15∶1	0.69
Italia Roma	S	I	I	I	I	…	I	…	I	S	97	17	10	9	15∶1	0.06
Leona	S	R	R	R	R	…	R	…	S	S	0	110	0	23	3∶1	4.21*
Tammes Pale Blue	S	I	I	I	I	…	I	…	I	I	76	22	0	35	3∶1	4.21*
菌株数	0	5	2			…	19	…	1	5			133			
小种编号	22	24	44	45	46	…	2	…	104	105						

注：a. havr＝高度非致病，avr＝非致病，vr＝致病，hvr＝高度致病。

　　b. I＝免疫，R＝抗病，R⁻＝半抗病，S＝感病，S⁻＝感病程度与 S 稍轻。

　　* 在 5%水平，差异显著。

　　** 在 1%水平，差异显著。

根据在鉴别品种中两个品种上的反应，把所利用的 113 个菌株划分为四种类型。在各个品种上的分离都为 3∶1，所以，如果两个基因是独立行动的基因，则应当分离为（3∶1）×（3∶1）＝9∶3∶3∶1。如表 2-18 所示，实验结果证明对两个品种的致病性分离符合非致病的为 9，只对 Ottawa770B 为非致病的为 3，只对 Bombay 为非致病的为 3，对两个品种为致病的为 1 这样的比率，这表明两个基因是独立遗传的。因此，给 22 和 24 两个小种的非致病基因以不同的基因符号即 avr_L 和 avr_N。这种符号与小种 22 和 24 表现非致病性的品种中发现的抗病基因 LL 和 NN 相对应。因此要进行全部鉴别品种组合的研究，以决定所用小种的基因型。对各种小种的组合进行了这种研究，结果查清了存在 25 个非致病基因[100]。其中 24 个非致病基因对致病基因是显性的，只一个非致病基因对 Williston Brown 表现隐性遗传。已发现的 25 个非致病基因之间，对 K，L，L-1，M，M-3，M-5，N 抗病基因为非致病的基因之间，没有发现连锁关系。另外，对 L-2 和 M-1 抗病基因为非致病的基因是互相独立遗传的。对 L-3，L-4 和 L-10 为非致病的基因之间，存在紧密的连锁关系。这些非致病基因也与 L-8 的非致病基因连锁。还有，对 L-5，L-6 和 L-7 基因的非致病基因之间，也发现紧密的连锁。对具有 P-位点上 4 个抗病基因的品种的致病性及对 M-2 的品种 Ward 的致病性，是以一个单位遗传的。具有 N-位点上抗病基因的 3 个品种当中，对 Polk 和 Marshall 两个品种的致病性是疏松连锁的。因此，除一个抗病基因外，寄主的抗病基因即使存在等位关系，与它们对应的非致病基因也没有等位关系而是连锁的。所以，把全部致病性集积在一个菌系中，既无抑制的连锁也没有等位关系。

表 2-18　亚麻锈病菌小种 22 与小种 24 杂交 F_2 的分离

（Flor 1946）

Ottawa770B	I	I	S	S	χ^2
Bombay	I	S	I	S	
F_2培养菌	78	23	27	5	
		（小种 22）	（小种 24）		1.64
理论值	74.8	24.9	24.9	8.3	
（9∶3∶3∶1）					

与各个寄主的抗病基因对应的各有一个非致病基因，两者组合表现了抗病反应和非致病反应，与抗病基因对应的非致病基因的符号如表 2-19 所示。

表 2-19　亚麻品种中发现的锈病抗病基因

(Islam 和 Mago，1990)

抗病基因	具抗病基因的品种	对应的非致病基因
L	Ottawa770B	avr_L
L-1	Burke	avr_{L-1}
L-2	Stewart	avr_{L-2}
L-3	Palt Blue Crimped	avr_{L-3}
L-4	Kenya	avr_{L-4}
L-5	Wilden	avr_{L-5}
L-6	Birio	avr_{L-6}
L-7	Barnes	avr_{L-7}
L-8	Towaer	avr_{L-8}
L-9	Bison	avr_{L-9}
L-10	B. Golden selection	avr_{L-10}
L-11		avr_{L-11}
L-12-1	*L africanum*	
L-12-2	*L. corgmbifernum*	
M	Dakota	avr_M
M-1	Williston Brown	avr_{M-1}
M-2	Ward	avr_{M-2}
M-3	Cass	avr_{M-3}
M-4	Victory A	avr_{M-4}
M-5	Cortland	avr_{M-5}
M-6	C. I. 2008	avr_{M-6}
N	Bombay	avr_N
N-1	Polk	avr_{N-1}
N-2	Marshall	avr_{N-2}
P	Koto	avr_P
P-1	Akmolinsk	avr_{P-1}
P-2	Abyssinian	avr_{P-2}
P-3	Leona	avr_{P-3}
P-4	C. I. 1888 C. I. 1911	avr_{P-4}
K	Clay	avr_K

注：L-12-1、L-12-2 是根据 Wicks 和 Hammond 的研究结果，其他是根据 Flor、Zimmer 和 Comstock 的研究结果。

2 马铃薯品种晚疫病的抗病性和晚疫病菌的致病性遗传

2.1 寄主品种（品系）对病原小种的反应

由马铃薯晚疫病菌（*Phytophthora infestans*）引起的马铃薯晚疫病（potato late blight），在全世界种植马铃薯的国家和地区都发生[98]。因此，植物病理学家和育种学家都关注这种全球性的病害，并努力研究这种病害和尝试培育对这种病害免疫的马铃薯品种。

1943 年，荷兰在开展马铃薯免疫育种时，荷兰的晚疫病菌存在两个小种，即"老的"小种和在 W-品种上发生的 Muller 的 S-小种。后来 Mastenbroek 分别称其为 N1 和 N2 小种[102]（N 代表荷兰的意思）。在 1943 年之后，发现了如下 7 个新小种：1945 年的小种 N4、N5 和 N7；1946 年的小种 N6；1947 年的小种 N3；1949 年的小种 N8（在温室内发现）和 1950 年的小种 N9[99]。

1943—1952 年，研究了几百个马铃薯无性系的感病性和免疫性。用表 2-20 列示的 8 个小种测定的全部无性系，根据无性系对 8 个小种的抗、感反应划分全部被测的几百个无性系为 9 群。寄主群对病原小种的反应如表 2-20 所示。由表 2-20 可以看出 9 群无性系对 8 个病原小种的免疫或感病反应。寄主群 1 对全部 8 个病原小种都感病；对新小种免疫的无性系，对"老的"小种 N1 总是免疫的；对小种 4 或小种 5 的免疫性可能兼具对小种 2 的感病性；对小种 6 免疫的无性系，对小种 N4、N5 和 N1 也总是免疫的，但对小种 N2、N7、N8 和（或）N9 可能是感病的；对小种 N7 免疫的无性系，对小种 N2、N4 和 N1 总是免疫的，但对小种 N5、N6、N8 和（或）N9 可能是感病的；对小种 N8 的免疫性包括了对其他全部小种（小种 N9 除外）的免疫性；对小种 N9 免疫的无性系，对小种 N8，甚至小种 N2 和 N7 可能是感病的；对小种 N8 和 N9 免疫的无性系，对其他所有小种总是免疫的。

表 2-20　马铃薯测定系列对荷兰发现的马铃薯晚疫病菌小种的反应

(Mastenbroek，1952)

寄主群	测定系列	马铃薯晚疫病菌小种①							
		N1	N2	N4	N5	N6	N7	N8	N9
1	马铃薯	—③	—	—	—	—	—	—	—
2	43154-5②	+④	—	+	+	+	—	—	+
3	4431-5	+	+	—	+	—	—	—	—
4	44158-4	+	+	+	—	—	+	—	—
5	4414-2	+	+	+	+	—	—	—	—
6	46174-30	+	+	+	+	—	+	—	+
7	4651-2	+	+	+	+	+	—	—	+
8	4737-33	+	+	+	+	+	—	+	—
9	4739-58	+	+	+	+	+	—	+	+

注：①小种 N3 被删除，因为这个小种与 N1 之间差异很小；②表示 1943 年做的杂交 154 号的后代选出的 5 株幼苗；③—=感病；④+=免疫。

2.2　寄主品种免疫性的接种鉴定

把被测定材料的幼苗由苗床移栽到苗箱内，用含有晚疫病菌某个小种或某些小种的游动孢子或孢子囊的悬浮液接种全都植株。接种的植株直接放进保湿箱内，叶片上保持水分达 24h 甚至更长时间。然后，打开保湿箱顶部的玻璃窗，使植株保持在适宜的条件下。当叶片上出现明显可见的病斑时，重新盖上玻璃窗达 24～48h。接种后 5～7d，在被侵染的植株上，出现丰富的孢子囊梗，而不被侵染的、免疫的植株不表现任何症状；或者只出现很小的针尖大小的黑色坏死斑点，这是免疫的植株抵抗叶内菌丝体的蔓延而表现的过敏反应。

实验材料的幼苗有时被连续接种若干次。一般认为连续接种中的前一次接种的幼苗对某个小种的过敏反应，不影响同样的幼苗对后一次接种的另一个小种的反应。由一个小种引起的过敏反应所形成的坏死病斑部位，另一个小种难以侵入。然而，只要接种适当，坏死斑所占面积的百分率很小，对第二次接种的另一小种侵入几乎没有影响；另一方面，尽管 Müller 等证明了在坏死的细胞里产生的化合物抑制了马铃薯晚疫病菌的生长，也抑制其他一些真菌的生长[99]。但是，因为坏死部分的化合物不转运或轻微转运到其他健康的绿色部分，这些叶片的绿色部分都对第二次接种发生反应。当然，两次接种之间应当有足够的时间间隔，以保证被接种的植株表现明显症状。因为重复接种和在保湿箱里停留的时间较长，一些幼苗植株会因为根病或植株基部病害而死亡，或因光照不足导致幼苗植株死亡；另外，在调查记载感病或免疫植株数时，也会有一些植株被损坏，对这些情况应引起注意并避免调查记载的差错，以保证实验结果记载的可靠性和准确性。

马铃薯品种 Katahdin 用不同的晚疫病菌接种鉴定，证明它不具有免疫因子，在进行研究材料的接种时，在这些实验的旁边放置品种 Katahdin 作为对照，这个品种似乎是一个普感品种，是很理想的对照品种。

2.3　免疫性的遗传和免疫基因分析

免疫基因 $R\text{-}3$ 的遗传分析

表 2-21 列示的杂交系列 4736、4744、4753、4754 和 4765 等的免疫反应和感病反应的观察分离比符合理论上预期的 1：1 比率。自然的自花授粉的 47179、4898 的免疫反应和感病反应的分离比符合理论的 3：1 的比率。卡方检定和按照 Patterson[100] 计算的 P 值所表明的观察比与理论比相符合，说明有一个显性免疫基因 $R\text{-}3$ 控制这些杂交的免疫和感病的分离。

在 1950 年和 1951 年，做了一个杂交，估计其中一个亲本含有遗传基因 $R\text{-}3$。1950 年用小种 N8 接种杂交获得的全部 33 840 株幼苗，其中 16 098 株幼苗或 47.6% 是免疫的；1952 年接种的 6 189 株幼苗中，2 982 株幼苗或 48.2% 幼苗是免疫的。

1952 年，由各具有一个 $R\text{-}3$ 基因的两个无性系杂交，得到的 1 878 株 F_2 幼苗，用小种 N1 接种，其中 1 444 株幼苗或 76.9% 的幼苗表现免疫，这个观察的分离比符合理论的 3：1 的比率。来自这种后代的 994 株幼苗，1952 年用小种 N1 接种，其中 743 株幼苗或 74.7% 幼苗不受侵染。上述的接种鉴定结果都证明这个杂交的双亲都具有遗传因子 $R\text{-}3$。由这种后代自花授粉结实所产生的后代幼苗当中，有四个位点具有 2 个 $R\text{-}3$ 基因的个体（$R\text{-}3R\text{-}$

$3r$-$3r$-3）。这种植株与隐性的植株杂交，出现了表 2-21 列出的二显性组合所表现的免疫的个体数与感病的个体数的比率为 5∶1。这种分离的基因图解如下：

亲本：R-$3R$-$3r$-$3r$-3 r-$3r$-$3r$-$3r$-3

配子：R-$3R$-3＋$4R$-$3r$-3＋r-$3r$-3 r-$3r$-3

合子：R-$3R$-$3r$-$3r$-3＋$4R$-$3r$-$3r$-$3r$-3＋r-$3r$-$3r$-$3r$-3

表 2-21 用马铃薯晚疫病菌小种接种的 R-$3r$-$3r$-$3r$-3×隐性品种的后代分离

(Mastenbroek，1952)

(1949, 1950)系列		第一次接种				第二次接种				第三次接种				第四次接种			
		小种	－	＋	%＋	小种	－	＋	%＋	小种	－	＋	%＋	小种	－	＋	%＋
4736	A	N1	24	16	40	N7	0	16	100	N6	0	16	100				
	B	N2	57	39	41	N7	0	38	100	N6	0	38	100				
	C	N5	25	26	51	N6	0	26	100	N2	0	17	100	N7	0	17	100
4744	A	N1	57	39	41	N2	0	39	100	N7	0	39	100	N6	0	38	100
	B	N1	26	20	43	N2	0	20	100	N6	0	20	100	N7	0	20	100
	C	N2	47	49	51	N7	0	49	100	N6	0	49	100				
4753	A	N7	13	10	43	N8			100								
	B	N8	13	20	61												
4754	A	N7	3	3	50	N8	0	3	100								
4765	A	N1	17	15	47	N2	0	15	100	N7	0	15	100	N6	0	15	100
	B	N1	35	25	42	N2	0	23	100	N6＋N7	0	23	100				
	C	N2	50	45	47	N7	0	44	100	N2							
	D	N7	51	44	46	N6	0	34	100	N6	0	44	100				
47179	A	N7	6	14	70	N8	0	12	100	N8							
	B	N7	9	20	69	N8	0	16	100	N8							
	C	N8	19	45	70												
4898	A	N7	2	7	78	N8	0	7	100	N8							
	B	N7	17	40	70	N8	0	40	100	N8							

4736 P>0.05；4744 P>0.10；4753 P>0.50；4754 P=1.00；4765 P>0.10；47179 P>0.30；4898 P>0.40。

4736＝442－8（*S. demissum* 29A×Frühmölle×Opperdoese Ronde×Katahdin）×Katahdin

4744＝4411－2（*S. demissum*29A×Frühmölle×Opperdoese Ronde×JK 3843）×Earlaine

4753＝4420－3（*S. demissum*29A×Frühmölle×Frühmölle×Jubell）×Alpha

4754＝4420－3×Earlaine

4765＝4428－2（*S. demissum*29A×Frühmölle×Frühmölle×Fransen）×Flava

47179＝443－7（*S. demissum*29A×Frühmölle×Opperdoese Ronde×Koopmans Blauwe）SP

4898＝Black 1257a（7）SP

JK 3843＝Bevelander×Veenhuizen31185

442－8，4411－2，4420－3，4428－2，443－7 和 Black 1257a（7）这个系列对小种 N1～N8 免疫，对小种 N9 感病（寄主群 8，表 2-20）

表 2-22　*R*-3*R*-3*r*-3*r*-3×隐性品种的后代分离

(Mastenbroek, 1952)

杂交	亲本	小种	—	＋	％＋	*P*
49240	4768-36×Earlaine	N8	35	146	81	＞0.30
49241	4768-36×Frühmölle	N8	29	146	83	1.00
51245	4768-36×47233-34	N1	15	85	85	＞0.60
5121	47179-9×Alpha	N1	11	53	83	＞0.80
50372	47185-22×Koopmans Blauwe	N8	57	230	80	＞0.10
51294	47185-22×47233-34	N1	68	329	83	＞0.80

免疫基因 *R*-1 的遗传分析

用 Müller 的 W-群、反应型符合表 2-20 寄主群 2 的品种 Erika 和 Robusta 为亲本，与其他品种（或无性系）做了许多杂交。由这些杂交得到的全部 3 664 株幼苗，于 1944 年用小种 N1 接种，其中 1 865 株幼苗或占总幼苗数 50.1％的幼苗对小种 N1 表现免疫（表 2-23）。这些免疫的幼苗对小种 N4、N5、N6 和 N9 都是免疫的，而对小种 N2、N7 和 N8 是感病的。

表 2-23　用马铃薯晚疫病菌小种 N1 或 N9 接种的 W-群的品种和衍生种的后代分离

(Mastenbroek, 1952)

杂交	亲本	小种	—	＋	％＋	*P*
(1944)						
43146	Berlikumer geeltje×Erika	N1	77	70	48	＞0.50
43147	Bloemgraafje×Erika	N1	46	34	43	＞0.10
43148	Allerfruheste Gelbe×Erika	N1	34	37	53	＞0.70
43149	Bravo×Erika	N1	43	40	48	＞0.70
43150	Deva×Erika	N1	101	130	56	＞0.05
43151	Duivelander×Erika	N1	154	136	47	＞0.20
43152	Eersteling×Erika	N1	128	106	45	＞0.10
43154	Eigenheimer×Erika	N1	81	94	54	＞0.30
43155	Erika×Allerfr. G.	N1	38	63	62	＞0.05
43156	Erika×Koopm. Bl.	N1	48	39	45	＞0.30
43157	Erika×Opperd. R.	N1	255	193	43	＞0.05
43158	Flava×Erika	N1	40	58	59	＞0.05
43159	Fransen×Erika	N1	102	131	56	＞0.05
43160	Frühmölle×Erika	N1	214	227	51	＞0.50
43162	Geelblom×Erika	N1	24	35	59	＞0.10
43164	Present×Erika	N1	173	184	52	＞0.50
			1 558	1 577	50	＞0.70
(1944)						
43165	Robusta×Opperd. R.	N1	271	258	49	＞0.70

（续）

杂交	亲本	小种	—	+	%+	P
(1952)						
51362	43154-5×47233-34	N9	240	258	52	>0.05
51363	43154-5×Bato	N1	49	52	51	>0.70
51364	43154-5×Libertas	N1	355	363	51	>0.70
		N9	33	34	51	>0.70
			677	707	51	>0.40
(1952)						
51448	47232-41*×47222-21	N9	484	502	51	>0.50
51449	47232-41×47223-6	N9	273	236	46	>0.10
51450	47232-41×47223-75	N9	40	46	53	>0.50
51451	47232-41×47231-21	N9	747	724	49	>0.50
51452	47232-41×47233-34	N9	394	257	48	>0.10
			1938	1865	49	>0.20

* 47232-41＝Triumf×Aquila。

来自 Eigenheimer×Erika 的三个后代 51362、51363 和 51364，前两个后代分别用小种 N9 和小种 N1 接种，后一个后代用小种 N1、N9 接种。四种情况的免疫植株都接近 50%，说明这个杂交的这些后代的免疫性/感病性分离受一个遗传基因控制（表 2-23）。

Triumf 对全部小种感病，Aquila 对小种 N1，N4，N5，N6 和 N9 免疫，对小种 N2，N7 和 N8 感病，来自杂交 47232-41（Triumf×Aquila）的 5 个后代用小种 N9 接种。以上 5 个后代的分离结果表明，Aquila 含有一个控制免疫性的基因，这个基因称为 $R-1$。表 2-24 的 47174＝43160－12（Frühmölle×Erika）的分离更详细地证明这一点，也表明 Erika 也含有 $R-1$。$R-1r-1r-1r-1$ 个体自交的后代的观察分离很符合 3 免疫∶1 感病的理论分离比率（表 2-25）。

表 2-24　用马铃薯晚疫病菌小种接种的杂交 47174* 幼苗的分离

（Mastenbroek，1952）

(1949) 系列	第一次接种				第二次接种				第三次接种				第四次接种			
	小种	—	+	%+	小种	—	+	%+	小种	—	+	%+	小种	—	+	%+
A	N1	24	79	77												
B	N1	22	72	77												
C	N1	29	67	70												
D	N1	23	71	76	N5	0	71	100	N2	71	0	0				
E	N6	23	74	76	N2	68	0	0								
F	N6	24	74	76	N4	0	74	100	N5	0	74	100	N2	74	0	0

* 47174＝43160－12（Frühmölle×Erika）自然（自交）授粉。P>0.95。

表 2 - 25　*R - 1r - 1r - 1r - 1* 无性系和品种的自然杂交后代的分离

(Mastenbroek，1952)

后代	衍生种	小种	—	+	%+	P
51365	43154 - 5	N9	43	135	76	>0.70
		N1	355	1148	76	>0.20
51367	43160 - 12*	N9	46	136	75	>0.90
		N1	208	699	77	>0.10
51368	Aquila	N9	152	497	77	>0.30
		N9	124	325	72	>0.20
		N1	154	476	76	>0.70
51369	Jakobi	N9	63	151	71	>0.10
		N9	50	171	77	>0.30
		N1	250	683	73	·0.20

免疫基因 *R - 2* 的遗传分析

另一组杂交实验的结果列示表 2 - 26。用小种 N1 和 N4 接种，免疫的幼苗约占 75%，而接种小种 N1 之后出现的免疫幼苗再接种小种 N4，没有出现任何被侵染的幼苗。这说明对小种 N1 和 N4 的免疫性由相同的基因引起。对 N5 和 N6 的免疫性及对 N2 和 N7 的免疫性也是由相同的基因引起的。看来，对所有这些小种的免疫性可能由两个基因控制：一个基因控制对 N1、N4、N5、N6 和 N9 的免疫性，另一个基因控制 N1，N2，N4 和 N7 的免

表 2 - 26　*R - 2r - 2r - 2r - 2R - 1r - 1r - 1r - 1* × 隐性品种 4972* 杂交后代的分离

(Mastenbroek，1952)

系列	第一次接种				第二次接种				第三次接种			
	小种	—	+	%+	小种	—	+	%+	小种	—	+	%+
A	N1	24	72	75	N6	21	51	71	N2	23	21	48
B	N1	34	64	65	N4	0	63	100	N2	23	33	59
C	N1	25	67	73	N5	20	34	63	N4	0	21	100
D	N2	40	34	46	N7	0	19	100	N4	0	13	100
E	N7	51	45	47	N6	21	24	53	N8	22	0	0
F	N4	21	74	78	N7	28	46	62	N5	14	17	55
G	N4	24	70	74	N5	21	48	70	N6	0	32	100
H	N5	42	51	55	N6	0	49	100	N7	23	26	53
I	N5	54	41	43	N6	0	41	100	N7	21	18	46
J	N6	33	62	65	N2	30	30	50	N7	0	29	100
K	N8	97	0	0								
L	N8	96	0	0								
M	N8	96	0	0								

* 4972＝4539 - 6（*S. demissum* 29A×Frühmölle×Flava×Jubel）×Flava。

无性系＝4539 - 6 只对小种 N8 感病（表 2 - 20，寄主群 7）。

疫性。根据前述 $R-1$ 的遗传分析及对小种的反应可以判断第一个基因为 $R-1$ 或与 $R-1$ 有相同作用的基因，另一个基因命名为 $R-2$。对这一组杂交的遗传分析图解如下：

亲本：$R-2r-2r-2r-2R-1r-1r-1r-1$ $r-2r-2r-2r-2r-1r-1r-1r-1$

配子：$R-2r-2R-1r-1+R-2r-2r-1r-1+r-2r-2R-1r-1+r-2r-2r-1r-1$ $r-2r-2r-1r-1$

合子：$R-2r-2r-2r-2R-1r-1r-1r-1+R-2r-2r-2r-2r-1r-1r-1r-1+r-2r-2r-2R-1r-1r-1r-1+r-2r-2r-2r-2r-1r-1r-1r-1$

用各种小种接种的分离比见表 2-27 杂交实验的观察分离比，除第一次接种 B 系列的 P 值和第一次接种 J 系列的 P 值小于 0.05，与理论分离比不一致之外，其他系列都符合上述假设的理论分离比率。

表 2-27 根据假设预期的杂交 4972 的分离比率

(Mastenbroek, 1952)

第一次接种		第二次接种		第三次接种	
N1，N4	1∶3	N5，N6，N9	1∶2	N2，N7	1∶1
N1，N4	1∶3	N2，N7	1∶2	N5，N6，N9	1∶1
N5，N6，N9	1∶1	N2，N7	1∶1		
N2，N7	1∶1	N5，N6，N9	1∶1		
N8	∞∶0				

对上述的实验结果，除假设的 $R-2$ 和 $R-1$ 是不同的、独立的基因之外，还有另一种可能性，即 $R-2$ 和 $R-1$ 是一个基因的等位基因（表 2-32）。如果这符合事实，则无性系 4539-6 的基因组成应写为 $R-2R-1rr$，这种情况的因子图解如下：

亲本：$R-2R-1rr$ $rrrr$

配子：$R-2R-1+2R-2r+2R-1r+rr$ rr

合子：$R-2R-1+2R-2rr+2R-1rrr+rrrr$

表 2-26 的观察资料的分离比与这种假设的理论分离比的符合度的检验（表 2-28、表 2-29），即 χ^2 检定得到的 P 值说明这个假说不成立。

表 2-28 根据表 2-26 资料的 χ^2 检定

(Mastenbroek, 1952)

比率	观察的	预期的	χ^2	P
1∶1	329∶348	338.5∶338.5	0.563	＞0.40
1∶2	113∶212	108.3∶216.6	0.293	＞0.50
1∶3	128∶347	118.75∶356.25	0.961	＞0.30

表 2-29 假如 $R-2$ 和 $R-1$ 是 1 个基因的等位基因的表 2-26 资料的 χ^2 检定

(Mastenbroek, 1952)

比率	观察的	预期的	χ^2	P
1∶1	220∶233	226.5∶226.5	0.373	＞0.50
2∶3	113∶221	130∶195	3.705	＞0.05
1∶5	128∶347	79∶396	36.379	＞0.01
2∶1	132∶136	178.6∶89.3	30.483	＜0.01

免疫基因 R-4 的遗传分析

用上述 R-1，R-2 和 R-3 三个基因不能解释无性系 4431-5 的免疫性遗传[98]，为了证明这个无性系的遗传模式，做了 4435-1×Koopmans Blauwe 杂交（后者为隐性品种）。所获得的 79 株幼苗种植于温室内育苗钵内。通过用小种 0、1、2 和 4 的孢子悬浮液接种潮湿滤纸上的幼苗离体叶。结果有 50％ 的幼苗离体叶对所用的全部小种感病，其余的 50％ 对小种 0、1、2 免疫，对小种 4 感病（与杂交母本 4431-5 一样）。这说明有单显性状态的一个因子控制对小种 0、1 和 2 的免疫性。这个因子与前述三个基因不同，称之为基因 R-4[105]。

由 S. demissum 来源的这四个显性基因已被鉴定，这些基因与小种的相互关系列示表2-30。由表 2-30 可见，若基因 R-1 和 R-3 组合在一起，由于免疫性对感病性为显性，这种组合将对现在已知的荷兰的全部小种表现免疫。

表 2-30　免疫基因与荷兰发现的马铃薯晚疫病菌小种的相互关系

（Mastenbroek，1953）

反应型 抗病基因　＼　小种	0	1	2	4	1, 4	2, 4	1, 2, 4	2, 3, 4
R-1	R	S	R	R	S	R	S	R
R-2	R	R	S	R	R	S	S	S
R-3	R	R	R	R	R	R	R	S
R-4	R	R	R	S	R	S	S	S

2.4　具有已知抗病基因的无性系（或品种）杂交的遗传分析

在进行具体的遗传分析前，必须先了解基因与小种的相互关系（表2-30），以便预期杂交后代的基因型及表型。

R-1×R-3 杂交后代的遗传分析

现在已证明无性系 442-8 和 4428-2 都是具有 R-3 基因的单显性组合，无性系 43160-12 为具有 R-1 基因的单显性组合[105]。这些无性系之间杂交的基因图解简化如下：

亲本的基因型：r-1R-3　　　R-1r-3

配子的基因型：r-1＋R-3　　R-1＋r-3

合子的基因型：R-1R-3＋R-1r-3＋r-1R-3＋r-1r-3

杂交后代的分离列示表 2-31。从理论上讲，R-1R-3，R-1 和 R-3 三种基因型的个体或者杂交后代 F_2 群体全部幼苗的 75％ 对小种 0、2、4 和（2，4）免疫；R-1R-3 个体或者说群体全部幼苗的 25％ 对小种（1，2，4）和（2，3，4）免疫。用小种 1；（1，4）或（1，2，4）接种，随后再用 0、2、4 或（2，4）接种，观察的分离比与理论的分离比为 2 免疫：1 感病，经 χ^2 检定证明是一致的（表 2-32）。一般地说，这种基因型的许多杂交，观察分离比与理论的分离比一致。虽然有个别例外的偏离，但是，这与被接种的幼苗数偏少有关，当然也不能排除其他可能的原因，如细胞分裂等出现的一些不规律的现象也可能有干扰。

表 2-31 *R-1*×*R-3* 杂交后代的分离

(Mastenbroek, 1953)

杂交	系列	第一次接种				第二次接种				第三次接种				第四次接种			
		小种	S	R	%R	小种	S	R	%R	小种	S	R	%R	小种	S	R	%R
4735*	A	2	15	42	74	2, 4	0	12	100	1	4	8	67	1, 4	0	8	100
	B	0	6	13	68	1	4	9	69	2, 4	0	9	100	1, 4	0	9	100
	C	0	7	19	73	1, 4	6	13	68	2, 4	0	9	100				
4764**	A	0	30	80	73	1	28	52	65	1, 4	0	52	100	2, 4	0	49	100
	B	0	12	33	73	1	8	19	70	2, 4	0	19	100				
	C	0	10	33	77	1, 4	10	17	63	2, 4	0	17	100				

* 4735＝442-8×43160-12。 ** 4764＝4428-2×43160-12。

表 2-32 根据表 2-31 列示的资料的 χ^2 检定

(Mastenbroek, 1953)

杂交	比率	预期的	观察的	χ^2	P
4735	1:3	25.5:76.5	28:74	0.327	>0.50
	1:2	14.7:29.3	14:30	0.050	>0.80
4764	1:3	49.5:148.5	52:146	0.168	>0.60
	1:2	44.7:89.3	46:88	0.057	>0.80

R-1R-3×*r* 杂交的后代

这种类型的杂交后代（表 2-33，B）与 *R-1*×*R-3* 这种类型的杂交后代（表 2-33，A），

表 2-33 各种类型的杂交后代对小种（1，2，4）和（2，3，4）混合接种的分离

(Mastenbroek, 1953)

项	杂交类型	接种后代的数目	分离					
			观察的			预期的		
			S	R	%R	S	R	%R
A	*R-1*×*R-3*	42	7 021	2 267	24.4	6 966	2 322	25.0
B	*R-1R-3*×*r*	114	27 753	8 705	23.9	27 343.5	9 114.5	25.0
C	*R-1R-3*×*R-3*	20	5 974	3 666	38	6 025	3 615	37.5
D	*R-1R-3*×*R-1*	21	3 888	2 192	36.1	3 800	2 280	37.5
E	*R-3*×*R-1R-2*	3	496	143	22.4	479.25	159.75	25.0
F	*R-3*×*R-1R-3*	12	92	36	28.1	80	48	37.5
G	*r*×*R-1R-3*	6	52	19	26.8	53.25	17.75	25.0
H	*R-1R-3*×*R-1R-2*	1	20	10	33.3	18.75	11.25	37.5
I	*R-1R-3*×*R-1R-3*	2	167	95	36.3	114.625	147.375	56.25
K	*R-1R-3* S. P. *	10	1 604	1 410	46.6	1 318.625	1 695.375	56.25

* S. P.＝自然发生后代（自然的自交）。

在理论上以相同的比率分离。实验结果证明这种理论推测是正确的。这个杂交的 114 个后代的 36 458 个幼苗分离 27 753 株幼苗感病和 8 705 株幼苗抗病。这表明用小种（1，2，4）和（2，3，4）连续接种二次，分别只具有 R-1 和 R-3 基因无免疫基因的 r 幼苗都感病，只有具有 R-$1R$-3 基因的幼苗免疫，所以观察的分离比与理论的分离比一致。用小种（1，2，4）接种这个杂交后代，曾得到免疫幼苗为 46 株和感病幼苗为 49 株的分离，符合理论的 1∶1 分离比率。

R-$1R$-3×R-3 杂交后代的遗传分析

这种类型杂交的 20 个后代的 9 640 幼苗用小种（1，2，4）＋小种（2，3，4）混合接种，感病幼苗 5 974 株，免疫幼苗 3 666 株，免疫株数占全部株数的 38.0％。根据亲本的基因型，对这些基因的关系图解如下：

亲本：R-$1R$-3 r-$1R$-3

配子：R-$1R$-3＋R-$1r$-3＋r-$1R$-3＋r-$1r$-3 r-$1R$-3＋r-$1r$-3

合子：R-$1r$-$1R$-$3R$-3＋r-$1r$-$1R$-$3R$-3＋$2R$-$1r$-$1R$-$3r$-3＋$2r$-$1R$-3＋R-$1r$-3＋r-$1r$-3

上述两种混合小种接种结果，具有 R-$1R$-$3R$-3 和 R-$1R$-3 基因型的幼苗对混合接种为免疫的幼苗，占 6 种基因型中幼苗总数的 3/8，即免疫幼苗为 27.5％。χ^2 检定证明观察的分离比与理论的分离比一致。

R-$1R$-3×R-1 杂交后代的遗传分析

这种杂交类型本质上与前一个杂交一样，所不同的只是前一个杂交的父本单显性组合为 R-3，而本杂交的父本为单显性组合 R-1。实际观察的免疫幼苗占 36.1％，而理论的免疫幼苗与前一个杂交一样是 3/8，即 37.5％，说明实验结果与理论预期完全一致。

R-3×R-$1R$-2 杂交后代的遗传分析

这个杂交利用的材料是无性系 4642-16 与无性系 4538-4（4642-16×4538-4），用不同小种连续接种并对这个杂交的后代进行详细的研究（表 2-34）。

表 2-34 R-3×R-$1R$-2 杂交后代的分离
(Mastenbroek, 1953)

杂交	系列	第一次接种				第二次接种				第三次接种			
		小种	S	R	%R	小种	S	R	%R	小种	S	R	%R
49111	A	0	4	22	85								
	B	4	9	87	91	2，3，4	33	47	59	1，2，4	20	21	51
	C	2	20	75	79	1，4	10	65	87	2，3，4	20	35	64

注：49111＝4642-16×4538-4。

在无性系 4642-16 与马铃薯品种 Earlaine，Fransen，Frühmölle，Katahdin，Record 和 Sirtema 的杂交中，出现 49％（S930，R889）对小种（1，2，4）免疫的幼苗。因为 4642-16 对小种（2，3，4）感病，说明它不具有因子 R-1。它具有显性基因 R-3。无性系 4538-4 的基因型为 R-$1R$-2。所以 4642-16×4538-4 这个杂交的后代应当出现 8 种不同的基因型：R-$1R$-$2R$-3，R-$1R$-2，R-$1R$-3，R-$2R$-3，R-1，R-2，R-3 和 r-0。用小种 0 或 4 接种，预期 7/8 或 87.5％的幼苗是免疫的，只有隐性的基因型 r 是感病的，即 1/8 或

12.5%的幼苗是感病的（表2-33，A项和B项）。当这个杂交的后代接种小种4之后，再接种（2，3，4）时，基因型 R-$2R$-3、R-2 和 R-3 是感病的，预期的分离比为3∶4，即57%的幼苗是免疫的。实际观察到的免疫幼苗为59%。用小种1、2、4进行第三次接种，基因型 R-$1R$-2 和 R-1 是感病的，基因型 R-$1R$-$2R$-3 和 R-$1R$-3 是免疫的，分离比为2∶2，即免疫幼苗和感病幼苗各占50%。实验观察到的免疫幼苗为51%。

用小种2接种 4642-16×4538-4 这个杂交的后代，根据已知抗病基因对已知小种的反应，基因型为 r 和 R-2 的幼苗应当是感病的，因此感病的基因型与免疫的基因型的比例为2∶6，免疫幼苗应占75%，实验观察的免疫幼苗为79%。用小种1、4进行第二次接种，R-1 基因型是感病的，感病基因型与免疫基因型的比例为1∶5，免疫幼苗应占83%，实际观察的免疫幼苗为87%。用小种（2，3，4）进行第三次接种，R-$2R$-3 和 R-3 基因型感病，R-$1R$-$2R$-3，R-$1R$-2 和 R-$1R$-3 基因型免疫，感病与免疫分离比为2∶3，免疫幼苗应占60%，实际观察的免疫幼苗占64%。用小种（1，2，4）＋（2，3，4）接种，只有基因型 R-$1R$-$2R$-3 和 R-$1R$-3 是免疫的，占被接种幼苗的25%，而实际观察的免疫幼苗为22.4%。以上的各种结果证明观察的实际分离与理论预期的分离比是一致的。

R-3×R-$1R$-3 杂交的后代

这个杂交是表2-33 C项的反交。如果一切都按遗传规律发生，这个杂交与正交的免疫幼苗理论上应当一致，即37.5%的幼苗免疫，实际观察到的免疫幼苗也应与正交的38.0%接近。但实际上，免疫幼苗只占28.1%，这个百分率低的原因认为是接种群体太小造成的显著差异。为了要更详细、更准确地分析这种杂交类型的遗传，进一步做了杂交和详细分析（表2-35）。

表 2-35　各种类型杂交后代的分离

(Mastenbroek, 1953)

杂交	亲本	基因型	接种的小种	观察的			理论的			χ^2	P
				S	R	%R	S	R	%R		
50237	4428-34×4768-41	R-3×R-$1R$-3	1，2，4＋2，3.4	13	8	38.1	5	3	37.5	0.003	＞0.95
5136	449-8×4768-15	R-3×R-$1R$-3	1，2，4＋2，3.4	79	28	26.2	5	3	37.5	5.49	＞0.02
5139	449-8×47237-116	R-3×r	1，2，4	95	105	52.5	1	1	50.0	0.50	＞0.40
51194	4768-15×47237-116	R-$1R$-3×r	1，2，4＋2，3.4	175	63	26.5	3	1	25.0	0.27	＞0.50
51198	4768-15×Agnes	R-$1R$-3×r	1，2，4＋2，3.4	499	197	28.3	3	1	25.0	3.99	＞0.05
51199	4768-15×Katahdin	R-$1R$-3×r	1，2，4＋2，3.4	37	17	31.5	3	1	25.0	1.21	＞0.20
51200	4768-15×Marktred-witzer Fruhe	R-$1R$-3×r	1，2，4＋2，3.4	365	115	24	3	1	25.0	0.28	＞0.80
51201	4768-15×Koopmans Blauwe	R-$1R$-3×r	1，2，4＋2，3.4	246	89	26.6	3	1	25.0	0.44	＞0.50
51202	4768-15×Oberarn-bacher Fruhe	R-$1R$-3×r	1，2，4＋2，3.4	724	240	24.8	3	1	25.0	0.005	＞0.90
51203	4768-15 S. P.	R-$1R$-2 S. P.	1，2，4＋2，3.4	49	78	61.4	7	9	56.25	1.55	＞0.20

表2-35列示包括 R-3×R-$1R$-3 杂交在内的多种基因型的杂交亲本，亲本基因型，

接种的小种和杂交后代分离比。杂交 50237 的分离，经 χ^2 检定证明接近预期的分离，而杂交 5136 的分离与预期的分离不符合。据此推测，无性系 449-8 似乎以正常的比例产生雌配子，因为杂交 5139 的正常分离说明这个推测，因此，这个杂交的免疫幼苗异常低的原因归结于 4768-15。就是说，当无性系 4768-15 作为杂交母本时，产生正常的分离（只在杂交 51198 免疫幼苗过剩），也表明它以正常的比例产生雌配子。但是，这不能断定它作为父本时，也以正常的比例产生雄配子。花粉为 R-1R-3 的配子其形成的频率比其他基因型的配子频率低。不过，这种推测并没有在 4768-15 的自花授粉后代的分离得到印证。因此，杂交 5136 的免疫幼苗百分率低的原因，必须假定或者因为机会或者因为优先配对造成的。

r×R-1R-3 杂交的后代

这个杂交的 6 个后代只有很少的幼苗用小种（1，2，4）＋（2，3，4）接种（表 2-33 G 项）。观察的分离与理论上预期的分离十分一致。以无性系 4768-41 为父本的一个杂交，其分离与杂交 50237（表 2-35）的分离也十分一致。

R-1R-3×R-1R-2 杂交的后代

这种杂交类型与 R-1R-3×R-1 杂交类型都用小种（1，2，3）＋（2，3，4）接种，预期的免疫幼苗都为 37.5%。但是这个杂交的实际观察幼苗为 33.3%。这可能与接种幼苗数目较少有关（表 2-33 H 项），不过这个比例依然与理论的预期比例相符合。用小种（1，2，4）＋（2，3，4）接种这个杂交的后代，R-2 是无效的。

R-1R-3×R-1R-3 杂交的后代

这种杂交类型的基因组合，简化图解如下：

	r	R-1	R-3	R-1R-3
r	R	R-1	R-3	R-1R-3
R-1	R-1	R-1R-1	R-1R-3	R-1R-1R-3
R-3	R-3	R-1R-3	R-3R-3	R-1R-3R-3
R-1R-3	R-1R-3	R-1R-1R-3	R-1R-3R-3	R-1R-1R-3R-3

用小种（1，2，4）＋（2，3，4）混合接种，具有 R-1R-3 和 R-1R-1R-3，R-1R-3R-3，R-1R-1R-3R-3 基因型的所有个体免疫，而 R-1，R-3，R-1R-1，R-3R-3 和 r 基因型的幼苗感病。因此，这个杂交的理论分离比率预期为 9R：7S。然而，表 2-33 列出的 I 项，与理论比率有明显的偏离。表 2-35 和表 2-36 列出了有关这些无性系的更多信息。表 2-36 的资料详细地说明了无性系 4739-58 的正常遗传行为。表中的无性系 4739-58 与隐性品种的全部 8 个杂交，其分离与理论上预期的分离一致。以 4739-58 为母本的这种类型的 19 个杂交的后代，在 1951—1952 年用小种（1，2，4）＋（2，3，4）接种。被接种的全部 7 781 株幼苗当中，分离为 5 857 株感病和 1 924 株免疫，免疫幼苗株数占全部被接种幼苗总数的 24.7%，χ^2 检定时 $P>0.5$，说明免疫幼苗观察的比率（24.7%）与理论的比率（25%）十分符合。这个结果似乎说明无性系 4739-58 的配子形成是正常的。

表 2-35 的无性系 4768-15 作为母本所表现的正常遗传行为已得到证明，因此，不能认为 4768-15 花粉里的基因型的比率是异常的。杂交 5136 的免疫幼苗百分率太低，而杂交 51124 的免疫幼苗百分率更低，但是杂交 51192 的免疫幼苗稍少些。不巧的是，4768-42 作

母本和作父本都不能核实它的遗传行为。

表 2-36　各种类型杂交后代对接种小种（1，2，4）＋（2，3，4）的分离

（Mastenbroek，1953）

杂交	亲本	基因型	分离						χ^2	P
			观察的			理论的				
			S	R	%R	S	R	%R		
51124	4739-58×4768-15	R-1R-3×R-1R-3	92	25	21.4	7	9	56.25	58.22	<0.01
51192	4768-15×4768-42	R-1R-3×R-1R-3	75	70	48.3	7	9	56.25	4.05	<0.05
50168	4739-58×Alpha	R-1R-3×r	263	93	26.1	3	1	25.0	0.24	>0.60
50170	4739-58×Noordstar	R-1R-3×r	181	57	23.9	3	1	25.0	0.14	>0.70
50171	4739-58×Record	R-1R-3×r	127	39	23.5	3	1	25.0	0.20	>0.60
50172	4739-58×Ysselster	R-1R-3×r	46	13	22.0	3	1	25.0	0.28	>0.50
51131	4739-58×Alpha	R-1R-3×r	243	92	27.4	3	1	25.0	1.08	>0.20
51135	4739-58×Cayuga	R-1R-3×r	463	172	27.1	3	1	25.0	1.47	>0.20
51138	4739-58×Katahdin	R-1R-3×r	412	132	24.3	3	1	25.0	0.16	>0.60
51141	4739-58×Noordstar	R-1R-3×r	337	136	28.7	3	1	25.0	3.55	>0.05

R-1R-3 个体自然杂交后代的遗传分析

如果这种类型的后代实际上由 R-1R-3 个体自花授粉产生，雌、雄配子随机配对和后代正常分离，那么，用小种（1，2，4）＋（2，3，4）接种自交后代，预期的免疫幼苗应占被接种幼苗总数的 56.25%。不过，表 2-33 K 项的感病基因型幼苗的株数过多，免疫的幼苗的株数只占被接种株数的 46.6%，说明实际观察的分离比与理论的分离比有很大的差异。

基因型 R-1R-3 个体自交与 R-1R-3×R-1R-3 杂交，本质上相同，因此，把二者结合起来研究将会得到其他有趣的信息（表 2-37，表 2-38）。由表 2-37 看，自然发生（自花授粉）的后代 50261，50233，5171 和 51203 的观察分离比与理论分离比相一致。但是，其他的自交后代，感病的幼苗过多，51113 的免疫幼苗甚至降低到 16.7%。表 2-38 用数字详细地说明无性系杂交的正常遗传行为，唯一的例外是 4739-60。它的后代感病个体过多，不可能是正常的分离。根据与隐性杂交的百分率 21% 的理论预测，自交 51163 免疫的幼苗的百分率（表 2-37）会比 22.6% 低。

表 2-37　R-1R-3 个体的许多自然发生授粉的后代对接种小种（1，2，4）＋（2，3，4）的分离

（Mastenbroek，1953）

自然发生的后代	亲本	观察的分离			χ^2	P
		S	R	%R		
50173	4739-58	184	63	25.5	95.08	<0.01
50261	4768-15	31	28	47.5	1.78	>0.10
50233	4768-41	12	21	63.6	0.52	>0.40
5171	4739-37	231	241	51.1	1.29	>0.20
5195	4739-49	77	42	35.3	21.37	<0.01
51113	4739-53	75	15	16.7	59.08	<0.01

（续）

自然发生的后代	亲本	观察的分离			χ^2	P
		S	R	%R		
51145	4739 - 58	174	85	32.8	58.53	<0.01
51163	4739 - 60	48	14	22.6	29.04	<0.01
51203	4768 - 15	49	78	61.4	1.55	>0.20
51269	4768 - 41	723	823	53.2	5.81	<0.02
		1 604	1 410	46.6		

表 2 - 38 R - $1R$ - $3 \times R$ 和 $R \times R$ - $1R$ - 3 杂交后代对接种小种（1，2，4）＋（2，3，4）的分离

(Mastenbroek，1953)

免疫亲本	基因型						基因型					
	杂交数	观察的分离			χ^2	P	杂交数	观察的分离			χ^2	P
		S	R	%R				S	R	%R		
(1951) 4739 - 58	4	617	202	24.7	0.06	>0.80						
(1951) 4768 - 41	2	171	61	26.3	0.21	>0.60	3	25	10	28.6	1.54	
(1952) 4739 - 37	2	199	72	26.6	0.32	>0.50						>0.20
(1952) 4739 - 49	8	2 257	794	26.0	1.68	>0.10	1	6	2	25.0	0.00	
(1952) 4739 - 53	6	2 413	764	24.0	1.51	>0.20						1.00
(1952) 4739 - 58	15	5 240	1722	24.7	0.26	>0.60						
(1952) 4739 - 60	14	4 595	1219	21.0	50.44	<0.01						
(1952) 4768 - 15	6	2 046	721	26.1	1.62	>0.20						>0.80
(1952) 4768 - 41	6	1 170	379	24.5	0.22	>0.60	1	16	6	27.3	0.06	

对这种情况，不能断定由 R - 1，R - 3 和（或）r 花粉引起的自然杂交受精或优先配对或者以不同程度发生。Dorst 进行了若干观察，表明野蜂引起了马铃薯花的杂交授粉。另一方面，鉴于51124和51192的分离（表2 - 36），由于优先配对，导致免疫衍生物减少也是一种可能的解释。

4768 - 15 自然发生的后代，在1951和1952两年的接种鉴定中，实际的分离与理论的分离相一致。4768 - 41 的两个自然发生的后代中，后代50233正常分离，而后代51269与标准的比率有小的偏离。4739 - 58 的自然发生后代，两年的鉴定结果表明免疫幼苗都比理论预期的少。

综上实验研究结果，证明由 R - 1，R - 2，R - 3 三个独立的、显性的免疫性基因控制马铃薯无性系对马铃薯晚疫病菌的免疫性遗传的假说是正确的。在 R - $1 \times R$ - 3，R - $1R$ - $3 \times r$，R - $1R$ - $3 \times R$ - 3，R - $1R$ - $3 \times R$ - 1，R - $3 \times R$ - $1R$ - 2，R - $3 \times R$ - $1R$ - 3，$r \times R$ - $1R$ - 3，R - $1R$ - $3 \times R$ - $1R$ - 2，R - $1R$ - $3 \times R$ - $1R$ - 3 和 R - $1R$ - 3 SP（自花授粉）等9个不同基因的杂交和1个自交中，只有 R - $3 \times R$ - $1R$ - 3 的1个后代，R - $1R$ - $3 \times R$ - $1R$ - 3 的2个后代和

10 个自交的 6 个后代的分离比与理论上预期的分离比不相符之外，其他所有杂交的后代的观察分离比都与理论分离比一致。这些不一致的分离的后代，都表现免疫幼苗数不足或较大不足。对此，同样提出一些假说进行解释，例如花粉管竞生，连锁和不规律的染色体行为等。但是，这些推测缺乏可靠的资料和细胞学证据。

2.5　马铃薯晚疫病菌的致病性遗传

马铃薯晚疫病菌是二倍体、异宗交配的真菌，这是对本菌进行遗传研究的优点，但是，由于卵孢子的萌发力很弱，不容易得到遗传分析所需要的后代数目，同时也缺少致病性分析所需要的明确标记[100]。通过对卵孢子和萌发幼体的处理，已经有可能产生大量的杂交 F_1 代，而且，等位基因酶多态性的发现，为本菌的遗传研究提供了明确的遗传标记。20 世纪 60～80 年代，对晚疫病菌致病性的若干研究已证明，杂交 F_1 代致病性表型表现分离，1988 年，Al-Kherb 观察到对马铃薯抗病基因 $R-1$、$R-2$、$R-3$ 和 $R-4$ 的致病位点分离，发现致病为显性。然而，Spielman 发现一个以上的位点控制对 $R-2$、$R-3$、$R-4$ 的致病，对 $R-2$ 和 $R-4$ 的致病受显性等位基因控制。这些研究的结果不一致是由于不同的研究者利用不同的亲本菌株引起的，对此显然需要进一步研究。Tooley 鉴定了若干多态性酶，包括葡糖磷酸异构酶（GPI）和肽酶（PEP），为研究致病性遗传提供了明确的标记[101]。

2.5.1　利用同工酶标记研究致病性遗传

凝胶电泳和等位基因的命名：在完成晚疫病菌的亲本和后代培养菌的菌丝体匀浆电泳之后，进行凝胶染色，以测定其葡糖磷酸异构酶（GPI）和肽酶（PEP）。根据酶带的相对迁移率（mobility）描述电泳酶带。最普遍发生的酶带迁移率指定为 100，根据与最普遍酶带的关系描述实验研究中的电泳酶带。例如，表示肽酶同工酶的 92/100 这个值，其意思是指除了最普遍发生的酶带之外，还有另一条酶带，它的迁移率是最普遍发生酶带的 92%。因为 GPI 和 PEP 两种酶都为二聚体，所以杂合子也具有第三种杂合的二聚体带，它的迁移率介于两种纯合的二聚体带之间。根据菌株的 GPI1 和 PEP 两种酶位点选择杂交的亲本菌株，A1 和 A2 亲和型之间的所有杂交都产生卵孢子，所有杂交的卵孢子的萌发方式都相似，但是，不同杂交的卵孢子萌发水平显著不同。

杂交后代等位基因酶（allozyme）标记的分离：在大多数情况下，杂交后代的 A1 型和 A2 型数目相当（表 2-38），但是，有的杂交却出现不同比率，例如，菌株 533×522 这个杂交的大量后代中，A1∶A2 约为 2∶1。这个杂交和其他杂交都包含菌株 533，这个菌株是自交可育的，533×522 这个杂交后代中，有大量后代为亲本菌株 533 的自交后代。由 7 个杂交获得的 685 个单卵孢子后代菌株已确定了 GPI 位点的电泳表型（表 2-39），533×550 这个杂交的 332 个后代中，有 329 个后代产生的带型与 2 个二倍体亲本杂交产生的带型一致。菌株 550（A2）的表型为单一带型，这种带型表现了同源二聚体的缓慢迁移，即基因型为 86。菌珠 533（A1）的表型也是单一带型，但同源二聚体的迁移较快，其基因型称为 122。这 329 个杂种后代产生三种带型，即与亲本同源二聚体对应的较快迁移带和较慢迁移带和代表异源二聚体的中间带型。这种带型的基因型为 86/122。其他 3 个 A1 亲和型的单卵孢子培养菌，产生单一带型（基因型为 122/122）。所以，这 3 个培养菌的基因型与亲本菌株 533 一样，说明这 3 个培养菌是亲本菌株 533 的自交后代。其他 2 个杂交也包含亲本菌株 533，其杂交后代的带型与二倍体杂交后代带型一样。还有亲和型为 A2 的 2 个亲本 525 和 511 为 GPI 1 单一带型，基因型为 100/

100。533×525 杂交的全部 158 个后代，产生了与基因型 100/122 的杂合子一致的三种带型（表 2-39）。533×511 的 109 个后代中，107 个后代产生与基因型 100/122 的杂种一致的三种带型，2 个后代产生单一带型，即基因型为 122/122，是亲本菌株 533 的自交后代。533×511 和 529×519 这 2 个杂交的双亲的 2 个酶位点之一为杂合的，表型为三种带型。这 2 个杂交的后代都分离为纯合（迁移率快）：杂合（迁移率中等）：纯合（迁移率慢）=1∶2∶1 的比率。菌株 533×511 的杂合子在 PEP 位点为 92/100 基因型，后代有三种带型。后代分离为 1（基因型 100/100）∶2（基因型 92/100）∶1（基因型 92/92）的比率。菌株 529 和 519 的 GPI-1 位点产生与基因型 86/100 一致的三种带型。它们的杂交后代分离为 1（基因型 100/100）∶2（基因型 86/100）∶1（基因型 86/86）（$\chi^2=0.65$，表 2-39）。

表 2-39　茄晚疫单卵孢子培养菌葡糖磷酸异构酶（GPI1）和肽酶（PEP）
位点的亲和性类型和假定的基因型

（Shattock，1986）

亲本	亲和性类型的后代（数目）			GPI1		PEP	
	A1	A2	自交可育	基因型	后代（数目）	基因型	后代（数目）
533×550	150	140	71	86/122	329		
				122/122	3		
515×550	4	12	3	86/100	22		
529×536	3	4	0	86/100	3		
				100/100	4		
40/34×503	4	2	0	100/100	2		
				100/122	3		
				122/122	1		
533×511	41	44	28	100/122	107	100/100	28[a]
				122/122	2	92/100	61
						92/92	22
533×525	63	33	38	100/122	158		
529×519	26	22	7	100/100	13[b]		
				86/100	23		
				86/86	15		

a. 用两个自由度预期的 1∶2∶1 比率的 χ^2 值为 1.74。

b. 用两个自由度预期的 1∶2∶1 比率的 χ^2 值为 0.65。

Spielman 等研究了马铃薯晚疫病菌的杂交 F_2 和回交后代的等位基因酶的分离：①Spielman 利用墨西哥菌株 533 与 550 杂交，回交和姐妹交并对 *Gpi 1* 进行分析[102]。这些杂交的后代的交配型和 *Gpi1* 基因型列示表 2-40；②F_1 代的分离：第一号杂交的 69 个后代的 *Gpi1*、*Pep1* 和 MPI 基因型和表型列示表 2-40。所有后代的 *Gpi1* 都为杂合，与 Shattock 报道的一样。菌株 533 的 *Pep1* 是杂合的，而菌株 550 是纯合的，观察到的分离比率与理论的分离比率一致，纯合：杂合＝1：1。亲本的 MPI 表型（93-100-105 和 93-100）也分离为 1：1 的比率。四种可能的后代中，有二种非亲本类型比亲本型更常出现（$P=0.11$）说明 Pepl 与控制 MPI 的位点有连锁（表2-41）；③回交的分离：第 53 号和第 56 号这两个杂交，其后代进行回交，与 550 的 2 个回交成功，而其他的回交都失败了。第 56 号杂交的 F_1 亲本的 Gpil 和 Pepl 是杂合的，而 550 的 Gpil 和 Pepl 是纯合的，每个位点的分离与预期的一样，都为 1：1（表2-42）。有些杂交后代的观察比率，实际上与预期不符：所有后代的 Gpil 为杂合或有 5 个后代的 Pepl 为杂合，其中至少有 2 个（基因型 92/92）是菌株 1-327 自交。第 53 号杂交（1-394×550）后代的 Gpil 正常分离（表2-42），第 9 号和第 1 号杂交的 Gpil 产生预期的 1：1 分离（表2-40），第 59 号杂交与第 11 号杂交的双亲相同，但是不像第 11 号杂交那样，Gpil 表现与理论分离比 1：1 有明显的偏离[42]。第 59 号杂交的

表 2-40　墨西哥亲本菌株 533 与 550 杂交的 Gpil 等位基因和交配型 A1、A2 和自交可育交配型的分离

（Spielman 等，1990）

杂交编号	亲本		后代的数目					
	A1	A2	交配型			Gpil		
			A1	A2	SF[a]	86/86	86/122	122/122
1[b]	533 (122/122)	550 (86/86)	150	140	71	0	329	3
与 533 回交								
9	533 (122/122)	1-104 (86/122)	30	7	21	0	27 ($P=0.71$)[c]	30
11	533 (122/122)	1-328 (86/122)	27	9	9	0	25	20
59	533 (122/122)	1-328 (86/122)	45	11	11	0	43 ($P<0.005$)[c]	15
与 550 回交								
53	1-394 (86/122)	550 (86/86)	3	18	0	10	11 ($P>0.9$)[c]	0
56	1-327 (86/122)	550 (86/86)	92	21	3	0	110 ($P<0.005$)[c]	0
同胞交								
18	1-246 (86/122)	1-104 (86/122)	95	99	20	20	105 ($P<0.005$)[d]	96
19	1-15 (86/122)	1-104 (86/122)	34	29	6	12	38 ($P<0.005$)[d]	33
61	1-15 (86/122)	1-104 (86/122)	66	49	2	39	64 ($P=0.015$)[d]	17

a. 自交可育的。

b. Shattock 等 1986 年资料。

c. 根据 1：1 分离的假设。

d. 根据 1：2：1 分离的假设。

表 2 - 41　墨西哥亲本菌株 533 和 550 的 *Gpi1* 和 *Pep1* 位点的等位基因分离
和 F₁ 的 MPI 的电泳异型酶（杂交编号 1）

(Spielman 等，1990)

	亲	本		
菌株号	交配型	*Gpi1*	*Pep1*	MPI
533	A1	122/122	92/100	93 - 100 - 105
550	A2	86/86	100/100	93 - 100
	后	代		
后代数目	预期的比率	*Gpi*1	*Pep*1	MPI
69		86/122		
33	1		92/100	
36	1		100/100	
(P=0.73)				
33	1			93 - 100
36	1			93 - 100 - 105
(P=0.73)				
21	1	86/122	92/100	93 - 100
12	1	86/122	92/100	93 - 100 - 105
12	1	86/122	100/100	93 - 100
24	1	86/122	100/100	93 - 100 - 105

表 2 - 42　*Gpi1* 和 *Pep1* 位点的等位基因分离和与 A2 亲本回交的 MPI 电泳异型酶（杂交编号 56）

(Spielman 等，1980)

	亲	本		
菌株号	交配型	*Gpi1*	*Pep1*	MPI
1 - 327	A1	86/122	92/100	93 - 100
550	A2	86/86	100/100	93 - 100
	后	代		
后代数目[a]	预期的比率	*Gpi*1	*Pep*1	
0	1	86/86	92/100	
0	1	86/86	100/100	
2	0	86/122	100/100	
81	1	86/122	100/100	
3	1	86/122	100/100	
(P<0.005)				
0	1	86/86		
86	1	86/122		

（续）

后代数目[a]	后代		
	预期的比率	$Gpi1$	$Pep1$
	（$P<0.005$）		
2	0		92/92
81	1		92/100
3	1		100/100
	（$P<0.005$）		

a. 所有后代的 MPI 都具有 93-100 表型。

$Gpi1$ 的分离也有点偏离 1∶2∶1 的比率（$P=0.1$），但是这个杂交后代的亲本 MPI 表型的比率为 1∶1。④姐妹交的分离：姐妹系之间做了 4 个杂交，其中 3 个杂交产生 F_2 代。第 18 号和第 19 号杂交的 F_2 代都表现 $Gpi1$ 122/122 类型过剩和 $Gpi1$ 86/86 类型不足（表 2-43）。第 61 号杂交的亲本与第 19 号杂交的亲本相同（1-15x1-104），出现 $Gpi1$ 122/122 类型不足和 $Gpi1$ 86/86 类型过剩（表 2-43）而偏离正常的分离比。$Pep1$ 分离为预期的 1∶2∶1 的比率，2 个亲本的 MPI 表型分离为 1∶1。⑤对 F_1 代的致病性分离：因为第 1 号杂交分析的三种酶标记全部依照孟德尔定律遗传，这里进一步分析 F_1 代的致病表型。在 18℃，A1 亲本菌株 533 对马铃薯抗病基因 $R-1$、$R-2$、$R-3$ 和 $R-4$ 进行测定的最初结果为对抗病基因 $R-1$ 表现非致病（St1＋），对 $R-2$ 表现致病（St2－）对 $R-3$ 表现致病（St3－），对 $R-4$ 表现致病（St4－），这个结果与 Tooley 在 14℃ 测定的表型（St1＋，St2＋，St3－，St4－）不一致[107]，为此，又在 18℃ 和 14℃ 进行了 18 个测定。结果发现有点变化，但是清楚表明菌系 533 的表型是 St2－，而不是 St2＋（18 个测定的 72% 是－，28% 是中间类型）。这些测定与早先报道的 St1＋，St4－一致，但是对 $R-3$ 品种出现高比例的中间类型，难以确定菌株对 $R-3$ 是致病抑或非致病。这说明在 14℃ 和 18℃ 的测定没有不同。根据这些测定，菌株 533 的致病表型是 St1＋、St2－、St3－和 St4－。A2 亲本菌株 550 的表型为 St1＋，St2＋，St3＋和 St4＋。Tooley 没有测定过这个菌系[52]。Spielman 在实际交配的 6 个月内，确定了一组后代的致病表型（表 2-43）。对墨西哥亲本菌株 533 和 550 杂交的 58 个 F_1 代的致病表型进行分析，结果如下：因为菌株 533 对 $R-3$ 鉴别品种的致病表型模糊不清，没有进行分析。致病表型 St2＋和 St2－分离为 1∶1 的比率（$P=0.3$），而 St4＋和 St4－分离为接近 1∶1 的比率（$P=0.07$，表 2-44）。但是，也发现双亲菌株表型有过剩（$P<0.005$），说明两个致病特性可能有连锁。被分析的所有后代都对 $R-1$ 致病。

表 2-43　与 AI 亲本回交的 $Gpi1$ 和 $Pep1$ 位点的等位基因分离和 MPI 的电泳异型酶（杂交编号 59）

（Spielman 等，1990）

菌株号	交配型	亲　本		
		$Gpi1$	$Pep1$	MPI
533	A1	122/122	92/100	93-100-105
1-328	A2	86/122	92/100	93-100

（续）

后　代				
后代数目	预期的比率	*Gpil*	*Pepl*	MPI
4	1	86/122	92/92	93 - 100
5	1	86/122	92/92	93 - 100 - 105
17	2	86/122	92/100	93 - 100
10	2	86/122	92/100	93 - 100 - 105
6	1	86/122	100/100	93 - 100
1	1	86/122	100/100	93 - 100 - 105
2	1	122/122	92/92	93 - 100
1	1	122/122	92/92	93 - 100 - 105
3	2	122/122	92/100	93 - 100
7	2	122/122	92/100	93 - 100 - 105
1	1	122/122	100/100	93 - 100
1	1	122/122	100/100	93 - 100 - 105
	($P<0.005$)			
43	1	86/122		
15	1	122/122		
	($P<0.005$)			
12	1		92/92	
37	2		92/100	
9	1		100/100	
	($P=0.1$)			
33	1			93 - 100
25	1			93 - 100 - 105
	($P=0.31$)			

表 2 - 44　姐妹交的 *Gpil* 和 *Pepl* 位点的等位基因分离和 MPI 的电泳异型酶

亲　本				
菌株号	交配型	*Gpil*	*Pepl*	MPI
1 - 15	A1	86/122	92/100	93 - 100
1 - 104	A2	86/122	92/100	93 - 100 - 105
后　代				
后代数目	预期的比率	*Gpil*	*Pepl*	MPI
6	1	86/86	92/92	93 - 100
3	1	86/86	92/92	93 - 100 - 105
9	2	86/86	92/100	93 - 100
12	2	86/86	92/100	93 - 100 - 105

（续）

后代数目	预期的比率	Gpil	Pepl	MPI
3	1	86/86	100/100	93 - 100
4	1	86/86	100/100	93 - 100 - 105
9	2	86/122	92/92	93 - 100
10	2	86/122	92/92	93 - 100 - 105
15	4	86/122	92/100	93 - 100
17	4	86/122	92/100	93 - 100 - 105
4	2	86/122	100/100	93 - 100
8	2	86/122	100/100	93 - 100 - 105
1	1	122/122	92/92	93 - 100
1	1	122/122	92/92	93 - 100 - 105
5	2	122/122	92/100	93 - 100
5	2	122/122	92/100	93 - 100 - 105
1	1	122/122	100/100	93 - 100
2	1	122/122	100/100	93 - 100 - 105
	(P=0.34)			
39	1	86/86		
64	2	86/122		
17	1	122/122		
	(P=0.015)			
31	1		92/92	
62	2		92/100	
25	1		100/100	
	(P=0.65)			
46	1			93 - 100
52	1			93 - 100 - 105
	(P=0.84)			

2.5.2 致病性位点的显、隐性和杂交亲本菌株的致病性基因型的推断 马铃薯晚疫病菌对马铃薯品种的抗病基因 $R\text{-}1$、$R\text{-}2$、$R\text{-}3$ 和 $R\text{-}4$ 的致病性分析：①对抗病基因 $R\text{-}1$ 的致病性基因型：亲本菌株 562 对具有抗病基因 $R\text{-}1$ 的品种为非致病（以—表示，下同）与致病（以＋表示，下同）亲本菌株 510 杂交，后代对 $R\text{-}1$ 发生致病/非致病分离，分离比率为 1∶1。亲本 543（＋）与亲本 510（＋）杂交，全部后代都为致病。这两个结果说明对 $R\text{-}1$ 的致病性分离受 1 个非致病位点控制。这三个亲本菌株的基因型如下：菌株 510 和 543 的基因型为 vr/vr，菌株 562 的基因型为 avr/vr，或者菌株 510 和 543 的基因型为 vr/avr，菌株 562 的基因型为 avr/avr。这两种假定的基因型都能解释上述两个杂交的致病性表现和致病/非致病分离比率（表 2-45）。这两种假设都能解释菌株 562×510 这个杂交的预期分离比率

表 2 - 45　墨西哥亲本菌株 533×550 的 F₁ 代的致病表型分离（杂交编号 1）

(Spielman 等，1990)

亲　本				
菌株号	交配型	致病性表型		
		St1	St2	St4
533	A1	＋	－	－
550	A2	＋	＋	＋
后　代				
后代数目	预期的比率	致病性表型		
		St1	St2	St4
58		＋		
0		－		
33	1		＋	
25	1		－	
(P=0.3)				
22	1			＋
36	1			－
(P=0.07)				
21	1	＋	＋	＋
12	1	＋	＋	－
1	1	＋	－	＋
24	1	＋	－	－
(P<0.005)				

1∶1，观察的与预期的分离比的卡方检定的偏离不显著，说明这两种假设都能成立。对这些解释要进一步验证位点表现为不同的显、隐性和不同的分离比率，杂交双亲的一个菌系对抗病基因 R-3 为致病的，另一个亲本为非致病的，杂交后代全部为非致病的。这个结果说明对 R-3 的非致病为显性。这个杂交的同一个致病亲本与另一个不同的非致病亲本杂交，所产生的致病后代∶非致病后代=1∶3，这表明有第二个非致病位点起作用。对 R-4 都为致病的两个亲本杂交，后代分离为致病的和非致病的，说明对 R-4 的致病为显性。②对 R-2 的致病性分离的遗传分析和致病性基因型推断∶病原双亲对抗病基因 R-2 都为致病的菌株杂交，其后代分离为致病后代∶非致病后代=3∶1，这说明致病是显性的、双亲都是杂合的。例如，562×510 和 543×510 这两个杂交的三个亲本对 R_2 都为致病，两个杂交的后代分离（表 2 - 46 和表 2 - 47）表明，三个亲本菌株控制致病的 St2 位点是杂合的（vr/avr）。543×510 杂交后代的致病和非致病的数目接近 1 个位点分离预期 3∶1 的比率。然而，562×510 的非致病后代偏多，致病与非致病后代的比例严重偏离 3∶1 的比率，很难用 1 个或 2 个位点的模式来解释（表 2 - 46）。根据上述的致病性分离，可以推断三个菌株对 R-2 的致病性基因型如下∶菌株 510、菌株 543 和菌株 562 的基因型都为 vr/avr。③对 R-3 的致病性遗传分析和菌系的致病性基因型推断∶菌株 510 对 R-3 为致病（＋），菌株 524 和 562 为

非致病（一）。菌株 562×510 的所有被测定的后代对 $R\text{-}3$ 都是非致病的，不表现分离。这表明非致病为显性，而且也说明非致病的亲本菌株 562 为纯合显性（avr/avr）。那么，致病的亲本菌株 510 一定是隐性的（vr/vr）。因为 543×510 发生分离，亲本菌株 543 的这个位点一定是杂合的（avr/vr，表 2-45）。这个杂交的后代与预期的 1∶1 的显著偏离表明，可能有另外一个位点控制这种表型。这第二个位点的非致病可能也是显性的。这两个位点中的任何一个位点存在显性的非致病等位基因都会产生非致病的表型。如果菌株 543 在两个位点都是杂合的（avr/vr，avr/vr），而菌株 510 在两个位点都是纯合的（vr/vr，vr/vr，表 2-45），则后代能分离为观察到的 1∶3 比率。如果这个假设正确，则菌株 562 在这两个位点中的任一位点可能是纯合显性的（avr/avr）。

表 2-46 菌株 562×510 杂交的致病性表型分离
(Spielman 等，1989)

菌株号	亲本菌株致病位点表型[a]				
	St1	St2	St3	St4	Lel
562	−	+*	−	+	−
510	+	+	+	+	−
	后代表型				
	9+	6+	0+	6+	6+
	14−	17−	23−	17−	16−
预期的分离比率（+∶−）	1∶1	3∶1	0∶1	3∶1	1∶3
χ^2	1.1	29.3		29.3	0.1
P	0.23	<0.005		<0.005	0.75

*：＋表示对寄主相应的抗病基因的致病表型，－表示非致病表型。

表 2-47 菌系 543×510 杂交的致病性表型
(Spielman 等，1989)

菌系号	亲本菌株致病位点表型[a]				
	St1	St2	St3	St4	Lel
543	+	+	−	−	+
510	+	+	+	+	−
	后代表型				
	61+	41+	17+	20+	44+
	0−	18−	40−	37−	14−
预期的比率（+∶−）	1∶0	3∶1	1∶1	1∶1	1∶1
χ^2		0.95	9.30	5.10	15.50
P		0.36	<0.005	0.025	<0.005
预期的比率（+∶−）[b]			1∶3	1∶3	3∶1
χ^2			0.71	3.1	0.02
P			0.43	0.08	0.90

注：a. ＋表示对寄主相应抗病基因的致病表型，－表示非致病的表型。
　　b. χ^2 检验。

对 R-4 的致病性遗传分析和致病性基因型的推断：双亲菌株 562 和 510 对 R-4 都为致病，所以后代分离表现致病为显性，菌株 562 和 510 控制这种表型的 St4 位点都为杂合（vr/avr）（表 2-45）。然而，后代的致病/非致病数目不符合预期的 3：1 比率（表 2-46），如果致病为显性，则菌株 543 应当是纯合隐性的（avr/avr，表 2-45），但是，后代的致病/非致病数目比例不符合预期的 1：1 比率（表 2-47）。如果菌株 543×510 杂交中的一个抑制位点表达而使致病变为非致病，则亲本基因型 avr/avrI/i（543）×vr/avri/i（510）[104] 产生的致病后代与非致病后代的比率为 1：3。然而这个比率与实际观察数的比率（P=0.08）之间不符，因为 562×510 这个杂交的非致病后代过多，所以结果不能用上述的假设来解释。

由以上马铃薯抗病基因与马铃薯晚疫病菌的四种基因-对-基因互作，可以提出若干不同的遗传控制：菌株的致病性位点 St2 和 St4 为显性致病，St3 为具有互补位点的显性非致病，St1 为隐性致病或显性致病。

3　水稻品种的抗病性遗传和抗病基因分析

3.1　日本水稻品种的抗病基因分析

日本的稻瘟病抗病基因分析是佐佐木在 1922 年开始的，稻瘟病菌小种的研究也是由他首先进行的。但是，与亚麻锈病那样系统的研究相比，只能说是片断的研究。对小种进行系统研究是在 20 世纪 50 年代后半期由后藤主持的共同研究开始的，而利用已知致病性的小种进行抗病基因分析则是在 60 年代由新关[105]、岩田和成田[106] 开始的。

新关由后藤划分的不同品种群中选出关东 54 和爱知旭两个品种，关东 54 对菌系研 54-20 表现抗病，爱知旭表现感病，反过来，关东 54 对菌系 55-64 表现感病，爱知旭表现抗病。他把关东 54 与爱知旭杂交，F_2 用这两个菌系接种，结果发现 F_2 对两个菌系都表现 3（抗）：1（感）的分离比。由此证明关东 54 对菌系研 54-20 的抗性受 1 个显性抗病基因控制，爱知旭对菌系 55-64 的抗性也受 1 个显性抗病基因控制。

后来，山崎和清泽研究了后藤等的小种分类资料，选出了 7 个致病性比较稳定的菌系，利用这 7 个菌系对日本品种进行抗病性分类，同时用各类群的代表品种进行抗病基因分析。后来，清泽继续进行这项研究工作，把日本品种分成 14 个抗病类型[107]，而且已经发现了 13 个抗病基因。14 个品种类型及其对 7 个菌系的反应型见表 2-48。

为了研究各类群的抗病基因组成，选出一些代表品种进行杂交。首先把爱知旭型的品种农林 17 与新 2 号型品种农林 25 杂交。F_2 接种对农林 17 非致病的菌系稻 72，结果表现 3（抗病）：1（感病）的分离比。用稻 168 接种这个组合 F_2 的群体，也表现 3：1 的分离比，说明农林 17 对稻 168 的抗性也由一个显性基因控制。接着研究对稻 72 和稻 168 两个菌系起作用的抗病基因是否相同。仍然用 F_2 的群体进行接种，先接种稻 72，1 周后接种稻 168。结果表明，对稻 72 表现抗病的个体，对稻 168 也全部表现抗病。而对稻 72 感病的个体对稻 168 也感病。这说明对稻 72 起作用的抗病基因对稻 168 也起作用。再由爱知旭型品种中选出几个品种，与新 2 号型品种杂交，在确定其 F_2 的单基因分离时，在爱知旭型品种间进行杂交，发现这种类型的品种杂种 F_2 没有分离出感病个体。从选用的爱知旭型品种的系谱上看，它们的亲缘关系很远，因此可以认为，日本的爱知旭型全部品种都具有相同的基因[108,109]，现在给这个基因以 Pi-a 符号。

表 2 - 48　用 7 个菌系分类的稻品种的抗病类型

（清泽等，1978）

品种类型	菌系							推断基因型
	P - 2b	研 53 - 33	稻 72	北 1	研 54 - 20	研 54 - 04	稻 168	
新 2 号型	S	S	S	S	S	MS	S	+
爱知旭型	S	S	R	S	S	MS	R	$Pi\text{-}a$
石狩白毛型	M	S	M	S	MS	MR	M	$Pi\text{-}i$
关东 51 型	MR	S	S	R^h	R^h	R^h	R^h	$Pi\text{-}k$ *
社糯型	S	S	M	MR	M	MR	S	$Pi\text{-}ta$
Pi4 号型	S	M	R^h	R	R	R	MR	$Pi\text{-}ta^2$
福锦型	M	M	M	MR	M	MR	M	$Pi\text{-}z$ $Pi\text{-}b$ *
砦 1 号型	R^h	R^h	R^h	R^h	R^h	R^h	R^h	$Pi\text{-}z^t$ *
新雪型	M	S	R	S	MS	MR	R	$Pi\text{-}i$ $Pi\text{-}a$
杜稻型	MR	S	R	R^h	R^h	R^h	R^h	$Pi\text{-}k$ $Pi\text{-}a$ *
下北型	S	S	R	MR	R^h	R^h	R^h	$Pi\text{-}ta$ $Pi\text{-}a$
灵峰型	S	M	R^h	R	R	R	R	$Pi\text{-}ta^2$ $Pi\text{-}a$
辛尼斯型	M	M	R	MR	M	MR	R	$Pi\text{-}z$ $Pi\text{-}a$
加贺光型	MR	S	M	R^h	R^h	R^h	R^h	$Pi\text{-}i$ $Pi\text{-}k$

　*　还包含别的基因。

　表中符号：R＝抗，R^h＝高抗，MR＝中抗，M＝中，S＝感，MS＝中感。

　　石狩白毛型的抗病基因分析　把石狩白毛与新 2 号及农林 25 杂交，F_2 用对石狩白毛非致病的菌系 P - 2b，稻 72，研 54 - 20，研 54 - 04，稻 168 接种，结果都表现单基因分离，一个 F_2 群体接种两个非致病菌系，前后两个菌系接种时间相隔 1 周。所有的组合（指菌系同寄主的组合）都出现相同现象，即抗第一个菌系的个体也抗第二个菌系。由这个结果可以认为，石狩白毛对上述 5 个菌系的抗性受同一个基因控制。藤坂 5 号与农林 22 杂交 F_2 的分离，也表现出抗性由单基因控制。石狩白毛与藤坂 5 号杂交的 F_2，对上述 5 个菌系都不出现感病个体，可以认为这两个品种的抗病基因是相同的[111]。为了要研究这个基因与 $Pi\text{-}a$ 基因的连锁关系，把这两个品种与具 $Pi\text{-}a$ 的千本旭杂交，用稻 168 接种。F_2 出现感病个体，由此可见石狩白毛和藤坂 5 号的这个基因坐落在与 $Pi\text{-}a$ 不同的基因位点上，现在给这个基因以 $Pi\text{-}i$ 符号。

　　关东 51 型品种的抗病基因分析　这个品种群用关东 51、野鸡粳和荔支江三个品种进行基因分析。关东 51 与新 2 号及农林 17 杂交，F_2 接种对关东 51 非致病的菌系。两个杂交组合都对这个菌系表现单基因分离。接种对关东 51 和农林 17 都非致病的菌系稻 168 时，农林 17×关东 51 的 F_2 表现二基因分离，新 2 号×关东 51 的 F_2 表现单基因分离。把同属于关东 51 型的品种荔支江、野鸡粳与关东 51 杂交，结果证明这三个品种具有同一个抗病基因[110]。这些事实说明关东 51 型品种具有相同的一个抗病基因，这个基因命名为 $Pi\text{-}k$。

　　社糯型的抗病基因分析　社糯型是根据对下北型品种 Pi 1 号的基因分析结果划分出来

的。把 Pi 1 号与农林 8 号杂交，F₂ 接种对 Pi 1 号非致病的菌系稻 72、北 1、研 54 - 20、研 54 - 04、稻 168。F₂ 群体对北 1、研 54 - 20、研 54 - 04、稻 168 表现单基因抗性分离，对稻 72 表现二基因分离。按上述方法研究了对两个菌系起作用的基因间的关系。结果发现，对稻 72 起作用的一个基因，与对北 1、研 54 - 20、研 54 - 04 起作用的基因相同，而对稻 72 起作用的另一个基因也对稻 168 起作用。后来，由它们的杂种后代选出了系统 K 1，它具有仅对稻 72、北 1、研 54 - 20 和研 54 - 04 起作用的基因，这个基因命名为 $Pi\text{-}ta$[111]。另一个基因是 $Pi\text{-}a$，这是由 Pi 1 号与农林 17 杂交的 F₂ 群体中不出现感病个体而证实的。K 1 与关东 51 及藤坂 5 号杂交的结果证明 Pi 1 号与 $Pi\text{-}k$ 及 $Pi\text{-}i$ 是独立起作用的。后来进一步搞清 K 1 与属于社糯型的品种社糯具相同的基因，因为 K 1 与社糯杂交的 F₂ 群体没有分离出感病的个体。

Pi 4 号型的抗病基因分析　农林 17 与 Pi 4 号杂交，F₂ 接种对 Pi 4 号非致病的 6 个菌系，F₂ 群体表现 15：1 和 3：1 两种分离，即接种的菌系对农林 17 的 $Pi\text{-}a$ 为非致病时，分离为 15：1，接种的菌系对 $Pi\text{-}a$ 为致病菌系时，分离为 3：1[16]。进一步用 F₃ 系统分别用两个菌系接种，第一种情况是两个菌系对 $Pi\text{-}a$ 为非致病性，第二种情况是两个菌系对 $Pi\text{-}a$ 为致病性。在这两种情况下，对第一个菌系和第二个菌系表现相同反应。于是，分别从 F₂ 个体采收 F₃ 种子，由 F₂ 各个体采收的种子作为 F₃ 系统种成一行，播种 98 个 F₃ 系统和两个亲本，先接种一个菌系，隔 1 周再接种第二个菌系，观察对两个菌系起作用的基因间的关系。结果表明，Pi 4 号的抗性受一个基因控制。Pi 4 号与 Pi 1 号杂交的 F₂ 接种对两个品种都为非致病性的菌系，没有分离出感病个体，另外，Pi 4 号与社糯的 F₂ 也没有发现感病个体的分离。由此可见 Pi 4 号的基因与 Pi 1 号及社糯的基因 $Pi\text{-}ta$ 存在等位关系，给这个基因命名为 $Pi\text{-}ta^2$[16]。

福锦型的抗病基因分析　这个类型对全部鉴别菌系都表现中等抗病性，因此，凡表现中等抗病性或接近中等抗病性的品种都暂时归入这个类型。这个类型包含导入美国品种辛尼斯的抗病性育成的 54BC - 68、福锦、奥羽 244；导入东南亚品种 Tjina，Bengawan，Milek，Kuning 的抗病性育成的、作为中间亲本的系统 BL1～BL11（BL10 除外）；由日本地方品种育成的北海 188、北海 189。这三类不同来源的品种，其抗病基因不同。

对福锦型的品种，没有直接进行基因分析。对藤系 67（与福锦型的福锦，54BC - 68、奥羽 244 的亲本相同）及其亲本美国品种辛尼斯进行了基因分析，它们具有的基因命名为 $Pi\text{-}z$[112]。

关于 BL1～BL9，BL11 的抗性，BL1～BL7 的基因组成，是根据与 BL8、BL9 的系谱关系及对 7 个菌系的反应型来推断的，BL8、BL9 和 BL11 并没有像前面所说的与新 2 号进行杂交，但它们与具有已知抗病基因的品种杂交，查明它们都存在一个独立起作用的显性基因。BL8，BL9，BL11 间相互杂交，没有发现感病个体，说明这三个系统都具有相同的基因，给这个基因命名为 $Pi\text{-}b$[113]。

砦 1 号型的抗病基因分析　这个类型是对全部供试菌株表现高度抗性的品种群。日本育成的品种砦 1 号、砦 2 号、BL10 等属于这一类群。外国稻中，许多品种对 7 个菌系表现高抗，也归入这个类群。砦 1 号，砦 2 号，BL10 进行过基因分析，结果证明砦 1 号含有一个基因[114]，砦 2 号含两个基因[115]，BL10 也含两个基因。砦 1 号的基因与 $Pi\text{-}a$，$Pi\text{-}i$，$Pi\text{-}k$，$Pi\text{-}ta$ 等独立行动，但与 $Pi\text{-}z$ 基因位于相同的基因位点上。这个基因命名为 $Pi\text{-}z^t$。砦 2 号含 $Pi\text{-}z^t$ 和 $Pi\text{-}a$ 两个基因。

BL10 是导入印尼品种 Tjahaja 的抗性育成的品种，抗性比砦 1 号稍弱，但对 7 个菌系表现高度抗性。这个品种与藤坂 5 号（$Pi\text{-}i$）、大鸟（$Pi\text{-}a$）、54BC-68（$Pi\text{-}z$）、关东 51（$Pi\text{-}k$）、砦 1 号（$Pi\text{-}z^t$）等杂交时，所得到的感病个体比预期的 15：1 少。BL10 与 BL11 杂交时，没有观察到感病个体，表示这个品种含有 $Pi\text{-}b$。双亲都对接种的菌系表现抗病，而其 F_2 的感病个体数比理论的分离比 15：1 少时，也可以考虑有两个原因。一个原因是 BL10 含有两个以上的基因，另一个原因是 BL10 的基因与杂交对方的基因之间存在连锁关系。但是，即使存在后一种关系，但不能认为 BL10 的基因与亲本另一方的品种的全部基因连锁。因此，前一个原因的可能性大。在一般情况下，为了明确这一点，要检定 F_2 的分离比是否符合三基因杂种的分离比 63：1，因为供试的个体数少，63：1 的 1 这一方的理论值在 5 以下，因此不能进行这种检定。用理论值在 5 以下作 χ^2 检定不合适。为了确认 BL10 存在关东 51 中的 $Pi\text{-}k$ 和 $Pi\text{-}b$ 以外的第三个基因，进行了如下的分析。BL10×关东 51 的 F_3 接种研 54-20-k^+、研 54-20-b^+ 和稻 72-b^+ 三个菌系。这里的研 54-20-k^+ 是由研 54-20 突变成能侵染 $Pi\text{-}k$ 的突变菌系。假定第三个基因为 $Pi\text{-}x$，则抗研 54-20-k^+ 的基因为 $Pi\text{-}b$ 和 $Pi\text{-}x$，抗研 54-20-k^+ 的基因为 $Pi\text{-}k$，$Pi\text{-}x$，抗稻 72-b^+ 的基因只有 $Pi\text{-}z$。根据对这三个菌系的反应，F_3 分为表 2-49 所示的 5 个类型。在这种情况下，多数或者全部个体表现 R 反应的系统以 R 记载。三基因独立起作用时的理论比如表 2-49 所示。在这种情况下，因为要检定的 F_3 系统数太少，所以要增加供试的 F_3 的系统数，当见到 48：9：7 的分离比，可以确认在 $P=0.5\sim0.7$ 时符合三基因控制的分离。对三个菌系，只有具有 $Pi\text{-}x$ 的系统表现 RSS 反应，后来，由这个系统产生的一个稳定的系统称为 K59。这样确定了新的基因存在以后，给这个基因命名为 $Pi\text{-}t$[118]。

表 2-49　BL10×关东 51 F_3 的分离

（清泽，1972）

对菌系的反应			亲本	系统数		P 值
研 54-20-k^+	研 54-20-b^+	稻 72-b^+		观察	理论	
R	R	R		47	43.50 (48)	
R	R	S	BL10	6	8.16 (9)	
S	R	S	关东 51	3		0.5～0.7
R	S	S		1	6.34 (7)	
S	S	S		1		
			计	58	58.00 (64)	

新雪型的抗病基因分析　已知的新雪型品种有高根锦、新雪等品种。对这些品种没有进行直接的抗病基因分析，但是根据与石狩白毛型品种和爱知旭型品种的系谱关系及对 7 个菌系的反应型可以推断，新雪型品种具有 $Pi\text{-}i$ 和 $Pi\text{-}a$[108]。日本的新雪型品种和石狩白毛型品种都具有相同的 $Pi\text{-}i$ 基因。

杜稻型的抗病基因分析　杜稻型品种有中国品种杜稻、长香稻、华北大米及导入其抗性育成的 BR 1 号（金刚）以及峰光。这些品种都做了抗病基因分析，结果证明都具有 $Pi\text{-}k$ 位点上的基因及 $Pi\text{-}a$。同属杜稻型的杜稻、峰光及 BR 1 号，对侵染 $Pi\text{-}k$ 基因的突变菌系的反应不相同。例如接种研 $54 - 20 - k^+$ 时，杜稻表现 S 反应，但是峰光和 BR 1 号表现 MR 反应。属于关东 51 型的梅雨明对研 $54 - 20 - k^+$ 的反应与峰光相同。这些品种具有的 $Pi\text{-}k$ 位点上的复等位基因，这个基因命名为 $Pi\text{-}k^m$[116]。

下北型的抗病基因分析　这个类型与社糯型都具有 $Pi\text{-}ta$ 基因，已在讨论社糯型时谈及，同时还具有 $Pi\text{-}a$ 基因。

灵峰型的抗病基因分析　灵峰型品种为数不多，没有通过杂交进行基因分析，只根据其反应型划归灵峰型。关西 13、山阴 77 等，也归入这个类型。根据反应型推断这类品种具有 $Pi\text{-}ta^2$ 和 $Pi\text{-}a$ 两个基因。

辛尼斯型的抗病基因分析　在前面讨论福锦型时已指出，辛尼斯型具有 $Pi\text{-}z$ 和 $Pi\text{-}a$ 两个基因。

加贺光型的抗病基因分析　属于加贺光型的品种只有加贺光、飞马弹糯、藤系 72。至少加贺光这个品种，根据其反应型及由加贺光上产生的病斑的单孢分离菌常常侵染 $Pi\text{-}i$ 和 $Pi\text{-}k$，可以推断这个品种具 $Pi\text{-}i$ 和 $Pi\text{-}k$ 两个基因。

3.2 其他国家水稻品种的抗病基因分析

与日本品种相比，其他国家的许多水稻品种对日本菌系的抗病性强。导入日本品种的外国品种的抗病基因有 $Pi\text{-}k$，$Pi\text{-}k^m$，$Pi\text{-}ta$，$Pi\text{-}ta^2$，$Pi\text{-}z$，$Pi\text{-}z^t$，$Pi\text{-}b$，$Pi\text{-}t$，利用这些基因都育成粳型的品种和系统。此外，可以认为外国稻中还包含许多基因。直接利用外国稻与日本稻杂交后进行基因分析的例子很多，下面只叙述基因的鉴定。

巴基斯坦品种 Pusur 对日本 7 个菌系的反应见表 2 - 50。把农林 22 与 Pusur 杂交，其 F_3 接种 6 个菌系，除研 53 - 33 外，对 5 个菌系的抗病性与两个以上的基因有关。根据 F_3 的鉴定结果，选择与亲本不同的个体或系统，鉴定其后代，并进行分群（表 2 - 51）。其中属 bc 型的一个系统命名为 K 2，用它做下一步的分析。K 2 与新 2 号杂交的 F_2，对稻 72、北 1、研 54 - 20、研 54 - 04 表现单基因抗病性分离，对稻 168 表现二基因分离。与关东 51 杂交的 F_2 及与农林 17 杂交的 F_2，分别接种研 54 - 20 和稻 72，F_2 群体中没有出现感病个体。这说明 K 2 和 Pusur 具有 $Pi\text{-}a$ 位点上和 $Pi\text{-}k$ 位点上的基因。$Pi\text{-}a$ 位点上的基因，看不出与 $Pi\text{-}a$ 的区别，因此视它为 $Pi\text{-}a$ 为宜，因为 K 2 对 P - 2b 菌系表现 S 反应，可以认为 $Pi\text{-}k$ 位点上的基因是与 $Pi\text{-}k$ 不同的基因，所以这个基因称为 $Pi\text{-}k^p$[117]。

表 2 - 50　Pusur，HR - 22，Dawn 及它们衍生品种的抗病性

（清泽，1969，1974）

品种 \ 菌系	P - 2b	研 53 - 33	稻 72	北 1	研 54 - 20	研 54 - 04	稻 168
Pusur	MS	MR	R	R^h	R	R^h	R^h
K2	S	S	R	R	R	R	R
HR - 22	R	M	M	R	R	R	R
K3	M	S	S	R	R	R	R
Dawn	MR	MS	R	R^h	M	R^h	R^h

表 2-51 由 Pusur×农林 22 号的后代得到的表现种种抗病性的系统

(清泽，1969)

型	菌系						
	P-2b	研 53-33	稻 72	北 1	研 54-20	研 54-04	稻 168
a	S	S	M	M	M	M	M
b	S	S	R	M	S	M~S	R
c	S	S	S	R	R	R	R
ab	S	S	R	M	M	M	R
bc	S	S	R	R	R	R	R
ac	S	S	R	R	R	M~S	R
Pusur	MS	MR	R	R^h	R^h	R^h	R^h
农林 22	S	S	S	S	S	M	S

　　印度品种 HR-22 对日本 7 个菌系的反应如表 2-51 那样的反应[118,119]。这个品种与爱知旭型的笹时雨杂交的 F$_2$，接种对 HR-22 非致病的菌系，F$_2$ 对稻 72、稻 168 和北 1 表现二基因的分离；对 P-2b、研 54-20、研 54-04 表现单基因的分离。由 F$_2$ 选拔与亲本反应不同的个体，结果从中得到 1 个系统 K3。K3 与具有已知基因的品种杂交的结果是，与具 Pi-k 基因的关东 51 杂交的 F$_2$ 群体中没有出现感病个体，而其他的组合得到感病的个体。这个结果表明 K3 具有 Pi-k 位点的基因。另外，它们的反应是关东 51 对北 1 及其他 3 个菌系表现 R^h 反应，而 K3 表现 R 反应，对侵染 Pi-k 的突变菌系，关东 51 表现 S 反应，而 K3 表现 MR 反应，这几种现象说明 Pi-k 的反应与 K3 具有的基因的反应是不同的。因此给 K3 的基因符号为 Pi-k$^{h[119]}$。

　　此外，把美国品种 Dawn 与已知抗病基因的品种杂交，进行 F$_2$ 分析，与藤坂 5 号、爱知旭、草笛杂交，F$_2$ 群体中没有发现感病个体。Dawn 与新 2 号杂交的 F$_3$，接种稻 72、稻 72-a$^+$、研 54-20-k$^+$、研 54-20-i$^+$，对每两个成对的菌系（原菌系和突变菌系），都得到显然不同的累积分布曲线。利用突变法和累积分布曲线法得到的这个结果证明，Dawn 含有 Pi-a，Pi-k 和 Pi-i 位点上的基因[123]。Dawn 对北 1 和其他 3 个菌系的反应为 R，所以 Pi-k 位点上的这个基因不是 Pi-k 而是近似于 Pi-k^h，可以认为 Dawn 的基因组成为 Pi-a Pi-i Pi-k^h。用这种方法已经鉴定了许多外国水稻品种中的已知抗病基因。

3.3　日本稻新抗病基因的发现

　　一般地说，日本稻品种对日本菌系的抗病性弱，外国稻品种对各该国的菌系抗病性弱，而对日本菌系的抗病性强，这是一般的趋势。在日本表现普遍感病的新 2 号型品种，多数对菲律宾菌系研 Ph-03 表现高度抗病性。例如新 2 号、农林 6、农林 17、龟尾等就属于这样的品种。这些品种与对研 Ph-03 感病的品种爱知旭杂交，F$_2$ 接种研 Ph-03，结果证明它们都存在一个显性基因。龟尾×杜稻和龟尾×关东 51 的杂交 F$_2$ 接种研 Ph-03，没有发现分离出感病的个体。由此看来，新 2 号、龟尾等对研 Ph-03 的抗病基因是位于 Pi-k 位点上的基因，给这个基因以 Pi-k^s 符号[120]。

3.4　稻瘟病菌的致病性遗传

　　在稻瘟病菌的有性阶段发现之后，植物病理遗传学家广泛地开展稻瘟病菌致病性的遗传研究，有力地推进植物病理遗传学的发展。这里介绍 Lau 等关于稻瘟病菌与美国水稻品种 Katy 互作的致病性遗传研究结果。Lau 等用致病性不同的稻瘟病菌杂交后代接种水稻品种 Katy，根据后代培养菌的非致病/致病分离比，分析稻瘟病菌的致病性遗传[86]。

　　菌株杂交后代对水稻品种 Katy 的非致病/致病分离的分析：菌株 70 - 14 和菌株 70 - 6 都是 66 - 10×GUY11 这个杂交的后代菌株，菌株 66 - 10×GUY11 产生 8 个对 Katy 非致病的后代和 7 个致病的后代。菌株 70 - 14 是其中的 1 个非致病后代，而菌株 70 - 6 是 1 个致病后代。菌株 70 - 14×70 - 6，获得了 54 个后代培养菌，其中 26 个培养菌对 Katy 非致病，28 个致病，分离比率为 1∶1，表明这个位点上有两个不同的等位基因。为了验证这个判断，在这个杂交的后代之间进行了一系列的互交和测交。在非致病的后代之间做了 20 个杂交，19 个杂交都产生非致病后代，1 个杂交（76 - 25×76 - 39）产生 26 个非致病和 8 个致病的后代。这个比率接近 3∶1，与单倍体病原 2 个独立的非致病基因的分离相同。交配型1 - 1 非致病菌株与交配型 1 - 2 致病菌株之间做了 32 个杂交，交配型1 - 1 致病菌株与交配型 1 - 2 非致病菌株之间做了 3 个杂交。若干杂交组合的非致病∶致病的分离比率分别为 5∶3，1∶1，7∶9 和 1∶3。致病的菌株之间做了 14 个杂交，所有的后代都是致病的。

　　图 2 - 11 列示菌株间杂交的观察分离比，图 2 - 12 列示了根据分离比提出的菌株的基因型和理论的（预期的）分离比。而表 2 - 52 则列出杂交编号，杂交亲本菌株，双亲侵染型，后代的分离和各种观察分离比与理论分离比的符合度。一些杂交的分离比如下：杂交编号 109 的致病性分离为 16 个非致病后代菌株∶39 个致病后代菌株；杂交编号 102、205 和 153 都分离为接近 1 非致病∶3 致病。如果 3 非致病∶1 致病的分离比率说明由 2 个非致病基因控制致病性分离，如杂交编号 151，则杂交编号 102、109、153 和 205 等杂交的 1 非致病∶3 致病的分离比率，有抑制非致病基因表达的抑制基因的共分离。上述杂交组合，如杂交编号 154、192 和 213 的分离都接近 5∶3 的比率，说明这些组合的 2 个非致病基因当中，1 个非致病基因的表达受抑制基因抑制，杂交后代才表现 5 非致病∶3 致病的分离比率。杂交编号 76 这个组合的后代培养菌分离为 26 个非致病∶28 个致病，这个分离比符合 7∶9 的理论分离比率。这说明这个杂交组合包含 2 个非致病基因和 2 个抑制基因的互作遗传。杂交编号 133、131、215、140、158 和 160 的观察分离比也都符合理论的 7 非致病∶9 致病的分离比率，证明由 2 个非致病基因和 2 个抑制基因控制 70 - 6×70 - 14 这个杂交的后代致病性分离的假设是正确的。

　　具有被抑制的非致病基因菌株的进一步遗传分析：交配型 1 - 1 的致病菌株 76 - 7 和 76 - 26 与交配型 1 - 2 的姐妹菌株的杂交，只产生致病的后代（图 2 - 11）。这里对图 2 - 11 列出的交配型 1 - 2 的致病菌株与交配型 1 - 1 的非致病姐妹菌株之间杂交后代的致病性分离进行分析。

　　来自杂交编号 109 的 6 个致病的、交配型 1 - 1 的后代与 GUY11 杂交（表 2 - 53）。6 个杂交中的 3 个杂交（杂交编号 251、257 和 253）的全部后代为致病的，而其他的 3 个杂交（杂交编号 252、258 和 259）分离为 1 非致病∶3 致病的分离比率。这个分离比率表明菌株 109 - 20，109 - 24 和 109 - 49 具有一个非致病基因 P12 和抑制基因 S12。杂交编号 205（76 - 3×76 - 15）的 4 个致病的、交配型 1 - 1 的后代与 GUY11 杂交。这 4 个杂交中，编号 261、254 和 262 三个杂交只产生致病的后代，而杂交编号 255 产生 10 非致病∶14 致病的分离比。

杂交编号206（76-3×76-22）产生18非致病：19致病的分离比（图2-11）。编号206的2个致病的后代206-8和206-12与GUY11杂交，其中206-12×GUY11只产生致病的后代，206-8×GUY11产生1非致病：3致病的分离比率。来自杂交编号102（76-3×76-13）的5个致病后代与GUY11及70-6杂交（表2-56）。102-10×GUY11，102-10×76-6，102-30×76-6，102-34×76-6，102-34×GUY11，102-47×76等都只产生致病后代。但是102-15×GUY11产生18非致病：28致病后代，102-15×76-6产生6非致病：18致病。102-47×GUY11产生5非致病：6致病的后代，102-47×70-6只产生致病后代。

以上的研究结果说明，一个非致病菌株与一个致病菌株杂交的F₂代的分离符合1：1，3：1或15：1的理论分离比率时，不能立即断定这个杂交后代的非致病/致病分离受1个、2个或3个非致病基因控制，而必须进一步做后代菌株的互交、回交和测交，如果都不出现上述的特殊分离情况，就可以认为对分离结果的判断是正确的。所以，菌株70-14和70-6杂交后代的互交、回交和测交的种种非致病/致病分离，说明这个杂交的后代分离，不是受1个非致病基因控制，而是受2个非致病基因与2个相应的抑制基因的互作所控制。

交配型1-1		66-10	70-14	70-15	76-3	76-9	76-14	76-19	76-25	76-30	76-35	76-37	76-7	76-26
交配型1-2	IT	1	1	1	1	0-1	1+-2	1	1	1	1+-2	1	3-4+	3+-4
76-2	1				6：0									
76-4	1				22：0			12：0			12：0	7：0		
76-6	1												17：19	
76-17	1				15：0	12：0	15：0	21：0	12：0	32：0	5：0			6：3
76-39	1-2+				35：0	12：0	12：0	34：0	26：8	12：0	34：0	16：0		21：19
GUY11	4	8：7	25：23		27：28				15：22					
70-6	3-4+		26：28	29：28	16：39	18：16			32：25					0：12
76-8	3+-4		17：28										0：17	
76-10	4		32：45										0：12	
76-11	3+-4		11：9									18：11	0：35	
76-12	4		13：11						8：13				0：25	
76-13	3+-4		35：19		12：34								0：17	
76-15	3+-4		10：11		12：29				10：19			14：22	0：18	0：9
76-22	4		5：5		18：19								0：20	
76-23	4		13：15						8：14			3：2	0：14	0：13
76-28	3-4+													0：36
76-31	3-4+				15：20								0：19	
76-33	3+-4		34：14											
76-43	3+-4		16：18		16：16				10：10				0：20	
76-44	4											7：10		

图2-11 双亲，双亲侵染型（IT）和72个杂交后代对水稻品种Katy的非致病/致病的观察分离比率
侵染型1-2＝非致病的 侵染型3-4＝致病的 "+"表示超优势侵染型

菌株(交配型1-1)→ / ↓菌株(交配型1-2)	假定基因型	66-10	70-14	70-15	76-3	76-9	76-14	76-19	76-25	76-30	76-35	76-37	76-7	76-26
		P11 P12 s11 S12	P11 P12 S11 s12	P11 P12 S11 s12	p11 P12 S11 s12	P11 P12 s11 s12	P12 s12	P12 s12	P11 P12 s11 S12	P12 s12	P12 s12	P11 P12 s11 s12	p11 p12 S11 S12	p11 p12 S11 S12
76-2	p11 P12 s12				1:0									
76-4	p11 P12 s12				1:0			1:0		1:0	1:0			
76-6	P11 P12 s11 s12												7:9	
76-17	P11 P12 s11 s12				1:0	1:0	1:0	1:0	1:0	1:0	1:0			3:1
76-39	P11 P12 S11 s12				1:0	1:0	1:0	1:0	3:1	1:0	1:0	1:0		5:3
GUY11	p11 p12 S11 s12	7:9	1:1		1:1				7:9					
70-6	p11 p12 s11 S12		7:9	7:9	1:3	5:3			1:1					0:1
76-8	p11 p12 s11 S12		7:9										0:1	
76-10	p11 p12 s11 S12		7:9										0:1	
76-11	p11 p12 S11 s12		1:1									5:3	0:1	
76-12	p11 p12 S11 s12		1:1						7:9				0:1	
76-13	P11 p12 S11 S12		1:3**		1:3								0:1	
76-15	p11 p12 S11 S12		1:3*		1:3				1:3			7:9	0:1	0:1
76-22	p11 P12 s11 S12		5:3		1:1								0:1	
76-23	p11 p12 S11 S12		1:1						7:9			5:3	0:1	0:1
76-28	p11 p12													0:1
76-31	p11 p12 s11 s12				1:1								0:1	
76-33	p11 p12 s11 s12		5:3											
76-43	p11 p12 S11 s12		1:1		1:1				7:9				0:1	
76-44	p11 p12 s11 S12											5:3		

图2-12　双亲，双亲的假定基因型和72个杂交后代对水稻品种Katy的非致病/致病的预期分离比率
*和**分别表示在$P<0.05$和$P<0.01$水平观察比率与预期比率的显著偏离(Lau，1993)

表2-52　杂交编号、杂交的亲本菌株、每个亲本菌株的侵染型、非致病：致病后代的观察比率和36个杂交的后代对水稻品种Katy发生的非致病/致病分离的预期比率的卡方值

(Lau，1993)

杂交编号	亲本		双亲侵染型[a,b]		观察的比率	预期比率卡方				
	1	2	1	2	非致病：致病	3:1	5:3	1:1	7:9	1:3
151	76-55	76-39	1	1-2[+]	26:8	0.04	...	...	...	...
70	66-10	Guy11	1	4	8:7	...	...	...	0.60	...
216	70-14	Guy11	1	4	25:23	...	...	0.10	...	...
76	70-14	70-6	1	3-4[+]	26:28	...	...	...	0.40	...
133	70-14	76-8	1	3[+]-4	17:28	...	...	...	0.70	...

（续）

杂交编号	亲本		双亲侵染型[a,b]		观察的比率	预期比率卡方				
	1	2	1	2	非致病：致病	3：1	5：3	1：1	7：9	1：3[c]
131	70-14	76-10	1	4	32：45	⋯	⋯	⋯	0.20	⋯
136	70-14	76-11	1	3⁺-4	11：9	⋯	⋯	0.20	⋯	⋯
138	70-14	76-12	1	4	13：11	⋯	⋯	0.20	⋯	⋯
132	70-14	76-13	1	3⁺-4	35：19	3.7	0.02	3.80	8.20	58**
137	70-14	76-15	1	3⁺-4	10：11	⋯	⋯	0.04	0.10	6.30*
134	70-14	76-22	1	4	5：5	⋯	0.70	⋯	⋯	⋯
212	70-14	76-23	1	4	13：15	⋯	⋯	0.10	⋯	⋯
213	70-14	76-33	1	3-4⁺	34：14	⋯	1.40	⋯	⋯	⋯
214	70-14	76-43	1	3⁺-4	16：18	⋯	⋯	0.10	⋯	⋯
77	70-15	70-6	1	3-4⁺	29：28	⋯	⋯	⋯	1.20	⋯
167	76-3	GUY11	1	4	27：28	⋯	⋯	1.10	⋯	⋯
109	76-3	70-6	1	3-4⁺	16：39	⋯	⋯	⋯	⋯	0.50
102	76-3	76-13	1	3⁺-4	12：34	⋯	⋯	⋯	⋯	0.03
205	76-3	76-15	1	3⁺-4	12：29	⋯	⋯	⋯	⋯	0.40
206	76-3	76-22	1	4	18：19	⋯	⋯	0.03	⋯	⋯
207	76-3	76-31	1	3-4⁺	15：20	⋯	⋯	0.70	⋯	⋯
208	76-3	76-43	1	3⁺-4	16：19	⋯	⋯	0.30	⋯	⋯
219	76-9	70-6	0-1	3-4⁺	18：16	⋯	1.30	⋯	⋯	⋯
215	76-25	GUY11	1	4	15：22	⋯	⋯	⋯	0.20	⋯
163	76-25	70-6	1	3-4⁺	32：25	⋯	⋯	0.90	⋯	⋯
140	76-25	76-12	1	4	8：13	⋯	⋯	⋯	0.30	⋯
153	76-25	76-15	1	3⁺-4	10：19	⋯	⋯	⋯	⋯	1.40
158	76-25	76-23	1	4	8：14	⋯	⋯	⋯	0.50	⋯
159	76-25	76-43	1	3⁺-4	10：10	⋯	⋯	⋯	0.30	⋯
154	76-37	76-11	1	3⁺-4	18：11	⋯	0.002	⋯	⋯	⋯
160	76-37	76-15	1	3⁺-4	14：22	⋯	⋯	⋯	0.30	⋯
162	76-37	76-23	1	4	3：2	⋯	0.50	⋯	⋯	⋯
155	76-37	76-44	1	4	7：10	⋯	⋯	⋯	0.05	⋯
106	76-6	76-7	1	3-4⁺	17：19	⋯	⋯	⋯	0.02	⋯
217	76-17	76-26	1	3⁺-4	6：3	0.30	⋯	⋯	⋯	⋯
192	76-39	76-26	1	3⁺-4	21：9	⋯	0.70	⋯	⋯	⋯

注：a. 侵染型1-2=非致病的；侵染型3-4=致病的。
　　b. "+"表示超优势侵染型。
　　c. *=P<0.05；**=P<0.01。

表 2 - 53　GUY11 和（或）70 - 6 与来自杂交 109，205，206 和 102 的致病的交配型 1 - 1 后代的杂交对水稻品种 Katy 的非致病/致病的分离

(Lau, 1993)

杂交编号	交配型 1 - 1(亲本 1)	侵染型[b]	交配型 1 - 2（亲本 2）								假定的基因型
			GUY11（侵染型 4） *p11 p12 S11 s12*[a]				70 - 6（侵染型 3 - 4[+]） *p11 p12 s11 S12*[a]				
			比率				比率				
			观察的	预期的[c]	卡方(χ^2)		观察的	预期的	卡方(χ^2)		
			非致病∶致病	非致病∶致病	1∶3		非致病∶致病	非致病∶致病	1∶3		
251	109 - 6	3 - 4[+]	0∶28	0∶1	…		…	…	…		*p11 p12 -*[d]
257	109 - 17	4	0∶15	0∶1	…		…	…	…		*p11 p12 -*
252	109 - 20	4	8∶27	1∶3	0.08		…	…	…		*p11 P12 - S12*
253	109 - 22	3[+] - 4	0∶15	0∶1	…		…	…	…		*p11 p12 -*
258	109 - 24	3[+] - 4	4∶11	1∶3	0.02		…	…	…		*p11 P12 - S12*
259	109 - 49	4	5∶12	1∶3	0.18		…	…	…		*p11 P12 - S12*
261	205 - 3	3[+] - 4	0∶15	0∶1	…		…	…	…		*p11 p12 S11 -*
254	205 - 6	4	0∶15	0∶1	…		…	…	…		*p11 p12 S11 -*
255	205 - 15	4	10∶14	1∶3	3.66		…	…	…		*p11 P12 S11 S12*
262	205 - 33	4	0∶15	0∶1	…		…	…	…		*p11 p12 S11 -*
260	206 - 8	3 - 4[+]	8∶14	1∶3	1.51		…	…	…		*p11 P12 - S12*
256	206 - 12	4	0∶15	0∶1	…		…	…	…		*p11 p12 -*
241	102 - 10	4	…	…	…		0∶15	0∶1	…		*p11 p12 S11 -*
246	102 - 10	4	0∶20	0∶1	…		…	…	…		*p11 p12 S11 -*
242	102 - 15	3 - 4[+]	…	…	…		6∶18	1∶3	0		*P11 P12 S11 S12*
247	102 - 15	3 - 4[+]	18∶28	1∶3	4.89[e]		…	…	…		*P11 P12 S11 S12*
243	102 - 30	4	…	…	…		0∶15	0∶1	…		*p11 p12 S11 -*
248	102 - 30	4	0∶20	0∶1	…		…	…	…		*p11 p12 S11 -*
244	102 - 34	4	…	…	…		0∶15	0∶1	…		*p11 p12 S11 -*
249	102 - 34	4	0∶20	0∶1	…		…	…	…		*p11 p12 S11 -*
245	102 - 47	4	…	…	…		0∶26	0∶1	…		*p11 P12 S11 S12*
250	102 - 47	4	5∶6	1∶3	2.45		…	…	…		*p11 P12 S11 S12*

a. 假设的基因型。

b. 侵染型 3 - 4 是致病的，＋表示超优势侵染型。

c. 根据解释这些资料所需要的最少基因数。

d. - =未知的等位基因。

e. $P < 0.005$。

4　小麦品种的秆锈病抗病性和小麦秆锈病菌的致病性遗传

20 世纪 50 年代，小麦秆锈病菌小种 15B 在北美的迅速增殖，凸显了阐明普通小麦秆锈病抗病性遗传的必要性。1950 年以来，小种 15B 对加拿大和美国的小麦作物发生了相当大的危害。在 1953 年由美国的温尼伯谷类育种实验室推广小麦品种 Selkirk 之前，没有一个小麦品种能有效抵抗小种 15B。

后来，对小麦的锈病抗病性进行了许多年的广泛研究，在为农民提供抗锈病品种获得引人注目的成功。在培育抗病品种的过程中，对许多杂交的分离群体进行了研究，获得了相当多有用的遗传资料。但是，大部分的资料不完整，而且对抗病性的位点数和各种抗病品种携带的基因很少了解。因此，研究普通小麦的锈病抗病性遗传提到了研究工作的议事日程。当时是利用 2 个重要的小种，即小种 15B 和小种 56 研究重要的小麦品种对抗病性遗传及抗病基因的相互关系[121]。这些品种包括 Kenya58、Kenya117A、Red Egyptian、Egypt Na95、McMurachy、Gabo、Lee、Timstein、Thatcher 和 Marquis 等 10 个品种。

4.1 小麦品种及抗病基因的来源

Kenya 58

根据 Johnson 的报道，Kenya58 是 Red Egyptian 与 Kabete 之间杂交育成的，它的抗病性是由双亲获得的。Hasamain[121]研究了 Pusa 4 与 Kenya 58 之间的杂交，断定 Kenya 58 对小种 15B 的抗病性受三对因子（基因）控制。Knott 经遗传研究，确定这个品种具有已命名的抗病基因 $Sr-6$ 和 $Sr-7$[127]。

Red Egyptian 和 McMurachy

Peterson 及其合作者和 Shebeski 证明了 Red Egyptian 和 McMurachy 共同具有控制对小种 15B 和其他普通小种抗病性的 1 个隐性基因[123]。Red Egyptian 的亲本不明，但是这个品种显然来自埃塞俄比亚。McMurachy 是在马尼托巴的 Gannet 麦的田间发现的无锈病的一个单株，在农民发现它之后命名的。Peterson 和 Masson 发现 McMurachy 携带一个隐性的锈病抗病基因[124]。Peterson 和 Campbell 还利用单体来分析 McMurachy，发现在染色体 XX 上具有一个部分显性的基因。根据 Sears[124]、Rodenhiser 的报道，Red Egyptian（RE）的 1 个基因位于染色体 XX 上，另一个基因位于染色体Ⅵ上。这 2 个基因都控制对许多小种包括小种 15B 和小种 56 的抗病性。对小种 17 和小种 56 提供抗病性的第三个基因位于染色体Ⅷ。Knott 确定 RE 具有 $Sr-8$、$Sr-6$、$Sr-9$ 基因[122]。

Kenya 117A

根据 Johnson 的报道，Kenya117A 来自 Njoro 杂交麦与 Marquis 之间的一个杂交，Athwal 和 Watson 证明了 Kenya117A 存在 2 个锈病抗病基因，一个基因控制对澳大利亚小种 38 的抗病性，另一个基因控制对小种 38 和小种 122 的抗病性。Knott 经遗传分析，证明 Kenya117A 具有抗病基因 $Sr-7$、$Sr-10$ 和 $Sr-9$[122]。

Egypt Na95

Egypt Na95 是肯尼亚的品种，来自 Kenya U 与 9 M. I. A. 3 之间的一个杂交。Macindoe 和 Shebeski 都用 Egypt Na95 开展研究工作，发现 Egypt Na95 是异质的。Macindoe 提出，一个基因承担对他所利用的小种的抗病性。Knott 发现这个品种具有 $Sr-7$、$Sr-9$ 和 $Sr-10$ 抗病基因[122]。

Gabo、Lee 和 Timstein

Gabo、Lee 和 Timstein 这三个品种的锈病反应很相似。它们对小种 56 都为中等抗病，但是，对小种 15B 只具微弱抗病性。

根据 Watson 和 Waterhouse 报道，Gabo 来自（Bobin×Gaza durum）×Bobin，它由

Gaza 获得它的抗病性。Macindoe 发现 Gabo 对小种 34 的抗病性受单个显性基因控制。Watson 报道 Gabo 对澳大利亚秆锈病菌小种具有三个独立的因子。Knott 的研究指明这个品种具有 Sr-11 和 Sr-12 抗病基因[128]。

Timstein 是 Pridham[130] 在澳大利亚从提莫菲小麦（*Triticum timopheevi*）与普通小麦 Steinwedel 之间的一个杂交育成的，它由提莫菲小麦亲本获得了它的锈病抗病性。Sears 和 Rodenhiser 证明 Timstein 具有对抗许多小种，包括小种 56 的 2 个显性的互补抗病基因。他们利用缺体分析法，把 2 个基因定位在染色体 X 上。在不包括缺体 X 的杂交中，抗病植株与感病植株的比率明显偏离 9：7，这说明存在连锁关系。Koo 和 Ausemus 研究了 Timstein 与 Thatcher、Newthatch、Mida 杂交，断定 Timstein 携带控制幼苗对包括小种 56 在内的 20 个小种抗病性的单一因子。

Lee 是在明尼苏达由 Hope×Timstein 育成。Plessers[125] 利用单株分析法对 Lee 进行分析，证明幼苗对包括小种 56 在内的许多小种的抗病性受染色体 X 上 2 个显性的互补基因控制。他获得了 29.5% 的重组值。

Thatcher

Thatcher 对小种 56 具中等抗病性，但对小种 15B 感病。根据 Hayes 等的报道，Thatcher 是在美国明尼苏达由（Marquis×Iumillo）×（Kanred×Marquis）这个杂交育成，它或许由 Iumillo 和 Kanred 获得锈病抗病性。不同作者报道了 Thatcher 的抗病性受 2 个或 3 个隐性因子控制。Swenson 等提出这个品种至少包含 2 个或 3 个隐性基因[126]。Koo 和 Ausemus[129] 提出了 Thatcher 对小种混合体的田间抗病性由 2 个隐性基因决定的证据。Sears 和 Rodenhiser 把幼苗的抗病基因定位在染色体 XIX 上，这与 Sears 报道的一样。

Marquis

Marquis 对小种 15B 和小种 56 都很感病。这个品种是在渥太华由 Hard Red Calcutta×Red Fife 这个杂交育成的。

上述 10 个品种中的 9 个品种（McMurachy 除外）双列杂交的亲本和 F₂ 群体用锈病菌小种 56 测定的结果见表 2-54。

表 2-54　双列杂交的亲本和 F_2 群体锈病菌测定

(Knott, 1950)

品种和锈病反应		用小种 56 的幼苗和田间测定							
		Mar. (S) 1	K.58 (VR) 2	R.E. VR (3)	K.117A R (4)	Na95 R (5)	Gabo MR (6)	Lee MR (7)	Tim. MR (8)	That. MR (9)
用小种15B的幼苗测定	1 Marquis (S)		Seg.	Seg.	Seg.	Seg.	D	Seg.	D	Seg.
	2 Kenya58 (VR)	Seg.		VR	Seg.	Seg.	Seg.	Seg.	Seg.	Seg.
	3 Red Egyptian (VR)	Seg.	VR		Seg.	Seg.	D	Seg.	D	Seg.
	4 Kenya117A (R)	Seg.	VR-R	Seg.	R	R	Seg.	Seg.	Seg.	Seg.
	5 Egypt Na95 (R)	Seg.	VR-R	Seg.			Seg.	Seg.	Seg.	Seg.
	6 Gabo (MS-S)							MR	MR	Seg.
	7 Lee (MS-S)								MR	Seg.
	8 Timstein (MS-S)									Seg.
	9 Thatcher (S)									

4.2　几个重要小麦品种的来源及秆锈病抗病基因

20 世纪 40 年代，加拿大、美国、澳大利亚等国家就开展对小麦品种（包括黑麦）的秆锈病抗病性遗传研究，至今已鉴定和命名了 40 多个（小麦品种的）抗秆锈病基因。

加拿大萨斯喀彻温大学植物科学系的植物病理学家 D. R. Knott 研究了冬小麦凯旋 64（Triumph 64）、撒切尔（Thatcher）小麦、美狄亚（Medea）硬粒小麦等的秆锈病抗病性遗传。

冬小麦品种凯旋 64 已用作鉴定秆锈病菌小种的辅助鉴别品种[127]，只有标准小种 15B 和小种 56 对这个品种致病。Williams 等研究了凯旋 64 与感病的春小麦（来自 McNair701）杂交，获得了春小麦 M - T64。经抗病性的遗传研究，发现 M - T64 携带 2 个抗秆锈病基因，1 个基因在染色体臂 4AL 上、与基因 Sr - 76 紧密连锁或与 Sr - 76 为等位基因；另一个基因可能在染色体 2B 上。Williams 为人们了解凯旋 64 的抗病基因组成提供了部分信息。为了更全面、更深入地认识这个品种，Knott 进一步研究了凯旋 64 的抗病性遗传，并把这个品种的抗病基因转入另一杂交亲本 LMPG，再通过 4 次回交育成 22 个 Sr 基因的近等基因系[128]。这些近等基因系在鉴定秆锈菌小种中比凯旋 64 更有利用价值。遗传研究表明，凯旋 64 携带（对用于接种的）抵抗小种 MCC 和 LCB 的 2 个抗病基因和只对小种 LCB 表现抗病性的 4 个抗病基因。通过 22 个近等基因系的测定，表明这些近等基因系至少携带 9 个 Sr 基因，其中 6 个 Sr 基因对小种 MCC 和 LCB 表现抗病性，1 个 Sr 基因只对 LCB 表现抗病性。引人注目的是一些近等基因系对小种 TMH（15B - 1）和 TMH（15B - 4）表现抗病，而凯旋 64 都为感病。对这种现象的出现，Knott 等认为凯旋 64 携带 1 个或 1 个以上的抑制基因，在回交过程中失去了这种抑制基因，使在凯旋 64 中被抑制的 Sr 基因在一些近等基因系中得到表达。在 22 个近等基因系中，有 4 个近等基因系对测定的 10 个小种都表现抗病反应，这 4 个近等基因系在小麦抗秆锈病育种中是可利用的抗源。

圆锥小麦（*Triticum turgidum* L.）品种美狄亚（Medea）Ap9d 也是鉴定秆锈病菌小种的辅助鉴别品种。美狄亚与感病的六倍体小麦 LMPG 杂交，并回交 6 次，在回交期间获得抗小种 LBB 和 MCC 的一些小麦选系，这些选系在小麦的抗秆锈病育种中更容易利用。另外，美狄亚与抵抗小种 LBB 和 MCC 的抗病选系回交 5 次，创制了 10 个近等基因系，并用 10 个秆锈病菌小种测定其抗病性。这 10 个近等基因系分为 4 种类型，其中 3 种类型表现为抗病的小种，美狄亚都对这种小种表现感病。这种现象的出现与前述的由凯旋 64 创制近等基因系，一些近等基因系对一些小种抗病，而凯旋 64 都感病的解释是相同，即美狄亚存在抑制基因，在创制近等基因系的回交过程中失掉了抑制基因，恢复了被抑制的 Sr 基因的抗病性。这种解释在美狄亚/Glossy Hugenot 杂交和美狄亚/2×Glossy Hugenot 回交得到的后代对小种 RCH 和 TMH（15B - 4）表现抗病性分离的研究结果所证实。用小种 MCC 和 TMB 对美狄亚/感病的硬粒小麦和美狄亚/Glossy Hugenot 的杂交及回交的遗传分析结果证明，美狄亚具有抵抗小种 MCC 的 4 个 Sr 抗病基因，其中的 2 个基因也对小种 TMB 表现抗病性。四种类型的近等基因系当中，没有 1 个近等基因系同时抵抗小种 MCC 和 TMB，这说明后 2 个基因没有被转入 LMPG 品种中。

撒切尔（Thatcher）麦是 20 世纪 50 年代加拿大大草原地区占优势的小麦品种。在秆锈病菌小种 15B 蔓延之前，连续若干年的种植面积占 50% 以上。这个品种是在美国明尼苏达大学由 Marquis/Iumillo/Marquis/Kanred 这个杂交育成的，1935 年被批准引进加拿大。当这个品种被推广时，它对流行的秆锈病菌小种表现良好的抗病性，但是，对叶锈病菌感病。50 年代初期，秆锈病菌小种 15B 广泛蔓延，撒切尔麦对田间的这个小种很感病，因此，种植面积迅速减少。虽然撒切尔麦对秆锈病菌小种 TMH 感病，但是它对其他小种表现抗病，因此人们开始研究它的抗病性遗传。现在已知撒切尔麦具有 $Sr-5$，$Sr-9g$，$Sr-12$ 和 $Sr-16$ 等基因[134]。Knott 在从事研究工作的初期，曾对撒切尔麦作了一些研究，但未能解释撒切尔麦对小种 MCC[40] 的抗病性遗传。经过长期的若干次的尝试之后，他发现这个品种在田间的成株抗病性是隐性的，成株的抗病性遗传是复杂的。在此，比较详细地介绍 Thatcher 麦的抗病性遗传研究。最初用小种 MCC 在温室内测定 28 个 BC_1F_2 家系，获得 15 个分离的家系和 13 个感病的家系，比率为 1:1 ($P=0.90\sim0.95$)。在分离的家系中，分离为 74 株抗病的幼苗:227 株感病的幼苗，比率为 1:3 ($P=0.90\sim0.95$)，这说明对小种 MCC 的抗病性受隐性的单基因控制。单一的隐性基因只解释撒切尔麦对小种 MCC 的部分抗病性。然而，在有限的测定中不被恢复的抗病性的遗传是相当复杂的。在温室内用小种 MCC 测定另外 98 个 BC_1F_2 家系。结果不如第一次测定明确，植株不具有与撒切尔麦相似的抗病性。32 个家系分离出少量的抗病植株，大部分为感染型 2，66 个家系感病。

用小种 HFC (29-1) 的菌株在温室内测定了 102 个 BC_1F_2 家系。这些家系清楚地分离为具有感染型 0 和感染型 2 的两种类型。35 个家系只发生感染型 0 的分离，21 个家系只发生感染型 2 的分离，22 个家系发生 0 和 2 两种感染型的分离，24 个家系感病，分离比为 1:1:1:1 ($P=0.10\sim0.25$)。因此，撒切尔麦携带 2 个对小种 HFC (29-1) 的抗病基因。在只发生感染型 0 分离的 35 个家系中，分离为 886R 植株:263S 植株，分离比率为 3:1 ($P=0.30\sim0.50$)，说明这个抗病基因是显性的。在感染型 2 分离的 21 个家系中，有许多幼苗具有感染型 2^+ 或 3，把它们分成不同的等级是不可能的。这种抗病基因显然只是部分显性的。用小种 HFC (29-1) 在温室内再测定全部 102 个家系。结果证实这种基因产生感染型 0，侵染型 2 的结果甚至比第一次更不清楚。

撒切尔麦在染色体 6D 上携带基因 $Sr-5$[135]。$Sr-5$ 是典型控制免疫反应的，唯一被鉴定的秆锈病抗病基因。这个基因无疑地使撒切尔麦对小种 HFC (29-1) 表现 0 感染型。基因 $Sr-5$ 不控制对这些测定中利用的小种 MCC 的菌株的抗病性。为了明确对每个小种的中等抗性是否对每个小种相同基因或不同基因控制，详细观察了用 HFC (29-1) 和 MCC 2 个小种测定的家系的资料。如前面所说，用小种 MCC 测定的第二套家系的抗病家系与感病家系的不同并不总是清楚。而且，许多家系清楚地表现对 MCC 的中等抗病性分离和对 HFC 是感病的等等。因此，控制这种中等抗病性是 2 个独立的基因。

撒切尔麦是异源的品种，抗秆锈病基因的组成十分复杂，这个品种包含的个体，其抗病基因不同。这个品种包括的抗病基因的准确数目尚不能确定，但是可以估计至少有 20 个，对 1 个小种的抗病性与对其他小种的抗病性基本上是独立。在这个品种中已鉴定了其他许多基因，如 $Sr-9g$，$Sr-12$ 和 $Sr-16$。撒切尔麦的 $Sr-5$ 基因来自 Karred，这一点已被证实。其他的大部分基因可能来源于硬粒小麦 Iumill。

4.3　小麦染色体 2B、4B 和 6B 上的秆锈病抗病基因及其相互关系

包括中国春代换系在内的病理的和遗传的研究证明，品种 Kenya Farmer 和札幌 1 号染

色体 4B 上（Ⅷ）都携带秆锈病的抗病基因 $Sr-7a$[135,136]；'Hope'携带不同的等位基因 $Sr-7b$；Timstein 和 Kenya Farmer 的染色体 6B（Ⅹ）上都存在抗病基因 $Sr-11$；Red Egyptian（$Sr-9a$），Kenya Farmer（$Sr-9b$）和 Kenya117A（$Sr-9b$）的染色体 2B（ⅩⅢ）上 $Sr-9$ 位点上存在 $Sr-9a$ 和 $Sr-9b$ 2个抗病等位基因[135,136]；撒切尔麦染色体 2B 携带 1 个独立遗传的、命名为 $Sr-16$ 的基因。秆锈病的抗病等位基因的存在对杂交麦的抗病育种有利，因为它可以把一个位点上的 2 个不同的抗病基因组合到一个品种中（表2-55）。

表 2-55　研究小麦染色体 2B，4B 和 6B 上抗病基因之间相互关系时利用的小麦品种和品系

（Loegering 等，1966）

品种（品系）	缩写形式	来源
Chinese Spring, C. I. 6233	Chinese	Sears（1954）
中国春，C. I. 3641	Marquis	Stakman et al.（1962）
Kenya 117A×8 Marquis	K117AMa8	Green et al.（1960）
Kenya Farmer 2B（ⅩⅢ）	KF 2B	Snyder et al.（1963）
Red Egyptian 2B（ⅩⅢ）	RE 2B	Sears et al.（1957）
Thatcher 2B（ⅩⅢ）	Tha 2B	Sears et al.（1957）
Hope 4B（Ⅷ）	Hope 4B	Sears et al.（1957）
Kenya Farmer 4B（Ⅷ）	KF 4B	Sears et al.（1963）
Sapporo 4B（Ⅷ）+	Sap 4B	Sears and Loegering
Kenya Farmer 5D（ⅩⅧ）	KF 5D	Snyder et al.（1963）
Kenya Farmer 6B（Ⅹ）	KF 6B	Snyder et al.（1963）
Timstein 6B（Ⅹ）	Tim 6B	Sears et al.（1957）

注：表中的 ×8 表示 Kenya117A 与 Marquis 杂交并回交 7 次。+，属于染色体 4B，这个品种的全称是札幌春小麦 1 号。

染色体 4B

用 65 个以上培养菌接种中国春、Marquis、Kenya Farmer4B（KF4B）、Sap4B 和 Hope 4B。中国春对全部培养菌的反应为感染型 3+至 4。KF4B 和 Sap4B 总是表现相同的感染型。这些培养菌分为三群：①侵染型 2 至 2+；②侵染型 3-C 至 3C；③与中国春侵染型相同。这些培养菌与抗病基因对应的致病性基因分别为纯合非致病的、杂合的和纯合致病的。

在 KF 4B 和 Sap 4B 上产生的感染型与在 Hope 4B 上产生的感染型不同，说明 Hope 4B 品系的抗病基因与 KF 4B 和 Sap 4B 的抗病基因不同。根据在 Hope 4B 上产生的侵染型，这些培养菌可以划分为三群：①产生 2 至 3 的培养菌；②产生稍高侵染型的培养菌；③产生与中国春相同侵染型的培养菌。这些类型的培养菌或许说明与 Hope 4B 存在的抗病基因对应的致病性基因为纯合非致病的、杂合的和纯合致病的培养菌。Marquis 的感染型总是与 Hope 4B 的感染型相同或较低，说明在 Marquis 的 4B（染色体）上也存在与 Hope 4B 相同的基因，但是 Marquis 还有另一个基因或者控制抗病性的一些基因。

中国春、K 4B、Sa 4B 和 Hop 4B（除中国春×札幌 4B 之外）之间的全部可能杂交的亲本，F_1 和 F_2 用培养菌 59-51A 进行接种（表 2-56）。它们的感染型：Hope 4B 为 2-；Sap 4B 和 KF 4B 为 2++3c；中国春为 3+。所有杂交的 F_1 植株的反应，表现抗病性为完全显性，这一点在 F_2 得到证实。中国春与 Hope 4B 和 KF 4B 杂交 F_2 的分离表明这 2 个杂交包都只包含一个基因。KF 4B×Sap 4B 这个杂交的整个群体的 560 个植株具有与双亲相同的反应，说明双亲的基因是相同的。Hope 4B 与 KF 4B 和 Sap 4B 杂交发生分离，感染型 2－与 2＋＋3c 的分离比率为 3∶1。在 840 个植株中，没有观察到 3＋感染型的植株，说明 Hope 4B 的基因与 KF 4B 和 Sap 4B 的基因是等位的或紧密连锁的。

表 2-56　染色体 4B 代换系杂交对秆锈病菌培养菌 59-51A 反应的遗传

（Loegering 等，1996）

亲本	杂交或群体编号	具有不同感染型的植株数			3∶1比率的 P 值
		2－	2＋＋3c	3＋	
中国春				8	
Hope 4B		8			
KF 4B			8		
Sap 4B			8		
F_1 中国春杂交或群体编号×Hope 4B	1	3			
中国春×KF 4B	1		3		
中国春×Sap 4B	—				
Hope 4B×KF 4B	2	6			
Hope×Sap 4B	2	6			
KF 4B×Sap 4B	2		6		
F_2 中国春×Hope 4B	1	27		5	0.2～0.5
中国春×KF 4B	1		26	6	0.2～0.5
中国春×Sap 4B	—				
Hope 4B×KF 4B	2	281	76		0.02～0.05
Hope×Sap 4B	2	363	120		0.5～0.95
KF 4B×Sap 4B	2		560		—

染色体 6B

中国春、Timstein 6B（Tim 6B）、Kenya Farmer 6B（KF 6B）和 Kenya Famner 5D（KF 5D）在不同时间用 18 个不同的秆锈病培养菌接种。所有培养菌对中国春都产生侵染型 3＋至 4 病斑。2 个培养菌对其他三个品系的侵染型与中国春侵染型相似。其他 16 个培养菌产生侵染型的幅度由 0～2。这三个品系总是发生鉴别性的相同反应，说明它们都携带相同的抗病基因。培养菌侵染型之间的小差异是由环境差异造成的。当用 59-51A 接种时，这三个品系与中国春杂交（表 2-57）的 F_1 植株上产生的感染型，比抗病亲本上产生的感染型稍高，说明与 Loegering 和 Sears 报道的一样，三个品系的抗病性为不完全显性。而抗病的品系之间杂交的 F_1 的感染型与双亲相同，F_2 没有观察到分离。Tim 6B 和 KF 6B 与中国春杂交的 F_2，观察到与 Loegering 和 Sears 报道相同的 R 反应。这种现象被认为是基因引起的畸形遗传。然而，中国春×KF 5D 的 F_2 的分离是正常的，分离比率为 3∶1。这表明当 KF 5D 的抗病基因与 Tim 6B 和 KF 6B 的 $Sr-11$ 基因相同和等位时，KF 的 ki 基因被中国春的 Ki 基因取代了。

表 2-57　染色体 6B 和 5D 代换系杂交对秆锈病菌培养菌 59-51A 反应的遗传

（Leogering 等，1996）

亲本	杂交或群体编号	具有不同感染型的植株数				比率	P
		0；2	2＝	2—	3＋		
亲本　中国春					8		
Tim 6B		8					
KF 6B		8					
KF 5D		8					
F₁ 中国春×Tim 6B	1		3				
中国春×KF 6B	2		6				
中国春×KF 5D	2		6				
Tim 6B×KF 6B	1	3					
Tim 6B×KF 5D	2	6					
KF 6B×KF 5D	1	3					
F₂ 中国春×Tim 6B	1	32					
中国春×KF 6B	2		38		26	9：7	0.5～0.95
中国春×KF 5D	2		109		35	3：1	0.95～0.99
Tim 6B×KF 6b	1	216					
Tim 6B×KF 5D	2	504					
KF 6B×KF 5D	1	176					

染色体 2B

在起初的试验中，中国春、RE 2B、KF 2B、Tha 2B 及 K117AMa⁸ 等之间杂交的双亲、F_1 和 F_2 用培养菌 59-51A 接种。RE 2B 与 KF 2B 的基因显然不同（表 2-58），Tha 2B 的基因也不同，而且位于不同的位点。培养菌 59-51A 对回交品系 K117AMa⁸ 的背景品种 Marquis 产生侵染型 2—。K117AMa⁸ 品系的杂交分离表明，它所包含的基因不少于 3 个，其中 2 个或许来自 Marquis。

中国春、RE 2B、KF 2B、K117AMa⁸ 和 Marquis 用 65 个以上秆锈病菌小种接种。全部培养菌对中国春都是致病的。根据对 RF 2B 和 KF 2B 的致病性，培养菌分为 4 群：①致病的一致病的；②致病的一非致病的；③非致病的一致病的；④非致病的一非致病的。36 个培养菌的三次重复实验中，对 RE 2B 的非致病侵染型的变化由 2—至 3—c，对 KF 2B 由 3—c 至 3c。这些结果表明，控制这两个品系抗病性的基因是不同的。相应的致病性基因显然是不同的、独立的。在 K117AMa⁸ 品系上产生的侵染型与 Marquis 或 KF 2B 品系上产生的侵染型相同，无论哪个品系（品种）都产生最低的侵染型。这表明 117AMa⁸ 品系具有与 KF 2B 品系的基因和来自 Marquis 的基因。

从利用的培养菌中选择 11-52D 来接种前面用 59-51A 接种的相同的亲本、F_1 和 F_2，具染色体—2B 的 4 个品系都具有可以识别的不同感染型。这些感染型代表具有最低感染型的 RE 2B 和具有最高感染型的 Tha 2B 的递增范围。然而，有些亲本之间的差异太小，不足以作为划分抗感的基础。

与中国春杂交的 F_1 植株的测定表明，Tha 2B 和 KF 2B 的基因为不完全显性，RE 2B 基因为完全显性。这三个品系之间杂交的 F_1 的反应表现相似的显性关系。K117AMa×中国春的杂交无效；然而，K117AMa[8] 与 Tha 2B 杂交表现完全显性，与 KF 2B 杂交表现互作。

在中国春与 Tha 2B 杂交的 F_2，观察到分离，但感染型所表现的抗感程度不明确，不能被准确划分抗感植株，因此，没有获得抗感分离比率；与 RE 2B 杂交，获得简单的 3∶1 比率；与 KF 2B 杂交获得 1∶2∶1 分离比率。这些结果使关于显性的 F_1 资料具体化，而且表明每个品系都为单基因。

Tha 2B 与其他 3 个品系杂交的 F_2，总是获得与中国春一样的感病植株。Tha 2B 与 RE 2B 和 K117AMa[8] 杂交，F_2 群体的 3/4 与抗病亲本一样是抗病的，其他 1/4 以像 Tha 2B×中国春杂交一样的方式变化。与 KF 2B 杂交，变异性极大，几乎不能进行合适的抗感分类。因为两个基因是完全显性的，所以这种情况是可预期的，但是似乎也有一些互作的证据。Tha 2B 基因与 KF 2B、RE 2B 和 K117AMa[8] 染色体 2B 上鉴定的抗病基因位点的距离为 50 个或 50 个以上交换单位。现在正进行的实验是确定是哪个臂或哪些臂携带这两个位点，它们的位置与着丝粒距离多远。

RE 2B×KF 2B 的 F_2 与两个亲本相似的植株比率为 3∶1，RE 2B 基因为显性。KF 2B 与 K117AMa[8] 杂交发生分离，但是，分离的植株不能划分抗感归属；然而，与 RE2B 杂交，没有发现比 K117AMa[8] 更感病的植株或与 K117AMa 杂交没有发现比 KF 2B 亲本更感病的植株。有些植株显然比任一亲本更抗病，说明也许来自 Marquis 的遗传背景中发生互作。

表 2-58　KF 2B 与 RE 2B 小麦杂交对秆锈病菌 59-51A 反应的遗传

（Leogering 等，1966）

		感染型和植株数	
		3—c	3+
亲本	RE 2B	0	8
	KF 2B	8	0
F_1	RE 2B×KF 2B	3	0
F_2	RE 2B×KF 2B	601	212
		3∶1 比率的 $P=0.2\sim0.5$	

抗病基因的命名及相互关系

Knott 把染色体 4B 上控制 KF 抗病性的基因命名为 $Sr-7$。因此，与 KF 4B 基因等位的 Sap 4B 和 Hope 4B 基因位于 $Sr-7$ 位点。所以 KF 等位基因命名为 $Sr-7a$，Hope 的 1 个基因命名为 $Sr-7b$。Sap 4B 的基因应当是 $Sr-7a$[137]。

Green 等提出 Marquis 在 $Sr-7$ 位点具有一个基因，因为携带 $Sr-7$ 的品种（Kenya117A 和 Egypt NA101）在与 Marquis 的 6 次回交中，Marquis 的抗病性丧失了[131]。Hope 是包括 Marqius 在内的一个杂交的结果，它可能与 Hope 4B 的抗病基因一样来自 Marquis。这一点被以下事实证明：用 65 个培养菌测定，Marquis 上产生的感染型或者与 Hope 4B 上产生的感染型一样或者比后者的感染型等级低。

Snyder 等指明 KF 代换系 5D 和 6B 都携带 $Sr-11$ 基因[134]。Knott 的研究也证明这一点[132]。$Sr-11$ 显然是利用与 $Sr-11$ 紧密连锁的 ki 被中国春的等位基因 Ki 取代的机会，通过 5D 回交获得的。

Knott 和 Anderson[133] 把 RE2B（ⅩⅢ）基因命名为 Sr-9。Green 等提出 Red Egyptian 和 Kenia117A 的 Sr-9 位点的抗病基因是等位基因，暂时分别命名它们为 Sr-9a 和 Sr-9b。Knott 证明 Green 等的这个建议是有根据的、可靠的。

K117AMa^{8}的 Sr-9 基因与 KF 2B 的 1 个基因之间的相似性表明这 2 个基因是相同的。这 2 个品系上出现的感染型的差异和互作的发生也许是来自 Marquis 遗传背景包含的不同基因造成的[134]。

Knott 为 Kenia 麦之间的 Sr-6-11 基因的相互关系提出 1 个图解。根据这个图解，K117A，Red Egyptian 和 Kenia Farmer 的 Sr-9 都有不同的来源。Sr-9a 也显然从不进入 Kenia 的复合小麦中，即使在一个杂交中利用了 Red Egyptian。

Tha 2B 携带与 Sr-9 位点不同的另一个位点上的 1 个基因。Sheen 和 Snyder 发现了由锈病抗病性类似 Thatcher 的植株育成的 21 个代换系。他们发现染色体 M-2B 具有抗病基因。M-2B 与 Sr-9b 杂交没有发生分离，与中国春的杂交证实 M-2B 具有 2 个独立基因。这表明 M-2B 的一个基因可能与 Sr-9b 是等位的。Knott 等在 Tha 2B 的 Sr-9 位点上没有发现基因，可能他们用的培养菌携带相对应的致病基因的缘故。他们发现在 Tha 2B 与 Sr-9b（KF 2B）杂交中，2 个基因是独立遗传的。Sheen 和 Snyder 发现 M-2B 的 2 个基因是独立遗传的。所以，M-2B 的其中 1 个基因可能与 Tha 2B 的基因相同，另一个基因可能与 Sr-9 位点为等位或接近等位。Tha 2B 位点指定为 Sr-16。Tha 2B 是否携带 Sr-9 位点的基因仍然没有确定。

这些等位基因系列的发生对植物育种学家是很有益处的，尤其在杂交麦中的利用更是如此。自花受精的品种只能利用 1 个等位基因，而杂交麦可以结合 2 个或更多的等位基因。而且，这种单一的组合的可利用周期或许很有限，因为一些病原培养菌的相对应致病基因已经一起发生了。用 59-51A 培养菌接种的 RE 2B 与 KF 2B 杂交获得的资料的周密调查表明 KF 2B 携带 1 个抗病基因，而 RE 2B 不具有这个抗病基因。然而，用培养菌 11-52D 接种获得的资料证明这两个品系携带等位的抗病基因。这证明确认下列事实的重要性，即根据侵染型确定的"感病的"反应可能是病原致病基因造成的结果，而不是寄主的感病病性基因引起的。

4.4 小麦秆锈病菌的致病性遗传

致病特性的显、隐性表现：小麦秆锈病菌的小种，是根据锈病菌在 12 个小麦鉴别品种上产生的侵染型来确定的。锈病菌在这些鉴别品种上出现 6 种十分明确的侵染型，分别称为 0，1，2，3，4 和 X。在普通温室条件下，这些侵染型比较稳定，可以视为锈病菌固有的特性。两个小种杂交时，后代培养菌也会在一定的寄主上出现明显不同的各种侵染型，因此，可以把侵染型作为反映锈病菌致病性的指标，对锈病菌的致病性进行遗传研究。例如，在鉴别品种 Kanred（或 Reliance）上，许多小种产生可见的病斑，或者至多产生小的坏死病斑，这种病斑称为侵染型 0。另一些小种产生大的病斑，即侵染型 4。侵染型为 0 的纯合小种与侵染型为 4 的纯合小种杂交，利用杂交 F_1 杂种的孢子接种品种 Kanred 的叶片，根据其侵染型就能确定这对相对特性的显隐性。F_1 杂种产生侵染型 0，说明侵染型 0 对侵染型 4 为显性。通过杂种锈病菌自交来确定 F_2 代两种侵染型的频率分布，根据 F_2 代两种侵染型的分离比率确定控制小种致病性的基因。

这里主要介绍小麦秆锈病菌小种对 Marquis，Kanred，Mindum 和 Vernal 等 4 个品种侵染特性的遗传。小种侵染型显隐性的表现：在小种 9 与小种 36 和小种 9 与小种 52 的杂交中，小种 9 对 Kanred 的侵染型 0 对小种 36 和小种 52 对 Kanred 的侵染型 4 为显性；小种 9 对 Mindum 的侵染型 4 对其他小种的侵染型 1 为显性；而小种 36 对 Vernal 的侵染型 1 对小种 9 的侵染型 4 为显性。小种杂交的这些结果是小麦秆锈病菌小种之间杂交时普遍发生的现象。

小种侵染型的显、隐性特性，也可以由小种的自交来证明，不同来源的小种自交，发现对 Kanred 的侵染型 4 在自交的后代总是出现；而另一种侵染型，例如侵染型 0 则在自交后代常常出现不同的侵染型。这说明产生侵染型 4 的小种是纯合的，而侵染型为 0 的小种有纯合和杂合两种状态，侵染型 0 对侵染型 4 是显性的。

Johnson 等做了分属于 24 个小种的 66 个培养菌的自交，结果证明对 Kanred 的侵染型 4，对 Mindum 的侵染型 1 和对 Vernal 的侵染型 4 为显性特征[135]。以上的小麦秆锈病菌小种杂交和自交研究证明，小麦秆锈病菌的一些致病特性对另一些致病特性是显性的。

F_2 致病特性的分布：为了研究杂交中表现显性或隐性的特性在 F_2 代的分布，小种 9 和小种 36 杂交 F_1 培养菌进行自交。这 2 个小种对品种 Kanred，硬粒品种 Arnautka，Mindum，Spelmar，Kubanka 和二粒品种 Vernal 等的致病特征不同。F_2 对品种 Kanred，Mindum 和 Vernal 的对比侵染型比率的显著性按照公式 $\chi^2 = \sum \left[(a-t)^2 \right]$ 的卡方检定来确定，这里的 a 代表对比侵染型实际频率，t 代表理论频率。F_2 培养菌对 Kanred 和 Mindum 的侵染型比率都接近 3：1，而对 Vernal 的侵染型比率接近 15：1。这个研究结果证明锈病菌对 Kanred 和 Mindum 的侵染特征都受一对基因控制，而对 Vernal 的侵染型特征受 2 对基因控制。上述研究证明小麦秆锈病菌小种杂交所表现的致病性的显、隐性现象和 F_2 培养菌致病性的分离符合孟德尔的遗传定律。

控制锈病菌对品种 Kanred 致病的 1 对基因与控制对品种 Mindum 致病的 1 对基因是不同的，而且控制对 Vernal 侵染型的 2 对基因也是彼此不同的。当然，这并不意味着某 1 对基因只影响锈病菌对一个品种的致病性，而很有可能由一对基因控制对密切相关的许多品种的致病性。

第三章　病原的生理小种和作物抗病育种

一、生理小种鉴别体系的建立和生理小种研究

病原生理小种的发现

Barrus 于 1911 年首先描述了菜豆炭疽病菌（*Colletotrichum lindemuthianum*）的生理小种（physiologic race）（以下简称小种）。他根据炭疽病菌对菜豆（*Phaseolus vulgaris*）两群品种的不同致病反应，把炭疽病菌区分为 α 和 β 两个小种。1914 年，Stakman 把小种的概念广泛地应用于禾谷类作物的锈病研究工作中，尤其在禾柄锈病菌（*Puccinia graminis*）的变种和小种分化的长期的系统的研究中，特别对小麦秆锈病菌的系统而又深入的研究，使他对小种的概念有了明确的定义。他于 1957 年指出："生理小种这个术语的意思是根据合理的必然性和生理特性，包括致病性为工具能区分的种内或变种内的生物型或生物型群，而有些真菌是根据其在人工培养基上的生长特性来划分生理小种。"

日本学者佐佐木 1922 年报道了日本稻瘟病菌存在致病性不同的菌系。他在日本爱媛县农事试验场发现了致病范围宽窄不同的 A，B 两个菌系[136]。前者致病范围窄，对剑和弁庆等相当多的水稻品种都不致病，主要分布在平原地区；而 B 菌系致病范围很宽，包括剑和弁庆在内的几乎在试验场种植的全部品种都感病，只有栃木战捷、栃木战捷 28 和熊本凯旋 3 个品种抵抗 B 菌系，主要分布在山区[137]。1980 年，日本学者山田昌雄认为，所谓小种，是根据对正式规定的鉴别品种的致病性差异划分的菌株群。

互作和病斑型

寄主品种与寄生菌菌株互作，在寄主上不出现病斑或出现各种各样的病斑，研究者根据病斑的有无和各种类型的病斑，对寄主品种的抗病/感病和寄生菌菌株的非致病/致病进行评定。因此，当研究者根据各种病斑型评定品种抗病/感病和寄生菌菌株非致病/致病时，用符号 R 表示寄主品种的抗病反应和寄生菌菌株的非致病反应，用符号 S 表示寄主品种的感病反应和寄生菌菌株的致病反应。各种病斑型反映了寄主品种和寄生菌菌株的特性。因此，对寄主品种而言，各种病斑型应归纳为抵抗型病斑和感染型病斑，而对寄生菌菌株而言，则分为非致病侵染型和致病侵染型。

小种的鉴定

小种是根据菌株与一套鉴别品种互作产生的反应型（表型）来划分的，当用遗传上性质不同的和相同的许多菌株接种鉴别品种时，一些菌株表现不同的侵染谱，另一些菌株表现相同的侵染谱，表现相同侵染谱的菌株群称为小种。小种的数目与类型不同的侵染谱数目相等。作为鉴定小种的鉴别品种，应当是一套标准的鉴别品种，即单基因鉴别品种。这套标准的单基因鉴别品种中，各个品种只包含一个抗病基因，而基因之间彼此不同。这套标准的单基因鉴别品种能鉴定 2^n 个小种，n 是寄主抗病基因或品种的数目。小种因标准鉴别品种不同而完全不同。根据在一套特定的鉴别品种上的反应型确定的每个小种是独一无二的，寄主品种和寄生菌小种的这种明确的单位，就构成寄主品种-寄生物小种遗传研究的基础。例如，

具有 2 个抗病基因的鉴别品种不能区分对 2 个基因都不致病或对两个基因当中任何一个致病的小种。同样地，具有 3 个抗病基因的鉴别品种，其鉴定小种的能力就更低，因为这种鉴别品种不能区分不侵染 3 个基因、只侵染任何一个基因和侵染任何两个抗病基因的小种。含一个抗病基因与含 3 个抗病基因的寄主品种的抗病反应型是一样的，而病原菌小种就是根据这种反应型来划分的，这样就有可能把侵染不同抗病基因的、属于不同小种的菌株归为同一个小种。单基因鉴别品种的反应型（表型）最能反映寄主品种抗病基因与寄生菌非致病基因互作的真实情况。所以，单基因鉴别品种是准确鉴定病原菌小种最有利用价值的小种鉴别体系。

　　单基因鉴别品种对于鉴定寄生的病原致病性的新突变也很有利用价值。致病基因对它们的非致病等位基因常常是隐性的，新的致病突变在不具有单基因的鉴别品种上不能被鉴定或区分。因此，每个品种都具有一个抗病基因的各个品种的选择，是准确鉴定小种和小种致病性变异以及抗病性、致病性遗传研究的最重要工具。这对于研究基因-对-基因互作也是极其重要的。

1　亚麻锈病菌小种和小种鉴别体系

　　Flor 于 1941 年用 Buda，Williston Golden，Williston Brown，Akmolinsk，J. W. S.，Pale blue crimaped，Kenya，Abyssinian，Argentine，Ottawa 和 Bombay 等 11 个亚麻鉴别品种测定亲本小种，自交小种和杂种 F_1 培养菌。研究结果证明，亚麻锈病菌杂合的小种比小麦秆锈病菌和燕麦秆锈病菌的杂合小种少。被测定的 6 个小种中，3 个小种（小种 10，22 和 24）是纯合小种，另外 3 个小种（小种 6，9 和 20）是杂合小种。3 个杂合小种自交的后代，都只对 1 个不同的鉴别品种的致病性不同。例如，小种 6 的自交培养菌后代，有 2 个培养菌对 Akmolinsk 的致病型与亲本菌不同。小种 9 的 11 个自交培养菌中，3 个培养菌对 Williston Golden 表现为非致病，与表现中等侵染的亲本小种不同。小种 20 自交的 19 个培养菌，15 个培养菌的致病性与亲本小种相同，对 Buda 都为非致病，4 个培养菌与亲本小种不同，对 Buda 为致病。这 4 个培养菌的致病范围与小种 19 一致。这说明杂合的小种自交产生新的小种。另外，小种与小种杂交，其后代都出现与双亲小种致病性不同的新的小种。亚麻锈病菌小种 6 与小种 22 杂交，67 个 F_2 培养菌，在 16 个单基因的鉴别品种上进行致病性测定，鉴定出 54 个致病性不同的小种。亲本小种 6 和 12，对这套"单基因"鉴别品种中的 12 个品种的致病性不同。如果来自这个杂交的 F_2 培养菌，有足够数目的培养菌在亲本小种表现不同致病性的 12 个单基因鉴别品种上测定，则能鉴定出 $2^{12}=4\,056$ 个小种。锈病菌与生活周期中具有有性阶段的黑穗病菌、白粉病菌和苹果疮痂病菌一样，杂交是致病性变异的重要方式，是新的小种产生的主要原因。这种新小种的产生是亲本小种自交或杂交引起现有基因重组造成的。

　　引起亚麻锈病的亚麻锈病菌在全世界的亚麻种植区都有发生。亚麻锈病严重影响种子用亚麻的产量和纤维用亚麻的质量。例如，亚麻锈病菌引起纤维破损，妨碍正常的沤麻取纤维，从而降低纤维的质量，形成所谓"患麻疹的"纤维。美国的明尼苏达和达科他，大部分种植本国的种子用亚麻，在亚麻锈病流行时，产量损失可达 100%。因此，为了控制亚麻锈病的发生或流行，提出了多种防治措施，如早播、种子消毒、轮作，销毁感染的秸秆和利用抗病品种等。培育抗病的亚麻品种涉及亚麻锈病菌生理小种的寄主范围、分布及稳定等相关信息。

　　Hart 由美国和加拿大许多地方的栽培亚麻上采集了亚麻锈病菌夏孢子标样，根据它们对感病的和免疫的亚麻品种的反应，不能证明生理小种的存在[138]。Henry 也猜测栽培亚麻上锈病菌生理小种的发生，但是，同样没有获得证据。而且没有发现适合的鉴别寄主。不过从先前的锈病菌和其他真菌特化的研究中，得到了启示，即鉴别寄主应当从抗病品种和具有各种各样形态特征的品种中筛选。

1.1　鉴别寄主的筛选

　　Flor 根据上述原则，选择了 55 个亚麻品种，对 1931—1932 年采集的 36 个锈病菌标样进行测定。在这个研究中，Flor 发现以前报道的在田间试验中抗病的许多品种，在温室内的接种试验中不表现抗病性，而且一些抗病品种的个体植株的反应极易变异。为此，必须由具有鉴别潜力的品种培育成纯系。Flor 的鉴品寄主纯系筛选如下：用生理小种 1 接种 Williston Golden 时，2/3 植株表现高度抗病，其余 1/3 植株表现高度感病。但是，这个品种的全部植株对小种 2 是感病的。对小种 1 抗病的植株种植于温室内，成熟时单株收获种子，在圃场繁殖单株种子。收获每个单株后代种子并测定其植株对小种 1 的反应。许多后代继续出现抗病植株和感病植株分离，但是，有若干后代出现纯一的抗病植株。从这些抗病纯一的系统中选择一个系统作为鉴别品系。Buda（C. I. 270）* 90% 的植株抵抗小种 1，全部植株感小种 4。利用与培育 Williston Golden 纯系一样的方法，获得了 Buda 的一个纯系。根据 1931—1932 年的 36 个标样对 Williston Golden 和 Buda 的反应，表明 36 个标样中至少存在 5 个小种。由生理上似乎不同的这 5 个小种中的每个小种获得了单孢夏孢子培养菌。每个单孢培养菌的致病性与原来病标样的致病性相同。1932 年，确定了这 5 个单孢培养菌的小种对其他 115 个品种的致病性。通过这些测定，选出具有不同鉴别能力的 12 个品种，再由它们选出 12 个纯系。因此，Flor 于 1940 年用于鉴定锈病菌小种的鉴别寄主是反应型比较稳定的纯系。

1.2　亚麻寄主品种反应型和亚麻锈病菌侵染型

　　Flor 在划分亚麻寄主反应等级和确定亚麻锈病菌的侵染型时，采用了 Stakman 和 Levine 在小麦锈病研究中所利用的标准。但是，亚麻品种对锈病菌的侵染所表现的反应，显然比小麦品种更具多样性。因此，寄主反应的划分和锈病菌侵染型的确定，做了一些相应的变更。亚麻品种对锈病菌侵染的主要反应型和锈病菌的侵染型列示表 3-1。

表 3-1　亚麻寄主品种的反应型和亚麻锈病菌的侵染型

(Flor，1935)

寄主反应等级	锈病菌侵染型
接近免疫的……	（0）不形成孢子堆；一般存在过敏性的斑点或坏死病斑，有时无侵染症状。
抗病的……	（1）夏孢子堆微小至小，很少扩展，在褪绿至坏死的部位明显且分散，在某些情况下，孢子堆的形成不伴随周围叶组织的褪绿和坏死。
	（2）孢子堆小至中等，与叶片明显的坏死有关联；可能是分散的，或在坏死的部位可能为有外壳覆盖的聚生；如果被隔离，一般被坏死带包围。

---

　　* C. I. 编号是指美国农业部植物工业局禾谷类作物和病害系的登记号，下同。

（续）

寄主反应等级	锈病菌侵染型
半抗病的……	（3—）夏孢子堆易变，重接种的坏死部位有稳定的孢子堆形成；与坏死部位邻接的健康组织中产生中等至大的孢子堆；茎上和子叶上的孢子堆小，没有过敏性的症状。
中等感病的……	（3）夏孢子堆中等至大；发育良好但不复合；通常穿透叶片扩展到叶的正反两表面；在叶的重感染部分，夏孢子堆的发育有点迟缓；与夏孢子堆邻接的组织，因夏孢子堆成熟而多少有点褪绿。
高度感病的……	（4）夏孢子堆大，若彼此隔开，通常是复合的，穿过叶片扩展到叶的正反两表面，首先叶片表现有点褪绿，其后褪绿叶片过早死亡。

1.3 亚麻锈病菌小种的鉴定

1935 年，Flor 用 Buda，Williston Golden，Akmolinsk，Williston Brown，J. W. S.，"Verypale blue crimped" 和 Kenya 等 7 个亚麻品种（纯系）对 99 个亚麻锈病菌株进行测定，鉴定了 14 个小种[139]见表 3 - 2，表 3 - 3。

表 3 - 2　亚麻锈病菌小种鉴定
(Flor，1935)

品种	反应	生理小种
Buda	抗	
Williston Golden	抗	
Akmolinsk	抗	
Williston Brown	半抗～抗	10
Williston Brown	感	1
Akmolinsk	感	
J. W. S.	抗	5
J. W. S.	感	7
Williston Golden	感	
"Very pale blue crimped"	抗	11
"Very pale blue crimped"	感	6
Buda	半抗	
Williston Golden	抗	3
Williston Golden	感	14
Buda	感	
Williston Golden	抗	
Akmolinsk	抗	
J. W. S.	抗	
Kenya	抗	4
Kenya	半抗	12
J. W. S.	感	13
Akmolinsk	感	8
Williston Golden	感	
J. W. S.	抗	2
J. W. S.	感	9

表 3-3　亚麻寄主品种对锈病菌小种的反应

小种 1：	品种 Buda、Williston Golden、Akmolinsk 表现抗病，Williston Brown 表现感病。
小种 2：	Williston Golden 感，J. W. S. 抗。
小种 3：	Buda 和 Kenya 半抗；Williston Golden 高抗；Akmolinsk 很感。Buda 上的夏孢子堆侵染型为 3一；易变，重接种的坏死部位形成稳定的孢子堆，坏死部位的邻近组织有正常的夏孢子堆；茎和子叶上的夏孢子堆小但正常。
小种 4：	Buda 很感；Williston Golden 和 Akmolinsk 高抗；Kenya 抗；J. W. S. 接近免疫。对 Buda 的侵染正常，夏孢子堆大，稀少混合，孢子形成丰富，但是在不是最适宜的条件下，Buda 对小种 4 的感病程度比 Akmolinsk 对小种 3 或 Williston Golden 对小种 2 的感病程度轻。Kenya 重接种的部位褪绿至坏死，孢子堆发育不完全，通常位于叶缘的坏死部位。
小种 5：	Buda 和 Kenya 的抗病性把这个小种与小种 3 区别开，Buda 对小种 3 为半抗，对小种 5 为抗，Williston Golden 对小种 5 比对小种 3 稍微更感病些；Akmolinsk 很感；J. W. S. 对这两个小种都接近免疫。
小种 6：	Buda 高抗；Williston Golden 很感。"Very pale blue crimped" 的感病性把小种 6 与小种 11 区分开，它对小种 11 抗病，对小种 6 感病。
小种 7：	Buda，Williston Golden 和 Kenya 都很抗；Akmolinsk 很感，J. W. S. 感；Williston Brown 半抗～中感，夏孢子堆大，比正常的夏孢子堆少，孢子堆周围的组织提早死亡。是在最不适宜条件下 Argentine 产生感病的唯一小种。
小种 8：	J. W. S. 接近免疫；Williston Golden 高抗；Buda 感染；Akmolinsk 很感。是引起 Abyssinian C. I. 701 产生感病反应的唯一小种。
小种 9：	J. W. S. 的感病性把这个小种与小种 2 区分开；Williston Golden 的感病程度显然比对小种 2 的感病程度低。
小种 10：	是所有小种中最不致病的小种。在最不适宜的条件下，Williston Brown 抗；在最适宜的条件下半抗。Buda，Williston Golden，Akmolinss 和 Kenya 的抗病性比对小种 1 的抗病性稍强一些，而 Argentina (C. I. 705) 更加抗病。
小种 11：	"Very pale blue crimped"（C. I. 647）表现的免疫性把这个小种与小种 6 区分开。这是 Very pale blue crimped 表现高抗的唯一小种。
小种 12：	Kenga 半抗，夏孢子堆大，发育充分，聚集在重接种部位，使这个部位褪绿，趋于过早干涸；Buda 感；Williston Golden 抗；Akmolinsk 高抗；J. W. S. 接近免疫。根据 Kenga 比较感病的反应和 Buda 比较不感病的反应把这个小种与小种 4 分开。
小种 13：	J. W. S. 的感病反应把这个小种与小种 4 和小种 12 分开。
小种 14：	Buda 半抗；Williston Golden 感；Akmolinsk，J. W. S. 和 Abyssinian（C. I. 701）接近免疫；Argentine（C. I. 705）抗；Kenya 很抗。根据 Buda 的半抗病和 Williston Golden 稍差的感病把这个小种与小种 2 分开。

1.4　亚麻品种 3 个纯选系对 14 个锈病菌小种的反应

　　在鉴别品种的筛选过程中，发现以前报道的在田间抗病的品种，在温室内接种不表现抗病，而且一些抗病品种个体植株的反应极易变异，例如 Williston Golden 在温室用小种 1 接种，2/3 表现高抗，1/3 表现高感。因此，要准确鉴定寄生菌的小种和寄主的准确反应，必须保证寄主和菌株的纯一性。就是说，必须用寄主品种的纯系来鉴定寄生病原。表 3-4 列示鉴别品种的 3 个纯系对 14 个小种的反应。

表 3-4 亚麻鉴别品种 3 个纯系对 14 个小种的反应

(Flor，1935)

小种	锈病菌侵染型和鉴别寄主的反应								
	Buda（C. I. 270）			Williston Golden（C. I. 25）			Williston Brown（C. I. 803）		
	侵染型		寄主反应	侵染型		寄主反应	侵染型		寄主反应
	范围	超优势		范围	超优势		范围	超优势	
1	0～1+*	1−	R+	0～1	1	R+	3	3	S
2	1～3	3	S−	3～4	3	S+	3−～3	3	S
3	1−～3	3−	SR	1−～1	1	R+	3−～3	3	S
4	3～4	3	S+	1−～1	1	R+	3	3	S
5	0～1	0	R+	1～1+	1+	R−	3	3	S
6	1−～1	1	R+	3～4	3	S+	3	3	S
7	1～1+	1	R+	1−～1	1	R+	3−～3	3−	S−
8	3	3	S	1−～1	1	R+	3	3	S
9	1～3	3	S−	1+～3	3	S−	3	3	S
10	0	0	I	0～1	0	R+	1～3−	2	SR
11	0～1	0	R+	3～4	3	S+	3	3	S
12	1～3	3	S−	1～1+	1	R	3	3	S
13	1+～3	3	S−	1～1+	1+	R−	3	3	S
14	1～3	3−	SR	3	3	S	3	3	S

* ＋和−表示比代表侵染型等级高一些或低一些，字母的意思：R，抗；S，感；SR，半抗；I，免疫。

1.5 新小种的发现和新鉴别体系的确立

如上所述，Flor 在 1935 年已建立了由 7 个亚麻品种（纯系）组成的亚麻锈病菌小种（当时称为生理型）的鉴别品种，鉴定了 14 个小种。7 个亚麻纯系品种对 14 个小种的反应见表 3-2。1935—1938 年的小种特化研究表明，以前正式报道的对亚麻锈病菌全部小种免疫的普通亚麻品种，对 1935 年之后采集的 1 个或 1 个以上的小种感病。可见，应该增加亚麻鉴别品种，以便鉴定新发现的亚麻锈病菌小种，因此，必须建立新的小种鉴别体系。为了鉴定 1935 年以来采集的亚麻锈病菌小种，在原来的鉴别品种中增加了 Argentine（C. I. 462），Bombay（C. I. 42）和 Ottawa770B（C. I. 355）。在温室的所有条件下，这 3 个品种对采集和保存的新、老分离菌株，都具有小种鉴别能力。

Williston Brown（C. I. 803）原来的一个品系对亚麻枯萎病（*Fusarium lini* Bolley）感病，即使在很有利的气候条件下，生产的种子也很少，没有足够的用于实验研究的种子贮藏。然而，在 1935—1936 年冬季期间，在温室内种植了这个品系的若干单株选系，并由这些选系获得了抗枯萎病的一个品系。用这个新品系（C. I. 803-1）代替对亚麻枯萎病严重感病的原有的品系（C. I. 803）。这个新品系对小种 2 表现坏死反应，对北美采集的许多小种不完全感病，小种 3 在其植株上的夏孢子堆正常发育直到它们开始产生孢子。2～3d 后，发育停止，孢子堆停止形成孢子，叶片干枯。这个品系对其他小种为高度感病，在 10d 至两周期间，夏孢子堆产生丰富的孢子。

1940 年，Flor 用 10 个鉴别品种［包括上述 3 个新品种（品系）和原有的 7 个鉴别品种］鉴定了 24 个小种（包括原先的 14 个小种）[1]。这 10 个品种组成的一套鉴别品种及鉴定的 24 个小种如表 3-5 所示：

表 3-5　亚麻锈病菌小种的修订检索表

（Flor，1940）

品种	反应	小种	品种	反应	小种
Buda	抗		Akmolinsk	抗	14
Williston Golden	抗		Akmolinsk	感	23
Akmolinsk	抗		Buda	感	
Williston Brown	抗	10	Williston Golden	抗	
Williston Brown	感	1	Akmolinsk	抗	
Akmolinsk	感		J. W. S.	抗	
J. W. S.	抗	5	Kenya	抗	4
J. W. S.	感	7	Kenya	半抗	12
Williston Golden	感		J. W. S.	感	13
	抗		Akmolinsk	感	
"pale blue crimped"	抗	11	J. W. S.	抗	8
"Verypale blue crimped"	感	6	J. W. S.	感	16
	感	20	Williston Golden	感	
Buda	半抗		J. W. S.	抗	
Williston Golden	抗		Bombay	抗	2
Akmolinsk	抗		Bombay	感	24
J. W. S.	抗	17	J. W. S.	感	9
J. W. S.	感	15	Akmolinsk	感	
Akmolinsk	感		J. W. S.	抗	
Abyssinian	抗	3	Ottawa770B	抗	19
Abyssinian	感	18	Ottawa770B	感	22
Williston Golden	感		J. W. S.	感	21

用这 24 个小种在温室内接种 11 个鉴别品种（加进品种 Bombag）所表现的特征性反应

列示表 3-6。

表 3-6　11 个亚麻鉴别品种对 24 个亚麻锈病菌小种的反应

(Flor, 1940)

品种	C.I.编号	品种对小种的反应*
		1 2 3 4 5 6 7 8 9 10 11 12 13 14 15 16 17 18 19 20 21 22 23 24
Buda	270-1	R+ S- SR S R+ R+ I S S- R+ R+ S- S- SR SR S SR SR S I S S SR S-
Williston Golden	25-1	R S R+ R+ R- S R+ R+ S- R+ S R R- S R R+ R+ R S S S S S S
Williston Brown	803-1	S- S- S- S- S- S- R S- R S S- S- S- S- S- S- S S- S- S- S- S- S- S-
Akmolinsk	515-1	R+ R+ SR S R R+ R+ R+ R+ R+ R+ R+ S R SR S S S S S R+
J.W.S.	708-1	I I I I I S I S I I I S I S S I I I I S I I I
"Pale Blue Crimped"	647	S- S- S- S- SR S- R- S- S- S- I S* S- S* S- S- S- S- I S- S- S-
Kenya	709-1	R+ R+ SR R R+ R R+ SR R R+ I SR SR R+ R R+ R R S S SR S R R
Abyssinian	701	I I R I R I R S I I I I I I S- I S- S S S S S- I
Argentine	462	I I I I I I I I I I I I I I I I I S S I S I I
Ottawa770B	355	I I I I I I I I I I I I I I I I I I I I I I I
Bombay	42	I I I I I I I I I I I I I I I I I I I I I I S

* 十和一表示抗病性或感病性比表示寄主反应的字母强一些或弱一些。字母的意思如下：I，免疫；R，抗病；SR，半抗病；S，感病。

由表 3-6 可见，1935 年以来分离的若干小种，比 Flor 以前描述的 14 个小种的任何一个小种具有比较宽的品种致病范围，即这些小种致病较强。原先的许多鉴别品种对 1935 年发现和鉴定的新小种都感病，这些小种是从明尼苏达、北达科他、俄勒冈和北美获得的。

1.6　鉴别品种的培育

如前所述，病原的生理小种是根据病原与一套称为"鉴别者"的寄主品种的互作来鉴定的。原来的亚麻锈病菌鉴别品种是在不知道每个品种的抗病基因数目和性质的情况下，根据接种试验的结果和表型的差异选择的。后来的研究发现每个品种具有单一抗病基因时，这样的鉴别寄主品种能更准确地鉴定病原的小种，具有更强的小种鉴别能力。因此，植物病理遗传学家和育种学家又致力于单基因鉴别品种的培育。

Flor 于 1947 年开始培育单基因鉴别品种，实际上是培育亚麻的单基因近等基因系，这样的品系除控制锈病的抗病基因不同之外，其他性状基本上是相同的。Flor 利用当时认为是普遍感病的亚麻品种 Bison 作为轮回亲本，于 1954 年培育了一系列单基因的鉴别品系，它们具有共同的 Bison 遗传背景。后来发现虽然 Bison 对全部北美锈病菌小种感病，但是对澳大利亚和印度小种抗病。因此，有 Bison 背景的一些新的鉴别品系可能携带 Bison 的抗病基因 L-9。事实上，Misra 于 1966 年测定到 Flor 的 6 个单基因鉴别品种（系）Dakota，Ward，Cass，VictoryA，Polk 和 Koto 中的 L-9 基因。后来，Mayo 开始用还不知道有任何抗锈病基因的品种 Hoshangabaol 作为轮回亲本，培育具有这个品种遗传背景的一系列新的单基因鉴别品种（系）。

尽管有些鉴别品种被认为是单基因的鉴别品种，但用更多的其他锈病菌系测定时，发现其中有些品种携带 1 个以上的抗病基因。具有控制特异抗病性的基因的寄主，用其他国家或地区的合适菌系测定，会发现新的抗病基因，例如，鉴别品种 Ottawa770B 和 Kenya 用澳大利亚和印度的菌系测定，发现它们具有原先不知道的、可能是 P 群的基因[97]。1985 年，Kututova 和 Kulikova 报道鉴别品种 Bombay，Kenya 和 Polk 每个品种都包含抗俄罗斯锈病菌系的 2 个新基因。以上的研究结果说明，某一国家或地区建立的单基因近等基因系或认定的单基因品种，必须用全世界各地区的代表菌系进行验证，才能最后确定其真正的单基因性质。

2 马铃薯晚疫病菌小种和小种鉴别体系

在 20 世纪 50 年代初，英国确立了鉴定马铃薯晚疫病菌（*Phytophthora infestans*）小种的两套鉴别品种。一套是剑桥植物育种研究所的小种鉴别品种，是由生产上应用的品种 104/14（或相似类型）、72/105（或相似类型）、16/7（或相似类型）、Salaman 68 和 Salaman 112 组成，鉴定了 A、B、C 3 个小种；另一套是苏格兰植物育种研究学会的鉴别品种，由 Black 1＝1085、Black 2＝1512c、Black 3＝1253a 和 Black 4＝1506b 组成，鉴定了 B^1、B^2、C 和 D 4 个小种。

2.1 剑桥鉴别品种和苏格兰鉴别品种

剑桥植物育种研究所育成的，由 Salaman 所做的杂交传承下来的抗晚疫病幼苗，含有对晚疫病菌抗病的两个抗病基因之一，或含有两个抗病基因[140]。第一个基因抗剑桥小种 A 和 C，第二个基因抗小种 A 和 B。当幼苗存在 2 个抗病基因时，对 3 个剑桥小种 A、B、C 都是抗病的，例如表 3-7 的鉴别寄主 16/7。

表 3-7 剑桥鉴别寄主对剑桥小种和苏格兰小种的反应

(Howard, 1953)

鉴别寄主	植株类型*	对剑桥小种的反应+			对苏格兰小种的反应+			
		A	B	C	B^1	B^2	C	D
生产上应用品种	abc	s	s	s	s	s	s	S
104/14（或相似类型）	AbC	ns	s	ns	ns	s	ns	ns
72/105（或相似类型）	ABc	ns	ns	s	ns	ns	ns	ns
16/7（或相似类型）	ABC	ns	ns	ns	ns	ns	ns	ns
Salaman 68	"单"抗者	ns	s	s	s	s	ns	ns
Salaman 112	W 家系	ns	s	s	s	s	ns	ns

* 含有抗病基因 A、B、C 的植株＝对剑桥小种 A、B、C 抗病；a、b、c＝感病，等；＋：s＝产孢，ns＝不产孢。

剑桥鉴别品种除了包括育种材料之外，还包括了 Salaman68 和 Salaman112。Salaman68 与 1932 年受 O'Connor 称之为小种 B 第一次侵袭的幼苗属相同类型，而 Salaman112 是 Salaman 从德国 Müller 处得到的，属 Müller 的抗晚疫病的 W 家系。剑桥鉴别寄主对剑桥小种和苏格兰小种的反应列示表 3-7。苏格兰鉴别品种对剑桥小种的反应见表 3-8。由这两个表的寄主品种反应，可以看出剑桥的 AbC 型幼苗可能是苏格兰鉴别品种的 Ab^1b^2CD 型，而剑桥的 ABC 型可能是苏格兰鉴别品种的 AB^1B^2Cd 型。由表 3-7 可见剑桥鉴别品种对苏格兰小种 B^1 和 B^2 的反应型完全一样，说明这套鉴别寄主不能区分小种 B^1 和 B^2，也不可能测定小种 D。

鉴别品种 Salaman68 和 Salaman112 对小种的反应与剑桥育种材料 AbC 型或苏格兰体系的 Ab^1b^2CD 型相同。之所以出现这种情况是因为剑桥的育种材料与 Salaman 原有的育种材料有密切的关系（Salaman68），而 Salaman112 是 Müller 的 W 家系类型，Müller 利用 W 家系育成的品种 Aquila 的类型就是苏格兰体系的 Ab^1b^2CD。

根据小种在两套鉴别寄主上的反应，可以看到剑桥小种与苏格兰小种之间的关系，剑桥小种 B 似乎与苏格兰菌系 B^1 相似，剑桥 C 小种与苏格兰 C 小种相似。对这些小种之间的相似性可作如下解释：剑桥小种 B 是从剑桥 Abc 型植株获得的，而剑桥的 Abc 型就是苏格兰的 Ab^1b^2cD，另外，苏格兰小种 B^2 在田间没有得到，它是在测定过程中由 B^1 发生的。虽然剑桥小种 C 是由种植于北爱尔兰的剑桥 ABc 型植株获得的，但是发现剑桥材料中的 ABc 型植株的原先的测定是用苏格兰植物育种研究学会的 Black 的 C 小种进行的。然而，不利用苏格兰 Black 的 C 小种而能在剑桥材料中发现 ABc 型植株，是因为这些植株在 1945 年及其后许多年在北爱尔兰都受晚疫病菌的严重侵袭。

表 3-8 苏格兰鉴别寄主对剑桥小种的反应

(Howard，1953)

鉴别品种	植株类型*	对剑桥小种的反应+		
		A	B	C
Black 1=1085 (6)	Ab^1b^2CDef	ns	s	ns
Black 2=1512c (16)	AB^1B^2cDEF	ns	ns	s
Black 3=1253a (12)	AB^1B^2cDEF	ns	ns	ns
Black 4=1506b	AB^1b^2cdEf	ns	ns	s

* B^1=对小种 B^1 抗病；b^1=对小种 B^1 感病，等。+：s=产孢；ns=不产孢。

2.2 晚疫病菌株的采集

晚疫病菌株采自：①标准的生产上应用的品种（standard commercial variety）；②剑桥育种计划中的幼苗；③地方育种计划中的幼苗。在种植马铃薯的 Terrington、Cambridge、Moss-side 和 Stormont 4 个地区，小种 A 和小种 B^1 分别由种植品种和 Ab^1b^2CD 植株分离到，小种 C 是由 AB^1B^2cD 型植株分离的，但是，在剑桥没有观察到小种 C。在 Stormont，由未知抗病性的植株上分离到相当于苏格兰小种 D 的菌株（表 3-9）。剑桥的育种材料都抗小种 D，不可能分离到这个小种。

种植在 Dunanney 的无性系 35/68 和 78/88，在实验室内的测定中，对小种 A、B^1、B^2、C 和 D 都表现抗病，但是，1951 年 9 月末，它们受晚疫病菌侵袭。J. Bankhead 把这种晚疫病菌从叶转移到块茎，将受侵染的块茎寄到剑桥。在冬季期间，这种菌株保存在块茎中，1952 年春季，对这种菌株进行测定。测定结果表明这些菌株是 B^1 型小种或 B^2 型小种，但是，在实验室的许多测定中，它们依然不侵染无性系 35/68 和 78/88 的离体叶（表 3-9）。在剑桥，在确定来自 78/88 的菌株是否为小种 B 型或小种 B^2 型也发现了困难，因为这种菌株在 Black 4 上做的一些测定，它们不产孢，另一些测定产生少数几个分生孢子梗，第三种情况是产生大量的孢子。而且，试图分离在 Black 4 上总是能产孢的培养菌没有成功。对这个问题有待今后进一步研究。

作物-病原互作遗传的基因-对-基因关系和作物抗病育种

表 3-9 晚疫病菌分离菌对所有鉴别品种的反应

(Howard, 1953)

分离菌的来源	材料基因型 A. Pilot ab¹b²cd	91/37 或 104/14 Ab¹b²CD	72/105 或 78/8 AB¹b²cD	35/68 或 78/88 AB¹B²CD	Salaman 68 Ab¹b²CD	Salaman 112 Ab¹b²CD	Black 1 Ab¹b²CD	Black 2 AB¹B²cD	Black 3 AB¹B²CD	Black 4 AB¹b²cD	小种类型
来自 Terrington											
1. 染病叶，1948	s*	ns	ns	ns	ns	ns	ns	ns	ns	ns	A
2. 35/104 的叶，1948	s	s	ns	ns	ns	ns	s	ns	ns	ns	B¹
3. 53/71 的叶，1948	s	ns	s	ns	ns	ns	ns	s	ns	s	C
来自 Cambridge											
1. 番茄果实，1950	s	ns	ns	ns	ns	ns	ns	ns	ns	ns	A
2. 染病叶，1951	s	ns	ns	ns	ns	ns	ns	ns	ns	ns	A
3. 大、小叶，1951	s	ns	ns	ns	ns	ns	ns	ns	ns	ns	A
4. 1oo/50 的叶，1951	s	s	s	ns	ns	s	s	ns	ns	ns	B¹
5. 番茄果实，1951	s	ns	ns	ns	ns	ns	ns	ns	ns	ns	A
来自 Moss-side, Co. Antrim											
1. 95/72 的叶，1950	s	ns	s	ns	ns	ns	ns	s	ns	s	C
2. Red King 的叶，1951	s	ns	ns	ns	ns	ns	ns	ns	ns	ns	A
3. Arran Peak 的叶，1951	s	ns	ns	ns	ns	ns	ns	ns	ns	ns	A
4. Aquila 的叶，1951	s	ns	ns	ns	ns	s	s	ns	ns	ns	B¹
5. 100/36 的叶，1951	s	s	ns	ns	ns	s	s	ns	ns	ns	B¹
6. 100/50 的叶，1951	s	s	ns	ns	ns	s	s	ns	ns	ns	B¹
7. 95/72 的叶，1951	s	ns	s	ns	ns	ns	ns	s	ns	s	C

（续）

分离菌的来源	材料基因型	A. Pilot ab¹b²cd	91/37 或 104/14 Ab¹b²CD	72/105 或 78/8 AB¹B²cD	35/68 或 78/88 AB¹B²CD	Salaman 68 Ab¹b²CD	Salaman 112 Ab¹b²CD	Black 1 Ab¹b²CD	Black 2 AB¹B²cD	Black 3 AB¹B²CD	Black 4 AB¹b²cD	小种类型
来自 Stormont, Belfast												
1. 93/10 的叶，1949		s	ns	s	ns	ns	ns	ns	s	ns	s	C
2. Arran Victory 的叶，1951		s	ns	ns	ns	ns	ns	ns	ns	ns	ns	A
3. 252/20 的叶，1951		s	s	ns	ns	s	s	s	s	ns	ns	B¹
4. 23/31 的叶，1951		s	s	ns	ns	—	—	s	ns	ns	ns	B¹
5. 幼苗和 Müller，1951		s	ns	ns	ns	ns	ns	ns	s	ns	s	D
来自 Dunanney, Co. Antrim												
1a. 35/68 的叶，1951		s	s	ns	ns	—	—	s	s	ns	ns	B¹
1b. 35/68 的叶，1951		s	s	ns	ns	s	s	s	s	ns	ns	B¹
2a. 78/88 的叶，1951		s	s	ns	ns	s	s	s	s	ns	s	B²
2b. 78/88 的叶，1951		s	s	ns	ns	s	s	s	s	ns	Just s	B¹
2c. 78/88 的块茎		s	s	ns-s	ns	s	s	s	s	ns	ns-s	B²
来自 K. O. Müller 博士												
1. Craig's Snow White at Wye，1950		s	s	ns	ns	s	s	s	s	ns	ns	B¹
2. Stickford 的 54/60，1950		s	s	ns	ns	s	s	ns	s	ns	s	B²
3. Stickford 的 38/5，1950		s	ns	s	ns	ns	ns	s	s	s	s	C
4. 剑桥的 Aquila 块茎，1950		s	s	ns-s	ns	s	s	s	s	ns	ns	B¹

* s，产孢；ns，不产孢。

表 3 - 10　分离到表 3 - 9 菌株的材料的抗病性类型对

(Howard，1953)

分离菌（表3-9）	材料	抗病性类型（基因型）
来自 Terrington		
1	Majestic	ab^1b^2cd
2	35/104，剑桥育种材料	Ab^1b^2CD
3	53/71，剑桥育种材料	AB^1B^2cD
来自 Cambridge		
1，5	番茄果实，没有被测定	
2，3	Majestic and Gladstone	ab^1b^2cd
4	100/50，剑桥育种材料	Ab^1b^2CD
来自 Moss-side，CO. Antrim		
1，7	95/72，剑桥育种材料	AB^1B^2cD
2，3	Red King andArran Peak	ab^1b^2cd
4	Aquila，German var. bred by K. O. Muller	Ab^1b^2CD
5，6	100/36 and 100/50，二者都为剑桥育种材料	Ab^1b^2CD
来自 Stormont，Belfast		
1	93/10，剑桥育种材料	AB^1B^2cD
2	252/20，幼苗和 Müller W 家系	Ab^1b^2CD
3	23/31，幼苗和 Müller W 家系	Ab^1b^2CD
4	幼苗和 Müller	Ab^1b^2Cd
来自 Dunanney，CO. Antrim		
1a，b	35/68，剑桥育种材料	AB^1B^2CD
2a，b，c	78/88，剑桥育种材料	AB^1B^2CD
来自 Müller's		
1	Craig's Snow White	Ab^1b^2CD
2	54/60，剑桥育种材料	Ab^1b^2CD
3	38/5，剑桥育种材料	AB^1B^2cD

＊　A＝对小种 A 抗，a＝对小种 A 感，等，如表 3-7 至表 3-9 所示。

Müller 博士从 54/60（Ab^1b^2CD 型）获得的菌株是小种 B^2，而不是小种 B^1。这与通常由 Ab^1b^2CD 获得的所有菌株总是小种 B^1 有明显的不同。其次，来自 Aquila（Ab^1b^2CD 型）块茎的菌株，在 72/105 上的一些测定中产孢，而在 78/7 上的测定从不产孢。另外，为了要在 Ab^1b^2CD 型植株上做 5 或 6 次测定而做的继代培养，在 72/105 上（AB^1B^2cD）测定，发现丧失产孢能力。

总之，晚疫病菌标样分离的结果与前述的表 3 - 7 和表 3 - 8 列示的结果一致，说明剑桥 Abc 型和 ABc 型植株，分别与苏格兰的 Ab^1b^2CD 型和 AB^1B^2cD 型的植株相对应。这些研究结果也表明，像小种 B^1 和 B^2 的分离菌鉴定是很不容易的，这可能是因为 B 小种的可变性而产生不同的亚型引起的。Black 曾在菌的培养过程中由 B^1 获得 B^2，就是这种小种易变的证据。

2.3 小种和抗病基因的国际命名法

植物病理学家对马铃薯晚疫病菌和来自茄属的野生马铃薯（*Solanum demissum*）的马铃薯抗病基因有浓厚兴趣，广泛的研究使他们积累了丰富的资料。但是，不同国家或同一个国家不同地区的研究者利用自己选择的鉴别寄主来鉴定小种和以不同的符号命名基因，因此，不同研究者鉴定的小种和基因，彼此之间的异同无从比较。为了解决这个问题，苏格兰、荷兰和美国的有关研究者进行了鉴别寄主植物的交换，并用三套鉴别寄主测定他们各自利用的晚疫病菌菌株，试图通过这种联合鉴定结果的比较和系统阐述来确立适合于世界各国应用的小种鉴别体系确定小种的抗病基因统一命名法[11]。

2.4 联合研究结果和国际小种的确立

2.4.1 苏格兰的实验结果

在苏格兰，用来源不同的 11 个小种接种三套鉴别寄主（表 3-11，表 3-12）。这 11 个小种的来源：A、B¹、B²、C 和 D 5 个小种由苏格兰田间分离获得；E 小种来自坦桑尼亚的坦卡尼喀；F 小种是在实验过程中由小种 E 分离到的，估计是由 E 小种产生的；G 小种和 H 小种来自肯尼亚；小种 I 和小种 J 来自秘鲁。

用上述 11 个小种的孢子悬浮液接种三套鉴别寄主品种的离体叶，测定结果见表 3-11。根据上述提供的信息，可以断定三套鉴别品种包含有相似遗传组成的植株；来源于不同国家的小种之间具有某种关系；这 11 个小种不代表致病型的完整系列。

以被侵染的品种植株的类型和有关的小种来源的详尽信息作为证据，以图解方式表示这些小种可能的关系（图3-1）。

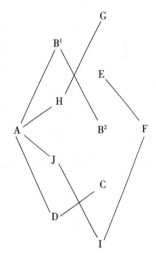

图 3-1 在苏格兰测定的晚疫病菌小种可能的相互关系图解

表 3-11 三套鉴别品种对 Black 鉴定的马铃薯晚疫病菌小种的反应

(Black 等，1953)

鉴别品种			晚疫病菌小种										
Black	Mastenbroek	Mills and Peterson	A	B¹	B²	C	D	E	F	G	H	I	J
马铃薯	马铃薯	马铃薯	S	S	S	S	S	S	S	S	S	S	S
1085 (6)	43154-5	Essex	R	S	S	R	R	S	S	S	R	R	R
1512c (16)	44158-4	2LY-13	R	R	R	S	R	R	R	S	S	R	R
1253a (12)	4737-33		R	R	R	R	S	R	S	S	R	S	S
1506b	4431-5	AAB-2	R	R	R	S	S	R	S	S	R	R	R
	4651-2	GQT-1	R	R	R	R	R	S	R	S	R	R	R
	46174-30		R	R	R	R	R	R	S	R	R	R	R
	4414-2	CDF-9	R	R	R	R	R	R	R	R	R	R	R

注：R=抗病的（免疫的）；S=感病的。

2.4.2 荷兰的实验结果

荷兰用本国分离的 8 个小种接种三套鉴别品种，1951 年是接种由离体芽长成的植株，做了两次实验；1952 年是接种湿滤纸上的离体叶，也做了两次实验，4 次实验都用含有游动孢子和孢子的悬浮液喷雾接种。这些实验得到的相似结果列示表 3-12，并以图解方式表示荷兰小种之间的关系和差异（图 3-2）。

表 3-12　三套鉴别品种对 Mastenbroek 鉴定的晚疫病菌小种的反应

（Black 等，1953）

鉴别品种			晚疫病菌小种							
Black	Mastenbroek	Mills and Peterson	N1	N2	N4	N5	N6	N7	N8	N9
马铃薯	马铃薯	马铃薯	S	S	S	S	S	S	S	S
1085（6）	43154-5	Essex	R	S	R	R	R	S	S	R
1506b	4431-5	AAB-2	R	R	S	R	S	R	S	S
1512c（16）	44158-4	2LY-13	R	R	R	S	S	R	S	S
	4414-2	CDF-9	R	R	R	R	S	R	S	S
	46174-30		R	R	R	R	R	S	S	S
	4651-2	GQT-1	R	R	R	R	R	S	S	S
1253a（12）	4737-33		R	R	R	R	R	R	R	S
	4739-58		R	R	R	R	R	R	R	R

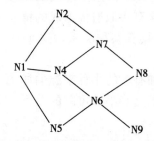

图 3-2　在荷兰发现的晚疫病菌小种之间的关系和差异的图解

2.4.3 美国的实验结果

三套鉴别品种用美国纽约和宾夕法尼亚州的 7 个小种接种，把孢子悬浮液喷雾到旺盛生长的盆栽植株上，鉴定结果列示表 3-13。图 3-3 表示纽约和宾夕法尼亚州发现的小种的致病关系。

表 3-13　三套鉴别品种对 Mill 和 Peterson 晚疫病菌小种的反应

（Black 等，1953）

鉴别品种			晚疫病菌小种					
Black	Mastenbroek	Mills and Peterson	A	B	C	D	BC	BD
马铃薯	马铃薯	马铃薯	S	S	S	S	S	S
1506b	4431-5	AAB-2	R	S	R	R	S	S

（续）

鉴别品种			晚疫病菌小种					
Black	Mastenbroek	Mills and Peterson	A	B	C	D	BC	BD
1512c (16)		2LY-13	R	R	S	R	S	R
1085 (6)	43154-5	Essex	R	R	R	S	R	S
	4414-2	CDF-9	R	R	R	R	S	R
		3WM-19	R	R	R	R	R	S
	4651-2	GQT-1	R	R	R	R	R	R
1253a (12)			R	R	R	R	R	R

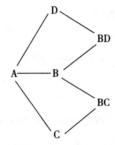

图 3-3　在纽约和宾夕法尼亚发现的晚疫病菌小种致病关系的图解

2.4.4　小种的比较和抗病基因的统一命名

为了比较不同国家使用的小种的相似性，把以上 3 个国家鉴定的结果（表 3-11，表 3-12，表 3-13），综合于表 3-14。由表 3-14 可见，根据三套鉴别品种的鉴定结果，被测定

表 3-14　三套鉴别品种鉴定的晚疫病菌小种与国际命名小种的比较
（Black 等，1953）

鉴别品种			晚疫病菌小种												
Black	Mastenbroek	Mills 和 Peterson	A N1 A	B¹ N2 D	H N5 C	J	D N4 B	G	E	B² N7 BD	C N6 BC	I	N8	F	N9
小种国际名称			0	1	2	3	4	1,2	1,3	1,4	2,4	3,4	1,2,4	1,3,4	2,3,4
马铃薯	马铃薯	马铃薯	S	S	S	S	S	S	S	S	S	S	S	S	S
1085 (6)	43154-5	Essex	R	S	R	R	R	S	S	S	R	R	S	S	R
1512c (16)	44158-4	2LY-13	R	R	S	R	R	S	R	S	R	R	S	S	S
1253a (12)	4737-33		R	R	S	R	R	S	R	S	R	R	S	S	S
1506b	4431-5	AAB-2	R	R	R	R	S	R	S	S	S	S	S	S	S
	4651-2	GQT-1	R	R	R	R	R	R	S	R	R	R	R	S	R
	4739-58		R	R	R	R	R	R	S	R	R	R	R	S	S
	46174-30	3WM-19	R	R	R	R	R	S	R	R	R	R	S	S	S
	4414-2	CDF-9	R	R	R	R	R	S	R	S	R	S	R	S	S

的菌株可以划分为 13 个小种，其中 6 个小种是英国、荷兰和美国 3 个国家共有的，5 个小种在 Black 的标样中发现，2 个小种在 Mastenbroek 的标样中发现。这些小种根据鉴别品种对它们的反应排成系列，并按顺序给小种以国际名称。这种小种的国际名称是 Black 提出的名称。以图 3-1，图 3-2，图 3-3 为基础制定的图 3-4，本质上与 Black 的图解相似[11]，它表示了所有这些小种之间可能的关系和差异。事实上，这个图解与后来 Mills，Peterson[141] 及 Mastenbroek 的图解也是相同的。除了 13 个已知的小种和 3 个推测的、可能存在的小种之外，还可能存在鉴别品种的抗病基因对它们无效的其他小种。

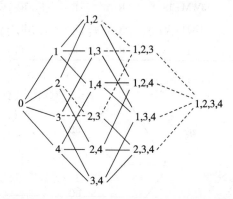

图 3-4 国际命名的晚疫病菌小种之间的关系和差异的图解

根据 Black、Mastenbroek 以及 Mills 和 Peterson 观察到的反应和所获得的分离比率，显然有 4 个不同的基因在起作用。这 4 个不同的基因及它们的不同组合决定着抗病类型。以前，这些基因是由不同的作者定下不同名称，但是现在能够对它们进行比较并采用适合国际利用的标准命名法。上述 3 个国家都同意采用 Black 的命名法。所以，这 4 个基因的名称为 R_1、R_2、R_3 和 R_4。这样，Black 的 R_1、Mastenbroek 的 R_9 和 Mills 和 Peterson 的 D 都命名为 R_1，其他的相对应基因（表 3-15）。

表 3-15 三套鉴别品种对晚疫病的抗病基因与建议的国际命名基因的比较

（Black 等，1953）

国际小种名称	鉴别寄主系列的抗病基因			晚疫病菌小种														
	Black	Mastenbroek	Mills and Peterson	0	1	2	3	4	1,2	1,3	1,4	2,3*	2,4	3,4	1,2,3*	1,2,4	1,3,4	2,3,4	1,2,3,4*
R_1	R_1	R_9	D	R	S	R	R	R	S	S	S	R	R	R	S	S	S	R	S
R_2	R_2	R_7	C	R	R	S	R	R	S	R	R	S	S	R	S	S	S	R	S
R_3	R_3	R_8		R	R	R	S	R	R	S	R	S	R	S	S	S	R	S	S
R_4	R_4	$R_2,5$	B	R	R	R	R	S	R	R	S	R	S	S	R	S	S	S	S

* 是理论小种；其他的是已知小种。

3 稻瘟病菌小种和小种鉴别体系

1922 年日本学者佐佐木首次报道了稻瘟病菌存在致病性不同的菌系，发现了对水稻品种致病性不同的两个小种 A 和 B。A 菌系致病谱窄，主要分布在平原地区，B 菌系致病谱宽，主要分布在山区[136,137]。佐佐木的发现和研究工作堪称植物病原菌致病性分化研究的先驱者之一。由于后继者把稻瘟病菌研究工作的注意力集中于各种培养性状的系统分类上，忽略了致病性的系统鉴定，导致近 30 年间致病性分化的研究进展缓慢[70]。

1951 年，导入中国品种杜稻和荔支江抗病基因育成的日本抗病品种关东 51、关东 53 和关东 55 等突然严重感病，使日本人重新认识到致病性分化研究的重要性[142,70]。1954 年，日本设立了"关于稻瘟病菌型研究"的全国性协作研究课题，开展稻瘟病菌致病性分化的系统研究。他们把日本各地采集的许多菌株接种在当时认为抗病性不同的品种上，根据反应型对水稻品种及稻瘟病菌株进行分类，并于 1961 年确立了第一套稻瘟病菌小种鉴别品种[13]。此后，各产稻国或地区在 20 世纪 60 年代初，也都先后建立各自的鉴别品种用于稻瘟病菌小种研究[13]。从 60 年代初至今，世界上产稻国家或地区建立和利用的鉴别品种达 10 多套。在 60 年代中期，由日、美合作研究筛选出一套由 8 个籼、粳稻品种组成的国际鉴别品种，试图作为国际上统一使用的鉴别品种[143]。国际鉴别品种的抗病基因组成不明，小种鉴别力低，不能广泛应用。70 年代中期，日本植物病理、遗传学家根据 Flor 的基因-对-基因学说，经过水稻品种抗病基因分析，筛选出一套由 9 个粳型品种组成的"单基因"鉴别品种[144]。这套鉴别品种在日本和中国北方粳稻区表现很强的小种鉴别能力。但是，它对籼稻区的小种鉴别力较差，应用范围受到限制[70]。80 年代中期，国际水稻研究所（IRRI）以感病品种 CO39 为轮回亲本，经过 6 次回交育成一套近等基因系[145]，其中 4 个近等基因系作为稻瘟病菌小种鉴别用[70]。IRRI 近等基因系的育成标志着稻瘟病菌小种鉴别体系已由遗传背景不同的品种水平提高到遗传背景相同的近等基因系水平。但是，IRRI 创制近等基因系所利用的回交亲本 CO39 不是普感品种，它至少含有一个主效抗病基因 $Pi\text{-}a$[70]，用它作为轮回亲本育成的近等基因系不是所有系统都为单基因系统。这些近等基因系对粳稻区的稻瘟病菌小种鉴别力较低，也不能在国际上广泛利用[146]。鉴于 30 多年来国际上没有一套可供统一使用的真正单基因的鉴别体系，中国农业科学院原作物育种栽培研究所以普感品种丽江新团黑谷（LTH）为轮回亲本，创制了一套国际适用的鉴别稻瘟病菌小种的水稻近等基因系[146]。这套近等基因系克服了上述各套鉴别品种（系）使用范围的局限性，为构建中国或国际统一使用的稻瘟病菌小种新鉴别体系奠定了物质基础。

日本与 IRRI 合作，用中国提供的普感品种 LTH 作为轮回亲本，于 2000 年育成 24 个单基因系。这套单基因系只经过 1~3 次回交，各系统间的遗传背景存在较大差异，没有达到与 LTH 遗传背景基本相同的近等基因系水平。另外，日本-IRRI 的单基因系尚需验证其真正的单基因性质。

3.1 稻瘟病叶瘟病斑型的划分和小种鉴定

镫谷 1955 年根据叶瘟病斑的中毒部，坏死部和崩溃部等的外观颜色，将病斑分为 b 型（褐色），yb（黄褐色），bg 型（褐灰色）ybg 型（黄褐灰色），Pg 型（紫灰色）、P 型（紫色），W 型（白色）等 7 种病斑型。前 3 种为抗病型病斑，后 4 种为感病型病斑[13]。

后藤等在用喷雾接种研究稻瘟病菌小种时，病斑型的划分与镫谷大体相同，但 P 型病斑和 Pg 病斑归为 PG 型。b 型，yb 型和 bg 型等反应型定为抗病（R），W 型，ybg 型和 PG 型等反应型定为感病（S）。

清泽划分的病斑型：b 型病斑为褐点型病斑；bg 型病斑为崩溃部的长径不到 2mm，周边褐色；bG 型病斑为崩溃部的长径 2mm 以上，周边褐色；pG 型病斑为崩溃部长径 2mm 以上，周边无色或紫色。根据以上病斑型及各种病斑型的平均病斑数，制定了注射接种评定品种和材料抗病性的标准如下：

Ⅰ　2/3 以上的个体无病斑 ·· R^h

Ⅱ 无病斑个体不到 2/3

　1. 每一个体平均病斑数不到 1.0 ·· R^h

　2. 每一个体平均病斑数超过 1.0

　A. b 型病斑占优势

　　a. b≥2(bg＋bG＋pG) ·· R

　　b. (bg＋bG＋pG) ≤b<2(bg＋bG＋pG)　α ································ R

　　　　　　　　　　　　　　　　　　　　　β ······························ MR

　　c. b< (bg＋bG＋pG)　α ·· MR

　　　　　　　　　　　　　β ·· M

　B. bg 型病斑占优势

　　a. (b＋bg) ≥ (bG＋pG)　α ·· MR

　　　　　　　　　　　　　　β ·· M

　　b. (b＋bg) < (bG＋pG)　α ·· M

　　　　　　　　　　　　　　β ·· MS

　C. bG 型病斑占优势

　　a. (b＋bg) ≥ (bG＋pG)　α ·· MR

　　　　　　　　　　　　　　β ·· M

　　b. (b＋bg) < (bG＋pG)　α ·· M

　　　　　　　　　　　　　　β ·· MS

　D. pG 型病斑占优势

　　a. (b＋bg＋bG) ≥pG　α ··· M

　　　　　　　　　　　　β ··· MS

　　b. (b＋bg＋bG) <pG　α ··· MS

　　　　　　　　　　　　β ··· S

清泽的品种和材料抗病性评定标准中的 α，是指平均病斑数少于 7 个，β 指平均病斑数超过 7 个。在发病重，叶片先端部分枯死，病斑型和病斑数无从调查时，在平均病斑数中加 10。

江塚简化并改写了清泽的评定方法，其评定标准如下。

2/3 以上的个体无病斑 ⎫
　　　　　　　　　　　　⎬ ··· R^h
每个个体平均病斑数不到 1 个 ⎭

b 型病斑最多，占总病斑数的 2/3 以上 ·· R

b 型病斑最多，占总病斑数的 2/3 以下，1/2 以上 ······································ MR

b 型病斑最多，占总病斑数的 1/2 以下
bg 型或 bG 型最多，(b＋bg) ≥ (bG＋pG)　⎫
　　　　　　　　　　　　　　　　　　　⎬ ·· M

bg 型或 bG 型最多，(b＋bg) ＜ (bG＋pG)　⎫
pG 型最多，占病斑总数 1/2 以下　　　　　⎬ ·· MS

pG 型最多，占病斑总数 1/2 以上　·· S

Bonman 的病斑型划分和病害反应评定与欧世璜提出的划分和评定相似：0＝无感染/侵染症状；1＝病斑直径小于 0.5mm 的褐色斑点，不形成孢子；2＝病斑直径约为 0.5～1mm 的褐色斑点，不形成孢子；3＝近圆形至椭圆形病斑，病斑直径约 1～3mm，中央灰色、周边褐色，病斑形成孢子；4＝能形成孢子的典型纺锤形病斑，长 3mm 或更长，中央为坏死灰色、周边水渍状或浅红褐色，病斑有点融合或不融合；5＝病斑像 4，但一张叶片或两张叶片的约一半因病斑的融合而死亡。0～3 级病斑为抗病病斑型，4 级和 5 级病斑为感病病斑型[147]。

3.2　各国水稻鉴别品种和稻瘟病菌小种

日本鉴别品种和小种

在 20 世纪 80 年代中期 IRRI 育成近等基因系以前，日本先后建立和利用 3 套鉴别品种。第一套鉴别品种分为 T、C、N 三群，T 群包括特特普、塔杜康、乌尖 3 个品种；C 群由长香稻、野鸡粳、关东 51 等 3 个中国粳稻或有中国稻血统的粳稻组成；N 群含有石狩白毛、誉锦、银河、农林 22、爱知旭、农林 20 等 6 个日本粳稻。用这 12 个鉴别品种研究日本稻瘟病菌小种，鉴定出 18 个小种，基本上查清了日本稻瘟病菌致病性分化的情况。但是，这套鉴别品种是根据经验选定的，它不是小种鉴定和致病性分化研究最适宜的鉴别品种[146]。根据 Flor 的基因对基因学说，所谓稻瘟病菌小种是指与病原菌的致病性有关的基因型。因此，利用只具有一个彼此不同的主效抗病基因的品种组成的小种鉴别品种，能以最少的品种识别与各个抗病基因对应的病原菌致病性的全部基因型。根据这种见解，日本于 1976 年建立了由 9 个粳稻品种组成的第二套鉴别品种[144]。

这套鉴别品种及当时已知的抗病基因如下：新 2 号（$Pi-k^s$）、爱知旭（$Pi-a$）、石狩白毛（$Pi-i$）、关东 51（$Pi-k$）、梅雨明（$Pi-k^m$）、福锦（$Pi-z$）、社糯（$Pi-ta$）、Pi4 号（$Pi-ta^2$）、砦 1 号（$Pi-z^t$）。1976 年，用这套鉴别品种对日本各地采集的菌株进行小种鉴别，获得 23 个小种。日本学者清泽茂久对日本新的鉴别品种作了更动，并增加 3 个具有已知抗病基因的品种，组建了日本清泽鉴别品种。这套鉴别品种包括了当时已经命名的 13 个抗病基因中的 12 个基因，它们是新 2 号（$Pi-k^s$）、爱知旭（$Pi-a$）、藤坂 5 号（$Pi-i$）、草笛（$Pi-k$）、梅雨明（$Pi-k^m$）、福锦（$Pi-z$）、K1（$Pi-ta$）、Pi4 号（$Pi-ta^2$）、砦 1 号（$Pi-z^t$）、K60（$Pi-k^p$）、BL1（$Pi-b$）和 K59（$Pi-t$）。清泽鉴别品种主要用于水稻品种的抗病基因分析，不作为日本统一使用的小种鉴别品种。

美国鉴别品种和小种

美国学者 Latterell 发现，美国水稻品种辛尼斯（Zenith）在佛罗里达州感病，在阿肯色州抗病。他于 1954 年报道，佛罗里达州的菌株侵染辛尼斯，不侵染品种卡罗柔；而阿肯色州和路易斯安那州的菌株不侵染辛尼斯，但侵染卡罗柔。这是美国有关稻瘟病菌小种分化的第一个报告。1960 年，Latterell 用辛尼斯、拉克罗西、卡罗柔、瓦格-瓦格、拉米纳德

Str. 3、沙田早 S、沙田早 P、C15309、杜拉、NP125 等 10 个鉴别品种，将来自美国、中美、南美、欧洲和亚洲的 14 个国家 165 个菌株鉴定为 15 个小种。1965 年增加 Rexoro 和台中 65，组成 12 个品种的美国稻瘟病菌小种鉴别品种。

中国台湾省鉴别品种和小种

1961 年，台湾省用昆山五香粳、台中 65、稗秆稻、台中 171、嘉农 242、光复 1 号、嘉农育 280、台中系比 33、关东 51、农林 21、战捷、Cutsugulcul、Natala、高脚柳州、高雄大粒清油、台中低脚乌尖等 16 个品种鉴定了 5 个小种。至 1975 年，鉴定的小种数达 55 个[148]。

韩国鉴别品种和小种

1962 年，韩国用辛尼斯、石狩白毛、Pi 1 号、战捷、关东 51、绫锦、农林 17、农林 22、农林 1、土根早生等 10 个鉴别品种，对来自不同地区的菌株进行鉴定，划分出 5 个小种。后来，韩国利用日本第一套鉴别品种进行稻瘟病菌小种鉴定。1963 年，把全国各地采集的 21 个菌株接种在日本 12 个鉴别品种上，鉴定出 10 个小种。1962—1974 年，共鉴定了来自全国的 1 044 个菌株，划分出 27 个小种[149]。

菲律宾鉴别品种和小种

菲律宾鉴别品种由拉克罗西、沙田早 S、CI 5309、拉米纳德 Str. 3、瓦格-瓦格、长香糯、稗秆稻、台中低脚乌尖，皮泰、CO 25、Kataktara DA-2、KhaoTah Haeng 17 等 12 个品种组成。这是用菲律宾的 100 个菌株接种鉴定美国 11 个鉴别品种、日本 12 个鉴别品种、中国台湾省 16 个鉴别品种、东南亚和南亚的品种，根据被测品种对菲律宾菌株的鉴别能力筛选而成。12 个鉴别品种划分这 100 个菌株为 26 个小种。自 1963 年至 1974 年，用这套鉴别品种测定菌株 3 225 个，鉴定出 255 个稻瘟病菌小种[150]。

国际鉴别品种和小种

国际鉴别品种由拉米纳德 Str. 3、辛尼斯、NP125、乌尖、杜拉、关东 51、沙田早 S、卡罗柔等 8 个品种组成。在 1963 年国际水稻研究所召开的稻瘟病国际研讨会上，与会者强调建立国际统一使用的鉴别品种的必要性。同年，日、美开展协作研究，共同试验了由世界主要产稻国采集的菌株，把这些菌株接种在日本、美国、中国台湾省的鉴别品种及其他品种上，研究它们的小种鉴别能力，从中筛选出以上 8 个品种组成国际鉴别品种。1967 年，日、美同时发表共同研究结果，记载了 32 个国际小种[151]。

印度鉴别品种和小种

印度于 1961 年开始稻瘟病菌小种研究，以美国 10 个鉴别品种为基础，加进 AC1613、CR906、本格旺、SM6、Mas 等 5 个印度品种，组成 15 个品种的印度稻瘟病菌小种鉴别品种[152]。1965 年发表研究结果报告，鉴定了 28 个生理小种。据 1976 年报道，印度还利用 8 个国际鉴别品种，加进美国鉴别品种瓦格-瓦格、CI5309、沙田早-P、拉克罗西；日本鉴别品种特特普、塔杜康；印度品种 BJ1、S67、CO13 作为参考品种。测定印度 132 个菌株，划分为 31 个小种[159]。

中国鉴别品种和小种

中国鉴别品种由特特普、珍龙 13、四丰 43、东农 363、关东 51、合江 18、丽江新团黑谷（LTH）等 7 个品种组成。1976 年，通过全国 21 个省（自治区）市 30 多个单位协作研究，历经 4 年的集中试验，用来自全国的 1739 个菌株，接种 212 个水稻品种，根据品种的小种鉴别能力，选择有代表性的 7 个品种作为中国稻瘟病菌小种鉴别品种。用这套品种把来自全国的 827 个菌株划分为 7 群 43 个小种[154]。

3.3　鉴别品种存在的问题及其改进

日本第二套鉴别品种和清泽鉴别品种，是经过品种抗病基因分析后建立的，明确了各品种含有某个已知抗病基因，而其他所有的鉴别品种不明抗病基因组成，是凭经验筛选组建的。因此，鉴别品种存在许多缺点：①鉴别品种的抗病基因不清楚，除日本第二套鉴别品种和清泽鉴别品种及中国鉴别品种东农 363、关东 51、合江 18 之外，其他所有鉴别品种都存在这个问题；②因为筛选前没有搞清品种抗病基因，后来发现有一些品种具有共同的抗病基因，如日本第一套鉴别品种中的誉锦、爱知旭、农林 20 和农林 22 都具有抗病基因 Pi - a，鉴别能力大同小异，影响整套鉴别品种的小种鉴别能力。

日本的第二套鉴别品种与第一套鉴别品种相比，有如下 3 个优点：①每个品种都具有一个彼此不同的已知抗病基因；②小种命名方法比较好，知道小种的名称就知道该小种侵染哪些抗病基因；③根据需要可以添加鉴别品种，又能保持鉴别体系的完整性[155]。

鉴别品种的改进沿着提高小种鉴别能力和建立国际统一使用的鉴别品种方向发展。日本新鉴别体系的建立和国际鉴别品种的产生，反映了小种研究水平在逐步提高，但是国际鉴别品种抗病基因组成不清楚，小种鉴别力低，未能统一利用。日本新鉴别体系对日本和中国北方粳稻区的菌株具有较强的小种鉴别力，但是对菲律宾和中国南方籼稻区的菌株的小种鉴别力比较低，这套鉴别品种同样不能在国际上统一利用。

3.4　近等基因系鉴别体系及普感品种丽江新团黑谷

如上所述，20 世纪 80 年代中期，国际水稻研究所（IRRI）已育成近等基因系。1987 年，中国农业科学院原作物育种栽培研究所以具有已知抗病基因的日本清泽鉴别品种草笛（Pi - k，Pi - sh）、梅雨明（Pi - k^m，Pi - sh）、K1（Pi - ta，Pi - x）、Pi 4 号（Pi - ta^2，Pi - sh）、K60（Pi - k^p，Pi - sh）、BL 1（Pi - b，Pi - sh）作为抗病基因的供体亲本，以普感粳型品种丽江新团黑谷（LTH）为轮回亲本，经 6 次回交和抗病性鉴定，于 1993 年育成 F - 80 - 1、F - 98 - 7、F - 124 - 1、F - 128 - 1、F - 129 - 1 和 F - 145 - 2 等 6 个单基因近等基因系[155]。日本与 IRRI 合作，利用中国提供的 LTH 作为轮回亲本，与具有已知抗病基因的籼、粳稻品种杂交，经过 1～3 次回交，于 2000 年育成 24 个单基因系[155]。

如前所述，IRRI 在 20 世纪 80 年代的近等基因系育成，标志着稻瘟病菌小种的鉴别水平提高了，由利用遗传背景不同的品种来鉴别小种发展到以遗传背景相同的近等基因系来研究小种。但是，IRRI 近等基因系不是单基因系，其中有的系统含有 2 个抗病基因。日本-IRRI 育成的单基因系，不是近等基因系，遗传背景与轮回亲本 LTH 有较大的不同。中国 6 个水稻单基因近等基因系，在代表世界不同类型稻作区的菲律宾、日本和中国，都表现很强的生理小种鉴别能力，而且对不同菌株的抗、感反应十分清晰，容易判断其抗病性反应。这是以普感品种 LTH 为遗传背景，经过验证确认为真正单基因的水稻近等基因系。所谓单基因近等基因系是指各个系统具有相同的普感品种的遗传背景，只含彼此不同的一个抗病基因，对所有菌株都表现单基因抗病性的水稻品系。因此，应当建立真正单基因系统的验证方法，对目前国外报道的单基因系统进行验证：①单基因系统与 LTH 杂交，证明为 3∶1 的抗病性分离；②对感病群体进行广泛接种鉴定（至少用 50 个代表性菌株），没有发现任何抗病植株；③能鉴定的小种数是否等于 2^n（n 是用来鉴定小种的单基因系统数）。

水稻品种 LTH 是云南粳型地方品种，也是中国稻瘟病菌小种的鉴别品种之一。在 1976—1979 年，全国稻瘟病菌小种联合试验协作组筛选鉴别品种期间，LTH 对来自全国的 2460 个菌株表现高度感病反应。此后，经 20 多个省（自治区）、市 30 多个研究单位 15 年的广泛接种鉴定，LTH 对被测菌株都表现感病反应，没有发现任何非致病菌株。1980—1982 年在日本用 200 个菌株鉴定；1994 年在菲律宾用 80 个代表性菌株鉴定，1983—2000 年用中国南、北方稻区的 1 000 多个菌株鉴定；2000 年韩国用 100 个菌株鉴定，LTH 也都表现感病反应。至今为止，从未发现对 LTH 为非致病的菌株[156]。

通过有代表性的、广泛的鉴定，为确定 LTH 为真正的普感品种提供了准确可靠的实验证据。强调这一点很重要，因为日本品种新 2 号也曾一度在日本被认为是普感品种，但后来在菲律宾籼稻区鉴定时，对一些菌株表现高度抗病，经抗病基因分析，发现它含有 $Pi\text{-}k^s$ 和 $Pi\text{-}sh$ 两个主效抗病基因[120,157]。目前国际上报道的 IRRI 的近等基因系、中国近等基因系和日本- IRRI 的单基因系，都是应用于研究稻瘟病菌小种的近等基因系或单基因系。前者是以籼稻品种 CO39 为轮回亲本育成的近等基因系，具有轮回亲本 CO39 的遗传背景，所育成的近等基因系中，有些系统至少有 2 个抗病基因，不是单基因近等基因系。后二者都是以 LTH 为轮回亲本，导入其他品种的抗病基因育成。日本- IRRI 的单基因系尚未达到近等基因系的水平，需要进一步与 LTH 回交，才能具有与 LTH 基本一致的遗传背景。而且必须按照我们上述的方法进一步验证其真正的单基因性质。中国近等基因系具有如下特征：①每个系统具有彼此不同的单一抗病基因；②所有的系统都具有相同的遗传背景；③所有的系统对被测定的菌株都表现十分明显的抗病或感病反应，很少出现模糊不清的中间反应类型。

3.5 稻瘟病菌小种的命名

日本第一套鉴别品种鉴定的小种的命名

本套鉴别品种分 T、C、N 三群，包括 12 个鉴别品种。根据菌株对各群鉴别品种的致病性，把被鉴定的菌株归为 T、C、N 三群，即侵染 T 群 1 个或 1 个以上鉴别品种的菌株为 T 群小种；不侵染 T 群鉴别品种，而侵染 C 群 1 个或 1 个以上鉴别品种的菌株为 C 群小种；对 T、C 群鉴别品种都不侵染，只侵染 N 群 1 个或 1 个以上鉴别品种的菌株为 N 群小种。在 T、C、N 后附上统一的顺序编号，就是被测菌株的小种名称，例如 T-1、T-2…，C-1、C-2…，N-1、N-2…。

日本第二套鉴别品种鉴定的小种的命名

这套鉴别品种是根据 Gilmour 的八进位法进行稻瘟病菌小种命名的[158]。首先把具有已知抗病基因的 9 个鉴别品种分为 3 组，给每个品种编上数码，第一组的新 2 号、爱知旭、石狩白毛分别为 1、2、4；第二组的关东 51、梅雨明、福锦依次为 10、20、40；第三组社糯、Pi-4 号、砦 1 号为 100、200、400。被测菌株的小种名称是菌株能侵染的鉴别品种编码之和。例如，被测定的某些菌株侵染鉴别品种新 2 号、福锦、社糯，这些菌株的小种名称为 141（1＋40＋100＝141）。而侵染新 2 号、爱知旭、石狩白毛的菌株为小种 007。

国际鉴别品种鉴定的小种的命名

8 个国际鉴别品种先后排列为：A，拉米纳德 Str.3、B，辛尼斯、C，NP-125、D，乌尖、E，杜拉、F，关东 51、G，沙田早- S、H，卡罗柔。侵染拉米纳德 Str. 3（A）的菌株为 IA 群小种；不侵染拉米纳德 Str. 3，而侵染辛尼斯（B）的菌株为 IB 群小种，照此类推，侵染 C～H 品种的菌株分别为 IC 群、ID 群、IE 群、IF 群、IG 群和 IH 群小种。各类群的第 1 个英文字母 I 代表用国际的（International）鉴别品种鉴定的小种。在各小种群内，再根据菌株对其他品种的致病性进行小种编号，如 IC - 1、IC - 2…[151]。

中国鉴别品种鉴定的小种的命名

中国稻瘟病菌小种鉴别品种按顺序排列为特特普（A）、珍龙 13（B）、四丰 43（C）、东农 363（D）、关东 51（E）、合江 18（F）、丽江新团黑谷（G）。小种分群方法与国际鉴别品种及日本第一套鉴别品种的分群方法相同。各鉴别品种的编码依次为 64、32、16、8、4、2、1，小种的名称是在分群品种的英文字母后，附上分群品种之后表现抗病的各品种的编码之和，再加上数字 1。例如，反应型为 RSRSSRS 的菌株，其小种名称为 B19（16＋2＋1）。为表明小种是用中国鉴别品种鉴定的，在各小种群英文字母之前冠以汉语拼音 Zhong-guo（中国）的第一个字母 Z，所以前例小种的完整名称为 ZB19[154]。

中国单基因近等基因系鉴定的小种的命名

当中国单基因近等基因系将来在全国统一使用时，用它鉴定的稻瘟病菌小种命名，可以沿用日本新鉴别体系的命名法，同时在表示小种名称的数字前冠以 CN 英文字母，代表用中国近等基因系鉴定的小种[152]。

回顾稻瘟病菌小种研究的发展历程，我们看到了小种鉴别品种（系）在逐步完善，它们由不知道抗病基因组成、遗传背景各不相同的品种水平提高到明确了各鉴别品种含有某个已知抗病基因的水平，直到目前创制了仅含一个抗病基因、具有相同的普感遗传背景的单基因近等基因系的水平。小种的概念和定义也发生了变化，初始的所谓小种，是根据对正式规定的鉴别品种的致病性差异划分的菌株群。这是在利用不知道抗病基因组成的鉴别品种研究小种阶段，人们对小种的认识。随着研究工作的深入和日本"单基因"鉴别品种的建立以及对 Flor 基因-对-基因学说的理解，病理学家和遗传学家重新定义小种为与病原菌的致病性有关的基因型。综上所述，稻瘟病菌小种研究可以划分为如下几个阶段：①利用鉴别品种研究小种，世界范围的共同做法（1959—1976）；②以具有已知抗病基因的鉴别品种研究小种，以日本新鉴别品种的建立和应用为标志（1976—1986）；③用遗传背景相同的近等基因系鉴定稻瘟病菌小种，以 IRRI 的 4 个近等基因系的育成和应用为代表（1987—1993）；④应用单基因近等基因系研究小种，以中国 6 个单基因近等基因系的育成和在国际上 10 多个国家的应用为标志（1994—）。

3.6　鉴别品种和鉴别菌系的鉴别能力

在同一种病原菌中，存在致病性不同的一些菌系，品种也划分为抗病基因型不同的若干类群。为了进行病原菌和品种的分类，需要有鉴别品种和鉴别菌系。在进行病原的分类时，为了经济有效地利用鉴别品种，必须选择鉴别能力最高的鉴别品种[144]。现在，我们看一看品种的这种鉴别能力。

假定有 A 和 B 两个抗病基因及与它们特异对应的两个非致病基因 a 和 b。通过这些基因的组合，就出现 4 种病原菌的基因型和 4 种品种的基因型（表 3 - 16）。我们考虑用最少的品种来划分病原菌的 4 种基因型。由 4 种品种中随便选一个品种，看看根据反应型能把 4 种基因型的菌株分成几类。用 AB 品种只能把被测菌株的 4 种基因型划分为 ab，a＋，＋b（R 反应）和＋＋（S 反应）的两种类型。用 A＋品种也只能划分为 ab，a＋（R 反应）和＋b，＋＋（S 反应）两种类型。用＋B 品种同样只能划分为 R 和 S 两个反应型。＋＋品种完全没有鉴别能力。因此，用一个品种，根据品种和病原菌的表现型，最多也只能把 4 种基因型的病原菌株分成两类。

表 3-16　抗病程度不同的基因间的互作
（凌忠专等，2005）

病原基因型 / 寄主基因型	ab	a＋	＋b	＋＋
AB	R	R	M	S
A＋	R	R	S	S
＋B	M	S	M	S
＋＋	S	S	S	S

　　我们再看看用两个品种作为鉴别品种的情况。用 AB 品种和 A＋B 品种时，病原菌的 4 种基因型被划分为 ab，a＋（RR 反应），＋b（RS 反应）和＋＋（SS 反应）3 种反应型。用 AB 和 B 基因型的两个品种，也能分为 3 种类型，但不能完全区分出实际存在的病原菌的 4 种基因型。如果利用 A＋品种和＋B 品种，就能把 4 种基因型划分为 ab（RR 反应），a＋（RS 反应），＋b（SR 反应）和＋＋（SS 反应）4 种反应型。因此，用 A＋和＋B 两个品种，可以根据反应型，把菌的 4 种基因型明确地区分开来。

　　同样的道理，如果用鉴别菌系来区分品种的 4 种基因型，在 4 种基因型的菌系中进行选择。用菌系 a＋和＋b，能够把寄主的基因型 AB，A＋，＋B 和＋＋完全区分开来。当寄主和病原菌的对应基因为 ABC 和 abc 3 对基因时，为了要划分由三个基因组成的 8 种基因型（表 3-17），如果寄主方面有 A＋＋，＋B＋，＋＋C 这三种基因型的品种，即能把 8 种基因型的病原菌完全区分开。反之，在病原菌方面，如果有 a＋＋，＋b＋和＋＋c 3 种基因型的菌，就能把寄主品种的 8 种基因型完全区分开。

　　假定 A＋基因控制 R 反应，B＋基因控制 M 反应。这时即使用 ab 和＋b 菌系，也能把 AB，A＋，＋B 和＋＋寄主的四种基因型区别开。用 AB＋B 品种也能把 ab，a＋，＋b 和＋＋病原菌的四种基因型区别开。

　　一般地说，要鉴别由 n 个抗病基因（或非致病基因）组成的基因型，需要用 n 个各自只具有一个彼此不同的非致病（抗病）基因的菌系（品种）。如果由所有成对的抗病基因、非致病基因控制品种抗病和菌系的非致病程度相同，则没有 A＋＋，＋B＋，＋＋C 或者 a＋＋，＋b＋，＋＋c 这样的基因型，就不可能把所有的基因型完全区别开来。如果对应的成对抗病基因、非致病基因控制的抗病程度或者非致病程度不同时，则如表 3-16 所示，上位基因常常不一定单独地只具该基因。把这个原理搞清楚的是 Flor，虽然他没有作这样的解释，但是在亚麻锈病的研究中，他选择只具有单个抗病基因的品种作为鉴别品种来进行小种的鉴别。在进行抗病育种时，想把 A，B 两个抗病基因组合在一个品种里，为了鉴定它们是否已经组合在一个品种里，需要利用 a＋菌系和＋b 菌系，只要具备这两个菌系就足以进行鉴定，因此，上述的原理是非常重要的见识。

Aa-对基因控制 R 反应，Bb-对基因控制 M 反应。在这种场合，即使用 ab，＋b 也能把寄主的 AB，A＋，＋B，＋＋ 4 种基因型区别开，同样能区分病原菌 ab，a＋，＋b，＋＋4 种基因型。

3.7　稻瘟病菌小种研究的展望

3.7.1　单基因鉴别体系的进一步完善

要准确鉴定稻瘟病菌小种（致病型）以及致病型与基因型的关系，就需要建立一套单基因的水稻近等基因系的小种鉴别体系。这套鉴别体系应当包括已经发现和命名的全部已知抗病基因。利用这套为数众多的单基因近等基因系，对于理清稻瘟病菌致病型与基因型的关系至关重要。但是，在广泛地、大规模地进行小种初步鉴定时，却应当组建一套比较容易使用，又能基本上反映小种组成及其变化的鉴别体系。根据这种观点，中国农业科学院原作物育种栽培研究所，用来自中国南、北方稻区的 290 个稻瘟病菌株接种中国 6 个单基因近等基因系和日本－IRRI 合作研究育成的 24 个单基因系。调查被测系统的抗谱，选择抗谱介于 30%～70% 之间的 12 个系统，经过比较，再去除 3 个抗谱相对较宽或较窄的系统，确立 9 个系统适合作为我国稻瘟病菌小种新鉴别体系。这些系统可以提供全国各省（自治区）、市使用，根据各省（自治区）、市具体情况可以采用 9 个系统或 12 个系统作为鉴别体系。这是初步的研究结果，要成为全国统一使用的体系，或者创建国际统一使用的单基因近等基因系，还需要解决如下问题：①鉴别体系中的日本- IRRI 单基因系，要进一步回交，使它们达到近等基因系的水平。②中国农业科学院原作物育种栽培研究所新育成的 12 个近等基因系，经初步鉴定，有 8 个系统符合入选条件，可以在近期内提供中国各主要稻区的研究单位进一步筛选。另外，这些新育成近等基因系需要进行抗病基因分析和近等基因系寄主与稻瘟病菌互作的实验研究，根据互作中寄主和病原表现的几何系列关系，选出表现单基因特征的近等基因系。同时要进行抗病基因染色体定位及抗病基因命名。③按统一标准，由中国各主要稻区再次筛选后正式确定为中国统一使用的鉴别体系[152]。

3.7.2　常规的小种鉴定和辅助的分子生物学方法

有些研究者根据自己对菌株致病型差异与 DNA 指纹差异的一致性研究结果，提出摆脱鉴别品种（系），建立划分小种的新方法。笔者认为二者相辅相成，不可相互取代。离开常规的小种鉴定，分子生物学的小种研究无从进行，其研究结果也无法得到验证。另一方面，常规的小种鉴定和研究需要借助生物技术方法，使研究工作深化，在基因-对-基因学说指导下，共同揭示稻瘟病菌致病性分化和变异的本质。二者的结合将为水稻的抗稻瘟病育种和稻瘟病防治提供更可靠，更科学的策略。

指纹聚类分析划分的宗谱（lineage），所依据的指纹相似性百分率的标准因研究者而异。标准不同划分的宗谱也就不同，所包含的代表不同致病型的菌株也随之变化，这是人为因素造成的混乱。因此，如何划分宗谱才能反映宗谱差异的本质，同时要考虑这种差异与菌株致病性的内在联系，这似乎也是小种的常规鉴定和分子生物学验证必须深入探索和解决的另一个问题。

云南农业大学在对稻瘟病菌进行 DNA 指纹分析时，也进行水稻品种的 DNA 指纹分析[160]。这是研究水稻与稻瘟病菌互作应该做的一项工作，因为稻瘟病菌与水稻的互作是一个寄生体系的两个侧面的相互关系，彼此不能分离。这一点似乎也被一些病理学家和分子生物学家忽视[161]。因此就出现摆脱鉴别品种、以分子生物学方法单独划分小种的"新方法"和否认分子生物学方法积极作用的两种倾向。问题是这项实验研究需要改进：①材料的选择要用目前已应用的单基因近等基因系及相关的致病菌株和非致病菌株；②实验结果应当进行对应的和交叉的分析，例如单基因近等基因系之间的宗谱差异；单基因近等基因系宗谱与非致病菌株宗谱的对应关系；非致病菌株与致病菌株宗谱的差异；普感品种 LTH 与各近等基因系宗谱的差异。

从事稻瘟病菌小种分子遗传学研究的学者们，应当结合自己的实际研究工作，努力总结国内外有关方面的研究成绩和成功经验以及应用有效的、准确可靠的技术方法，找出存在的问题和解决难题的新思路。我国的一些植物病理遗传学家正在逐步深化自己的研究工作，朝着解决稻瘟病菌致病性和寄主水稻品种抗病性遗传的病理遗传学的实质问题努力工作。我们有理由相信，围绕稻瘟病菌小种和寄主品种的病理遗传研究，常规的稻瘟病菌小种研究和分子遗传学方法的小种研究的紧密结合，将促进我国稻瘟病菌小种研究水平迅速提高。

如果应用生物技术和分子遗传学方法能找到稻瘟病菌分化和变异的分子遗传学根据，并与常规鉴定共同得出一致的结论，则新技术在稻瘟病菌小种研究的发展中将会显现更重要的作用。作者相信分子遗传学一定会在促进小种研究的发展上起积极作用，问题在于目前的研究结果似乎还存在一些问题有待解决。综观国内外的研究进展，得出如下 3 种不同的结果：①宗谱与致病型存在一定的对应关系；②二者之间不存在对应关系；③二者之间存在很复杂的相互关系[160]目前不能简单地下结论。对此，或许应当考虑如下问题：

（1）以稻瘟病菌株 DNA 指纹的相似性划分的宗谱与各菌株的非致病基因是否存在必然的联系，或者说，菌株的宗谱差异是否反映非致病基因的差异，这是分子遗传学家面临的必须要研究解决的问题。宗谱和致病型分属分子遗传学和病理学范畴，前者是基于应用生物技术方法，由病原菌各个菌株产生的 DNA 指纹图谱的相似性划分的；后者是基于病原菌各个菌株对一套具有不同抗病基因型的鉴别品种的非致病和致病反应型划分的。因此，不同研究者得到的研究结果都受所用的鉴别品种和分子标记的影响。潘庆华等的研究证明，采用日本鉴别品种和 IRRI 鉴别品种，比采用中国鉴别品种，能反映比较多菌株的宗谱与致病型的对应关系[161]。因此，要探究二者之间的内在联系，就要选择恰当的分子标记和合适的鉴别品种（系）。潘庆华根据自己的研究结果和国内外的研究进展，对宗谱与致病型的对应关系作了比较全面、比较深入的讨论[161]。他认为二者的对应关系是否成立，取决于分子标记是否为与致病性有关的特异性分子标记和应用抗病基因组成比较简单的鉴别品种。满足这两个条件，二者的对应关系应当成立[161]。目前应用于稻瘟病菌指纹分析的分子标记，是随机性的中性分子标记，而不是与致病性相关的特异性分子标记。开发和利用与非致病基因相关的探针或引物进行稻瘟病菌基因组分析，这可能是查明稻瘟病菌宗谱与致病型之间必然联系的一个途径。近年来，一些非致病基因相继被分子标记和克隆，为阐明和验证稻瘟病菌致病性的分子机理提供思路和技术。王宗华通过 RAPD 方法对菌株 81278ZBl5 与 Guyll 及其后代群体进行扩增，得到一个与无毒基因（非致病基因）avrpi‐2 连锁的分子标记 P1414700。32 个无毒（非致病）表型菌株均扩增出一条与 P1417700 大小相同的 DNA 带，45 个毒性（致病）表型菌株均扩增不出这条特异带。他证明了在杂交后代中表型与 P1414700 的分离基本一致。但用同一对特异引物对野生群体的扩增结果，无毒和有毒菌株都能扩出这条带[162]。这是值得进一步研究的问题。

（2）利用现有的鉴别品种（系）（包括中国鉴别品种，日本鉴别品种，国际鉴别品种和 IRRI 近等基因系），根据菌株的表型划分的致病型，不能全面地反映菌株之间的基因型差异，因为这些鉴别品种（系），有的抗病基因组成不明，如国际鉴别品种和中国鉴别品种中的特特普、珍龙 13、四丰 43，有的含有两个已知抗病基因，如日本鉴别品种，IRRI 近等基因系和中国鉴别品种东农 363、合江 18，它们都不是单基因的鉴别品种（系）。因此，用这些鉴别品种（系）鉴定的致病型，不能反映病原菌株的致病型与基因型的关系。还有，沈瑛用 MGR586 - DNA 指纹划分 401 个菌株为 54 个宗谱，用中国鉴别品种测定致病型，划分为 45 个致病型，致病型数目少于宗谱数目，出现一个致病型包含不同宗谱的现象[163]。分析其原因或许是因为中国鉴别品种不是单基因鉴别品种，不能准确鉴定致病型的缘故。潘庆华利用日本，IRRI 和中国等三套鉴别品种（系）的致病型鉴定，也存在同样的问题。因此，用目前现有的小种鉴别体系来研究致病型与宗谱的一致性，恐怕难以揭示它们之间的必然联系。由此看来，上述有关宗谱与致病型关系的 3 种研究结果，都还没有找到它们的必然联系。为了把问题说明白，应当根据已被植物病理学家和遗传学家证明适用于绝大部分植物寄主与病原互作关系的基因-对-基因学说来加以解释。传统遗传学已查清寄主植物的抗病基因与病原的非致病基因特异的对应关系。关于寄主植物的抗病基因与特异对应的病原的非致病基因的相互作用所表现的抗病反应和非致病反应，分子遗传学家应当找到这种互作结果的分子生物学证据。根据基因-对-基因关系的基本原理，列表说明水稻品种与稻瘟病菌的互作关系（表 3 - 17）。

表 3 - 17　水稻品种-稻瘟病菌互作的基因-对-基因关系

（凌忠专等，2005）

寄主（品种、系）	病原菌株	a	b	c	d	e	f	g	h
	基因型	a++	+b+	++c	ab+	a+c	+bc	abc	+++
A	A++	R	S	S	R	R	S	R	S
B	+B+	S	R	S	R	S	R	R	S
C	++C	S	S	R	S	R	R	R	S
D	AB+	R	R	S	R	R	R	R	S
E	A+C	R	S	R	R	R	R	R	S
F	+BC	S	R	R	R	R	R	R	S
G	ABC	R	R	R	R	R	R	R	S
H	+++	S	S	S	S	S	S	S	S

注：R 表示寄主的抗病反应和病原菌株的非致病反应，S 表示寄主的感病反应和病原菌的致病反应。

表 3 - 17 说明，只有用单基因的水稻鉴别品种（系）来鉴定稻瘟病菌株的致病型，才能把不同的致病型完全区别开，真正反应致病型与基因型的一致性及内在联系。如表所示，用 A、B、C 3 个水稻鉴别品种（系）鉴定稻瘟病菌株，能把含有 a、b、c 3 个非致病基因及其组合所形成的 8 种基因型的稻瘟病菌株区分开；而含有两个抗病基因的 D、E、F 3 个鉴别品种（系），只能鉴定出 5 个致病型，因为基因型不同的 ab+、a+c、+bc、abc 菌株都表现相同的致病型。它们在 3 个鉴别品种上都表现相同的非致病的 RRR 表型（致病型），实际上这些菌株分属于 4 种不同的基因型，因此用二基因的鉴别品种（系）无法彻底地区分不同的致病型，也不能揭示控制致病型的真正的基因型。如果用单基因鉴别品种（系）鉴定这些

菌株的表型，则这 4 种基因型的表型应当分别为 RRS，RSR，SRR，RRR，表明了表型（致病型）与基因型完全一致。由此可见，包括我国在内的研究稻瘟病菌宗谱与致病型关系的所有研究结果，其稻瘟病菌株致病型的测定都或多或少存在不准确、不可靠的问题。

4 小麦秆锈病菌小种及小种鉴别体系

4.1 禾柄锈病菌变种小种和生物型的发生和鉴定

禾柄锈病菌（*Puccinia graminis*）作为一个物种，它包括许多变种和小种。禾柄锈病菌在北美至少有 6 个不同的变种，它们的孢子大小和能侵染的禾谷类作物和杂草的种类不同[135]。所有变种的孢子都有一些共同的特性。例如，夏孢子的形状为圆柱形，具有 4 个赤道胚芽孢子，有耐阴性或金黄色彩和稍粗糙的孢子壁。但是有些变种之间的差异相当显著，有经验的观察者常常用显微镜检查就能鉴定它们。变种之间的主要差异列示表 3-18。

表 3-18   禾柄锈病菌（*Puccinia graminis*）6 个变种的夏孢子大小和寄主范围

（Stakman 等，1957）

变　　种	夏孢子大小（μm）	寄　主　植　物
1. 小麦秆锈病菌变种	32×20	小麦，大麦和许多野生杂草
2. 大麦秆锈病菌变种	27×17	黑麦，大麦和大部分与上项相同的野生杂草
3. 燕麦秆锈病菌变种	28×20	燕麦和以上两项不同的野生杂草
4. 梯牧草秆锈病菌变种	24×17	梯牧草和一些野生杂草
5. 翦股颖秆锈病菌变种	22×16	小糠草和剪股颖属的其他种
6. 早熟禾秆锈病菌变种	19×16	基塔基蓝草，草地早熟禾及其亲缘种

在小麦秆锈病菌变种（*tritici*）、燕麦秆锈病菌变种（*avenae*）和大麦秆锈病菌变种（*secalis*）等变种内都存在小种。每个变种内的小种之间，虽然形态上可能稍有差异，但是，最重要的和最明显的差异是对小麦、燕麦和黑麦某些品种的致病性。历史上长期应用鉴定小麦秆锈病菌小种的鉴别品种，是由 *Stakman* 等从 1915—1922 年从数百个代表品种中经测定确立的[164]。为了特殊的目的，也可以加进另外一些品种，但是，总是以原来的鉴别品种作为"标准的鉴别品种"。当时确立的 12 个标准鉴别品种为：Little Club，Marquis，Reliance，Kota，Einkorn，Arnautka，Mindum，Spelmar，Kubanka，Acme，Vernal 和 Khapli。

当用不同小种的夏孢子或锈孢子接种时，依照产生的感染型，把被接种的品种分为感病的（S）品种，抗病的（R）品种和中间型的（M）品种。侵染型划分为 0，1，2，3，4 和 X 6 种类型（图 3-5），寄主对各侵染型的反应等级为：

0 型　免疫：不产生锈病的疱状突起，但若有寄主的叶组织出现坏死的小斑点，就用分号标示（0）；

1 型　很抗病：锈病疱状突起非常小且被坏死的区域包围；

2 型　中等抗病：疱状突起由小到中等；一般为褪绿组织或坏死组织带包围的寄主组织绿斑；

3 型　中等感病：疱状突起中等大小，通常分隔开，无坏死区域，但可能出现褪绿区

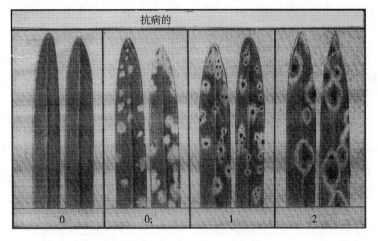

完全免疫　　　　实际上免疫　　　　非常抗病　　　　中等抗病

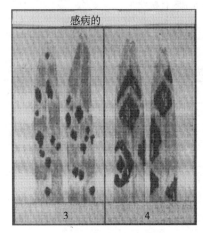

混合型　　　　　　　中等感病　　　完全感病

图 3-5　由小麦秆锈病菌小种在小麦鉴别品种上产生的 6 种侵染型

域，尤其在不利的条件下；

　　4 型　很感病：疱状突起大，常常融合，无坏死组织，但在不利的种植条件下，可能有黄化叶；

　　5 型（X 型）　异质型：疱状突起易变，有时在同一植株上包括上述全部侵染型，这种侵染型是其他类型之间的过渡类型。

　　由于锈病菌小种的侵染而在小麦鉴别品种上产生的感染型，是小麦品种抗病性和感病性程度的标示。在小麦秆锈病菌小种的鉴定中，只利用鉴别品种的如下 3 种反应等级：

品种反应	对应的侵染型
抗病的（R）	0，1 和 2
感病的（S）	3 和 4

　　为了鉴定小麦秆锈病菌小种，在温室内应用锈病菌孢子接种 12 个标准鉴别品种的幼苗植株，接种后的幼苗植株置于保湿室内 12~24h，为孢子的萌发和芽管侵入提供温、湿度保

证。锈病菌接种后 1～2 周产生新的孢子。小种用数字命名，用三歧检索表的方法鉴定，三歧检索表的一个例子示如表 3-19。

表 3-19　用 12 个小麦品种鉴定小麦秆锈病菌小种的检索表

(Stakman, 1957)

鉴别品种的反应	小种（检索号）
Little club，抗病的	
Marquis，抗病的	
Arnautka，抗病的 ………………………………………………	138
Arnautka，感病的 ………………………………………………	130
Marquis，中等（混合）的 ………………………………………	99
Marquis，感病的	
Khapli，抗病的 …………………………………………………	131
Khapli，感病的 …………………………………………………	41
Little Club，中等（混合）的	
Marquis，抗病的	
Kubanka，抗病的	
Einkorn，抗病的 ………………………………………………	103
Einkorn，感病的 ………………………………………………	160
Kubanka，中等（混合）的 ………………………………………	68
Kubanka，感病的 ………………………………………………	72
Marquis，中等（混合的） ………………………………………	58
Reliance，抗病的	
Reliance，抗病的 ………………………………………………	161
Reliance，感病的 ………………………………………………	144
……………………………………… 等 ………………………………………	

锈病菌标样的鉴定数目为 138，Little Club，Marquis，和 Arnautka 对这 138 个标样都是抗病的。这里只考虑 3 个鉴别品种的反应，而关键是由列出的已知小种在全部鉴别品种上产生的平均侵染型来补充（表 3-20）。正被鉴定的锈病菌株的侵染型可能偏离表中的侵染型，这种差异是正常的变异性造成的。然而，如果这种差异很明显，就应当做进一步的研究，以便查明是否为不同的小种。

表中只列出平均侵染型。这些资料对已知小种产生的侵染型的范围也是有效的。为了清楚地表示小种之间的差异，由其中 6 个小种产生的侵染型转换成标准鉴别品种和李氏小麦的反应型（表 3-21）。许多小种可以被细分，例如在 1929—1944 年来自美国和墨西哥的锈病菌标样被鉴定为小种 59，它在 Reliance 和 Kota 上产生侵染型 0 和 0；但是 1944 年由马萨诸塞州和华盛顿州的小檗灌木获得的菌株，在 Reliance 小麦品种上总是产生侵染型 2，新获得的菌株不具有小种 59 特有的侵染型 0。所以，新的菌株被命名为 59A。1944 年下半年，由小檗获得的另外 2 个菌株，与小种 59 和 59A 总是有些不同，这 2 个菌株被命名为 59B 和 59C。由这 4 种菌株在 Reliance 和 Kota 上产生的侵染型列示表 3-22。

表 3-20　根据对 12 个小麦秆锈病菌在小麦品种上产生的平均侵染型

(Stakman，1957)

小种	鉴别品种的平均反应											
	L. C.	Ma.	Rel.	Ko.	Arn.	Mnd.	Spm.	Kub.	A. c.	Enk.	Ver.	Kpl.
1	4	4−	0	3+	1=	1	1=	3+	3++	3	0;	1=
2	4	2=	2=	2=	1−	1	1=	1+	3++	3+	1−	0;
3	4	4−	4=	3+	1=	1=	1−	1+	3++	3+	1=	0;
4	4+	2=	1−	2=	4=	3+	3++	2	3++	3++	1=	1=
5	4	4−	0;	3	4=	3++	3++	1++	3+	3	0;	0;
6	4	2	1=	0;	3+	2=	2=	1	3+	3	0;	0;
7	4	2=	3+	1=	1=	1++	1−	1	3++	3−	1	1−
8	4	4	0;	4−	4=	3++	4=	0;	3	3	4	0;
9	4	4−	0	3++	4−	4=	4=	4=	3++	3+	4±	1−
10	4+	2−	3++	2	4	4	4	3++	4−	3+	1=	1=

....等...

注：L. C.＝Little Club，Ma.＝Marquis，Rel.＝Reliance，Ko.＝kota，Arn.＝Arnautka，Mnd.＝Mindum，Spm.＝Spelmar，Kub.＝Kubanka，A. C.＝Acme，Enk.＝Enikorn，Ver.＝Vernal，Kpl.＝Khapli。

表 3-21　小麦标准鉴别品种和李氏小麦对秆锈病菌 6 个小种的反应

(Stakman，1957)

小种	品种的反应												
	L. C.	Ma.	Rel.	Ko.	Arn.	Mnd.	Spm.	Kub.	A. c.	Enk.	Ver.	Kpl.	Lee
R36	S	S	S	S	R	R	R	M	S	S	R	R	R
R56	S	S	S	S	R	R	R	S	S	R	R	R	R
R59	S	R	R	R	R	R	R	M	S	S	R	R	R
R11	S	S	S	S	S	S	S	S	S	S	R	R	R
R15	S	S	S	S	S	S	S	S	S	S	S	R	R
R15B	S	S	S	S	S	S	S	S	S	S	S	R	S

表 3-22　小麦秆锈病菌小种 59 的 4 个菌株在

小麦 Reliance 和 Kota 上产生的侵染型

(Stakman，1957)

菌株	品种和侵染型	
	Reliance	Kota
59	0	0; *
59A	2	0;
59B	2	2
59C	0	2

＊ 0 之后的分号表示有小的坏死斑点但没有疱状突起。

对 Reliance 和 Kota 侵染型的微小差异，在科学上是有趣的，而且在实践上是重要的，例如 59A 对某些抗病的大麦品种的致病比 59 强得多。当然，小种 59 至少有 2 种生物型在小麦标准鉴别品种上表现的差异不是生物型之间唯一的差异；如果生物型可能在所有已知的小麦品种和大麦品种上测定，则可以发现其他的差异，因此，把生物型看成是独立的小种是正确的。新育成的小麦品种是潜在的鉴别品种；如果其他品种成为有效的鉴别品种，则现在看成相同小种的许多锈病菌菌株，将被证明为不同小种。小种 15 就是一个很好的例子。

小麦秆锈病菌小种 15 是 1918 年在美国发现的。12 个标准的小麦鉴别品种（除 Khapli 之外）对这个小种都感病。一些菌株在致病方面有点不同，但是，差异不大且不是始终如一的，这不足以证明这些菌株在遗传上是不同的。然而，来自日本的标样在一些鉴别品种上产生的病斑明显地比北美任何菌株小，所以日本的菌株被称为小种 15A。1937 年获得 1 个菌株，它对一些小麦鉴别品种的致病性显然比先前所研究的菌株更强，被称为小种 15B，这是小种 15 的第 3 种生物型。

虽然小种 15 的菌株与 15A 和 15B 的菌株之间存在的差异是始终如一的，但是这种差异不大，根据已有的标准不能把后二者的菌株看成独立的小种。小种 15B 是加拿大、美国北部和墨西哥种植的小麦抗病品种的潜在威胁，对它应当有更多的研究和认识。为了找到能更清楚区分 15 和 15B 的小麦品种，曾做了一些尝试。后来发现 1 个新的品种 Rival 和 1 个澳大利亚杂种（Kenya×Gular）能比较令人满意地区分 15 和 15B 菌株。最后，发现了新品种 Lee 对 15 高度抗病，对 15B 完全感病，因此，可以根据品种 Lee 的抗病性和感病性来区分 15 和 15B。这比根据不容易判断的感病程度来区分 15 与 15B 更准确、可靠。因此，新品种 Lee 被列为新的鉴别品种。这似乎解决了一个复杂的问题，但是更加复杂的问题接踵而来。

在 1950 年以前，小种 15B 仅仅偶尔在美国，尤其东部各州小檗灌木的附近被发现。因此，对它的研究只限于少数几个菌株。然而，在 1950 年，15B 在抗病品种上，尤其是明尼苏达州和达科他地区的抗病品种上大量发生，后来又由 17 个州获得的小麦秆锈病菌的 810 个标样中，317 个标样分离到 15B。有迹象表明这 317 个菌株中，有些菌株不完全相同，其中 17 个分离菌对一些标准鉴别品种的致病似乎有点不同，为此，又用 99 个小麦品种和 17 个大麦品种对它们进行测定[140]。这 17 个菌株中，有 14 个菌株对 116 个品种中的 1 个或 1 个以上的品种有明显不同的致病作用。

如果能发现其他的生物学指标，对许多品种的致病性似乎相同的菌株，其他生物学指标可能是不同的。当然，小麦品种是锈病菌真正的生物学指示者或测试者，为了区分锈病菌类型，必须依靠小麦品种，因为除了在活的植株上或活的组织培养上培养锈病菌之外，还没有找到其他的培养方法。虽然一些研究者也做了血清学的或生物化学的试验，但依然没有设计出或找到令人满意的、有效的替代方法。

按照目前的习惯做法，小种 15B 的 3 个菌株被称为 15B-1，15B-2 和 15B-3。当然，小麦秆锈病菌的这些名称都有随意性，实际上分类本身也部分地带有人为性，只有对小麦秆锈病菌内的基因型和小麦属内的基因型有更多的认识之后，才能减少这种人为性。

为实践目的的生物型识别和生物型归类为小种，主要依靠合适的鉴别品种的有效性和研究生物型的仪器设备的有效性。而且，要达到正确的识别和归类，还必须在不同环境条件下，用来自世界的足够的锈病菌标样接种小麦、大麦的全部品种和许多杂草。许多生物型的发生是由突变、杂交和其他类型的核重排引起的。

锈病菌在夏孢子阶段进行无性繁殖，在这个阶段进行小种鉴定，这种小种具有不同性别的、成对的核，后来在冬孢子阶段发生融合，这种杂合的小种由于重组和分离能产生许多不同的小种。实际上，许多生物型常常是由小檗分离到的，它们很相似，很难把它们作为独立的小种。

因为环境条件的影响，小麦秆锈病菌的小种鉴定也很难，有时可以看到由 1 个生物型在 1 个品种上产生的侵染型也有很大的变化。例如，小种 34 的澳大利亚菌株与美国菌株，对温度的反应和菌株颜色都不同，说明不同的生物型在某种温度下可能有相似的表现，而在另外的温度下则有不同的表现。一些小种在某些条件下产生 X 侵染型，在另一些条件下不产生这种侵染型。小种 56 与小种 125 之间的差异在于后者在 Kubanka 上产生 X 侵染型，育种试验证明这种差异是遗传的，也是易变的，即在某种光照和温度条件下掩盖了这种遗传差异。在大约 70°F 下，小种 49 和 139 显然不同，但是，在 85°F 下，在标准鉴别品种上这两个小种不能区分。许多小种-品种组合的侵染型变化很大，为了要准确地鉴定大量的锈病菌标样，需要有控温设备。

上述详细地说明了划分小麦秆锈病菌小种和生物型的重要性及存在的困难。其他禾谷类作物锈病菌的小种鉴定，也利用与小麦秆锈病菌相似的检索表方法，但是，必须强调指出，任何方法和检索表必须满足不同的时间和不同的地点的一般需要和特殊需要。因此要根据需要作适当的更改和补充。尽管正在利用的这些方法还不够完善，但是它们是极为有用的。

4.2　小麦秆锈病菌小种研究

4.2.1　杂交产生新的小种

Stakman 等 1918 年提出经由杂交产生新的小种的可能性，1919 年对许多小种的存在作了如下的解释："在美国北部诸州，似乎发生了许多致病的小种，现在大家认为美国北部诸州的小檗对小麦秆锈病菌的年年持续存在具有极大重要性。人们有理由相信，消灭普通的小檗，这些小种就会逐步完全死亡或者至少降低到近乎无效的状态。在美国南部和太平洋沿岸，这些地方的小檗普遍不发生锈病，锈病菌小种似乎比其他地区更一致。这个事实支持了认为小檗对小种的发展可能有影响这种观点。小种可能来源于锈病菌在小檗上的杂交，这种假设是值得研究的。当然，要解释许多小种的来源，也必须考虑突变和适应。"由此可见，Stakman 等认为，小种是由逐步适应、突变和杂交 3 种途径产生的，但是前二者没有获得充分的实验证据。Stakman 等做了小麦秆锈病菌与剪股颖秆锈病菌的变种间杂交和大麦秆锈病菌与小麦秆锈病菌的变种间杂交。前一个杂交的两个锈病菌变种不同时侵染同一群寄主，前者侵染小麦、大麦和许多杂草，后者侵染剪股颖和若干野生杂草。

4.2.2　小麦秆锈病菌与剪股颖秆锈病菌性孢子器蜜腺的混合

用来自小麦的冬孢子和来自白剪股颖（Agrostis alba L.）的冬孢子接种小檗，当出现许多性孢子器蜜腺时，把小麦秆锈病菌性孢子器蜜腺转移到剪股颖秆锈病菌性孢子器时，不产生锈孢子器。反之，把剪股颖秆锈病菌性孢子器蜜腺转移到小麦秆锈病菌的性孢子器时，都形成锈孢子器。在小麦秆锈病菌性孢子器的4个自交实验中，都只获得小麦秆锈病菌36。剪股颖秆锈病菌自交，也只产生剪股颖秆锈病菌的小种。然而，在小麦秆锈病菌与剪股颖秆锈病菌的4个杂交中，获得了12个不同的小种。由小麦秆锈病菌36×剪股颖秆锈病菌这个杂交获得了8个不同的小种，即小种10，38，52，58，61，67，69和72。其中小种67，69和72以前从未发现，小种58只在葡萄牙发现过，小种61由田间的锈孢子器材料分离到，小种38分布广泛，小种10和52很少发生，分布有限。这8个小种来源于同一个锈孢子器杯状体，它们都不侵染剪股颖。

4.2.3 大麦秆锈病菌与小麦秆锈病菌的杂交

Cotter和Levine描述的大麦秆锈病菌（*P. graminis secalis* Erikss and Henn.）小种11与小麦秆锈病菌小种36杂交，由不同的锈孢子器杯状体分离到大麦秆锈病菌小种9和小麦秆锈病菌小种57[165]。后代的2个小种都与双亲不同。2个大麦秆锈病菌小种的唯一差异是对黑麦的致病反应不同。小种9对黑麦鉴别品种为强致病反应，而小种11对黑麦鉴别品种为中间型反应。小麦秆锈病菌小种57与小麦秆锈病菌36不同，前者不侵染Kanred，可视为致病性丧失，但严重侵染Vernal则可看成致病性的获得。大麦秆锈病菌小种11与小麦秆锈病菌小种36的另一个组合，由锈孢子器杯状体分离的小种全部为小麦秆锈病菌内的小种，包括小种21，70和71。这3个小种与亲本小种36的致病性差异是：小种21的致病性比小种36稍强，但对Kanred和Einkorm的致病性丧失；小种70和71对鉴别品种小麦（*Triticum* spp.）的致病性异常弱，而对Arnautka，Mindum和Spelmar的致病性增强。此外，小种36对Kubanka产生X型反应，而小种21则高度侵染。小种70和71的致病性表现，说明它们是由杂交产生的，二者都不能侵染鉴别寄主黑麦品种，只能侵染几个小麦品种。这2个小种之间的差异是小种70对Marquis和Vernal产生X侵染型，而小种71对Marquis产生X侵染型，但对Vernal的侵染较弱，不能产生X侵染型。这2个小种对其他全部小麦鉴别品种为非致病，以前没有报道过这2个小种，它们是通过二者的性孢子器蜜腺混合，由质配产生或者由大麦秆锈病菌与小麦秆锈病菌之间其他的一些互作产生。

4.2.4 小种致病性的差异

小种52与亲本小种36十分相似，所不同的只是小种52对Vernal emmer的致病很强，而小种36为非致病；小种61与小种36不同在于小种61丧失了对鉴别寄主Kanred的致病；小种67与小种52很相似，但是小种67对Acme产生很明显的X侵染型，而小种52对Acme是完全侵染的；小种69对Kubanka和Vernal的致病比亲本小种36强，但不侵染Kanred和Kota，而对Marquis为弱侵染，平均为侵染型2；小种10与小种36不同，前者不能侵染Marquis和Kota，而且对Arnautka，Mindum，Spelmar及Kubanka的致病比小种36弱；小种38对Kota的致病比小种10强得多，但对硬粒小麦全部鉴别品种的致病比小种10弱一些，产生异形的X侵染型；小种58与小种69基本相同，但是对Little Club和Marquis产生X侵染型。

这些小种是小麦秆锈病菌与剪股颖秆锈病菌杂交产生的。然而，小麦秆锈病菌或剪股颖秆锈病菌亲本自交，即它们的性孢子器蜜腺与自身的性孢子器蜜腺混合，用随后产生的锈孢子接种鉴定，都证明没有产生与亲本不同的变异。而且小麦秆锈病菌自交，由锈孢子器产生的唯一小种是小麦秆锈病菌小种 36。在不同条件下做了 4 次不同的重复实验，每种情况获得的结果都一样。这些实验都避免了其他小种的混入，表明了亲本是纯合的。以上实验结果表明，禾柄锈病菌的变种间杂交、变种内的小种间杂交都产生新的小种。而且，锈病菌对抗病品种的"适应"，也是新小种产生的原因之一。这里的"适应"这个术语的意思是指一种小种获得和传递原来不具有或不完全具有，而现在具有的某种功能，例如获得对抗病品种的致病的功能。小麦秆锈病菌小种 19 在 Marquis 小麦上只产生小疱状突起，这个小种在抗病的 Marquis 小麦上连续生长若干世代，获得了在这个品种上比原来更强的生长能力，形成新的小种，这就是一种适应。在 1900—1910 年的 10 年期间，若干杰出的研究者研究了适应的问题并断定某些锈病菌和白粉病菌能使本身很快适应抗病品种。

锈病菌小种的划分以表型（侵染型）为根据，而侵染型不仅取决于病原和寄主品种的基因型，而且也受环境条件变化的影响。环境不仅影响锈病菌，而且也影响寄主植物，同时也影响锈病菌与寄主植物之间互作所产生的结果。所以小种鉴定必须保证实验条件的标准化，尽量减少环境条件变化的干扰，以保证小种鉴定的准确性。

长期以来认为温度和光照影响某些侵染型的侵染程度，但是，最近已证明温度和光照的不同能根本改变侵染型的类型。根据澳大利亚悉尼大学 Waterhouse 等[166]、加拿大温尼伯的 Dominion 植物病理实验室 Johnson 等、美国明尼苏达大学 Helen Hart 等的研究，温度和光照能根本改变某些小麦和燕麦品种上的某些秆锈病菌小种的侵染型。例如，肯尼亚某些小麦和一些杂种在 65°F 对小种 15B 的一些生物型几乎是免疫的，而在 85°F 是完全感病的。相反地，在中等温度和光照强度比较弱的条件下，小种 34 在一些小麦品种上发育得最好，但是，在高温和强光照下侵染型发生根本的变化。在温度约 80°F 以下，燕麦品种 Hajira 对燕麦秆锈病菌的已知小种高度抗病，但在 85°F 则对小种 6 和在 90°F 对小种 7 和小种 8 完全感病。在小种鉴定和品种抗病性测定中，表型变异性的含义应当是明确的，因为它对于准确地鉴定小种和鉴定品种抗病性是很重要的。每个小种-品种组合对环境变化引起的锈病菌的非致病/致病和寄主品种的抗病/感病的变化必须确定，因为环境因素在一些情况下可能只引起抗病程度或感病程度的变化，而在另一些情况下，环境因子可能引起由抗病到感病的根本性变化。

4.3　20 世纪 80 年代小麦秆锈病菌鉴别体系

4.3.1　国际的小种鉴别体系

这个体系是 Stakman 和 Piemeisel 在 20 世纪 20 年代建立的，近期的大部分检索也是由 Stakman 等发表的。这个体系利用了 12 个鉴别品种，代表了小麦的 3 种倍性水平。这 12 个鉴别品种在全世界利用，直到 1950 年前后，这时，在鉴别品种中没有出现的抗源已在生产上应用的小麦品种中广泛利用。因此，这套鉴别品种应当作适当的更动。然而，这套鉴别品种还在许多国家继续利用，依然是科学通讯、传达和交流信息的基础[167]。小种的划分是以病原的侵染型和品种反应等级的组合为基础的，抗病的等级以侵染型 0，0；1 和 2 混合的（mesothetic）侵染型 X 表示，感病的等级以侵染型 3 和侵染型 4 表示。到 1983 年，利用这个体系在全世界鉴定的小种已达到了 344 个。这套鉴别品种的品种名称和基因型列示表 3-23。

表 3-23　Stakman 的国际鉴别品种及基因型
(Roelfs 等，1985)

鉴别品种	Sr 基因	说　明
Little Club	LC	一般无效
Marquis	7b. 18.19.20. X	Sr-X 在北美很重要
Reliance	5. 16. 18. 20	Sr-5 包含在 Pgt 体系中
Kota	7b. 18. 19. 28. Kt '2'	Sr-28 在印度次大陆很重要
Arnautka	9d. a	北美鉴别品种
Mindum	9d. a. b	北美鉴别品种
Spelmar	9d. a. b	北美鉴别品种
Kubanka	9g. c	北美测定的 Sr-c
Acme	9g. d	北美测定的 Sr-d
Einkorn	21	Sr-21 包含在 pgt 鉴别体系中
Vernal	9e	Sr-9e 包含在 pgt 鉴别体系中
Khapli	7a. 13. 14	Sr-13 是重要的抗源

4.3.2　澳大利亚-新西兰的小种鉴别体系

澳大利亚和新西兰同时利用上述的国际鉴别品种和另一些鉴别品种（表 3-24）。这些添加的鉴别品种是作为新抗原的品种，按顺序排列如表 3-24 所示。这套品种对菌系的划分是有效的。添加的这套鉴别品种常常具有"单"抗病基因，虽然它最后的两个品种至少具有有效的 2 个抗病基因。小种命名法包括国际小种编号。因此，这个体系鉴定的小种 17ANZ-2 表示它是国际小种 17，对品种 Yalta 的抗病基因 Sr-11 致病、在澳大利亚-新西兰地理区域发生的一个菌系。Watson 和 Luig 明确指出，17ANZ-2 不是小种 17 的亚小种，因为所谓的亚小种是人为地把一些寄主基因排列在另一些寄主基因的上面引起的[167]。

表 3-24　澳大利亚和新西兰用作鉴别品种的其他小麦品种
(Roelfs，1985)

鉴别品种编号	寄主品种（系）	Sr 基因
1	McMurachy or Eureka	6
2	Yalta	11
3	Gamenya	9b
4	Mengavi	36
5	Gala or Renown	17
6	Mentana	8
7	Norka	15
8	Festiguay or Webster	30
9	Agropyron intermedium derivative	Agi
10	Entrelargo de Montijo	组合[a]
11	Barleta Benvenuto	8b[b]
12	Coorong Triticale	27

注：a. 具有引起 1954 个以上菌系低侵染型（;）的基因和引起低侵染型（2）的基因。
　　b. 具有引起低侵染型（X）的基因。

4.3.3 加拿大的小种鉴别体系

这个体系是加拿大创立和利用的。这个体系主要以对秆锈病菌具有"单"基因抗病性的鉴别寄主组成[166]（表3-25）。为每个培养菌写上致病性程度，即非致病/致病程式，在这个程式斜线之前先列出有效的寄主基因，斜线之后列出无效的寄主基因。C后面的编号指定每个不同的致病性程式：例如C38（15B-1L）表示致病性程式6、9a、9b、13、15、17/5、7a、7b、8、9d、9e、10、11、14、35。这个程式编号表示加拿大编号的第38号致病性程式。15B-1L是旧小种名称，它包含国际小种编号15和B-1L。B-1L是旧的辅助鉴别品种命名法的部分，现在不再利用了。但是，为了保证曾经存在的这些组合的连续性，继续把它保留[167]。

表3-25 用作加拿大禾柄锈菌鉴别寄主的小麦品系[a]

(Roelfs, 1985)

寄主[b]	Sr 基因
Prelude*[c]6/Reliance	5
Mida-McMurachy-Exchange/6*Prelude	6
Na101/6*Marquis	7a
Chinese Spring/Hope	7b
Chinese Spring/Red Egyptian	8
Chinese Spring/Red Egyptian	9a
Prelude*4/2/Marquis*6/Kenya 117A	9b
H-44-24/6*Marquis	9d
Vernstein	9e
Marquis*4/Egypt NA95/2/2*W2691	10
Chinese Spring/Timstein	11
Prelude*4/2/Marquis*6/Khapstein	13
W2691*2/Khapstein	14
Prelude*2/Norka	15
Prelude/8*Marquis*2/2/Esp 518/9	17
Marquis*6/2/3*Steward/R. L. 5244	22
Agent	24
Eagle	26
WRT 238-5	27
Prelude/8*Marquis/2/Etiole de Choisy	29
Webster	30
Prelude*4/NHL Ⅱ.64.62.1	36
W3563	37

注：a. 在 Green（1981）之后。

b. 国际鉴别品种 Marguis Mindum, Einkorn 和栽培品种 Manitou（Sr-5、Sr-6、Sr-7a、Sr-9g、Sr-12、Sr-16）、Selkirk（Sr-6、Sr-7b、Sr-17、Sr-23、Sr-2），Sinton（Sr 基因型未知）和 Neepawa（Sr-5、Sr-7a、Sr-9g、Sr-12、Sr-16）的基因型已经测定。

c. 表中数字前或后的 * 表示所用材料的编号。

4.3.4 美国的小种鉴别体系

在美国有 3 组各包含 4 个寄主品种的鉴别体系用于小种鉴定，每个寄主具有"单"寄主抗病基因[167]（表 3-26）。每一组鉴别寄主具有国际鉴别品种中存在的抗病基因，这些抗病基因在鉴别美国的无性生殖群体的小种是很重要的。其他 2 组鉴别寄主具有近年来显得很重要的抗病基因。小种用表示培养菌致病/非致病程式的编码后加国际小种编号来命名。因此，C-33（15B-1L）与 15-TNM 相似。每一组鉴别寄主的编码以每组寄主预设的有可能的 16 种致病/非致病程式的二歧检索表为根据的。可能的非致病的/致病的表型的组合用字母 B 到 T（省略夹杂其中的元音字母）来命名（表 3-31）[167]。

表 3-26 用作美国禾柄锈菌鉴别寄主的小麦品系[a]

（Roelfs，1985）

寄主品系	Sr 基因
第一组	
ISr-5-Ra	*5*
ISr-9d-Ra	*9d*
Vernstein	*9e*
ISr-7b-Ra	*7b*
第二组	
ISr-11-Ra	*11*
ISr-6-Ra	*6*
ISr-8-Ra	*8*
ISr-9a-Ra	*9a*
第三组	
W2691Sr-Tt-1	*36*
W2691Sr-9b	*9b*
W2691Sr-13	*13*
W2691Sr-10	*10*
测定者	
W2691Sr-15NK	*15*
ISr-16-Ra	*16*
组合 7	*17 & 13*
Triumph 64	*Tmp*

注：大量的培养菌在具有"普遍的"抗病性的 *Sr-22*、*Sr-24*、*Sr-25*、*Sr-26*、*Sr-27*、*Sr-29*、*Sr-31*、*Sr-32*、*Sr-33*、*Sr-37*、*Gt* 和 *Wld-1* 品种（系）、*Wld-1* 以及抵抗大部分培养菌的 *Sr-30* 的品种上测定。

4.3.5 小麦秆锈病菌（Pgt）国际鉴别体系

小麦秆锈病菌小种的第一套鉴别品种是 Stakman 等在 1922 年确立的，它包括 Little Club，Marguis，K anred（后来被 Reliance 取代），Kota，Arnautka，Mindum. Speitz Marz（现称 Spelmar）Kubanka，Acme. Einkorn，White spring Emmer（现称 Vernal）和 Khapli 等 12 个鉴别寄主品种（表 3-27）。这套鉴别品种在全世界利用，一直到 20 世纪 60 年代中

期，在某种程度上甚至连续用到 1987 年。20 世纪 40 年代，基因-对-基因概念的提出及其后基因-对-基因学说的创立以及有效的单一抗病基因不同的寄主的育成，引起了小麦秆锈病菌分类的变化。20 世纪 60 年代，Knott 和 Anderson、Watson 和 Luig、Loegering 和 Harmon 先后育成抗小麦秆锈病的单基因品系[168]。1963 年澳大利亚的鉴别体系，1965 年加拿大的鉴别体系和 1972 年美国的鉴别体系都采用了单基因的鉴别寄主。1988 年，Rolfs 和 Martens 提出了描述小麦秆锈病菌培养菌致病的国际鉴别寄主。这套鉴别寄主包含着寄主抗病基因 Sr-5，Sr-6，Sr-7b，Sr-8a，Sr-9b，Sr-9e，Sr-9g，Sr-11，Sr-17，Sr-21，Sr-30 和 Sr-36。同时，他们还推荐了由寄主抗病基因 Sr-13，Sr-22，Sr-24，Sr-25，Sr-26，Sr-27，Sr-31，Sr-32，Sr-33 和 Sr-37 等组成的抗病的系列供评定大量样品和各个培养菌。

　　Pgt 鉴别体系是以全球为目标的单基因鉴别体系，根据以往的经验和研究工作积累，选择了对全世界主要的锈病菌群体有鉴别反应的 12 个单基因寄主品系（表 3-27）作为有可能在全世界应用的鉴别寄主。这种鉴别寄主在大部分实验室的环境条件下表现可识别的低侵染型和保持低侵染型的稳定性。基因-对-基因体系中所谓低侵染型比亲和的侵染型不易察觉。这样选择的 12 个鉴别寄主的侵染型用数字表示，其数字之和小于 23。这套供进一步鉴定和选择的 12 个单基因体系，保留了 Stakman 鉴别品种和其他鉴别体系中重要的鉴别品种的基因，[169] 以便保持鉴别体系发展变化过程的历史连续性。同时也强调要包含推广应用品种的有效基因。

　　以全世界为目标的抗病性评定，已经证明了许多单基因的品系对秆锈病菌群体几乎是普遍有效的。因为这些基因对小麦育种家有重要利用价值，Roelfs 和 Martens 列出具有这种抗病基因的品系（表 3-27 和表 3-28）。这些抗病的寄主品系可以用大量的病标样接种，以便

表 3-27　具有 Pgt 鉴别体系所需的单基因的可能寄主

（Roelfs 等，1988）

Sr 基因	单基因品系	冬性品种	春性品种
5	ISr-5-Ra	Cheyenne	Summit
21	一粒小麦衍生系		Einkorn
9e	Verstein		Vernal
7b	ISr-7b-Ra	Hart	Red Fife
11	Isr-1b-Ra		Gabo[a]
6	ISr-6-Ra		McMurachy
8a	ISr-8-Ra	Flavio	Mentana
9g	CnSSr-9g		Kubanka
36（Tt-1）	W2691Sr-Tt-1	Kenosha	Idaed 59
9b	W2691Sr-9b		Gamenya
30	BtSr-30Wst		Festiguay
17	组合 7	Scout 66[b]	Regent[c]

注：a. 对一些北美培养菌有其他的抗病基因。

　　b. 也存在 Sr-9d。

　　c. 也存在 Sr-7b 和 Sr-9d。

发现对它们致病的菌株。当发现对寄主品系致病的菌株之后，要用那个致病菌株的培养菌和其他培养菌接种这套单基因品系，以便评定那个被侵染的品系和其他品系的抗病性。用单独具有上述基因的推广应用的品种加入 Pgt 这个鉴别体系比利用回交重新创制近等基因系再进入这个体系为好，因为回交亲本可能对某些环境条件不适应。但是，在解释侵染型资料时，需要谨慎，因为随着鉴定菌株的多样性或应用的地理范围的扩大，有些品系的抗病性可能由先前没有发现的第二个未知基因控制。同时也需要选择辅助的鉴别品种，以便描述与当地品种的抗病性和当地育种计划中的寄主基因型有关的锈病菌群体。

表 3-28　提供 Pgt 体系补充筛选的抗病品种（系）

(Roelfs 等，1988)

小麦品系或品种			
Sr 基因	单基因品种（系）	冬　性	春　性
13	W2691Sr-13		Wialki
22	SwSr-22T. b.		
24	BtSr-24Ag	Agent	
25	LCSr-25Ars	Agrus	Agatha[a]
26	Line u		Kite
27	W2691Sr-27		
29	Pusa * 4 Etiole de Choisy	Etiole de Choisy	
31	W3498Sr-31Kvz	Clement	
32	ER 5155[b]		
33	RL 5405		
37（Tt-2）	W2691Sr-37T. t.		

注：a. 可能也存在 $Sr-5$、$Sr-9g$、$Sr-16$。
　　b. 可能也存在 $Sr-9f$。

表 3-29　抗病的品种（系）预期的低侵染型

(Roelfs 等，1988)

Sr 基因	预期的低侵染型*	说　明	来　源
13	2+	25℃以上最有效	硬粒小麦（*Triticum durum*）
22	2=	目前没有说明	一粒小麦（*T. monococcum*）
24	2+-	在北美、南美和南非被利用	高冰草（*Agropyron elongatum*）
25	2-	幼苗期抗性	高冰草（*A. elongatum*）
26	; 2-	澳大利亚利用	高冰草（*A. elongatum*）
27	0; 2-	在黑麦和小黑麦中利用	黑麦 'Imperial'（*Secale cereale* 'Imperial'）
29	2+-	在欧洲被利用	'Etiole de Choisy'
31	; 2-	在全世界被利用	黑麦 'Petkus'（*S. cereale* 'Petkus'）
32	; 2-	目前没有被利用	*T. speltoides*
33	; 2	目前没有被利用	*T. squarrosa*
37（Tt-2）	0;	常为非正常植株	提莫非维小麦（*T. timopheevi*）

*表中的部分资料取自 Roelfs，McVey 和 Luig。

上述单基因鉴别体系的选择和典型菌株的测定过程包括：①来自锈病菌群体的标样在 12 个单基因寄主上进行当地的表型评定；②在当地进行 12 个单基因的抗病品系的表型评定；③在当地选择的辅助鉴别品种上进行锈病菌的表型评定；④典型培养菌在禾谷类作物锈病实验室的可控条件下、在全套单基因寄主品系和 Stakman 鉴别寄主的幼苗叶片上进行测定。

鉴别寄主基因在如下基础上选择：①在大部分实验室对测定一般是有效的环境条件范围内，分类的稳定性和易操作性；②在世界大部分地区能发现高侵染型和低侵染型；③被发现的表型差异对抗病育种或进化和流行学研究很重要。

由回交产生的单基因寄主品系的背景基因型，一般选择对当地秆锈病菌群体感病的，在当地适应的，而且在别处评定时常常证明具有未发现抗病基因这样的遗传背景。由于地区之间环境条件的差异，回交育成的品系常常生长不好，或者有时对其他病害很感病，使得在某些环境下难以保持原种。因此，利用具有被选择基因的适应品种，可以部分地解决这些问题，但是利用这样的品种作为 Pgt 的鉴别品种应当慎重，以保证控制所表达的低侵染型是所想要的基因（表 3-29，表 3-30）。例如：Roelfs 已发现 Pgt 体系利用的 Isrb-Ra 品系对印度的一些培养菌的抗病性不是由抗病基因 *Sr-6* 控制，而是受其他基因控制。因此，为了评定 *Sr-6* 基因的反应，必须在 W2691Sr-6 品系上评定对印度秆锈病菌的反应。

表 3-30　用对 *Sr* 基因非致病的小麦秆锈病菌培养菌[a] 接种 Pgt
鉴别体系的 *Sr* 基因的品系时产生低侵染型的范围

（Roelfs 等，1988）

Sr 基因	低侵染型[b]	说　明
5	0, 0;	
21	1−2−	
9e	; 2=	
7b	2	
11	; 2−, 23	两种不同的侵染型[c]
6	;	20℃以下测定，对温度敏感
8a	22−	
9g	2=2+	
36（Tt-1）	0,; 1++	两种不同的侵染型[c]
9b	2+2	
30	2+−	
17	; X−	20℃以下测定，对温度敏感

注：a. 预期的低侵染型可能由于整个寄主或病原的基因型以及环境的变化而稍有变化。

　　b. 部分资料来自 Roelfs，McVey 和 Luig。

　　c. 这可能是由致病纯合的或杂合的培养菌引起的。

参加合作研究的实验室应保留来自谷类作物实验室（CRL）的 Pgt 鉴别体系和抗病的系列的少量种子，以备利用。长期的目标是得到 Pgt 鉴别体系每个品系和抗病寄主品系的可利用的单基因寄主品系，这种品系对小麦秆锈病只具有所需要的基因，没有其他的主效抗病基因。这种品种在世界许多地区比不适应当地环境和病虫害的回交等基因系更适用。

4.4 小种命名法国际体系

本体系的小种用 3 个字母 Pgt 后加连字符（—）再加小种表现致病的那些寄主基因的代号来表示。把提供作为筛选单基因的鉴别品系的 Pgt 鉴别体系的 12 个品系分为 3 组，每组包括 4 个品系（表 3-31）。每个病原小种对每组的 4 个品系都有 16 个可能的侵染型组合（2^4），每个组合由 B-T（删去其中的元音字母）的 1 个字母代表 1 个侵染组合，把被侵染组合的字母合在一起作为小种名称。4 个鉴别品系编 1 个组，可以使 Pgt 体系鉴定的小种的编码长度缩短，又能反映小种的特征。例如小种 TTT 对全部 12 个鉴别寄主都为致病的（高侵染型），小种 DCL 对具有 Sr-$9e$、Sr-$9g$ 和 Sr-36 的品系是致病的。

表 3-31 分为 3 个小组的 12 个 Pgt 鉴别寄主的 Pgt 编号

(Roelfs 等，1988)

小 组[a]		在具有 Sr 的寄主品系上产生的侵染型			
Pgt 编号	1	5	21	9e	7b
	2	11	6	8a	9g
	3	36	9b	30	17
B		低	低	低	低
C		低	低	低	高
D		低	低	高	低
F		低	低	高	高
G		低	高	低	低
H		低	高	低	高
J		低	高	高	低
K		低	高	高	高
L		高	低	低	低
M		高	低	低	高
N		高	低	高	低
P		高	低	高	高
Q		高	高	低	低
R		高	高	低	高
S		高	高	高	低
T		高	高	高	高

北美、澳大利亚和其他地区的锈病菌群体选择的小种在 Pgt 鉴别品种的寄主上产生的侵染型，可以与别的任何鉴别体系上产生的侵染型作比较。例如从北美、南非、欧洲的锈病菌群体选择的小麦秆锈病菌小种，根据它们在 Pgt 鉴别体系上产生的侵染型，按照国际命名法体系，确定了被测小种的 Pgt 小种名称。这些 Pgt 小种名称与美国禾谷类作物锈病实验室（CRL）鉴别体系，加拿大鉴别体系，Stakman 鉴别体系，澳大利亚-新西兰鉴别体系，印度鉴别体系，南美巴西鉴别体系等以前鉴定和命名的小种相对应。例如小种 Pgt HFL 相当于CRL 鉴别体系的小种 HDL，加拿大鉴别体系小种 CI 和 Stakman 鉴别体系的小种 17。

4.5 典型培养菌的应用和保存

美国明尼苏达的禾谷类作物锈病实验室对有关国家寄来的每个小种的典型培养菌，要在所有已知单基因的鉴别寄主和 Stakman 国际鉴别品种上作鉴定。这为病原的致病/非致病的更完整的表型描述作准备，并保持历史的连续性。

典型培养菌贮存于−196℃，以便于未来研究之用。典型培养菌一般在标准的环境条件下，即18℃，每天16h、10.000 lx 以上的光照下进行评定。获得的结果可以与原实验室获得的结果不同，但是二者都是在评定环境下的正确表型描述。典型培养菌测定的结果在每年的适宜国际讨论会都可以利用。为了进行比较研究和促进科学研究的国际交流，提出了典型培养菌这个名称。典型培养菌在一组规定的条件下，在全部的单基因抗源和 Stakman 的鉴别品种上进行评定，评定结果的资料返回原实验室，而且每年都在容易刊登的刊物上发表。每个典型培养菌的样品要储存于美国明尼苏达的禾谷类作物锈病实验室，这有利于将来的利用，原实验室也应储存这种培养菌，便于在当地进行评定。

5 小麦抗秆锈病的近等基因系

近等基因系在基础研究和应用研究中是很有用的材料。病害发生的遗传研究需要这种材料。就是说寄主的抗病性遗传研究和寄生物致病性遗传研究及病原物的小种鉴定都需要应用近等基因系。每对近等基因系的 R 成员是单基因系，可以作为比较研究的对照，以确定遗传上未知的品种是否存在相同的等位基因。这里将介绍 11 对小麦近等基因系的创制特征和用途。这 11 对近等基因系是 Sr-5（包括 2 对近等基因系）、Sr-6、Sr-7、Sr-8、Sr-9、Sr-11、和 Sr-16 等位点的近等基因系和 Tha3B、Hope2B、ID 3 个代换系未鉴定位点的近等基因系。Flor 的基因-对-基因学说的创立和 Atkins、Mangelsdorf 的"成对等基因系"概念的提出，奠定了创建近等基因系的理论基础。1958 年开始创建小麦秆锈病的成对近等基因系。20 世纪 60 年代育成多套小麦近等基因系。1963 年，Rowell 等指出了寄主和寄生物的近等基因系在小麦秆锈病菌的生理和生化研究中的用途。而且，近等基因系也是小麦秆锈病菌小种研究非常有用的材料。同时也描述了具有来自红埃及麦（Red Eggptian wheat）的抗病基因 Sr-6，Sr-8 和 Sr-$9a$ 等位基因全部可能组合的 8 个小麦品系。

5.1 近等基因系的创制和命名

每个近等基因系命名的方法如下：ISr-5-Ra 和 ISr-5-Sa 构成一对近等基因系。"I"指明这个系统是一对近等基因系的一方成员。"Sr-5"指明所包括的基因位点；"R"指明这个系统（品系）携带特殊的抗病性等位基因，"S"表示不携带抗病基因；"a"表示 2 个系统形成一对。当像 Sr-5 位点的第 2 对等基因系育成时，用"b"表示这对等位基因的每个系统。在描述基因型时，基因符号"P"表示病原的非致病等位基因，"Sr"表示寄主的抗病等位基因，而"p"和"sr"分别表示致病的等位基因和感病的等位基因。

一对等基因系的双方成员在基因型上很相似，因为 20 对染色体进行 5～10 次回交和杂合子 10～12 个世代的自交，而其余的染色体则经过 2 次回交和 10～12 个世代的自交。不同对染色体之间的差异很大，通过比较 ISr-6-Sa 和 ISr-8-Sa 可以说明这一点。原来的代换系是利用中国单体品系作为亲本经 5 次回交的结果；因此，对每个代换系而言，20 条染色体的供体亲本红色埃及的基因型（Red Egyptian genotype）约为3％，而一条染色体的红色埃及的基因型为100％。这两个代换系将因红色埃及的基因型和两种全染色体大于3％而不同。因此，原来的这两个代换系因19个染色体和其他两个染色体接近6％而不同；总体接近15％。在制备成对品系时，首先每个代换系与中国单体品系杂交，再与后者回交2次，然后只进行自交。因此，通过回交只消除了两个代换系之间约87％的差异，其他的差异至少一半通过自交来消除。这意味着这两个"S"系统之间大约只有1％的基因型差异。不同对近等基因系不同的程度取决于如下因子：①制备原来的代换系所利用的回交的次数；②代换的染色体是否相同；③供体品种是否相同。

5.2 近等基因系的特征描述

中国春小麦是这里描述的全部材料的背景品种。在每对近等基因系的"S"成员上产生的感染型很相似，或许与中国春小麦上产生的感染型相同。中国春小麦对小麦秆锈病至少具有一个抗病基因[19,170,191]。但是大部分培养菌携带相应的致病基因。而且，成对的近等基因系的中国春小麦背景中抗病等位基因的存在，可能引起一些研究的困难。在处理IHOPE-ID成对近等基因系的关系时尤其如此，因为培养菌111×36No.5 F_1携带与中国春小麦抗病基因相对应的非致病基因。低感染型（侵染型）的相对应基因对的表型受温度影响，在温度18℃为2＋，但在20℃和20℃以上为3＋。

（1）ISr-5-Ra和ISr-5-Rb：$P5P5/Sr$-5Sr-5的表型为侵染型/感染型0。Sr-5[172]等位基因广泛分布于面包小麦中。在利用于鉴定小麦秆锈病菌小种的鉴别寄主之一的Reliance发现了这个基因（或它的等位基因）。由于环境的变异，它对感染型的表达有小的变化，这个基因的抗病性是显性的。当ISr-5-Ra用培养菌59-51A接种时，染病体（aegricorpus）的表型为O，当ISr-5-Rb用同样培养菌接种时，染病体（aegricorpusr）的表型为0；＋。这与撒切尔麦或Reliance用这个培养菌接种产生的典型的感染型0的这种偏离的原因尚不知道。

（2）ISr-6-Ra：Sr-6这个基因在育种中广泛利用，常常称为"McMurachy"基因。$P6P6/Sr$-6Sr-6的表型对温度敏感，在18℃为表型0；在30℃下为表型4。在温度范围为20～23℃，表型从低感染型/侵染型到高感染型/侵染型。这个基因的这个特性使得它在生理学的研究中很有用，因为利用两种不同的温度和具有近等基因系的一个培养菌来获得"正方检验"（quadratic check）[173]。当得到表达时，抗病性是显性的。在原来的代换系中的Sr-6显然与暂定为Sr-u的另一个抗病基因连锁。组成成对的近等基因系双方都不携带Sr-u这个基因。

（3）ISr-7b-Ra：品种Marquis[173]也存在Sr-7b基因[168]，但在肯尼亚麦相同位点上的等位基因是不同的基因（Sr-9a）。$P7bP7b/Sr$-7bSr-7b的表型是2＋。这是受到环境变异的轻微影响，在温度20℃以下这个表型有点偏低，而在27℃以上则有点偏高。抗病性为不完全显性，但是在大多数条件下，杂合子更像纯合的抗病基因型。

（4）ISr-8-Ra：$P8P8/Sr$-8Sr-8的表型为侵染型/感染型2＋＋3c[127]。温度在20℃以下，褪绿变得不明显，等基因对可能难以鉴定。$P8P8/Sr$-8Sr-8的表型一般是中间类型，在低温下与$P8P8/Sr$-8Sr-8的表型不能区分。因此，显性是可变的，有证据证明，培养菌的纯合子和杂合子也明显地影响寄主基因的显性表现。

(5) ISr - $9a$ - Ra：Sr - $9a$ 基因[174]是染色体 2B 的长臂上离着丝粒约 10 个交换单位的 Sr - 9 位点上或附近的许多等位基因之一[132]。$P9aP9a$/Sr - $9aSr$ - $9a$ 的表型是侵染型/感染型 2，这种表型也稍受环境变异的影响。它是显性的且其遗传与 Sr - 16 无关，后者也在染色体 2B 的长臂上。当等基因对的双方成员用培养菌 111×36No. 5 F_1 接种，并在锈病发展期间置于 18℃时，在 ISr - $9a$ - Sa 的成员产生低感染型，在 ISr - $9a$ - Ra 的成员上产生高感染型。这说明培养菌 111×36No. 5 F_1 具有与 Sr - $9a$ 相对应的致病基因型，中国春的抗病基因与 Sr - $9a$ 是等位的。这个等位基因对是 2 个抗病的等位基因的近等基因系，而不是抗病和感病的近等基因系。

(6) ISr - 11 - Ra：Sr - 11 这个基因[175]在植物育种中被广泛利用。$P11P11$/Sr - $11Sr$ - 11 的表型为侵染型/感染型 2—～2。然而，可变的环境会影响表达，有时这种表型为 0；。在这种条件下，$P11P11$/Sr - $11Sr$ - 11 可以与 $P11P11$/Sr - $11Sr$ - 11 区别开来。这种抗病基因通常似乎是显性的。

(7) ISr - 16 - Ra：Sr - 16 这个基因位于染色体的长臂上，与着丝粒相距 50 个或 50 个以上的交换单位，与 Sr - 9 独立遗传。$P16P16$/Sr - $16Sr$ - 16 的表型为侵染型/感染型 2＋，在不同的环境下有点儿变异。有些证据证明，如果培养菌的 $P16$ 是杂合的，侵染型就有点偏高。这个基因一般是不完全显性的。

(8) I$Tha3B$ - Ra：撒切尔麦的这个（些）抗病基因没有被广泛研究，对于这个（些）基因很少认识。幼苗反应中包含的这个（些）基因，似乎由两个位点组成。相对应的抗病基因对和非致病的表型为 3 - c，在变化的条件下很稳定。

(9) I$Hope$ 2B - Ra：这个系统的抗病性等位基因及其对应的非致病基因产生感染型/侵染型 2 至 3。这个系统只携带原代换系 2 个已知基因中的 1 个。这 2 个基因被认为在染色体 4D 上[170]，它们控制的抗病性是显性的。

(10) I$Hope$ID - Ra：$Hope$1d 的抗病性等位基因在面包小麦中几乎普遍存在[19]。已知只在 Little Club. Chinese（中国春）和 Prelude 不存在这个基因的等位基因。非致病的相对应的基因对的表型为感染型/侵染型 0；在大多数环境条件下是稳定的，抗病性是显性的。在自然界难以找到携带非致病基因型的培养菌。

二、生理小种分化的学术纷争

本书涉及的 4 种农作物的寄主品种与病原小种互作遗传研究的各个领域，学者之间都存在不同的学术观点分歧，形成不同学派的学术争论。例如，第一章所述的关于基因-对-基因关系特异性的不同见解和解释，以及是否存在 Flor 的基因-对-基因关系和科尔的基因-对-基因关系两种学说的争论等，这里以稻瘟病菌的致病性变异为例，阐述以欧世璜为首的学派和以江塚为代表的学派之间的论战。

1　欧世璜的观点

关于稻瘟病菌致病性的变异和水稻抗病性的表现，从 20 世纪 60 年代起，在菲律宾国际水稻研究所从事水稻稻瘟病研究工作的欧世璜博士，提出了一系列独特的见解[150]。以江塚为代表的一些日本学者对欧博士的学术观点持批评态度，因此出现了稻瘟病研究领域旷日持久的、激烈的学术论争。

1.1 稻瘟病菌致病性的变异

欧博士研究这个问题的实验方法是由一个病斑分离许多单孢菌株，接种于鉴别品种上，观察、调查单孢菌株之间致病性的差异。又从一部分菌株的病斑中再次单孢分离获得许多菌株，再次将新分离的菌株接种鉴别品种，观察、调查再分离菌株之间致病性的差异[176]。结果发现，来自一个病斑的单孢分离菌株经常鉴定出几个甚或几十个生理小种（以下简称小种）。单孢菌株培养菌的继代培养也同样发现致病性的频繁变化。这些研究结果说明，无论在稻株上或培养基上，稻瘟病菌的致病性是经常发生变异的。欧以这种异常频繁的致病性变异为根据，提出小种的新概念，即稻瘟病菌小种是由遗传上不同的分生孢子组成，分生孢子重复的、连续的变化形成了不连续的菌株群，这即为小种。

欧指出，其他研究者，特别是日本的学者，也证实了稻瘟病菌的致病性变异。后藤关于日本稻瘟病菌菌型（小种）的共同研究，也提供了关于本菌致病性变异的研究结果[177]。另一方面，欧于1979年发现了分生孢子萌发后形成的附着胞内有32～64个核，菌丝的一个细胞内有时也能观察到2～6个核，这暗示在多核情况下，有可能发生致病性的遗传变异。

1.2 水稻品种的反应

水稻品种与稻瘟病菌互作表现的各种病斑型，反映了水稻品种的抗病性和稻瘟病菌的致病性。因此，根据各种病斑型归纳的R.M.S（抗、中抗和感）3种反应型表示品种的抗病性和病原的致病性程度。对此，学者之间没有意见分歧。然而，无论是田间的自然感染，还是单孢分离菌株的人工接种，都常常在同一张叶片上观察到归纳为R.M.S反应的不同病斑型。欧认为这是接种源中不同致病性的分生孢子（小种）同时发生侵染造成的。这是因为在田间存在混合的许多小种，不同小种的同时侵染，在同一张叶片上出现了混合的病斑型。单孢培养菌株的人工接种试验，在同一张叶片上出现混合的病斑型，是由单孢培养菌产生致病性不同的许多小种引起的，这也说明稻瘟病菌致病性的易变性，欧的结论是，混合病斑型的出现，是由致病性不同的分生孢子同时侵染导致的结果。

欧发现的另一种现象是不同的水稻品种，在秧田中自然发病或在人工接种试验的相同条件下，不同品种上的感染型病斑数有很大差异，这也是接种源中致病性不同的小种混合存在的缘故。在具有高度抗病性的品种上，有时也出现少数感染型病斑，由这种病斑分离培养的菌株回接到该品种上，同样只产生很少的感染型病斑，甚至不产生病斑。水稻品种特特普的试验结果观察到这种现象。以水稻品种特特普上的单孢分离菌及单孢再培养菌的37个菌株接种特特普和感病对照品种，在相同条件下，特特普上产生的感染型病斑，平均为2.2个，而感病对照品种平均32.7个[178]。欧等又从抗病品种特特普分离出6个菌株，由卡丽翁（Carreon）分离1个菌株，由这些菌株又获得许多单孢再培养菌，用它们接种特特普卡丽翁及感病品种Khao-teh-haeng17以及菲律宾鉴别品种，获得如下结果：①这些单孢培养菌和单孢再培养菌存在许多小种；②许多小种不侵染特特普和Carreno，即使表现致病的菌株，也只形成少数感染型病斑；③感病对照品种在任何情况下都出现许多感染型病斑。欧等对上述的试验结果作出如下的解释：当分离菌繁殖时，产生许多致病性不同的分生孢子，其中只有少数孢子侵染广抗谱品种特特普和Carreon，因而只出现少数的病斑。而感病品种受大部分孢子侵染，结果出现许多病斑。这说明抗谱越广病斑数越少，反之亦然。欧等认为上述的广抗谱品种的抗病性是稳定的，且与范德普兰克（Vanderplank）的所谓水平抗病性不同。

1.3　水稻品种抗病性分类

在本书关于作物品种抗病性分类一节中，曾列出如下相应的成对抗病性，例如垂直抗病性/水平抗病性，质的抗病性/量的抗病性，真抗病性/田间抗病性等等。日本学者指出，欧等所谓许多致病性不同的小种混合存在，有的小种侵染少数品种，另一些小种侵染许多品种，这种鉴定没有把作物品种的垂直抗病性和水平抗病性区分开，造成鉴定结果在数据上的混乱。欧等却怀疑水平抗病性的存在，认为事实上至今为止没有找到范德普兰克（Vander-plank）定义的水平抗病性。根据对水平抗病性的理解，国际水稻研究所（IRRI）1977年用由特特普，Dawn和战捷分离的菌株和其他7个品种分离的菌株接种特特普·Dawn和战捷这3个品种，它们都产生少数的病斑，应当说它们具有高度的水平抗病性，但是对这种现象，并没有作出解释，而是用日本的具有高度的田间抗病性的st1号和中国31号在IRRI严重感病的情况，指出日本的所谓田间抗病性并非范德普兰克水平抗病性。因此日本的田间抗病性的定义是含糊不清的。

以江塚为代表的日本学者认为，要评定田间抗病性，必须排除真抗病性的影响，因此，采用如下两种鉴定方法：①评定田间抗病性的强弱，要在真抗病基因型相同的品种之间进行。②用对全部供试品种都致病的菌系进行人工接种[179]。欧等对这种鉴定方法不以为然，提出两个疑点：①真抗病基因型相同的判定，可靠性存在问题，因为对抗病基因型是相同的这是判断的根据是不足的。他认作为基因型相同的类群，若用更多的菌系进行鉴定，可能会划分出更多的品种群。因此，用相同品种群，所谓具有相同抗病基因型的品种来评定田间抗病性是不完整的。②"利用对全部供试品种致病的"菌系的做法，则有忽视病原菌变异之嫌。

关于水稻品种的抗病性鉴定，欧世璜强调并实施了多年多点鉴定，并不特别重视水稻品种的抗病性类型。或者可以说欧等的品种抗病性鉴定是宏观的、大规模的鉴定。他们认为在许多国家、许多试验场同时施行许多品种抗病性鉴定的国际稻瘟病圃（IRBN）是最好的鉴定方法[176]。IRBN在世界30个国家60个试验场，为期10年的鉴定结果得出结论是，没有一个品种在所有试验场和所有年份都表现抗病，也没有一个品种在所有试验场和所有年份都表现感病。总结300多个试验结果，水稻品种的抗谱从特特普的98%到Fanny的20%。欧世璜等认为品种的抗谱越宽，侵染的小种数越少，反之，抗谱越窄，侵染的小种数越多。若认为鉴定小种是以垂直抗病性为依据来考虑，欧等的抗病性应属垂直抗病性。所以欧认为特特普这种抗病性是与许多抗病基因有关的垂直抗病性。但是，欧等对品种的抗病性差异是指抗谱宽窄的差异，并没有涉及垂直抗病性与水平抗病性的关系，也没有对品种进行抗病基因分析。因此，欧等对品种抗谱宽窄的解释，对小种变异的解释比较抽象，都缺乏实际的实验数据的支持。欧等对质的抗病性和量的抗病性之间关系的解释，也沿用上述观点。他指出，在田间能见到的品种间病斑数的显著差异，是由于能侵染这些品种的小种的差异造成的。病斑数越少的品种，对越多的小种具有抗病性。量的抗病性（病斑数）的总和反映了质的抗病性。从抗病基因的角度解释抗病性，欧等指出，对越多的小种表现抗病，说明品种含有更多的抗病基因，所以把许多抗病基因聚集在一个品种中，可以达到提高品种抗病性的目的。

日本学者根据品种对很有限菌系的反应型推断水稻品种的抗病基因型，并以此为根据进行品种分类，然后由各类群的代表品种进行抗病基因分析确定的抗病基因型作为各该品种群的抗病基因型。欧等指出"清泽及其共同研究者们的研究表明，如果研究更多的品种就可以发现更多的抗病基因。今后研究工作如有进一步发展，也许能发现其他的抗病基因。这和用更多的菌系可以发现更多的基因是同样的道理。"欧等的这种说法实际上是日本学者的观点，只能说欧等对日本学者的观点有正确地理解而已。但是，欧等从未做过品种的抗病基因分析，他们显然对具体的抗病基因分析工作不感兴趣，这估计源自他们的小种异常多变性，因为根据他们的这种观点，不存在相对稳定的小种，抗病基因分析就无法进行。因此，他们认为许多基因集积的宏观效果比具体分析和了解各个具体的基因更为重要。不过欧等指出日本用同一品种群所谓具相同抗病基因型的品种来研究田间抗病性是失败的，这种看法是正确的。

1.4 水稻抗稻瘟病育种

如上所述，因为欧等没有开展抗病基因及其遗传的研究工作，也不从事水稻抗病育种的研究工作，因此，只能把多年多点鉴定的广谱抗病品种特特普第一批抗病品种提供给育种部门作为抗源亲本利用。这应当说是欧等的一大工作成绩，因为水稻育种学家利用这些抗源已经育成生产上利用的抗病优良品种。至于如何有效利用这些抗源，欧等并没有提出具体的方案。因为以特特普这种广抗谱多基因控制的抗源品种作为杂交亲本，不可能通过单交获得抗源亲本的全部抗病基因。具体的杂交程序应当首先把若干抗病亲本的抗病性导入普通品种（一个品种或多个品种）中，从各个后代筛选抗病系统，这些系统互交，选择含有多个抗病基因的后代。根据欧等的观点，这些抗病系统仍然要经过多年多点鉴定。

2 关于欧世璜等与日本学者观点分歧的评述

2.1 稻瘟病菌的致病性变异

如果把日本的主流学派及其支持者称为日本学派，而以欧世璜为代表的另一方暂称欧学派，则可以对两个学派的不同学术观点进行如下评述：

欧在评论日本"利用对全部供试品种都致病"的菌系接种鉴定田间抗病性时，指责日本学派的后藤轻视稻瘟病菌的变异。事实上，日本的学者无论在培养基上或稻株上都发现稻瘟病菌的变异，但是他们注意到，由1个菌株的一个世代中出现变异菌株，其类型是很少的，往往是只对某个抗病基因获得或丧失致病性。因为其变异频率很低，日本学派认为属于突变[180]。欧学派把稻瘟病菌致病性的变异，归因于分生孢子萌发后在附着胞内出现多核（32～64个）及菌丝体细胞内有2～6核，认为多核状态可能会发生遗传上的变化，这是欧学派对稻瘟病菌致病性变异所作的细胞遗传学推测。但日本学派认为，从细胞学、遗传学的研究结果看，经过无性繁殖的各世代，本菌依然为单核，单孢分离菌在核遗传上可视为纯系。因此，致病性的变异除上述指出的突变之外，准有性生殖的重组也可是其原因之一。但是，这种变异也不可能以欧氏所说的那么高的频率发生。由此可见，两个学派都出现和承认致病性变异的事实，但对变异的机理和频率看法不一致。对致病性变异认识不一致，或许也有地域上的原因，例如地处热带的 IRRI，水稻品种具有遗传的多样性，相应地造成稻瘟病菌的遗传多样性。在 IRRI 的田间栽培着世界各地的水稻品种，由此导致稻温病菌遗传组成趋向复杂性。这种说法只是一种推测，日本学者松本的实际调查和鉴定结果表明，从 IRRI 旱秧田分离的 247 个菌株，在国际鉴别品种上鉴定，只划分出 2 个小种，在菲律宾鉴别品种上鉴定，划分出 4～5 个小种。由此看来，对同一来源的菌株的致病性鉴定结果，两个学派存在如此悬殊的差异，似乎必须考虑实验方法和鉴定标准方面的问题。日本学派及其支持者坚信稻瘟病菌的致病性有相对稳定的另一种特性，例如美国的 Latterell 曾筛选并保存了美国小种的标准菌株，其致病性数十年不变。日本也筛选了一些致病性稳定的菌系，例如日本的 7 个鉴别菌系，这些鉴别菌系的稳定致病性为水稻品种的抗病基因分析提供有用的工具。欧学派在这方面没有开展有效的研究工作，不可能获得具体的研究成绩。

2.2　水稻品种对稻瘟病菌的反应

欧等认为同一张叶片上出现不同病斑型混生，是接种源中不同分生孢子遗传差异的证据。日本学者对这种观点并不认同。他们认为病斑型及其比率除受遗传控制之外，还必须考虑多种因素的影响，如稻的叶龄、营养条件和温度等。单孢分离菌株接种在一株稻上，上位新叶和下位叶的 S 型病斑与 R 型病斑的比率不同，上位叶的这个比率比下位叶高。这种现象的出现，用接种源分生孢子致病性的变异是解释不通的，即对上位叶和下位叶而言，喷雾到其上的孢子组成不应当有差异。所以认为叶片上不同病斑型混生是因为接种源中存在不同致病性孢子的见解是没有充分证据的[180]。日本研究者认为人工接种能侵染全部供试品种的致病性稳定的小种，品种间病斑数的差异，真实地反应了品种间水平抗病性的差异，但欧也不承认水平抗性，对品种间病斑数的差异依然认为是小种致病性经常变异引起。

对田间抗病性与水平抗病性的关系，欧学派日本学派之间的共识是，Vanderplank 所定义的水平抗病性很难确定，很难通过实验加以证实。至于田间抗病性，日本品种 St1 号和中国 31 在日本的表现，充分说明它们的田间抗病性很强，但后来在 IRRI 表现的严重感病，则说明这种田间抗病性也是特异的抗病性。但是大部分品种的田间抗病性不是特异的，而 Vanderplank 的非特异的水平抗病性至今没有找到。如前所述，欧等对日本的田间鉴定方法提出两点疑问，一是各品种群的抗病基因组成是假设的，如果用更多的菌系进行鉴定，可以分为更多的品种群，欧的这种观点是正确的，但是日本用对供试品种都致病的菌系使真抗病性失效，再比较品种间病害严重程度的差异，由此确定田间抗病性的强弱，欧认为这种做法轻视菌的变异性，欧的这种观点站不住脚，因为他没有具体的实验结果可以支持自己的看法。

关于广谱垂直抗病性的不同看法，欧认为像特特普和 Carreon 这样的广抗谱品种含有许多垂直抗病基因，日本学派并不反对这种看法。持不同观点的是当特特普受能侵染它的生理小种侵染时，形成很少的病斑，这是因为特特普的水平抗病强造成的，而与欧所说的菌的致病性易变性无关。因此，对像特特普这个品种的抗病性表现，欧等以这个品种具有广抗谱、侵染的小种少，因此，只形成少量病斑来解释，而日本学派则认为特特普的水平抗病性强造成的。由于欧等不承认水平抗病性的存在，他们所谓的量的抗病性，实际上是各品种质的抗病性与量的抗病性的总和，因此，欧认为"量的抗病性反映质的抗病性"。

2.3 水稻品种抗病性的遗传和抗病育种

在抗病基因分析和抗病性遗传研究方面，欧从未进行过具体的实验研究工作。他对这个研究领域发表的意见，只能看成一种评论，对日本学者的具体研究工作及其方法的批评，可能抓不到问题的本质。例如，他批评山崎和清泽只用 7 个稻瘟病菌系进行水稻品种的抗病性遗传研究，但他不愿意面对用日本 7 个致病性比较稳定的菌系及其变异菌系，通过水稻品种杂交的抗病基因分析，发现了 13 个抗病基因这种行之有效的研究业绩。这说明用日本 7 个菌系并不妨碍抗病基因分析。当然，如果加上外国的菌系，则有可能在日本稻品种中发现新的主效抗病基因。例如用菲律宾菌系 Ph-03 作为鉴别菌系，对日本品种新 2 号等进行抗病基因分析就发现了新的主效抗病基因 $Pi\text{-}k^s$。不过 $Pi\text{-}k^s$ 基因对绝大多数的日本菌株都无效，即这个基因对日本菌株基本上都不表现抗病性，因此对水稻抗病育种没有利用价值。

关于广抗谱品种作为抗病基因源的水稻抗病育种，日本学派充分肯定欧学派筛选出诸如特特普 Carreon 等广抗谱品种的成绩和利用价值，实际上也肯定了 IRRI 的 IRBN 进行广泛的、长期的、田间的水稻品种抗病性鉴定及筛选广抗普抗病品种获得的成功。然而，要培育具有特特普这种广抗谱的优良抗病品种并非容易的事情。采用一般的单交育种方法，后代系统获得抗病亲本全部抗病基因的可能性很小，不可能达到所期待的育种目标，这是两个学派的共识。欧等依然从宏观的角度出发，主张把杂交的育种材料分发到世界各地进行多点鉴定和筛选。首先是将若干抗病亲本的抗病性导入一个或两个普通的品种，从各个后代筛选抗病系统，然后这些抗病的系统互交。互交后代的有些系统具有某一组抗病基因，另一些系统具有另一组抗病基因。这样的抗病系统进入 IRBN 进行鉴定和筛选，由 IRBN 的世界各地试验场选择适合于本国或本地区应用的优良抗病新品种。当然上述的各种系统也可以作为多系品种在生产上应用。日本学派不反对欧的设想和做法，但是在鉴定上存在较大困难：①许多垂直抗病基因的积累，实验上难以证明，同时也难以鉴定共存的水平抗病性；②难以找到鉴定的菌系。

日本学派和欧学派在稻瘟病研究领域的学术论争，波及这个研究领域的方方面面，除了关于稻瘟病菌致病性变异这个争论的核心问题之外，还涉及水稻品种对稻瘟病菌的反应、水平抗病性与田间抗病性、广谱垂直抗病性、质的抗病性与量的抗病性、水稻品种抗病性的遗传等的意见分歧。在科学研究领域，学术争论是不可避免的，也是促进科学研究发展的动力之一。争论中提出的一些问题至今仍然没有得到解决，分子遗传学和分子生物技术的发展和应用，或许能找到正确的答案。

三、作物抗病育种的理论研究

抗病育种是防治病害最好的方法。但是抗病育种也是一项非常复杂的系统工程。它包括：①对病原的认识和研究以及对作物本身抗病性的认识和研究；②育种学家的实践、经验和目标。成功的抗病育种必须有强有力的研究工作和卓有成效的实践活动的紧密结合。因此，植物病理学家、遗传学家与育种学家分工合作，形成一个有机结合的整体，是开展作物抗病育种、防治作物病害和增加粮食产量的现实需要。也是提高我国各该领域科学研究水平和育种水平的需要。

1　抗病育种的基本问题和目标

多年以来，主要农作物的抗病性选择和抗病育种已提高到培育优良的抗病农作物品种的重要地位。进行抗病育种，必须明确 3 个基本问题：①一个新品种应当抵抗多少病害；②对每种病害的抗病水平要达到何等程度；③所利用的抗病品种抗病的持久性多长，即新品种寿命的可能长度。这些问题要靠基础研究和可利用的育种技术来解决。

要回答第一个问题，首先要确定新品种应用的地区范围，例如，是培育能在许多不同生态带种植的广适应的品种，或者适应范围较小的地区的品种。为此，必须查明新品种推广地区经常流行的严重病害和一系列潜在的病害。对推广应用地区潜在病害要有调查资料，或者至少对普遍的病害的发生范围和危害的严重性有初步的认识。这种认识最好要有比较长的时间跨度，以避免时间的局限性和对品种感病情况认识的片面性，因为当前或最近的重要病害范围，可能只反映目前种植品种的感病情况。培育的品种要在一个大地区范围内推广应用，比只应用于局部地区的难度大，因为必须把较多的对不同病害的抗病性聚集于一个品种中。当然，广泛适用于大地区的品种一旦成功育成，则只需要少数几个品种就能满足生产上的需求。

为满足多抗性的要求，必须筛选具有综合抗病性的育种材料，这对抗病育种极为重要，育种学家要尽量从基因库、国际病圃和现有品种中寻找这种育种材料。并尽快把这种抗源与抗病基因已被破坏的品种杂交，以期育成多抗性的品种。例如大麦和小麦都具有抗白粉病和抗锈病的连锁基因，把携带这种抗病基因的外源染色体或染色体片段导入农艺性状优良，但抗病性差的品种中，以育成抗多种病害的大麦和小麦品种；转移到小麦基因组的黑麦染色体 IB 携带 4 个抗病基因，即抗小麦秆锈病的抗病基因 Sr-31，抗小麦叶锈病的抗病基因 Lr-26，抗小麦条锈病的抗病基因 Yr-9，抗小麦白粉病的基因 Pm-8。另外，抗病基因 Sr-$9g$ 与 Yr-7 连锁，Sr-24 与 Lr-24 连锁等，大麦对大麦条纹病的抗病性与抗大麦白粉病的基因 MI-La 连锁。这种连锁可以通过育种计划在抗病育种中应用并保持这种连锁。抗病育种的关键是组合抵抗主要病原的抗病基因。

2　植物流行病学和抗病育种

植物流行病学（plant epidemiology）是研究各种植物流行病爆发流行的实际情况，探索其原因和研究防治措施的科学。所谓流行（epidemic）是指"在某一地区同一种疾病比平常明显增多的现象"。研究植物抗病育种与植物流行病学的关系，要从两方面做工作：①抗病性鉴定，即确定植物是否具有抗病基因；②抗病基因利用价值的评定。

2.1　真抗病性和田间抗病性的流行病学性质

真抗病性（true resistance）是高水平的抗病性，田间抗病性（field resistance）是低水平的抗病性。真抗病性只对某些菌系或小种起作用，对另一些小种不起作用，即真抗病性具有小种或菌系的特异性。田间抗病性大部分对该病原菌的各种小种或菌系都起作用，即具有非特异性。但是，也发现作物对病害存在特异的田间抗病性，例如，具有 Pi-f 基因的水稻品种的田间抗病性，也存在着如上所述的特别严重侵染的菌系。有学者提出"田间抗病性（或成株抗病性）是由许多基因累加作用形成的，各个基因都具有菌系特异性，它们累加起来就表现非特异性的作用[181]"。

通过观察病原菌在田间的增殖，能发现真抗病性品种和田间抗病性品种之间病原菌增殖曲线的本质差别。根据病原菌在各个品种上的增殖曲线，能鉴定品种的抗病性，Vanderplank 和清泽茂久都持有这种观点[182,183]。田间抗病性大部分是对所有菌系都能起作用的非特异抗病性，在这种品种上形成的病斑比感病的品种上形成的病斑数少，或病斑数虽相近，但病斑大小有差异或者病斑数和病斑大小都相似，但是，具有田间抗病性的品种上的病斑形成的孢子量少等等，这些因素都降低病原菌的增殖率，因而在田间表现某种程度的抗病性。真抗病性是高水平的、特异的抗病性，在具有这种抗病性的品种上形成的病斑数取决于侵染该品种的小种的频率。因此，从这个角度看，所谓真抗病性是减少致病的传染源数量的抗病性，而所谓的田间抗病性则是使传染速度下降的抗病性。从流行病学的观点出发，抗病性水平高低的界限由病原菌在品种上能否增殖来确定。因此，受侵染且产生病斑但不形成孢子的这种抗病性属于真抗病性。在这种作物的植株上，病原菌不能繁殖，反之，在具有田间抗病性的作物植株上，病原菌能繁殖，但繁殖速度慢。而在感病品种的植株上，病原菌得到最快的繁殖，于是引起病害的流行。

2.2 微效抗病基因的抗病性研究

Yorinori 和 Thurston 研究了与水稻水平抗病性（微效基因抗病性）有关的如下特性：①病斑大小；②病斑颜色；③孢子形成时间；④产孢量；⑤侵入时间[184]。他们认为，做这项研究遇到的最困难的一个问题是，品种和选系上病斑型的多样性。甚至利用单一菌株进行离体叶片接种和幼苗温室接种，都在相同的品种和选系上出现病斑型的广泛变异，反应的变化从高抗到高感，这个实验所得到的结果是高度可变的。因此，关于水稻品种对稻瘟病菌的水平抗病性或一般抗病性，根据这些研究结果没能得出明确的结论。Rodriguez 和 Galvez 断定"……在短期内和稻瘟病菌变异性有限的情况下，水平抗病性难以证明。"[185]西非科特迪瓦的 Irat，在穗颈瘟发病期间，测定了病害的发展速度（r 值），试图选择低 r 值的水平抗病品种，以避免稻瘟病的爆发流行，选出如下低 r 值品种：Moroberekan（0.146），Blue Bonnet（0.167），IAC25（0.146），IRAT78（0.146），IRAT79（0.112），在这些低 r 值品种中 Blue Bonnet 的 r 值相对较高。这个品种在国际稻瘟病圃（IRBN）的试验中，抗谱较窄，在拉丁美洲爆发的稻瘟病流行期间，穗颈瘟接近 100%，其他低 r 值品种没有进行广泛试验[197]。在不同地点和不同季节，稻瘟病菌存在不同小种群。一个地点测定的各种品种的 r 值取决于存在的小种群及其群体大小。在一个地点测定的低 r 值不一定指明高水平的抗病性。上述研究也看到 r 值的年度变化，有些品种在某年 r 值低，下一年 r 值较高，而其他品种有相反的情况。这可能是两个季间小种群变化造成的。

国际水稻研究所（IRRI）测定了抗谱宽的、中等的和窄的 9 个品种的 r 值，结果表明 r 值与抗谱呈负相关。如果低 r 值意味具有高水平的水平抗病性，那么被测的这 9 个品种应当认为具有高水平的水平抗病性，因为这些品种具有若干水平抗病性的特性：①它们的病害发展速度慢；②它们或许具有表现数量抗病性的许多 R 基因；③它们的抗病性不被破坏，虽然它们也可能由少数菌株引起的少量感染型病斑。然而，它们对小种的反应基本上是垂直的（质量抗病性），表现了小种鉴别反应的特性，因此，这些品种不符合水平抗病性（数量抗病性）的定义。

日本学者对水平抗病性（微效基因抗病性）与田间抗病性（微效基因抗病性）的理解：

江塚对田间抗病性这个术语及其意义的描述："田间抗病性这个术语的意思并非总是清楚的，它的原意无疑是只有在田间才能识别的抗病性，而在实验室和温室内不明显。但是，后来通过幼苗接种的研究，在温室中也能评价田间抗病性。原来的定义不符合现在的条件，在日本，把抗病性分为垂直抗病性和水平抗病性不是普遍采用的抗病性分类，清泽和鸟山注意到，垂直抗病性和水平抗病性对水稻的稻瘟病抗病性分类不够用，因为水稻的田间抗病性，对病原菌系并非总是非特异性的。"

鸟山指出，在水平抗病性或者称为田间抗病性、一般化的抗病性这些术语中，日本的研究者采用"田间抗病性"这个术语来代替水平抗病性这个术语。因为至今为止，日本的研究者在任何水稻品种上都没有观察到范德普兰克（Vanderplank）严格意义上的水平抗病性。所以，日本的水稻育种学家把水稻对稻瘟病的抗病性分为"真抗病性"和"田间抗病性"。真抗病性是根据水稻对稻瘟病菌的过敏性反应所描述的特异性抗病性或质量的抗病性，而田间抗病性是除去真抗病性余下的抗病性。当水稻品种 St. 1 号和中国 31 用致病菌系喷露接种时，一般只观察到几个感染型病斑，在稻瘟病圃中也只观察到少量感染型病斑。所以，St. 1 号和中国 31 被认为具有最高水平的田间抗病性。然而，当为了确定这两个品种高水平的田间抗病性而在全日本的稻瘟病圃进行广泛试验时，St. 1 号在福岛县严重感病，在广泛的试验中，中国 31 也遭到同样的命运。St. 1 号和中国 31 这种高水平田间抗病性遭受到的这种破坏，显然是对菌系的特异性反应，这种现象与垂直抗病性遭受的破坏是相似的。根据这个结果判断，水稻品种的田间抗病性也因菌系而不同，所以田间抗病性这个术语与水平抗病性这个术语不是严格一致的。所以，日本人用的田间抗病性与水平抗病性不同，前者是小种特异的抗病性，后者为小种非特异的抗病性。

3　抗病基因源及利用价值评定

抗病育种是把各种不同的抗病性聚集在农艺性状优良的品种中，培育优良的抗病新品种。抗病育种的关键是采用最适合、最有效的方法来利用抗病基因。作物抗病育种基因源的利用，都会经历一个普遍的过程，即由利用本地（或本国）抗病基因源到利用外地（或外国）的抗病基因源；由利用近缘的抗病基因源到利用远缘的抗病基因源。例如，利用本地或本国的作物品种间杂交培育抗病新品种和引进外地或外国抗病品种或抗病材料，导入其抗病基因培育抗病新品种。这就是由近到远、由品种间杂交到亚种间杂交甚至种间杂交，由近缘到远缘逐步开发利用抗病基因源。

一般地说，作物育种学家利用本地或本国的品种间杂交比较容易育成抗病新品种，利用外地或外国的抗源或远缘的抗源，会增加培育新抗病品种的难度或者延长育种周期，原因是育种学家对前者比较熟悉，有实践经验可供借鉴，而且杂交育种中没有远缘种的交配遗传障碍。以上所述都是自然抗源的利用，但是，有相当多的自然抗源，例如具有高度抗病性的品种，其农艺性状不符合育种要求，而能作为抗源利用的远缘种的农艺性状更差，育成新品种的难度更大。因此，就提出和实施抗源不良性状改造的问题，这就是所谓的人工优良抗源的合成。这项研究工作应当由植物病理学家和遗传学家承担研制任务。在此，简要介绍中国农业科学院作物科学研究所的水稻抗稻瘟病人工抗源合成的研究工作如下：导入优良抗稻瘟病基因 Piz^t，由花培育成的优良水稻抗病品种中花 8 号和中花 9 号，在北方部分稻区大面积推广种植几年后抗病性被破坏，变成感病品种。侵染这两个品种的新的稻瘟病菌小种，具有极为宽广的致病性，它使当时种植的许多品种甚至作为抗源利用的品种都失去抗病性。因此，当时北方的水稻抗稻瘟病育种面临抗源短缺的问题，作物科学研究所原稻瘟病课题组利用侵染中花 8 号和中花 9 号的小种，从云南地方品种中筛选抗源。经过几年的分菌系和多菌系混合鉴定和筛选，获得了 80 多个高抗上述小种的抗源品种，这些抗源直接提供给南、北方稻区的育种部门利用。由于这些抗源的不良农艺性状，育种学家难以利用，因此不能充分利用这些抗源。为了改良这些抗源的农艺性状，用云南的抗源品种与中花 8 号、中花 9 号以及中花系列的品种杂交，以具有优良农艺性状的中花 8 号等、生产上可直接利用的品种与抗源品种杂交，再以中花 8 号等品种为轮回亲本，经过 6 次回交，每次回交的后代都进行抗病性的鉴定和优良农艺性状的选择，育成育种学家容易利用的"人工合成"抗源（未发表）。

4 抗病性的持久性

作物的持久抗病性是指抗病的品种在被广泛种植之后，在较长时间内保持有效的抗病性。这里所下的这个定义不涉及抗病性的遗传控制，它的机理、它的表达程度或它的小种特异性等内容。而且，持久的抗病性的认可不意味着这种抗病性会长久不变地保持有效[186]。持久抗病性这个概念与水平抗病性、部分抗病性、不完全抗病性及其他抗病性术语的概念之间存在差别。一些作者认为有两种抗病性，一种是小种特异的抗病性，另一种是称为水平的、部分的、普遍的或持久的抗病性[187]，后一种抗病性所采用的这些不同的术语，实质上是同义词。加拿大的一些研究者利用修饰性的"持久的"（enduring）这个词来描述一些小麦品种对加拿大秆锈病的抗病性。另一些学者用"持久的"（durable），表示具有持久抗病性的品种被广泛种植后，仍然长时间保持抗病的有效性。Green 和 Campbell 提出，对加拿大秆锈病具有持久抗病性的小麦品种比已变成感病的品种具有较多的抗病基因，而且具有不同的基因组合[188]。他们还提出："自 1950 年推广以来的加拿大西部品种的抗病性，在大多数情况下可以用这些品种具有的已知基因来解释。"此外，他们还认为所有的抗病性都受小种特异的遗传因子控制，持久的抗病性是这些因子的复杂组合引起的。Johnson 根据他对条锈病的抗病育种经验和已发表的资料，认为这些推测都没有得到证明。持久的抗病性的遗传基础有可能发生变化，没有理由假设持久的抗病性总是复杂的。在大多数情况下，持久的抗病性的遗传因子还要进行准确的鉴定，当然也包括对加拿大小麦品种秆锈病持久抗病性的严格的遗传鉴定。

Green 和 Campbell 描述了都具有 5 个秆锈病抗病基因（Sr）的 2 个加拿大小麦品种。其中一个品种是 Canthatch，它在加拿大马尼托巴省（Manitoba）麦区的种植面积从未超过 2%，较大面积种植也只有几年。而且在种植期的末期，它的抗病性比初期弱得多，不应当属于有持久抗病性的品种。而另一个品种 Selkirk 被广泛种植许多年，它对秆锈病的抗病性是持久的。Selkirk 的抗病性受 Sr-3，Sr-7，Sr-$9d$，Sr-17 和 Sr-23 等 5 个基因控制，这种抗病性的效果可能是病原所组合的、对抗病基因 Sr-6 和 Sr-$9d$ 的致病性稀少的缘故。致病性基因的这种组合可能对病原有害。然而，分别对这些抗病基因具有致病性的小种并不稀少。这个假设在缺乏资料的支持时，可能会提出其他解释。例如假设 Selkirk 的抗病性部分地由其他基因引起，所以即使病原小种对已命名的这 5 个基因具有特异的致病性，这个品种也不是高度感病的。来自加拿大温尼伯永久秆锈病圃的资料指明了这种可能性，而且这种可能性得到 Hare 和 McIntosh 研究资料的支持。他们证明了 Selkirk 携带基因 Sr-2，因为它在若干品种中表现了抗病性的持久性，他们把这个基因描述为控制持久抗病性的基因。Knott 把 Sr - 2 描述为小麦品种 Hope 和 H44 对秆锈病的成株抗病性基因，H44 是 Selkirk 的祖先[189]。Selkirk 也有可能包含其他尚未描述的抗秆锈病因子。

加拿大小麦品种秆锈病抗病性遗传控制的这些特征有若干含义。第一，含有许多基因，例如 5 个小种特异的 Sr 基因的小麦品种，这些基因不是自动地产生持久的抗病性，如小麦品种 Canthatch 就是如此。第二，难以确信一个品种的完整基因型已被完全描述，所以也难以用一个品种的已知抗病基因来说明持久性的原因，这是无疑的。Selkirk 的持久抗病性可能是由 Sr - 2 基因和属于持久的秆锈抗病性的其他未鉴定因子引起的；这些因子的存在有助于阻止组合了对 Sr - 6 和 Sr - $9d$ 致病性的小种的繁殖。

不顾这些未确定的事实，Green 和 Campbell 得出结论："具有经典的、过敏的'幼苗'基因的合适组合的小麦品系可能容易被选择，这些基因的组合是高度有效的"。然而，他们没有进行重新构建他们相信具有持久抗病性的基因具体重组的尝试。事实上，他们描述的育种计划，在 F_9 代之前不包含幼苗秆锈抗病性的测定。这不能排除 Sr 基因复合类群的发生，而且难以看到在育种计划的这个阶段如何能系统地培育特定的基因组合。加拿大小麦品种 Sr 基因的实际组合，一般是被追溯鉴定的。最近又命名了加拿大小麦品种中未被鉴定的抗病基因[188]。

持久抗病性的本质问题是如何定义和采取什么最好的方法来对待的问题。Johnson 定义的持久抗病性是在有利于病原发展的条件下，长期地、大范围地暴露于病原菌中而不被破坏的抗病性[198]。因此，抗病性的持久性不能用数量表示，它的显著变化取决于抗病性的性质、环境和病原群体目前的状态。特殊的抗病性是否可以认为是持久的，这依赖于人们的经验。有些研究者把数量抗病性视为持久的抗病性，而把质量抗病性看成短命的抗病性。另一些研究者认为降低强度的抗病性为持久抗病性，而阻止侵染的抗病性不是持久的抗病性；多基因控制的抗病性为持久的抗病性，单基因控制的抗病性不是持久抗病性。尽管这些看法在一定程度上反映持久抗病性的某些实际情况，但每种主张都有许多例外的情况。例如由抗病基因 mol 控制的大麦品种对白粉病的持久抗病性已得到确认，这个基因促进寄主乳头状小突起发展的速率，限制了病原进入寄主的表皮。由此可见，以控制抗病性的基因多寡来划分持久抗病性和短命抗病性不完全符合实际情况。

组合或聚合单基因的抗病性可以作为改善特异抗病性持久性的一个途径。小麦对秆锈病、叶锈病和条锈病的持久抗病性已被确认，这是通过组合或聚合单基因抗病性改善抗病性持久性的成功范例。抗秆锈病的基因 Sr - 2，Sr - 26，Sr - 31 和 Sr - 36 都可以作为提供抗病性持久性的抗病基因。多年以前，在这些抗源的长期研究中，只做了供体杂交并与其他杂交作比较，而最近是通过渗入的途径导入这些基因，形成稳定的、持久的抗病性。20 世纪 20 年代，由二粒小麦 Yaroslav 导入到六倍体小麦品种 Hope 和 H44 的抗秆锈病基因 Sr - 2 的应用最为广泛，它现在存在于广泛种植的 CIMMYT 的许多小麦品种中。

有许多小麦品种对条锈病具有持久抗病性，其中法国小麦品种 Cappelle Desprez 推广种植面积大，抗条锈效果显著，因而引起关注并进行遗传和病理研究，发现这个品种的 5 条染色体短臂上存在具有提高抗病性的小种特异的和小种非特异的抗病基因，在同样染色体长臂上有助长感病性的基因，因此这个品种对条锈病具有正效应和负效应。这种持久性是由影响抗病性基因的复合体引起或者由这个复合体的特殊部分引起不得而知。当然，品种 Cappelle

Desprez 的成功推广应用，除对条锈的持久抗病性之外，对小麦眼斑病菌（*Pseudocercosporella herpotrichoides*）的持久抗病性，及对其他重要病害只是中等感病也是它能长时间大面积种植的有利因素。即使有真正的持久抗病性，育种学家也必须对病害保持警惕，例如对甘蓝萎蔫病菌（*Fusarium oxysporum* f. sp. *conglutinans*）的所谓 A 型抗病性，在美国中西部的甘蓝种植区保持了 50 多年的抗病效果。然而，Ramirez-Villupadua 等，于 1985 年发现了克服 A 型抗病性的一个小种。

四、抗病育种的实践

1 抗病性选择的方法和技术

传统的抗病性选择是以直觉的无病或病害轻为根据的，即经验主义的选择方法。随着新技术和改进技术的逐步引入，使抗病性的选择渐渐采用理性的、实验的方法。

（1）质量抗病性的选择和利用　在正常蔓延的病害严重发生时，为安全考虑，育种学家倾向于选择育种群体中有利用价值的高水平的抗病性。为此，育种学家需要利用质量选择步骤来选择高水平的抗病性。例如，由梨火疫病菌（*Erwinia amylovora*）引起的火疫病对梨果作物的危害程度，受寄主植株的年龄、活力、环境因子，尤其开花期间的环境因子、土壤类型和栽培措施等的强烈影响。幼苗阶段抗病性的筛选，显然不能考虑所有这类因素，而只着眼于有利用价值的、高水平抗病性的筛选。中等水平抗病性在应用的实践中是可以接受的，但是这种抗病性的筛选有困难，因为在鉴定和判断上都存在一些困难，而由野生种导入高水平的抗病性似乎更有利用价值。育种学家之所以倾向于选择高水平的抗病性，是因为这种抗病性更容易识别和利用。

（2）数量抗病性的开发方法　数量抗病性也称为部分抗病性，只能部分地控制病害，不能完全控制病害。数量抗病性可以在温室内鉴定和选择，但数量抗病性与优良农艺性状的组合，只能在田间选择。这个过程存在一些问题：①在纯系选择的早期阶段，由于杂合性的原因，会出现一些选择误差，需要用田间特性已知的对照品种，以资比较。②为了准确详细评价品系间病害反应的差异以及影响品系早期和成熟期变异的因素，要把握田间材料评价的时机。③在温室内筛选数量抗病性所用的病原菌不能代表目前或将来病原的致病范围。

尽管鉴定和选择数量抗病性以及确定这种抗病性与优良性状的组合存在一些问题，但是，这种做法在实践上都有良好的效果。因为育种学家在田间试验中，被鉴定的品系受到来自附近感病品种接种源的连续侵染，在这种条件下比较数量抗病性水平，足以保证被选择品系能在大范围的田间利用。最典型的例子是法国小麦品种 Cappelle Desprez，它在早期的英国田间试验中感染小麦条锈病，从质量抗病性考虑，在英国几乎被列为淘汰对象。可是，后来这个品种得到普及，在 20 世纪 60 年代占英国小麦种植面积的 60%，并不存在条锈病菌严重侵染而引起关注的问题。所以，在育种计划中引入数量抗病性，无疑地扩大了抗病基因的利用范围，且实践已证明是行之有效的抗病育种途径之一。

1.1 实验室内的抗病性鉴定和选择

利用同工酶和 RFLP 标记确认抗病基因存在的有力方法已经在应用，这种方法不需要常规的病害测定。利用聚合酶链式反应（PCR）扩增随机合成的寡核苷酸，已确认 10 对碱基的标记序列之间发生的短的 DNA 片段的附加方法（RAPD 标记）适用于抗病基因的检测[190]。这种新的技术有可能给 RFLP 方法提供有力的补充。这两种方法在植物病原的群体遗传学研究中正在显示重要的利用价值[191]。

小麦、水稻、玉米等重要作物的基因组，正逐步被标记"饱和"，因此，至少在理论上能通过核实病害筛选标记的存在，把不同的抗病基因集结成单一基因型。当然，这需要了解哪些基因是重要的，它们在何处；同时也要知道抗病基因与合适的标记，最好是两侧翼的标记有紧密的连锁。这里举一个最典型的例子，来自偏肿山羊草（*Aegilops ventricosa*）的小麦，其染色体 7D[192]上的抗病性单基因大概覆盖了内肽酶位点，这种抗病性基因，通过一个籽粒的一部分进行同工酶产物测定就能选择到。分子标记的抗病基因筛选有显著的优点，可能避免田间测定和筛选的某些不确定性，能把对相同病害或不同病害的抗病性等位基因组合成寄主的单一基因型。而且，分子标记为共显性，很容易把纯合子和杂合子区分开。分子标记的抗病基因也可以用植物组织的某种形态或者用细胞或者用植物组织等来鉴定。这种技术与双、单倍体的利用结合，利用一个较大的籽粒就能获得想要的纯合基因型。丰富的、合用的 RFLP 标记也用来探索数量抗病性位点（QTL）。标记技术的另一个重要优点是可以把与外源抗病基因一起转移的、控制不良性状的 DNA 降低到最小限度。例如，苹果的疮痂病和白粉病抗源都来自野生种 Malus，感病的优良苹果与 Malus 杂交，导入后者的抗病性、至少需要与前者回交 5 次，才能把野生亲本的基因组减少到 5％以下。另一方面，连锁的片段只能通过随机的、不可预测的交换，少量地减少不想要的 DNA。不良性状与抗病性的连锁，是作物抗病育种的一大障碍。要设法缩短排除野生基因组的时间和打破抗病基因与不良性状基因的连锁，使这种连锁降低到最小。Young 和 Tanksley 提出如何评估抗病基因周围连锁的 DNA 大小的一个例子[193]。利用 RFLP 标记能评估回交育种期间番茄 Tm-2 位点周围保留的染色体片段的大小。基因组的染色体作图是鉴定染色体片段及其来源的一种有用的技术。选择目标附近有交换的个体，能克服连锁的障碍。利用脉冲场电泳的染色体分离，进一步提高了分子标记技术的潜力。

分子标记技术的主要缺点是分子标记必须与所要的特性如抗病性紧密连锁，合适的标记只能应用于数量有限的抗病性。而寄主的抗病基因型对不同病原复合体的有效反应，依赖于寄主背景中许多基因的互作，因此，合适组合的选择是可能的。而且，在标记方法与双单倍体利用结合的情况下，抗病基因可以被导入到新基因的作用不可能有何种功能调节的新的遗传背景中。这种关系也应用于新抗病品种的育种工程。这种因子是否具有任何重要性还不知道，但是却强调了这原来是常规育种方法的一个优点。丰富的选择世代对被选品系的田间研究有正面作用，全面互作的基因组合是有利用价值的。

Beckman 和 Soller 指出，分子标记技术的长期广泛利用，可能导致具有抗病性优点的品种更快垮台，而且使育种进一步集中在大公司手中。例如，实验室的其他方法包括用真菌毒素或致病真菌的培养滤液来筛选寄主的原生质。这些方法的优点是可以被检验。而通过检验最能描述寄主抗病性和寄生菌致病性的全部特征。在寄主生长于田间的某个阶段，用上述方法给病原菌株提供的指标比寄主抗病性提供的指标多。这些方法的迅速发展，对长期的育种实践有利用价值。

1.2　温室内的抗病性鉴定和选择

温室内或生长箱内的抗病性测定和选择，比田间测定和筛选的费用昂贵。但是，它对重要的病害、偶然发生的病害或者田间难以发生的病害特别有用。这种可控测定的重要价值在于可以用特异病原的不同小种来筛选杂交组合的后代，以证实抗病基因的导入。因为这种测定费用的昂贵和管理的困难，通常只对幼苗植株进行测定，这样有可能漏掉抗病性出现具有有用特征的个体。另一个缺点是有效的环境变异与田间不同，比田间的环境变异小。这就常常导致温室与田间之间抗病性表达的差异。

1.3　田间的抗病性鉴定和选择

抗病性的温室内人工接种鉴定、选择与田间的自然感染的抗病性鉴定、选择，应当有机结合、相互补充、取长补短。这里简述田间抗病性（数量抗病性）鉴定、选择的各种情况：

水稻品种的病圃抗病性鉴定和广抗谱的抗病品种的筛选，以国际水稻研究所（IRRI）主持的国际联合稻瘟病圃（IUBN）最为持久（15年）和最为广泛（30个国家，60个试验场）。鉴定结果出现如下3种情况：①一些品种抗大部分小种或在大部分试验地表现抗病，这些品种具有广谱抗病性；②有些品种对大部分小种或菌株感病或在大部分试验点表现感病，这些品种具有窄谱抗病性；③多数品种介于二者之间，处于各种不同的抗病水平。第一类品种适合于广大稻区作为抗病亲本，例如 Tetep，Carreon，Mamoriaka，C46 - 15，Nang Chet cuc，Ram Tulasi（Sel），Dissi Hatil 和 Huang-Sen-go 等。如此选择的品种抗病性应当是质量抗病性（主效基因抗病性），与数量抗病性（微效基因抗病性）不同。质量抗病性的表现是寄主品种抵抗病原侵袭，不出现任何病斑或出现抵抗型病斑。在这种情况下，不可能判断品种间数量抗病性、微效基因抗病性的强弱，但是质量抗病性被病原小种克服之后，可根据感染型病斑的多少比较品种间数量抗病性的强弱。

数量抗病性的水平高低或强弱，取决于寄主品种的抗谱。为了明确这一点，曾用3个水稻品系进行了田间试验，根据病斑数目分为少、中、多3种情况；少者每个分蘖平均3个病斑，中者每个分蘖平均36个病斑，多者每个分蘖平均73个病斑。在温室内接种26个小种和来自田间的105个菌株，实验结果是：病斑少的品系抵抗23个小种、99个菌株；病斑数中等的品系抵抗8个小种、68个菌株；病斑多的品系抵抗2个小种、11个菌株。这表明抵抗较多小种或菌株的水稻品系（质量的抗病性）病斑数较少（数量的抗病性）。所以，数量抗病性水平是寄主抗病基因与病原致病基因之间互作的总体表现。为了进一步确定质量抗病性与数量抗病性的关系，在 IRRI 还做了如下实验：①用250个小种的几千个菌株接种18个鉴别品种，调查每个品种对每个小种的反应及每个品种的抗谱；②18个鉴别品种的幼苗暴露田间1～3d后，返回温室发病后调查病斑数。这两个实验结果发现病斑数与对小种的抗病百分率呈负相关。

Johnson 于1979年在丘陵地的地块上建立了小麦条锈病的田间病圃体系。在这种病圃里，可以用不同的条锈病菌小种接种、测定中选的品系，对品系和品系之间的抗病性进行比较。在质量抗病性被小种克服的品系，能表现数量的抗病性，通过比较，选择数量抗病性强的品系。用这种方法选择的数量抗病性与用强致病的小种接种亲本所选择的数量抗病性同等水平。Loegering 首先提出了选择质量抗病性亲本与数量抗病性亲本之间杂交的、兼具两种抗病性的 F_3 系统的一种简易方法。在 F_3 系统中，淘汰全部纯合的抗病系统和纯合的感病系统。在分离的系统中，从感病程度最轻的系统中选择抗病植株。这种植株把结合了质量抗病性和数量抗病性的选择提高到最大限度。Robinson 于 1976 年证明，两个寄主的植株杂交，后代用对双亲致病的小种接种，使双亲的质量抗病性失效，有可能选择到积累了数量抗病性的品种或具有非特异抗病基因的品系。Beek 于 1983 年应用 Robinson 的方法，很快就选择出抗小麦锈病和白粉病的群体。

2　4 种农作物抗病育种概述

2.1　亚麻的锈病抗病育种

由世界各地搜集的亚麻品种，通过抗病性鉴定筛选了抗病的材料，这些抗病材料与 Bison 杂交并回交，获得了 25 个亚麻品系，每个品系只具有 1 个抗病基因。这些品系作为锈病菌的鉴别品系和育种的原原种利用，这 25 个抗病基因中，有近一半的基因控制对北美全部小种的抗病性。后来，经过进一步鉴定，只有 6 个基因具有这种广谱抗病性。到 20 世纪 70 年代初，发现大部分品种存在 N - 1 抗病基因。抗病亲本与 Bison 回交 6 次到 8 次所获得的单基因鉴别品系也用于培育多基因的抗病品种。虽然 Bison 对全部北美的小种都感病，但是，它在农学上具有优良的农艺性状，在培育优良的抗病品种中有利用价值。含有对北美小种抗病基因的杂种群体的每个植株的抗病基因，用广致病谱的小种 22 与窄致病谱小种的许多杂交的几个组合 F_2 培养菌来鉴定。

因为抗病性和非致病性是显性的，寄主的抗病基因只能用不能侵染具有这个基因的植株这样的小种来鉴定。这是抗病基因鉴定和抗病性遗传研究的基本原理。杂种后代的每个植株的抗病基因，可以用侵染杂交中包含的全部基因，但不侵染其中一个抗病基因的小种连续接种这个植株来鉴定。根据这个原理可以进行抗病基因的聚合，育成多基因的抗病品种（品系）。因为这些测定的目的是鉴定携带杂交中所包含的全部抗病基因的植株，对选择的测定小种感病的植株就被除去，经 3～5 次接种之后，对所有测定小种都抗病的植株，在种子成熟时，单株收获种子。

实际上，在鉴定多基因组合的品系时，有效小种的致病性选择是一个难题，尤其在鉴定结合 3 个以上抗病基因的品种。亚麻锈病菌已鉴定了 350 个小种，不可能用全部小种鉴定多基因品种，只能用广致病谱的南美小种 22 与窄致病的北美小种的杂种 F_2 培养菌的几个组合，有选择性地鉴定杂种群体中具有 4 个或 5 个抗病基因的植株。

在培育具有 2 个抗病基因的品系时，采用两种方法：①依前面的方法鉴定每个 F_2 植株的抗病基因。例如在温室内进行具有抗病基因 K 和 L - 2 的鉴别品系之间的杂交。F_1 种在温室内，单株采收种子。F_2 种子播在 15cm 的钵内。用表 3 - 32 列示的小种，每隔 1 周接种一次这些植株来确定 F_2 植株对小种 1、16 和 228 的反应。拔去感病的植株，单株收获对 3 个小种都抗病的植株。用这种测定法得到了 L - $2k$ 纯合的 2 个抗病后代。②除第一种方法的程序之外，在 1.6m 长的田间播一行 50 粒的 F_2 种子，与大麦相间播种。去除在田间表现感病的；缺少所想要的抗病基因的植株，然后单株收获种子。每个 F_3 系统用对双亲品系具有相反致病性的小种测定。F_3 系统对 2 个小种的抗、感比率表明 2 个基因应当是纯合的。依照上述程序的杂交和鉴定，获得了 LN - 1，LP - 3，L - $6M$ - 3，M - $3N$ - 1，M - $3P$ - 3 和 N - $1P$ - 3 纯合的各种品系（表 3 - 33）。

表 3-32　亚麻锈病菌鉴别品种 Stewart（L-2）×Clay（K）杂交 F_2 锈病抗病基因的分离

(Flor 等，1971)

对测定小种的反应							
小种		亲本		具有抗病基因的 F_2 植株			
编号	致病性基因型	Stewart	Clay	无基因	L-2	K	L-$2K$
1	$avr_{L-2}avr_K$**	R*	R	S	R	R	R
16	$vr_{L-2}vr_{L-2}avr_K$	S	R	nt	S	R	R
228	$avr_{L-2}vr_Kvr_K$	R	S	nt	nt	S	R
观察的植株数				3	15	17	28
预期的植株数				4	12	12	35

（1：3：3：9）χ^2 值=4.483；P 值在 2～5 之间

*：R=抗病的；S=感病的；nt=没有测定；**：avr=非致病基因，vr=致病基因。

表 3-33　鉴定携带抗病基因 LN-1 和 M-$3N$-1 的亚麻植株杂交后代的抗病基因

(Flor 等，1971)

小　种		具有抗病基因的 F_2 植株对指定小种的反应			
编号	致病性基因型	N-1	LN-1	M-$3N$-1	LM-$3N$-1
154	$vr_Lvr_Lvr_{M-3}vr_{M-3}avr_{N-1}$**	R	R	R	R
156	$vr_Lvr_Lavr_{M-3}vr_{N-1}vr_{N-1}$	S	S	S	R
191	$avr_Lvr_{M-3}vr_Mvr_{N-1}vr_{N-1}$	S	R	S	R
观察的植株数		63		52	137
预期的分离比（4：3：9）		63		47	142

χ^2 值=0.704；P 值在 0.50～0.95 之间

*R=抗病的；S=感病的；**：avr=非致病基因，vr=致病基因。

次年，用这两种方法得到的 2 个基因纯合的品系种植于田间，对单株的农艺性状、抗病性和种子质量进行选择。由具有 2 个基因的这些品系进一步育成了具有 3 个抗病基因的品种。例如，LLm-$3m$-$3N$-$1N$-1 纯合的植株与 LLM-$3M$-$3N$-$1N$-1 纯合的植株杂交。F_1（LLM-$3m$-$3N$-$1N$-1）种在温室内直到成熟。F_2 种子也播在温室内的小钵中，每个 15cm 的钵播 12 粒种子。被鉴定的植株每隔一周接种一次，用不同的小种连续接种，以确保鉴定出具有 3 个基因的幼苗（表 3-33）。在携带全部 3 个抗病基因的 137 个植株成熟时，收获 F_2 并测定 F_3 对表 3-34 列示的小种的反应。全部后代（F_3）品系对小种 154 都抗病，这进一步证明亲本品系 N-1 基因的纯合性。这些后代分离为十分符合预期的 $6LL$（LL）M-$3m$-$3N$-$1N$-1：2（LLM-$3M$-$3N$-$1N$-1）：1（LLM-$3M$-$3N$-$1N$-1）的比率。对小种 156 反应分离的 89 个品系可能是来自 M-3 杂合的 F_2 植株的后代，32 个品系是对小种 156 抗病性纯合的和对小种 191 反应分离的品系。这些后代来自具有 LLM-$3M$-$3N$-$1N$-1 基因型的 F_2 植株。对小种 154、156 和 191 都表现抗病性稳定的、基因型纯合的 16 个品系是 3 个抗病基因纯合的品系。这些抗病性稳定的、基因型纯合的品系，进行产量评定、繁殖、选择优良品系供生产上应用。

N-1 基因控制现在广泛种植的品种的抗病性，L 基因现在不再控制抗病性，所以用 L-6 基因取代了 L 基因。用基因型为 L-$6L$-$6m$-$3m$-$3n$-$1n$-1 的品系与基因型为 LLM-$3M$-$3N$-$1N$-1 的品系杂交的目的是用 L-6 取代 L。还没有找到能有效地鉴定携带 L-6 基因的植株的小种，就是说没有找到对 L-6 非致病的、对 L、M-3 和 N-1 致病的小种。这个不足用小种 191（对 L 非致病，对 L-$6M$-$3N$-1 致病）的微量夏饱子接种每个 F_2 植株的一片子叶来克服。因为 L 和 L-6 基因为等位基因，所以每个 F_2 植株的基因型为 LL、LL-6 或 L-$6L$-6。抗小种 191 的全部植株的 L 基因或者是纯合的或者是杂合的。把这些植株去除，这样就消除了群体的 3/4 植株（表 3-34）。剩下的 1/4 感病植株是所要的基因型为 L-$6L$-6 的纯合植株。为了阻止小种 191 的二次侵染。在夏饱子堆突破表皮之前，把被侵染的子叶摘掉。剩余的幼苗隔 7d 后用小种 79 和 196 接种。对小种 79 感病的 67 个植株和对小种 196 感病的 34 个植株，分别缺乏 M-3 和 N-1 基因而被删除。抗小种 79 和 196 的 145 个植株在种子成熟时，单株收获种子，测定后代反应的纯度，约 1/9 的植株的 L-$6M$-$3N$-1 是纯合的。繁殖这些纯合的植株并评定其农艺性状。对重复的产量试验进行评定，选择最有希望的多基因品系。经过上述综合评定，选择了 20 个品系，在 1966—1968 年期间于北科他的 Fargo. 在设有 3 个重复的常规产量试验中与 5 个对照品种作了比较。3 年期间的种子产量没有显明的不同，回交得来的所有品种的产量与回交亲本 Bison 相等或者比 Bison 高。从种子产量、农学特征、病理特征和种子质量的观点看，大部分新品种的大面积产量是令人满意的。

表 3-34　鉴定携带抗病基因 L-6 和 LM-$3N$-1 植株杂交后代的抗病基因

（Flor 等，1971）

小 种		具有抗病基因的 F_2 植株对指定小种的反应			
编号	致病性基因型	LL，LL-6	L-$6L$-$6N$-1	L-$6L$-$6M$-3	L-$6L$-$6M$-$3N$-1
191	$avr_{L\text{-}6}vr_{L\text{-}6}vr_{M\text{-}3}vr_{M\text{-}3}vr_{N\text{-}1}vr_{N\text{-}1}$	R	S	S	S
196	$vr_{L\text{-}6}vr_{L\text{-}6}vr_{M\text{-}3}vr_{M\text{-}3}avr_{N\text{-}1}$	nt	R	S	R
79	$vr_{L\text{-}6}vr_{L\text{-}6}vr_{M\text{-}3}vr_{N\text{-}1}vr_{N\text{-}1}$	nt	S	nt	R
观察的植株数		748	67	34	145
预期的分离比（48：4：3：9）		746	63	46	139
$\chi^2=3.684$；P 在 0.2～0.5 之间					

* R＝抗病的，S＝感病的，nt＝没有测定。

2.2　马铃薯的晚疫病抗病育种

这里主要谈马铃薯品种的各种抗病性表现，从病理和遗传的角度介绍学者们对马铃薯抗病性的研究结果和解释，为育种学家提供抗病育种的理论根据。

马铃薯疫病分为早疫病和晚疫病，前者由早疫病菌（Alternaria solani）引起，后者由晚疫病菌（Phytophthora infestans）引起。马铃薯晚疫病是 1840 年左右由墨西哥传入欧洲的，此后这种病迅速发展，引起若干次严重的流行，包括 1845—1846 年在爱尔兰的流行。20 世纪 70 年代，马铃薯晚疫病在大部分种植马铃薯的国家蔓延，其严重性因气候条件、地区和季节而异。在温暖、潮湿的条件下，此病蔓延尤其迅速。感病品种被侵染的最初征兆是在茎上或叶片上出现暗绿或褐色斑，严重侵染时，整个茎秆变黑。在被侵染的部位产生病原的分生孢子，这些分生孢子由风吹落或雨滴溅落到其他叶片或其他植株上，由分生孢子形成的游动孢子引起新的侵染。这种病害能以两种途径引起感病的马铃薯品种的严重产量损失：第一种途径是杀伤茎和叶而减少光合作用的面积；第二种途径是从茎秆冲洗到土壤中的分生孢子形成的游动孢子直接侵染块茎。大部分块茎的侵染是通过芽眼，皮孔或裂缝发生的。在被侵染的块茎产生了变色的块茎部位，这种部位不断扩大，直到在储藏中腐烂。马铃薯品种对晚疫病的抗病性极为不同，不过，还没有发现一个品种对本菌的全部小种都表现抗病。因此，以往在马铃薯的生产中常常利用化学防治来减少晚疫病的危害。

Salaman 是详细研究马铃薯晚疫病抗病性的第一人。他发现栽培的马铃薯（Solanum tuberosum）与墨西哥六倍体野生种杂交的一些衍生杂种高抗晚疫病。后来的研究证明，这种抗病性来源于野生的墨西哥六倍体野生种，并以显性特性遗传。Müller 研究了也是由上述野生种来源的马铃薯对所谓 W 小种的晚疫病抗病性，提出这种抗病性受一系列主效基因（R）控制。控制叶细胞对晚疫病菌过敏性反应的这些 R 基因，是小种特异的，携带这种基因的幼苗对晚疫病菌的一些变异体实际上是免疫的，但是对其他的变异体是感病的。尽管曾经发现具有来自上述野生种的显性抗病基因 R-1，R-2，R-3，R-4，R-5 和 R-6 的马铃薯上能形成孢子的生理小种，但是，许多育种学家在抗病育种计划中继续广泛地利用这些基因，直到 20 世纪 70 年代。现在一般都承认，以 R 基因为基础的抗晚疫病的"田间免疫性"育种是无效的。例如 20 世纪 70 年代推荐的，具有晚疫病抗病基因 R-1，R-2 和 R-3 的品种 Pentland Dell，也与感病品种 King Edmard 一样，必须用杀菌剂处理来控制田间的病害。除了控制其他种类抗病性的基因之外，在野生种马铃薯和茄属的其他种包括 S. stoloniferum 中，已确认有若干 R 型的新基因。具有与这些新 R 基因（称为 R-5～R-11）互补的致病基因的晚疫病菌小种，已经在英国蔓延，虽然任何普通的马铃薯品种都不存在这些基因。但是，由于 R 基因的寄主基因型的某种选择性影响，这些小种还没有广泛分布，英国的晚疫病菌田间群体常常包含尚未被抗病寄主品种遇到的小种，其中许多小种对广谱的寄主抗病基因是致病的。Howard 认为，某些控制过敏性的基因对控制晚疫病可能是无效的，因为晚疫病菌产生新小种的能力很强。

具有 R 基因植株的抗病性显然是由典型的过敏反应引起的，在这种反应中，病原最初侵入的细胞迅速死亡。过敏反应所包含的机理是复杂的，目前尚未充分理解。类木质素多聚体的产生和绿原酸含量及苯丙氨酸氨裂解酶活性的共同提高，是具有抗病基因 R 的品种 Orion 对接种小种 4 后出现的一些现象[194]。植物抗毒素 rishitin 和 lubimin 在马铃薯与晚疫病菌之间的非亲和性反应中以高浓度发生，所以植物抗毒素对过敏反应也许起很重要的作用。一些研究工作者如 Fehrmann 和 Dimond 报道了过氧化物酶活性与对晚疫病的过敏抗病性之间是正相关的[195]。Yamamoto 和 Matsuo 的研究结果说明，在晚疫病菌对寄主植物的识别中，可能包含病原的 DNA，这些病原 DNA 可能在非亲和反应中诱导过敏反应。在寄主植物组织中，没有发现晚疫病的抗病性与糖原生物碱茄灵和卡茄碱浓度之间的关系。

过敏性抗病性不能对田间的晚疫病产生长期的持续的控制，结果就提高了对多基因控制的、可能是非小种特异的"田间抗病性"的兴趣。但是，R 基因的存在会严重干扰对田间抗病性的改良和选择。在许多马铃薯品种和一些野生种，包括上述的墨西哥六倍体野生种和 S. stoloniferum 中存在的晚疫病田间抗病性[196]，显然是不同类型抗病性的复合体，这些抗病性的总和决定着田间观察到的晚疫病抗病性的水平[197,198]。这些抗病性类型包括：①抗侵染的抗病性；②抑制植株组织内晚疫病菌的生长；③延长在寄主内的潜伏期；④减少病原的孢子形成。Müller 和 Haigh 用致病性弱的晚疫病菌的游动孢子悬浮液喷雾接种离体叶，5d 后记载离体叶的病害程度[199]。他们认为不同品种叶片上的单位面积侵染的数目，反映整个植株的田间晚疫病的抗病性。Umaerus 研究了晚疫病菌在若干品种的完整植株叶片内的生长速度，发现不同品种叶片内菌的生长速度与自然的田间侵染所表现的田间抗病性程度紧密相关。晚疫病原的世代时间（generation time）一般较长，田间抗病的品种上形成孢子不如感病品种上形成孢子丰富，这种情况常常与叶片内晚疫病菌菌丝体生长速度有关。马铃薯品种显然能表达上述的田间抗病性的 4 种主要类型，或者一种类型也不表达，这说明田间抗病性表达的这些不同类型，是在不相同的遗传控制之下[200]。现在已建立了在实验室或者温室内测定晚疫病田间抗病性品种间差异的许多不同方法[201]。Garcia，Thurston 和 Tschanz 把块茎或幼苗种植在聚乙烯温室内，6 周以后用手提喷雾器接种 3 000 个孢子囊/ml 的悬浮液，温室内用蒸汽或者用细雾滴喷雾植株，以保持高的湿度[202]。虽然这样的测定结果与自然侵染的田间试验的结果紧密相关，但是，也报道了一些差异，说明实验室或温室内的人工测定不能完全取代田间的评定试验[203]。

许多研究结果表明，高水平的田间抗病性常常与晚熟相关联。Lapwood 研究了 43 个马铃薯品种的晚疫病抗病性，发现大部分早熟的品种比感病品种 Majestic 更加感病，而大部分晚熟品种比较抗病[204]；利用短日照促进晚熟品种早熟，发现对晚疫病的抗病性降低了。Thurston 的研究结果证明，晚疫病田间抗病性与晚熟性之间的这种关联可以打破，所以，最终有可能育成早熟的抗病品种。

虽然叶与块茎的晚疫病抗病性之间的关系还没有明确的结论，但是，田间抗病的品种的块茎抗病性和叶抗病性的相关性很高，由此推测块茎抗病性和叶抗病性这两种特性可能受相同的遗传体系控制。块茎抗病性存在着很大的品种间差异，例如早期种植的品种 Majestic 在若干年内被侵染的块茎约 1%，King Edward 为 2%，Arran Banner 为 8%，Gladstone 为 10%。Majestic 作为英国一个主要作物品种被普遍应用，主要原因是它的块茎具有高度的晚疫病抗病性。实践经验表明，早熟品种块茎的高抗水平并非必不可少，因为在晚疫病流行或危害之前，早熟品种已正常收获。

现在已建立了在田间测定和选择块茎抗病性的有效方法。一种方法是利用一小块地种植 16 株马铃薯，四周种植接种晚疫病菌的很感病的品种，在 9 月份挖掘植株并记载由晚疫病引起损坏的块茎[205]。一般地说，这样的测定结果与大规模的田间实验的结果是一致的，为了建立在适用的实验室内或温室内测定块茎抗病性，也做了一些尝试。例如，Lapwood 曾把若干品种的无损伤的块茎种植在泥炭上，用晚疫病菌孢子悬浮液喷雾接种块茎，记载病原侵入每个块茎的总数[206]。据记载，通过芽眼或皮孔侵入的数目少，已知在田间具有强抗病性品种的块茎，只出现较小的轻微腐烂。一些抗病品种的块茎发生了许多初级侵染，但是，不再蔓延，这种块茎也只出现轻微腐烂。Langton 设计了实验室内的测定来评估块茎的抗病性，把晚疫病菌接种在无损伤的芽的下方的块茎组织，比较病原菌通过 15mm 直径中心的频率和速度来评估抗病性的强弱[207]。这种方法的优点是只利用少量的块茎就能获得与田间实验一致的结果。Zalewski，等用针刺伤不同品种的块茎，然后用晚疫病菌游动孢子悬浮液喷雾接种[208]。接种的块茎在相对湿度为 90% 的条件下保持 2 周，记载每个块茎的侵染数及侵染程度，作为衡量块茎抗病性的尺度。Walmsley-Woodward 等也证明了通过观察人工接种块茎，观察病原通过芽眼和皮孔的效率，可以在实验室测定块茎的田间抗病性[209]。然而，任何一种实验室的方法都不可能让作物育种学家鉴定和选择块茎对晚疫病抗病性的所有重要的组成部分。Lacey（1966）证明块茎在田间的皱皮分布主要是一种遗传特性。有短匍匐茎的品种，块茎聚成簇位于土壤表面，其结果是发生晚疫病的块茎比例异常高。相反地，有长匍匐茎的品种，具有深层的宽间隔块茎，发病的块茎只有很小比例。这种避病的品种间差异不能用离体的块茎在实验室内的试验来测定。

田间抗病性似乎是一系列的微效基因控制,因为它没有显性的明确证据[210]。这个论点得到 Black、Killick 和 Malcolmson 的支持,他们发现田间抗病的与感病的植株杂交,其后代的叶抗病程度的变化由十分抗病到非常感病。Howard 指出,晚疫病田间抗病性的多基因控制只是一种预期,因为叶抗病性显然是由若干独立的因子引起的。Killick. 和 Malcolmson 发现,晚疫病抗病性特异的组合能力的非累加效应比累加的一般的组合能力重要得多;上位性也是田间抗病性的主要组成成分。许多马铃薯品种存在足够的田间抗病性水平[211]。 *S. tuberosum* spp. *andigena* 的一些无性系甚至有更高的田间抗病性水平,但是这些品种和无性系不存在 R 基因。过去,大部分育种学家都避免使用 Andigena 马铃薯,因为他们认为这类马铃薯很感病,但是其中有少数马铃薯品种是非过敏性抗病性的很好的抗源。

2.3 小麦的秆锈病抗病育种

小麦秆锈病是世界大部分小麦主产区共有的病害,是对小麦最具破坏性的病害之一。北美洲、中美洲、南美洲、澳大利亚、南欧、东欧、前苏联、印度和肯尼亚等都曾经报道过小麦秆锈病的严重流行。小麦秆锈病的夏孢子抵抗干燥和紫外线辐射,在被风吹到很长距离之处仍能存活下来,这是造成本病广泛蔓延的重要原因之一。本病在美国若干州的初始流行是来自墨西哥的风传孢子引起的。在欧洲,气流传播小麦夏孢子的途径是由地中海西部地区到西北欧和由近东经巴尔干半岛到达德国和波兰。1904 年,美国发生了异常严重的小麦秆锈病流行,1905 年,美国制定了大规模的小麦秆锈病抗病育种计划。由于实施了这种计划,许多抗秆锈病的小麦品种相继在生产上应用。20 世纪 60 年代到 70 年代初,因为抗病品种的普遍利用,秆锈病引起的产量损失比较少了。可见,培育和应用抗病品种是预防秆锈病的重要措施。美国培育的第一个抗病品种是 Kanred,这是一个红色硬粒的冬小麦品种。这个抗病新品种于 1917 年首先在堪萨斯推广应用。大面积种植之初,对秆锈病似乎是免疫的,但是,很快就观察到对一些秆锈病菌株很感病。这种现象说明这个品种的抗病性是小种特异的。另一个品种 Kota 也在短期间内表现很强的抗病性,但是也很快被新小种破坏。1926 年,美国的北达科他引进并大面积种植由 Marquis×Kota 育成的抗病品种 Ceres,它的抗病性保持了较长时间,到 1935 年才受小种 56 严重侵染,有 100 万 hm² 受害。在小种 56 流行而引起严重病害期间,新品种 Thatcher 表现了突出的抗病性。Thatcher 是由(Marquis× Iumillo durum)×(Marquis×Kanred)双交育成的。这个双杂交的每一个亲本都为抵抗不同的小种提供了抗病基因。此外,Iumillo 还为成株抗病性提供基因。它的广泛种植,曾在1937 年及其后几年的秆锈病流行中发挥了抗病的积极作用。

Green 和 Dyck 的研究表明,Thatcher 的抗病性遗传比原先预计的更加复杂。用许多小种接种 Thatcher,它对 6 个小种感病,对 7 个小种中感,幼苗和成株都对 2 个较老的小种感病。但是研究表明,对 2 个较老小种的抗病性并不是受已知的抗病基因控制,而是其他未知的基因支配[212]。Thatcher 还曾用作许多育种计划的亲本,例如,它与 Hope 杂交,育成品种 Newthatch;而 Hope 是在南达科他由 Marquis 与 Yaroslav emmer(二粒小麦)杂交育成的。Hope 及其姐妹系 H-44 都很抗病,具有秆锈病抗病基因 Sr 1,广泛作为抗病亲本培育红色硬粒春小麦品种。所以,Newthatch 的遗传抗病基因有 5 种来源:Marquis,Kanred, Iumillo durum,Yaroslav emmer 和 Hope。来自 Hope 和 H-44 的 Newthatch 和其他品种的抗病基因的这种组合,预期会形成对秆锈病的持续抗病性。这些品种和 2 个抗病的硬粒品种

Stewart 和 Carleton，从 1939 年起，在美国和加拿大都表现了很突出的秆锈病抗病效果直到1950 年攻击性特别强的小种 15B 广泛流行为止。1950 年、1953 年和 1954 年秆锈病的严重流行破坏了原先很抗病的品种。

抗秆锈病春小麦品种 Selkirk 是 20 世纪 50 年代初，在加拿大用 H-44 的亲缘种 Redman 与具有抗病基因 $Sr-6$ 的品种 McMurachy 杂交育成的[213]。虽然 Selkirk 对秆锈病菌的一些小种感病，但是，多年来在田间表现了良好的秆锈病抗病性。在 1963 年，美国和加拿大约 90% 的红色硬粒春小麦种植面积发生了秆锈病，在若干地点鉴定了对 Selkirk 致病的小种 32A 的菌株。Selkirk 这个品种在墨西哥的田间地块上对秆锈病菌株也完全感病。尽管如此，Selkirk 在生产实践中，在加拿大和美国的田间继续表现高水平的抗病性，虽然温室内的幼苗测定，Selkirk 对秆锈病菌若干小种为中等感病。在 60 年代，在加拿大种植的 Selkirk 因为对叶锈病感病而被其他品种，特别是品种 Manitou 和 Neepawa 取代。1971 年，加拿大的感病品种普遍发生秆锈病，但是在种植 Manitou 和 Neepama 的田间没有观察到秆锈病的感病型病斑。不过，在 1971 年，Manitou 和 Neepama 的幼苗对秆锈病菌最普遍的一些菌株，包括小种 C35 和 C41 是感病的。这些小种可能是 Manitou 和 Neepama 等这些品种的一种威胁，但是，还没有发现抗病性被"破坏"。

小麦秆锈病抗病育种在澳大利亚也很重要，那里已经鉴定了秆锈病菌许多不同的变异体。在 1940 年实施秆锈病抗病育种计划之前，只在田间发现了变异体。1940 年之后，秆锈病菌某些致病基因的频率，受到了新品种相应的寄主抗病基因，包括 $Sr-6$，$Sr-11$，$Sr-9c$ 和 $Sr-17$ 等频率的影响。澳大利亚广泛种植的第一个秆锈病抗病品种是携带 $Sr-6$ 基因的 Eureka。在1938 年 Eureka 推广种植时，它抵抗澳大利亚全部已知的秆锈病菌小种，但是，对 1942 年鉴定的新变异体感病，因此它的大面积应用在 20 世纪 40 年代中期开始减少。由于 Eureka 种植面积降低，对具有 $Sr-6$ 基因的植株的致病基因频率相应地降低了，到 1959 和 1960 年的小种调查中，已基本上测不到这种致病小种。在引起 Eureka 致病的那些小种消失之后，又使它成为广泛种植的品种，这种状况一直持续到 60 年代中期，这时已出现一系列对 $Sr-6$s 植株具有致病基因的变异体。这些变异体小种最终导致 Eureka 从栽培中消失。

1941 年，Eureka 第一次对秆锈病感病，因此，澳大利亚推广了具有其他抗病基因的新品种。这些新品种包括 Gabo、Chater 和 Kendee，它们全部携带 $Sr-11$ 基因。在种植这些品种的地区，秆锈病菌的相对应致病基因增加，后来，在昆士兰和新南威尔士州，具有 $Sr-11$ 基因的品种基本上被具有 $Sr-9b$，$Sr-17$ 和 $Sr-9c$ 抗病基因的品种取代。Watson 和 Luig 根据澳大利亚应用 $Sr-6$ 和 $Sr-11$ 基因的经验断定，澳大利亚的栽培品种具有抗病性的简单遗传控制。因此，从栽培中暂时退出的这些品种对控制秆锈病没有永久的价值。他们也发现，一些广泛分布的秆锈病菌变异体，它们所包含的致病基因比它们生存所需要的致病基因多，说明"不需要的"致病基因始终不被丢失。这与 Vanderplank 提出的当选择压减轻时，病原群体不需要的致病基因的频率就会降低的观点是不一致的。

非洲来源的若干小麦，包括肯尼亚的 3 个品种和南非的 2 个品种，是秆锈病主效抗病基因源。Knott 在萨斯喀彻温研究了这些品种和葡萄牙品种 Veadeiro 的抗病性遗传。这些品种都携带 $Sr-6$，$Sr-7$，$Sr-8$，$Sr-9$，$Sr-10$，$Sr-11$ 和 $Sr-12$ 这些基因中的 2 个或 2 个以上的抗病基因[214]。Veadeiro 或许还携带其他 2 个抗小种 15B 的成株抗病基因，许多南非品种或许还有修饰基因。这些主效基因的大部分已在许多育种计划中利用。欧洲的秆锈病一般没有北美和澳大利亚那么严重，因为欧洲小麦品种普遍存在秆锈病的抗病基因。例如，在前苏联和东欧广泛种植多年的 Bezostaya 1 携带着 $Sr-5$ 抗病基因和控制秆锈病成株抗病性的其他若干基因。在 20 世纪 70 年代，在世界大部分地区的当代品种中发现了广泛分布的主效抗病基因，例如，显然来自冰草属 *Agropyron elongatum* 种的 $Sr-24$ 和 $Sr-25$ 这 2 个新基因已在品种 Agent 和 Agatha 中被发现[215]。

虽然抗病品种常常会产生有价值的抗病效果，但是这种抗病的效果通常是短暂的。这是因为具有与抗病品种的抗病基因相对应的致病基因的秆锈病菌变异体广泛分布之后，引起抗病性"破坏"所致。根据在少数小麦品种上的鉴定反应，已鉴定了 300 多个不同的秆锈病菌小种。这就突出显示了小麦秆锈病菌的极大变异性，小麦秆锈病菌变异体可以在小檗上通过有性生殖产生或者在禾本科植物寄主上通过无性生殖，即突变或核交换后体细胞的遗传重组产生。变异性的每种来源的相对重要性，目前还不能断定，但是小檗很稀少的澳大利亚的经验表明，小麦秆锈病菌的有性阶段对新的变异性的产生并不很重要。另一方面，在小檗不普遍的欧洲诸国，抗病基因 $Sr-6$ 和 $Sr-11$ 表现了令人满意的对秆锈病菌的抗病效果，但是，在小檗盛行的那些国家这 2 个基因就失去了这种抗病效果。后一种现象表明秆锈病菌在小檗上的有性生殖对新小种的形成是起作用的。

秆锈病菌的极大遗传可塑性意味着小麦品种暴露于几乎是无限多的秆锈病菌小种之中。所以，利用各种抗病品种的抗病效果是短暂的，这并不奇怪；而奇怪的或许是一些品种的抗病性为什么会长期保持有效。这是今后的重要研究课题。

2.4 水稻的稻瘟病抗病育种

2.4.1 抗源的鉴定和筛选

（1）多年多点鉴定筛选抗源　病理学家欧世璜先生主张用多年多点自然发病鉴定法筛选广抗谱的抗源品种。他曾经在世界 20 多个国家或地区进行水稻品种抗瘟性联合鉴定，筛选出特特普、卡丽翁等一批抗源品种。20 世纪 70 年代末 80 年代初，由浙江省农业科学院主持开展的我国水稻品种抗瘟性联合鉴定组，在国内 20 多个省、市、自治区，经 10 多年的连续鉴定，也为我国水稻抗病育种提供了一些抗源品种。中国农业科学院原作物育种栽培研究所是全国联合鉴定组的成员之一，每年都承担该项鉴定任务，从鉴定圃中筛选适于北方稻区利用的籼、粳稻抗源品种。

（2）分菌系鉴定筛选抗源品种　利用日本的 P-2b、研 53-33、稻 72、北 1、研 54-20、研 54-04 和稻 168 等 7 个致病性稳定的代表菌系和中国北方稻区的京 80-25、T59-193、牡 8006、牡 136、合 81-62、合 81-32、D3-3、Zh2-1 等 8 个菌系鉴定粳稻品种的抗瘟性，筛选对这 15 个菌系表现高度抗病的粳型品种。

（3）混合菌系鉴定品种抗性　每年由病害流行地区采集病标样，单孢分离并进行小种鉴定，挑选致病性宽的菌株及常年利用的稳定菌系，制备多菌系的混合分生孢子液，用这种接种源进一步鉴定和筛选抗源品种和育成品种（系）。

（4）用侵染特定基因的小种鉴定抗源品种及育成品种　具有新抗病基因的应用品种的大面积种植，引起新致病小种的产生和增殖，最终导致该抗病基因失效，抗病品种也变成感病品种。新育成的品种必须对这样的小种具有高度抗性，才有可能在这种小种占优势的地区推广种植。为此，要用这种小种对抗源品种进行最后测定，从中选择高抗品种并提供给抗病育种部门利用。中国农业科学院原作物育种栽培研究所从云南省的地方品种筛选的抗源和该所育成品种，都要用这种特定的小种进行最后的严格鉴定和筛选[216]。

日本粳型品种砦 2 号是由印度籼型品种 CO25 与日本粳型品种农林 8 号杂交，以农林 8 号为轮回亲本，经 5 次回交育成的粳型品种。20 世纪 70 年代，中国农业科学院引入这个品种，保存于中国农业科学院原作物育种栽培研究所品种资源研究室。原作物育种栽培研究所稻瘟病研究课题组用稻瘟病菌人工接种鉴定和田间自然发病的抗病性鉴定，从 3 000 多份水稻品种资源中选出一些优良抗源品种。其中砦 1 号和砦 2 号这 2 个品种对来自北方稻区的所有接种菌株都表现高抗或抗病反应，在自然鉴定的田间也没有发现感染型的病斑。因此，选用砦 2 号这个品种作为花培抗稻瘟病育种的抗源，与高产感病的粳型品种京系 17 杂交，应用花培抗病育种法育成了在北方稻区大面积推广应用的丰产优质高抗品种中花 8 号和中花 9 号[217]。

日本学者清泽茂久对砦 2 号进行了抗病基因分析，确定该品种具有抗病基因 $Pi\text{-}z^t$ 和 $Pi\text{-}a$ 两个抗病基因。我们多年的抗病鉴定结果证明，$Pi\text{-}a$ 基因对我国北方稻区的稻瘟病菌小种的抗谱很窄，仅对约 30% 的小种或菌株表现抗病。所以，砦 2 号表现的高度抗病性无疑主要由 $Pi\text{-}z^t$ 起作用。

砦 2 号×京系 17 的 H_1 群体，经混合菌系接种鉴定，选拔抗病个体，1978 年再以混合菌系接种 H_2 的 53 个系统，从中选出高抗稻瘟病、农艺性状优良的 7 个系统。1979 年产量评比试验后选定的优良系统 9911，被命名为中花 9 号。育成的中花 9 号，分别在浙江省杭州市、河北省柏各庄地区、辽宁省丹东地区和北京市进行抗病性鉴定。中花 9 号在以上市、区表现高抗苗瘟、叶瘟和穗颈瘟。随后，这个品种在北京市、河北省和辽宁省种植，大约 3～5 年这个品种先后发现感病[217]。其病害严重程度因地区而异。为了跟踪中花 9 号由抗病品种变为感病品种的过程，稻瘟病课题组和花培育种课题组分别在不同推广种植地区观察和调查中花 9 号的发病情况，种植该品种的第一和第二年，见不到发病的植株，采不到病标样，第三年在陕西省长安县采到病标样，其后相继在推广地区发现感病的地块。

2.4.2 常规的抗病育种

(1) 利用主效抗病基因的抗病育种　利用筛选的广抗谱品种作为抗源亲本，通过杂交，把广抗谱品种的主效抗病基因导入稻瘟病抗病性弱、其他农艺性状优良的品种，育成生产上应用的抗病优良品种。主效基因抗病性（也称质量抗病性、垂直抗病性、完全抗病性、小种特异抗病性、真抗病性等）是高水平的、容易直觉的抗病性，比较容易导入和鉴定，育种程序也比较简单。因此，作物抗病育种的初期都普遍采用这种育种方法，而且育成一系列在生产上应用的农作物抗病品种，对作物病害的防治和增加作物产量发挥了积极作用。这种抗病育种方法，在水稻抗稻瘟病育种中取得尤为显著的成绩。日本、中国、韩国和菲律宾等亚洲种稻国家都有典型的例子，如日本的关东号系列品种、草笛、虾夷等，中国的中花号系列品种、中作号系列品种和浙江省的城特号品种，韩国的密阳号系列品种和品种"统一"等，菲律宾的 IR 系抗病品种等等，都是利用这种育种方法育成的。

但是，主效基因抗病品种的大面积推广应用，一般经过 3～5 年就变成感病品种，这是作物抗病育种中普遍存在的世界性的难题。例如发生于 20 世纪 60 年代的日本的抗病水稻品种关东 51、草笛、虾夷、手稻和 80 年代末的中花 8 号、中花 9 号都先后变成感病品种。这是主效抗病基因品种丧失抗病性的典型事例，而且感病的程度和造成的产量损失比生产上应用的一般感病品种更为严重，给水稻生产造成重大危害。

抗病的作物品种如水稻，由高抗的品种变成严重感病的品种，以前的研究认为有如下原因：①病原菌的变异：由于病原菌的致病性变异，产生了对大面积种植的抗病品种致病的小种，并迅速地、大量地增殖；新菌系由其他地区进入抗病品种推广区引起品种感病，或者原有的特定的稀有小种在抗病品种上异常迅速增殖。这是由于病原菌的变化造成抗病品种感病的原因之一。②抗病品种微效基因控制的抗病性降低：主效抗病基因的导入或聚集引起微效基因控制的抗病性降低，因此，一旦新的致病菌系破坏品种的主效抗病基因，造成主效抗病基因失效，由于品种微效基因控制的抗病性减弱，引起新小种迅速增殖，终究造成抗病品种严重感病。③过分强调主效基因抗病品种的防病效果，实施高肥栽培，忽视适时、适量的农药使用，也是造成抗病品种严重感病的原因之一。

为了解决主效基因抗病品种严重感病带来巨大损失这个问题，病理学家和育种学家提出了如下抗病育种的新途径：①聚集主效抗病基因的抗病育种；②主效基因抗病性与微效基因抗病性组合的抗病育种；③以微效抗病基因累加为对象的抗病育种；④多系抗病育种。

（2）聚集主效抗病基因的抗病育种　找出各种不同类型的主效抗病基因，通过杂交把它们聚集在一个品种中。增加品种中的主效抗病基因，扩大抗病品种对病原小种的抗谱，无疑会加强品种的抗病性。这里有两个问题必须考虑：①病原超小种的出现仍然是聚合主效抗病基因抗病育种的一种威胁；②如果存在 Vertifolia 效应，微效基因的抗病性的降低将更为显著，一旦超小种在这种高度抗病的品种上出现并迅速增殖，所造成的危害将更为惨重。作者认为这种育种途径值得探索和尝试。因为从理论上讲，如果主效基因抗病品种变为感病品种是由于病原致病性突变产生新的致病小种引起，则形成超小种的病原小种突变几率相当低，形成超小种所需要的时间也会相当长，因此品种保持抗病性的时间也会比较长，假如一个抗病品种能维持 10 年相对稳定的、高水平的抗病性，则在此期间可以比较安全地种植具有多主效抗病基因的品种。

（3）微效基因抗病性与主效基因抗病性组合的抗病育种法　把田间抗病性（微效基因抗病性）和真抗病性（主效基因抗病性）组合在同一品种中，构成抗病品种的做法，专家们有不同看法。Vanderplank 发现，随着真抗病基因（主效抗病基因）的导入和真抗病基因数量的增加，马铃薯品种 Vertifolia 的田间抗病性（微效基因抗病性）降低，他称这种现象为"Vertifolia 效应"。他指出这种现象的出现是在抗病品种的选择过程中，只注重真抗病性而忽略了田间抗病性，结果造成田间抗病性的降低。另一方面，真抗病性基因具有使田间抗病性降低的效应。如果后者是"Vertifolia 效应"的主因，则组合两种性质不同的抗病性于一个品种是不可能的。日本学者浅贺等研究了具有真抗病性基因 $Pi\text{-}a$ 的品种与 $Pi\text{-}k$ 品种杂交的后代系统，在 $Pi\text{-}a$，$Pi\text{-}k$，$Pi\text{-}a+Pi\text{-}k$ 和 ++ 的系统群之间，没有发现田间抗病性的差异。日本北海道上川农业试验场用具有 $Pi\text{-}k$ 基因的品种虾夷与田间抗病性强的品种笹穗波杂交，育成兼具真抗病性和强田间抗病性的品种石狩。北海道农业试验场，在虾夷丧失 $Pi\text{-}k$ 控制的真抗病性之后，在存在 $Pi\text{-}k$ 致病菌系的田间，也筛选兼具田间抗病性和 $Pi\text{-}k$ 主效基因抗病性的品种松前，以上的实践结果说明两种抗病性的组合是可行的。

（4）组合真抗病性和田间抗病性于一个品种的方法　①以田间抗病性强的、一般农艺性状优良的品种为轮回亲本，具有可利用的真抗病性基因的品种为一次亲本，导入真抗病性基因，经 2～3 次回交和真抗病性鉴定，4～5 年能育成兼具真抗病性和田间抗病性的优良品种。日本在组合两种抗病性时，利用的主要主效抗病基因为 $Pi\text{-}ta^2$、$Pi\text{-}z$、$Pi\text{-}z^t$、$Pi\text{-}b$ 和

$Pi\text{-}t$ 等 5 个基因[13]。②直接鉴定法（突变菌法）：在严密隔离的实验室，用对拟导入的真抗病基因为非致病的菌系，反复接种具有这个基因的品种，在正常情况下，都表现免疫或抗病反应，不出现任何感病型病斑，但是在不断反复的接种过程中，偶尔会发现极个别的感染型病斑，这是原来的非致病的病原菌发生突变使然。从感染型病斑分离菌株，回接到这个品种上，品种表现感病，出现许许多多的感染型病斑。这个突变菌系就是鉴定真抗病基因和田间抗病基因组合所需要的突变菌系。用这种菌系使不受一般菌系侵染的真抗病基因失效，就能进行品种的田间抗病性鉴定。然后筛选田间抗病性强的品种与具上述真抗病基因的品种杂交，选择兼具两种抗病性的品种。③间接鉴定选择法：在杂交的 $F_3 \sim F_5$ 代，用不侵染拟导入的抗病基因而侵染其他抗病基因的稻瘟病菌系接种，去除抗病的纯合系统和感病的系统，调查分离系统中的感病个体的平均发病程度，以判断其田间抗病性的强弱。选择田间抗病性强的系统栽植于本田，进行一般的农艺性状选拔。反复选择 3 个世代以后，用现有的稻瘟病菌系接种，选出完全不发病的系统，这样的系统兼具真抗病性和田间抗病性。日本学者浅贺和东正昭从具有 $Pi\text{-}z^{t}$ 的砦 1 号与田间抗病性强的品种山彦的杂交后代获得具有 $Pi\text{-}z^{t}$、田间抗病性强、品质优良的品系。

利用田间抗病性的意义和效果：利用真抗病性的品种，在大面积种植后迅速而严重感病，造成水稻生产的巨大损失之后，病理学家和育种学家开始重新研究和评估田间抗病性在水稻抗病育种上的利用价值。具有 $Pi\text{-}f$ 基因、田间抗病性强的中国 31 和 St. 1 号严重感病之后，日本学者认为田间抗病性也具有菌系的特异性，并指出 Vanderplank 所说的没有菌系特异性的水平抗病性在水稻品种中没有发现。

Nelson 认为水平抗病性的稳定性与控制这种抗病性的基因数有关，寄主品种的抗病基因越多，病原菌产生和累积致病基因的概率就越少，从而保证了抗病性的稳定性。他的这种见解实际上也考虑到田间抗病基因的菌系特异性。Parlevliet 和 Zadoks 认为抗病性的微效基因也和抗病性的主效基因一样，与病原菌的微效基因也以基因-对-基因的关系起作用。因此，通过菌系特异性的微效基因的集积，可以获得高水平的、稳定的田间抗病性[181]。

田间抗病性（相当于 Vanderplank 的水平抗病性）的选择利用需要经过如下步骤：①田间抗病性水平的鉴定；②选拔不易受感染的品种或品系；③选拔从受感染到形成孢子经历较长时间的品种或品系；④选拔孢子形成量较少的品种或品系；⑤通过育种程序把田间抗病性和真抗病性（相当于 Vanderplank 的垂直抗病性）组合起来[13]。根据 Vander plank 的观点，兼具这两种抗病性的品种，推广种植初期表现真抗病性的抗病效果，大面积推广应用后真抗病性失效，田间抗病性显示抗病性效果。对两种抗病性所起的作用，Vanderplank 与清泽持有相同的观点[13]，所不同的只不过是前者用水平抗病性和垂直抗病性两个术语，而日本学者清泽等更喜欢利用田间抗病性和真抗病性术语而已。

2.4.3　多系品种的抗病育种

多系品种抗病育种法，实质上是回交育种法。对小种表现不同抗病性的广谱抗源品种的筛选是多系品种抗病育种的第一步。然后，抗源品种与具有优良农艺性状的品种杂交，以后者为轮回亲本进一步回交。各回交世代用人工接种鉴定，选择抗病个体不断回交，一般以 4～6 次回交后进行自交，以系统育种法选择育成品种。在这个过程中，根据一定的标准，选择出许多系统，这些系统的主要农艺性状，即出穗期、成熟期、株高、穗型、品质和抗倒伏性等几乎相同，但是，对稻瘟病却表现不同的特异抗病性，即它们具有不同的主效抗病基因。这些被筛选的系统是等位基因系或近等位基因系。把各系统繁殖的种子，根据需要按一定的比例进行人工混合种植，由这样的系统组成的品种称为多系品种。

博劳格最先培育和应用小麦抗锈病多系品种。他把对 11 个锈病菌小种表现不同抗病性的 15 个品种与具有优良性状的小麦品种 Yaquis50 杂交，并用后者连续回交，育成 15 个近等基因系。他把其中 8 个近等基因系混合，构成了多系品种 Composite yaqui50[218]。日本宫崎县古川农业试验场，以主栽品种笹锦为轮回亲本，育成 9 个近等基因系，其中具抗病基因 $Pi\text{-}k$，$Pi\text{-}k^m$，$Pi\text{-}z$ 和 $Pi\text{-}z^t$ 的 4 个近等基因系于 1994 年登记，而具有 $Pi\text{-}ta^2$，$Pi\text{-}ta$ 和 $Pi\text{-}b$ 的系统，也分别于 1997、1998 和 2001 年登记了[219]。日本新泻县以具有优良食味品质的品种越光为轮回亲本，育成 8 个携带不同主效抗病基因 $Pi\text{-}i$，$Pi\text{-}a$，$Pi\text{-}ta^2$，$Pi\text{-}k$，$Pi\text{-}k^m$，$Pi\text{-}z^t$ 和 $Pi\text{-}b$ 的近等基因系，其中 $Pi\text{-}a$，$Pi\text{-}i$，$Pi\text{-}ta^2$ 和 $Pi\text{-}z$ 4 个系统已登记，其他 4 个系统正在申请登记。已登记的日本近等基因系混合的多系品种，已在日本应用，取得很好的防病效果。

富山县农业研究中心也以越光为轮回亲本，育成具有不同抗病基因的越光富山 BL 近等基因系。这些近等基因系为 BL1、BL2、BL3、BL4、BL5、和 BL6，它们分别具有抗病基因 $Pi\text{-}z^t$、（$Pi\text{-}i$ 和 $Pi\text{-}ta^2$）、$Pi\text{-}b$、$Pi\text{-}k^p$、$Pi\text{-}k^m$ 和（$Pi\text{-}z$ 和 $Pi\text{-}a$），前 3 个近等基因系于 2001 年登记并开始种植[220]。

笹锦 BL 多系品种 1995 年在农民地里种植，近等基因系 $Pi\text{-}k$、$Pi\text{-}k^m$ 和 $Pi\text{-}z$ 3 个品系以 4：3：3 比例混合种植。1997 年，增加了 $Pi\text{-}z^t$ 品系，以 1：1：4：4 的比例混合种植。详细调查研究农民田里 BL 多系品种和普通水稻品种的病斑分离的小种和稻瘟病危害的严重程度。这种多系品种的组成成员之间的比例，要根据侵染它们的小种的调查结果进行调整，例如 1995 年的 $Pi\text{-}k$、$Pi\text{-}k^m$ 和 $Pi\text{-}z$ 3 个品系，以 4：3：3 的比例混合种植，小种调查表明，侵染 $Pi\text{-}k$ 和 $Pi\text{-}k^m$ 品系的小种 097 占绝对优势。为减少病害，1997 年调低上述 2 个品系的比例，并在多系品种中加进 $Pi\text{-}z^t$ 品系调整后的 $Pi\text{-}k$、$Pi\text{-}k^m$、$Pi\text{-}z$ 和 $Pi\text{-}z^t$ 品系以 1：1：4：4 的比例混合种植。多系品种的种植减轻稻瘟病危害，减少农药（杀稻瘟素）的施用量。在稻瘟病流行的情况下，多系品种只施一次农药，而普通水稻品种施农药 3~4 次，多系品种的稻瘟病严重度比普通水稻品种轻。

越光多系品种在日本富山县和新泻县的种植也表现明显的防病效果，例如在病害严重发生时，在同样不施用杀菌剂时，越光的多系品种的产量是普通越光品种的 1.7 倍。在 1998—2000 年稻瘟病严重流行时，由分别具有 $Pi\text{-}a$、$Pi\text{-}i$、$Pi\text{-}ta^2$ 和 $Pi\text{-}z$ 基因的 4 个近等基因系组成的越光多系品种，稻瘟病明显减少。在 $Pi\text{-}ta^2$ 和 $Pi\text{-}z$ 占 70%~80% 的多系品种的稻瘟病严重程度与施用杀菌剂的纯越光品种接近相等。2004 年，新泻县的越光多系品种种植面积为 86.000hm²，占该县水田面积的 70%。

2.4.4　水稻花培抗病育种

我国在 20 世纪 70 年代，先后开展农作物花培抗病育种，其中水稻和小麦的花培抗病育种取得了比较好的成绩，育成生产上推广应用的优良抗病花培品种。这里以水稻花培抗稻瘟病育种为例，着重从理论上分析为什么花培的后代系统的抗病性和其他优良的农艺性状能很快稳定下来，在较短的时间内育成较多的在生产上应用的花培抗病新品种。同时也指出其应用效果、出现的新问题及解决办法。这里就花培抗病育种中的单基因、二基因和三基因控制的抗病性遗传及新品种选育效果进行理论分析[221]。

（1）单基因抗病性遗传和抗病个体选择效率　假定某个组合的抗病性由单基因 A 控制，

则由杂种 F_1 获得的 F_2 及花培 H_1 群体的抗病基因型为 AA，aa（H_1）和 AA，Aa，aa（F_2）（表 3-35）。F_2 群体包含 AA，Aa 和 aa3 种基因型，而 H_1 群体只包含 AA 和 aa 两种基因型。如果 A 为完全显性基因，则 F_2 群体的抗病性分离比为 3R（抗病）：1S（感病），如果抗病基因 A 为完全显性，则后群体中表现抗病（R）的植株占整个后群体的 75%，而花培的 H_1 群体中，表现抗病的植株占 50%，从这个角度看，F_2 抗病植株的选择几率比 H_1 的几率高。但是 F_2 群体中的 R 植株中包含杂合基因型（Aa）的抗病植株。这种植株的基因型在 F_3 分离为 AA（R）、Aa（MR）和 aa（S）3 种基因型。表现抗病的 Aa 基因型在其后的世代继续发生分离。因此，所选的抗病系统总包含着抗病不稳定的系统。如果 A 为不完全显性基因，则 F_2 群体的基因型和表型为 AA（R）、Aa（M）和 aa（S），抗病性分离比为 1R（抗病）：2M（中抗）：1S（感病）。后抗病个体出现率为 25%，中抗个体出现率占 50%，抗病个体是抗病性稳定的个体，是选择对象，中性个体是抗病性不稳定的个体，后代发生分离杂合体的抗病基因型为 Aa，其 F_3 系统的 3/4 系统抗病，1/4 系统感病。仍然表现为 3R：1S 的分离比，1/4 系统为抗病性稳定的系统，2/4 的系统为杂合基因型 Aa 系统，抗病性不稳定，其后代继续分离 1/4 的系统为感病系统。所以，选择抗病纯合的 F_3 系统的几率为 1/4。抗病基因不完全显性的杂交组合，其后代的基因型分离与显性的杂交组合的基因型分离完全相同，所不同的是基因型杂合的个体表现中抗，其后代系统表现分离。所以，这种杂交组合的抗病个体出现率为 25%，基因型为 AA，而基因型为 Aa 的杂合体表现中抗（MR）反应，占 50%，基因型为 aa 的感病个体或系统占 25%。由此看来，当 A 为完全显性基因时，由 F_2 群体中选拔的抗病个体可能是纯合的抗病个体（基因型 AA）或杂合的抗病个体（基因型 Aa）。因此，F_3 系统要进一步鉴定抗病性和选拔抗病系统。如果 A 为不完全显性，则由抗病性（纯合）个体（基因型 AA）产生的 F_3 系统，是抗病性稳定的系统，而杂合体表现出中抗反应，很容易与高抗的系统区分开，但是抗病和中抗有时难以区分，尤其是育种学家凭直觉的抗病个体选择，更难准确区分。因此，植物病理学家和育种学家的紧密结合，对作物抗病育种至关重要。

由杂交 F_1 花培育成的 H_1 群体，只包含 AA 和 aa 两种基因型的纯合体。假设 A 花粉粒和 a 花粉粒以同样的几率分化成 A 和 a 单倍体幼苗，通过一部分单倍体植株的自然加倍，在 H_1 群体中出现基因型为 AA、A、aa、a4 种不同基因型的个体。基因型为 A、a 的植株为单倍体，是不育的植株，肉眼识别后去除。群体中基因型为 AA、aa 的植株是能育的二倍体植株，抗病植株和感病植株各占 50%。所以，这时的 H_1 群体中只存在纯合的抗病个体和纯合的感病个体。育种学家从群体中选出的农艺性状优良的个体，经抗病性鉴定后可以选出基因型为 AA 的抗病性稳定的优良抗病植株，按品种的选择和培育程序，在较短的期间内育成优良抗病品种。花培育种的 H_1 群体中不可能出现抗病的杂合体（基因型 Aa）或中抗（基因型 Aa、A 基因为不完全显性，表型 MR）的杂合体。由此可见，在同样大小的群体中，H_1 的抗病纯合体比 F_2 的抗病纯合体多 25%。其他优良农艺性状的选育，花培后代也应当具有同样的优越性。就是说，利用花培抗病育种，能在较短时间内把抗病性与其他优良性状组合在一个品种中，育成抗病优良品种。

（2）二基因抗病性遗传和抗病个体选择效率　杂交组合具有 A、B 两个抗病基因，F_2 和 H_1 的基因型列示如下及表 3-35 所示。

表 3-35 由 1～3 个抗病基因控制的 F_2 群体和 H_1 群体的抗病基因型
（凌忠专等，2005）

H₁ 群体

雌配子 (H₃和F₂群体) ＼ 雄配子	AAaa (A a)	AABB (AB)	AAbb (Ab)	aaBB (aB)	aabb (ab)	AABBCC (ABC)	AABBcc (ABc)	AAbbCC (AbC)	AAbbcc (Abc)	aaBBCC (aBC)	aaBBcc (aBc)	aabbCC (abC)	aabbcc (abc)
A	AA Aa												
a	Aa aa												
AB		AABB	AABb	AaBB	AaBb								
Ab		AABb	AAbb	AaBb	Aabb								
aB		AaBB	AaBb	aaBB	aaBb								
ab		AaBb	Aabb	aaBb	aabb								
ABC						AABBCC	AABBCc	AABbCC	AABbCc	AaBBCC	AaBBCc	AaBbCC	AaBbCc
ABc						AABBCc	AABBcc	AABbCc	AABbcc	AaBBCc	AaBBcc	AaBbCc	AaBbcc
AbC						AABbCC	AABbCc	AAbbCC	AAbbCc	AaBbCC	AaBbCc	AabbCC	AabbCc
Abc						AABbCc	AABbcc	AAbbCc	AAbbcc	AaBbCc	AaBbcc	AabbCc	Aabbcc
aBC						AaBBCC	AaBBCc	AaBbCC	AaBbCc	aaBBCC	aaBBCc	aaBbCC	aaBbCc
aBc						AaBBCc	AaBBcc	AaBbCc	AaBbcc	aaBBCc	aaBBcc	aaBbCc	aaBbcc
abC						AaBbCC	AaBbCc	AabbCC	AabbCc	aaBbCC	aaBbCc	aabbCC	aabbCc

P$_1$（基因型 AAbb）×P$_2$（基因型 aaBB）

↓

F$_1$（基因型 Aa Bb）→H$_1$（基因型 AABB、AAbb、aaBB、↓ aabb 或者 A$_1$A$_1$ A$_2$A$_2$）

F$_2$（基因型 AABB、AABb、AAbb、AaBB、AaBb、Aabb、aaBB aaBb aabb 或者 A$_1$A$_1$，A$_1$A$_2$，A$_2$A$_2$）

由 A、B 二基因控制的抗病性，在 F$_2$ 群体中出现 AABB、AABb，AAbb，AaBB，AaBb，Aabb，aaBB，aaBb，aabb 9 种基因型，其中 AABB，AAbb，aaBB，aabb 4 种基因型为纯合体。在这些不同抗病基因型的个体中，育种学家要选择的理想抗病个体是具有 AABB 抗病基因型的优良个体。这种个体占 F$_2$ 群体的 1/16＝6.25%。H$_1$ 群体只包含 AABB，AAbb，aaBB，aabb 4 种基因型的纯合个体，具 AABB 基因型的个体占 H$_1$ 群体的 1/4＝25%，这表明 H$_1$ 群体的理想抗病个体的选择对象比 F$_2$ 群体的选择对象高 4 倍。如若杂交亲本的两个抗病基因为等位基因 A$_1$ 和 A$_2$，则无论用常规育种法或花培育种法，都不可能把两个抗病基因结合在一个新品种中。所育成的抗病性稳定的品种或者为 A$_1$A$_1$ 基因型的品种或者为 A$_2$A$_2$ 基因型的品种。常规育种的后代系统出现过 A$_1$A$_2$ 杂合体，但不能稳定下来，总要分离为 A$_1$A$_1$ 和 A$_2$A$_2$ 两种纯合体的抗病类型，而花培抗病育种法却始终不能出现抗病性基因型为 A$_1$A$_2$ 的杂合体。

在进行二基因或二基因以上控制的抗病性遗传和花培育种与常规杂交育种的抗病个体选择率的比较分析时，要考虑抗病基因之间的互作，这里以二抗病基因杂种为例，说明它们之间可能存在的相互关系（表 3-36）：根据表 3-36 的互作关系，杂交 F$_2$ 的抗/感分离比率表现如下 6 种情况：①两个抗病基因都是显性基因，F$_2$ 的个体只要含有一个抗病基因，就表现抗病，这时 F$_2$ 群体的分离为 15R∶1S；②A 基因为显性，B 基因为隐性，F$_2$ 群体的分离比为 13R∶3S；③A 基因控制高度抗性，B 基因控制中度抗性，这时 A 对 B 表现上位性，F$_2$ 群体的分离为 12R∶3M∶1S；④A、B 为不完全显性，杂合体表现中抗（M），F$_2$ 群体分离为 7R∶8M∶1S；⑤A、B 为互补基因，A、B 同时存在时表现抗病，A、B 单独存在时表现感病，这种 F$_2$ 群体分离为 9R∶7S；⑥A、B 为同义基因，它们单独存在时表现中抗反应，同时存在时表现高度抗病，F$_2$ 群体分离为 9R∶6M∶1S。

表 3-36 二基因杂种抗病基因与病原非致病基因的互作关系

基因型 \ 菌系	a	b
AABB	R	R
AAbb	R	S
aaBB	S	R

在 H$_1$ 群体中，与 F$_2$ 相对应的二抗病基因不同互作关系的各种群体中的抗/感个体分离比率如下：①3R∶1S；②3R∶1S；③2R∶1MR∶1S；④3R∶1S；⑤1R∶3S；⑥1R∶2M∶1S（表 3-36）。从两个抗病基因的互作考虑它们对 F$_2$ 和 H$_1$ 抗病性表现的影响，有上述 6 种情况。F$_2$ 和 H$_1$ 的抗病个体率和选择对象个体率比较如表 3-37 所示。

表3-37　抗病基因互作的花培抗病育种与常规抗病育种的效率比较

(凌忠专等，2005)

	F_2 群体		H_1 群体	
	抗病个体率（%）	选择对象个体率（%）	抗病个体率（%）	选择对象个体率（%）
a	93.75	6.25	75	25
b	81.25	6.25	75	25
c	75	6.25	50	25
d	43.75	6.25	75	25
e	56.25	6.25	25	25
f	56.25	6.25	25	25

由此可见抗病基因间的互作，对 F_2 和 H_1 群体中抗病个体的出现率有很大影响，但对选择对象（AABB）的出现率没有影响。H_1 群体的选择对象个体率显著高于 F_2 群体(表3-37)。F_2 群体中的抗病个体包含许多杂合体，由这种杂合体得来的 F_3 系统发生分离。H_1 群体中的抗病个体显然全为纯合体，但是这些纯合体包括 AABB，AAbb 和 aaBB 3 种基因型。当两个抗病基因都为显性，或者 A 基因为显性，B 基因为隐性，或者 A、B 为不完全显性时，这 3 种基因型都表现抗病（R）反应，要选择理想的基因型 AABB，需要利用侵染 A 基因不侵染 B 基因的 b 菌系和侵染 B 基因不侵染 A 基因的 a 菌系进行接种鉴定。这 3 种基因型对 a、b 菌系的反应型如表3-36 所示。

由 H_2 系中选择 RR 反应型的系统，淘汰 RS 和 SR 反应的系统，即获得 AABB 基因型的抗病系统。

三基因抗病性遗传和抗病个体选择效率

一个组合由 A、B、C 3 个抗病基因控制，假设 A、B、C 均为显性基因，则 F_2 群体出现如下 27 种基因型：AABBCC（1），AABBcc（1），AAbbCC（1），aaBBCC（1），AAbbcc（1），aaBBcc（1），aabbCC（1），aabbcc（1），AABBCc（2），AABbcc（2），AaBBcc（2），AABbCc（4），AaBBCc（4），AaBbCC（4），AaBbCc（8），AABbCC（2）AaBBCC（2），AaBbcc（4），AAbbCc（2）aaBbcc（2），aabbCc（2）aaBBCc（2），aaBbCC（2），AabbCC（2），Aabbcc（2），aaBbCc（4），AabbCc（4），基因型括号内的数字，表示各该基因型出现的频率）。H_1 群体的基因型包含 AABBCC，AABBcc，AAbbcc，aaBBCC，aabbCC，aaBBcc，AAbbCC，aabbcc 等 8 种纯合基因型。作为抗病育种选择对象的 AABBCC 的抗病性稳定个体分别占 F_2 群体的 1/64＝1.56% 和 H_1 群体的 1/8＝12.5%。如果进一步考虑 3 个抗病基因间的相互作用，则 F_2 和 H_1 都将出现更为复杂的分离情况，在理想抗病系统的鉴定和选择上也更为困难。但不管有什么变化，H_1 选择的个体总是纯合体，而且理想抗病纯合体的选择率都比 F_2 群体高。这一点是确切无疑的。由上述的种种分析可以看出花培抗病育种比常规杂交抗病育种优越，可以在较短的期间内育成较多的抗病优良品种。

3　中花 8 号和中花 9 号抗病性的丧失和抗病育种新对策

中花 8 号和中花 9 号对中国菌系表现的高度抗病性无疑来自砦 2 号，因为这两个抗病品种的另一个亲本京系 17 在北方稻区的田间普遍感病，而且如上所述，Pi-a 基因对北方稻区稻瘟病菌的抗谱比较窄，中花 8 号和中花 9 号的高度抗病性不可能单独受 Pi-a 基因控制。

至此，人们自然会认为这两个品种与抗病亲本砦 2 号一样具有 $Pi\text{-}z^t$ 基因，但是，下这个结论还必须排除砦 2 号含有对日本菌系无效而对中国菌系表现高抗的未知抗病基因的存在。为了证实这一点，1982 年利用日本代表菌系 P-2b，研 53-33，稻 72，北 1，研 54-20，研 54-04 和稻 168 七个菌系和我国北方稻区的京 79-11-3，合 81-32，合 81-80，合 81-103，合 81-65，合 81-28，合 81-62，合 81-90，牡 81-40，牡 8006，牡 049，牡 8004，牡 136 等 13 个菌株接种鉴定中花 9 号，砦 2 号和京系 17，经过反复比较论证，确认这两个品种的抗病基因就是 $Pi\text{-}z^t$。中花 8 号、中花 9 号和砦 2 号对中日菌株都表现高抗反应，由此排除砦 2 号含有对日本菌系无效，对中国菌株高抗的其他未知抗病基因存在的可能性。因此，可以断定控制中花 8 号和中花 9 号高度抗病性的基因是由砦 2 号导入的 $Pi\text{-}z^{t}$[217,221]。

　　1984 年，分别在北京、天津和丹东地区种植的中花 8 号和中花 9 号（具有 $Pi\text{-}z^t$）采集到病叶和病穗颈。1985 年，由上述的病标样分离单孢进行培养，用日本的 12 个鉴别品种和中国 7 个鉴别品种鉴定 8 个单孢培养菌，确定了侵染这两个品种的稻瘟病菌小种。单孢分离菌分别称为 Zh1-2，Zh2-2，Zh2-1，Zh7-1，Zh7-2，Zh1-1，D1-1 和 D2-1。8 个菌株被日本清泽鉴别品种划分为 577.7（4 个菌株），517.1（2 个菌株），537.1（1 个菌株），577.3（1 个菌株）等 4 个小种；被中国鉴别品种划分为 ZD_1（5 个菌株）、ZB_{17}（2 个菌株）、ZA_1（1 个菌株）等 3 个小种。以上鉴定结果说明侵染砦 2 号、种花 8 号和种花 9 号的新小种具有广致病谱，它们使当时应用的种植品种、几乎正在利用的全部抗源品种几乎都致病。面对抗病育种的新问题，中国农业科学院原作物育种栽培研究所稻瘟病课题组，利用这些广致病谱的菌系，从云南省的地方品种中筛选一批新抗源，提供育种部门应用。

　　实践经验表明，优良抗源的提供是快速育成抗病优良品种的重要环节，许多抗源材料的农艺性状不佳，必须进行改造。培育这种优良新抗源，或称为人工合成抗源的方法是利用回交法把广抗谱的抗病基因导入具有广谱抗病基因，但已感病的优良应用品种，如中花 8 号和中花 9 号。这样就能育成多基因的、农艺性状比较好的人工抗源。育种部门可以应用这种人工优良新抗源采用常规育种方法、花培育种方法或其他有效的育种途径，较快地重新培育生产上可以应用的优良抗病新品种。

第四章　基因-对-基因学说和分子遗传学

　　近几十年来，分子遗传学的兴起和快速发展，为解释作物病害中的寄主-寄生物互作的基因-对-基因关系提供了分子遗传学的证据，证明了基因-对-基因学说的科学性及对分子遗传学研究工作的指导意义。分子遗传学家从植物抗病基因的结构和功能以及病原非致病基因的结构和功能着手，在分子生物学的水平上，以新的研究证据和新的发展眼光，阐明寄主植物与病原寄生物互作的基因-对-基因关系。基本的思路是认为寄主植物对病原寄生物的抗病性，实际上是植物从发现病原到作出反应的一个生物化学过程。当具有抗病基因（R-基因）的植物体受到适宜的病原物挑战时，抗病基因能启动抗病反应机制，抵御病原物的侵害、保护植物体本身。而不具有抗病基因的植物体，因为寄主不能启动防卫反应，就会受到病原物的侵害。如果植物含有一种特殊的抗病基因，它能识别某些病原物携带的非致病基因，此时，寄主植物表现抗病反应，病原寄生物表现非致病反应。分子生物学和分子遗传学研究的结果证明，植物表现的抗病性和病原物表现的非致病性是一个很复杂的生物化学过程，抗病基因产物与非致病基因产物互作的结果。如果植物存在抗病基因，而病原物不存在与这个抗病基因相对应的非致病基因，则植物表现感病反应，而病原物表现致病反应。同样地，寄主植物不存在抗病基因，而病原物存在非致病基因，寄主植物也表现感病反应，病原物表现致病反应。寄主植物不具有抗病基因，病原物不具有非致病基因也使植物表现感病和病原物表现致病。总结这些相互关系列示表4-1。总之，只有植物体中特异的抗病基因能识别病原物产生的具有特征性的基因产物时，植物才能表现抗病反应，而病原物表现非致病反应。

表4-1　基因-对-基因假说的基本前提

寄主植物	病　　原	
	存在非致病基因	不存在非致病基因
存在抗病基因	诱导抗病的互作	无互作，病原能生长
不存在抗病基因	无互作，病原能生长	无互作，病原能生长

　　根据分子生物学和分子遗传学的观点，抗病基因是能识别非致病基因产物的一种分子，它把识别到相应病原物的信号传递给植物的防卫机构，并由防卫机构作出抗病反应。这种理论推测的可能性说得更具体一些，就是病原的非致病信号是由病原产生的某种细胞外分子或者病原的表面特征，而抗病基因具备识别这种非致病信号的结构域，这种结构域很可能是跨膜的细胞外结构域，它与信号传递途径中含有的蛋白质（常为蛋白激酶）结构域连接。要说明这些结构或者反应和传递符合基因-对-基因关系的概念，需要解决和回答如下几个重要问题：①是否由相同的寄主蛋白识别病原和启动信号传递而引起寄主的防卫反应；②抗病基因能识别的这种非致病信号的结构域究竟是在细胞质内还是在细胞外；③是否由单一抗病基因识别一种以上有关的或者无关的非致病基因（avr-基因）产物；④特异的 avr 信号（非致病信号）能否被相同的寄主植物或者不同的寄主植物中一个以上的抗病基因识别。所有这些问题都涉及寄主植物中抗病基因的结构和功能以及病原物中的非致病基因的结构和功能。以分

子生物学和分子遗传学的方法研究上述提出的问题，其研究结果必须与经典遗传学有关基因-对-基因关系的证据和解释一致。

一、植物病理学和分子遗传学

1 分子生物学对植物病理学的影响

Kerr 指出，现在正处在以分子生物学为基础的生物学革命之中[222]，至少在理论上，任何一种生物的基因可以被转移到其他任何生物，许多被转移的基因能在受体内表达，因此，这就加深了我们对原核生物和真核生物基因调节的理解。例如，最近已经证明，对细菌中存在的抵抗除草剂草甘膦的抗性基因能转移到烟草植株并在植株内表达，使这种植株获得了抵抗草甘膦的能力。这是分子生物学对植物病理学的深刻影响和积极贡献。当然，分子生物学将进一步影响植物病理学，促进植物病理学更迅速、更深入的发展。

分子遗传学是分子生物学的一个分支，它论述分子水平的基因研究，其中包括体外的 DNA 操作。出版物中最早利用分子遗传学这个术语或许是在 1959 年，这一年分子生物学新的杂志征集了分子遗传学以及分子生物学其他研究领域的论文。1986 年把分子的植物病理学（molecular plant pathology）看作植物病理学（phytopathology）之下的一个分支，并把生理的植物病理学（physiological plant pathology）杂志的名称改为生理的和分子的植物病理学（physiological and Molecular plant pathology）。这说明分子生物学已经进入了植物病理学，对植物病理学的研究工作产生深远的影响。

2 分子生物学的基本原理和基本技术

2.1 基本原理

基因由 DNA 组成，包括启动子和基因编码区两个主要部分，启动子与基因调节有关系。例如，植物的一些基因在种子中有效，另一些基因在根里或叶子里有效，一些基因在幼小植株中有效，另一些基因在老的植株中有效。这是启动子通过目前还不充分理解的机理来控制的一种活性[223]。基因编码区决定产生什么产物，这种产物通常是特异的合成酶或破坏酶。DNA 首先被转录成信使 RNA（mRNA），mRNA 具有 5'端和 3'端核苷酸。mRNA 附着于核糖上，控制蛋白质翻译。转录和翻译都有各种各样的起始和终止信号。基因活性的调节和产物的加工，在原核生物细胞和真核生物细胞之间是不同的。然而，细菌的结构基因能被附着于植物启动子，并在植物内表达。一种基因的启动子与另一种基因的结构基因的组合称为嵌合基因。

经典遗传学研究基因功能的正常步骤是获得表型突变体，然后研究什么功能被减弱了或消失了。而分子遗传学研究基因功能的步骤是分离基因、修饰体外的基因，再把基因导入正在研究的生物，并研究基因如何表达和调节。

DNA 能被各种酶降解，不过对分子遗传学而言，最重要的酶是高度特异的限制性内切酶，这种酶都以分离出该种酶的细菌名称来命名。例如酶 EcoRI 来源于埃希氏菌（*Escherichia coli*），酶 SmaI 来源于 *Serratia marcescens*，酶 XmaI 来源于棉花角斑病菌（*Xan-*

thomonas malvacearum）等。这些限制性内切酶识别并切割 DNA 的特异碱基序列，一般为 4 个或 6 个碱基的序列。切口端可以利用连接酶（ligase）再连接起来。特异的 DNA 序列的切开和重新连接是重组 DNA 技术的基础。

质粒是环状双链 DNA 分子，它的自我复制不依赖细胞染色体。质粒存在于大部分细菌之中，它也被广泛地利用于酵母遗传学。现在已构建了许多只具有一个特异的限制性内切酶位点的质粒。环状的质粒被切开就变成线形的质粒。如果与相同酶切的外源 DNA 混合，然后用连接酶处理，外源 DNA 片段常常变成重新环化的质粒的一部分。DNA 经体外操作之后，必须导入生物体内（一般为埃希氏菌），使它在活体内繁殖。据说外源 DNA 被克隆到质粒并能无限期地被繁殖。埃希氏菌的质粒通过接合常常能转移到其他的细菌，或者质粒在体外被分离并转化了细菌，当今常常转化真菌甚至高等植物。

黏粒常常作为外源基因的载体用来代替质粒。黏粒是含有噬菌体 λ 的 *cos* 位点的质粒。在自然界，蛋白外壳和 λ DNA 被独立合成，然后，DNA 被包埋于蛋白外壳之内。*cos* 位点是实现这种包埋所需要的，事实上，含有 *cos* 位点的任何 DNA 都可以被包埋。与质粒载体相比，这个体系的优点是只有大的 DNA 片段能被有效克隆，而其中比较少的克隆是构建基因库所需要的。在基因库中，特异的生物的全部 DNA 被切下来并被包埋。在蛋白质外壳里含有 DNA 可以利用噬菌体感染的正常过程，通过转导而导入埃希氏菌。一旦进入埃希氏菌内，黏粒能独立复制，其行为与正常的质粒一样。

分子遗传学另一个极重要的技术是互补 DNA（cDNA）的生产。虽然 DNA 被正常转录为 mRNA，但是也会发生逆转；利用逆转录酶的方法，可以由 mRNA 合成 cDNA。在某个特殊时段或某些特异的条件下，植物或病原的基因组只有一小部分被转录。例如，如果主要的兴趣是在后来变成激活侵染的基因，则 mRNA 可以从被侵染的植物分离，用逆转录酶处理，把产生的 cDNA 克隆到载体。这个步骤显著地减少遗传信息量，因此必须估计这个信息量。

转座遗传元件（转座子）是 DNA 的不连续序列，不能自我复制，但可以被插入到复制子（replicon）如质粒和染色体。Mills 曾回顾了植物病理学中转座子的利用[224]。植物病理学中最广泛利用的转座子是 Tn5，它控制对卡那霉素的抗性。当它插入到基因中时，这个基因就失去活性，这个过程称为转座子诱变。转座子诱变的有趣且有用的修饰是以同样的方法把如 *lacZ*（用半乳糖降解）的"报告"结构基因插入转座子，如果转座到活性基因，就将形成 *lacZ* 产物。*lacZ* 产物是 β-半乳糖苷酶，用生长于含无色的半乳糖苷的底物上的细菌很容易识别这种酶。因为在无色的半乳糖苷被半乳糖苷酶裂解之后，就释放出有色的化合物。当基因有活性时，利用这个体系能确定 *lacZ* 产物。具有 2 条 DNA 链的氢链会被热（80～100℃）或高 pH（pH12 以上）破坏，如果温度或 pH 降低，即重新退火，则双链变性而形成 2 条单链。这种特性形成了若干有用技术的基础，例如在用 ^{32}P 或辅酶 R 标记的单链 DNA 或 RNA 探查单链核酸的场合，就会形成 DNA 印迹[225]、RNA 印迹[226]和斑点印迹。如果这种探针与被探查的核酸是同源的（具有相同的碱基序列），则将形成双链并能被探针上的标记识别。

对分子生物学和分子遗传学基本原理的简短叙述，能使读者懂得怎样利用分子遗传学来解决植物病理学的问题。这个简短的描述，显然不能深刻地论述整个研究领域的全貌，但是，通过细菌和真菌与寄主植物互作的致病性和抗病性遗传的分子生物学和分子遗传学研究，可以提升植物病理学的研究水平，显示分子生物学和分子遗传学对植物病理学的深远影响。

2.2　基本技术

Avery 等在 1944 年的试验和 Hershey 等在 1952 年的试验证明了 DNA（脱氧核糖核酸）是遗传物质，而基因是 DNA 片段。因此，生物学家们就认识了基因的分子本质。从 1952 年到 1966 年的 14 年间，经过生物学家、遗传学家的努力研究和精确实验，准确地描述了 DNA 的结构、破解了遗传密码、表述了转录和翻译的过程。

1971—1973 年，分子生物学家提出了全新的一整套实验技术方法，弥补了实验技术的不足，深入又细致地解决了基因研究的技术难题。这些新的技术方法包括重组 DNA 技术（recombinant DNA technology），其核心是基因克隆。由重组 DNA 技术发展而来的 DNA 的快速、有效的测序技术，能确定基因的结构。在 20 世纪 80 年代广泛进行时基因克隆，Kary Mullis 于 1985 年发明了聚合酶链反应（polymerase chain reaction，PCR）。这是一项简单的技术，但是，作为基因克隆技术的补充，它对分子生物学的发展起关键作用。PCR 技术使基因克隆简单化。

基因克隆包括如下 5 个步骤：①把含有克隆的目的基因的 DNA 片段插入载体的环状 DNA 分子中，形成一个嵌合体（chimera）或称为重组 DNA 分子（recombinant DNA molecule）；②载体将目的基因转运到寄主细胞；③载体基因及其携带的外源基因在寄主细胞内增殖，产生大量的同一拷贝；④寄主细胞分裂繁殖时，重组 DNA 分子的拷贝转移到子细胞并进一步复制；⑤经多次细胞分裂，形成相同细胞的细胞群体，这称为克隆。细胞群中的每个细胞都具有一个或多个重组 DNA 分子的拷贝，这时，重组分子携带的目的基因被克隆。

PCR 与基因克隆不同，它不经活细胞内的一系列操作，而是在含有 DNA 和一组反应物的普通试管中进行。PCR 实验的基本步骤如下：①DNA 分子变性（denature）：把试管中的混合物加热到 94℃，使 DNA 双螺旋的两条链结合在一起的氢链遭破坏，引起 DNA 分子变性；②退火：混合物被冷却到 50～60℃，混合物中含有的大量短链 DNA 分子［称为寡核苷酸（oligonucleotides）或引物（primer）］与长链 DNA 分子在特殊位点结合，形成杂合的 DNA 分子；③DNA 新链的形成：使温度升高到 72℃，在这个温度下，加进混合物中的 Taq DNA 聚合酶（Taq DNA polymerase）连接到每条引物的某一端，合成了与模板（template）DNA 互补的新链。这时，开始时的 2 条链变成 4 条 DNA 链，发生了 DNA 链的倍增；成千上万新双链分子的形成：温度再一次升到 94℃，含有原来一条链和新合成的另一条链的双链 DNA 分子变性成为单链，重新开始变性—退火—合成的新一轮的循环。此时，4 条链变成 8 条链。经过 25～40 次重复循环，开始时的双链 DNA 分子将形成超过 5 000 万的新双链分子。

基因克隆和 PCR 的关键性作用：基因克隆要为基因的结构和功能分析提供纯净的基因样品，还必须进行基因分离。例如想克隆的 DNA 片段存在于不同片段组成的混合物中，每个片段都携带不同的基因，而每个片段都能连接到不同的载体分子，产生一个重组 DNA 家族，但是只有其中的一个重组分子携带目的基因。因此，下一步是把携带目的基因的重组 DNA 分子分离出来，所根据的原理是每个寄主细胞只能被一个重组 DNA 分子转化。因此，通过寄主细胞的转化，所形成的每一个克隆只包含单一重组 DNA 分子的多个拷贝，这就完成了目的基因与其他基因的分离。只有把目的基因分离出来，才能进一步分析基因的结构和功能。

利用 PCR 进行基因分析：PCR 也可以用来获得纯净的基因样品，因为被复制的初始 DNA 片段是两段由两条寡核苷酸链引物退火位点标记的片段。如果引物在目的基因的两端都发生了退火，就能合成目的基因的大量拷贝，这与基因克隆的效果是一样的。一次 PCR 可以在数小时内完成，而基因克隆要花几周或者 1 个月才能完成。因此，采用 PCR 分离基因比用克隆分离基因更方便。但是，PCR 方法有两个局限性：①必须知道目的基因两端将要发生退火的位点序列，才能使引物在正确位置与模板 DNA 实现退火。如果不知道退火位点的序列，就无法制造合适的引物，也就不可能用 PCR 分离基因。因此，对未曾研究的基因，只能用基因克隆技术分离基因；②利用 PCR 技术时，被扩增的 DNA 序列的长度受到一定的限制。长度为 5kb 的片段能顺利复制，长度在 40kb 的片段就很难复制。许多基因的长度大大超过 40kb，不能用一般的 PCR 技术，而要用基因克隆技术复制 DNA。因此，PCR 技术只是基因克隆技术的一种补充。

3　DNA 克隆载体

质粒、噬菌体和黏粒等 3 种载体被用于克隆外源基因。作为基因克隆载体的 DNA 分子必须具备一些特殊的性质，例如能在寄主细胞内复制，产生大量重组 DNA 分子，并在细胞分裂繁殖时传递给子细胞。还有，克隆载体的体积较小，理想的长度不超过 10kb。这样的大小不会在纯化过程中被折断或给其他操作带来困难。

3.1　原核生物的克隆载体

为了制作 DNA 文库和转移细菌性植物病原的基因，已经分离和构建了许多质粒和黏粒载体[227]。其中特别引起兴趣的是广寄主范围的质粒载体如 RSF1010、pRK2、pRK290 和黏粒载体 pLAFR1[228]。黏粒载体 pLAFRI 在埃希氏菌（*E.coli*）和根瘤菌（*Rhizobium meliloti*）里能复制，而且，它能在两个细菌种中来回移动。Long 等利用 pLAFR1 载体，把来自形成根瘤的 *R.meliloti* 野生型菌系的致病基因转移到不形成根瘤的突变体[229]。根瘤菌属（*Rhizobium*）中的结瘤基因和寄主特异性基因由质粒编码。

携带根瘤菌的根瘤形成基因的质粒，与土壤杆菌属（Agrobacterium）中发现的、引起许多双子叶植物形成根瘤的质粒相似，已被利用作为一种克隆和转化体系。土壤杆菌（Agrobacterium tumefaciens）含有携带诱发肿瘤或病害基因的 Ti 质粒。它通过转移 T-DNA 到植物的基因组中，而引起植物细胞肿瘤的形成。在侵染期间 T-DNA 随机整合到植物细胞核染色体中[230]。在植物 DNA 中，T-DNA 一旦接管植物细胞控制机理，就通过造成植物细胞的激素不平衡而引发病害。T-DNA 包括 3 种基因：致瘤基因、冠瘿碱合成基因和植物细胞分化抑制基因。这 3 种基因在 T-DNA 片段上紧靠在一起。

没有整合到寄主基因组的 Ti 质粒部分，含有一个称为 *vir* 的大的致病区域。这个 *vir* 区域是形成冠瘿的能力所需要的，也控制寄主范围和冠瘿碱分解代谢[231]。*vir* 区域的突变可以完全抑制致瘤能力[232]。虽然对 *vir* 区域的生理学不完全了解，但是这个区域的基因在肿瘤发生的早期阶段似乎起一些作用，例如，把 T-DNA 转移到植物基因组、特异性的识别和附着于植物细胞。Hille 等曾对 Ti 质粒和 *vir* 区域提出极好的评论。

用 Ti 质粒转化的植物细胞，一般不发生再分化，因此就出现了植物的再生问题。然而，已经知道自然发生的和转座子诱变的突变体，能使被转化细胞再分化成完全的植株。被称为似根的这种突变体出现在 T‐DNA 的特殊 DNA 区。重要的基因，如抗病基因，可以插进似根的位点，然后，这种减弱的 T‐DNA 可以利用于转化将要分化的植物细胞。这种技术成功地用来把酵母醇脱氢酶基因插入到再生的正常植物的烟草细胞中[233]。Gardner 和 Houck 和 Hille 等描述了鉴定 Ti 质粒转化的细胞的其他技术。这些技术的组合证明，在构建抗病基因由一个种转移到另一个种的体系时，农杆菌载体系列是很有用的。

Ti 质粒是转移抗病基因的理想载体，因为：①它在双子叶植物中有很广的寄主范围；②整合的 T‐DNA 像其他植物的结构基因一样是以孟德尔方式遗传的[234]；③T‐DNA 区域也包含能控制外源基因正常功能或表达的启动子基因和调节基因。Watson 等和 Gardner 及 Houck 描述了整合外源基因到 T‐DNA 和外源基因插入到植物基因组的完整的、简单的方案。至此为止的实验证据表明，利用 T‐DNA 载体导入植物基因组的几乎所有的外源基因都能稳定表达。

3.2 植物病毒的克隆载体

病毒载体与 Ti 质粒不同，它具有在细胞外复制的能力，而且这种载体能由细胞到细胞移动，插入的外源基因能扩展到整个植株。因此，它把外源基因产物提高到可以检测的水平。用于转移细菌基因到植物的花椰菜的花叶病毒（CaMV）就具有这两种特性[235]。病毒侵染不需要的花椰菜花叶病毒的两个区域已被鉴定[236,237]。任何外源基因都能插入到没有丧失侵染能力的病毒的这两个区域（称为 ORFⅡ和Ⅶ；开放阅读框Ⅱ和Ⅶ）。Brisson 等用含有二氢叶酸还原酶基因（DHFR）的细菌 R67 质粒取代开放阅读框Ⅲ（ORFⅡ）[235]，二氢叶酸还原酶基因控制对埃希氏菌中氨甲蝶呤的抗性。病毒杂种 DNA 在芜菁植物中繁殖，二氢叶酸还原酶基因在此得到表达，产生功能基因产物。Gardner 和 Houck 提出了插入外源 DNA 于可读框的方法。利用花椰菜的花叶病毒作为载体有一些局限性[238]，例如，只能插入有限数量（约 250bp）的外源 DNA；在植物体内病毒复制的若干周期中，外源 DNA 是否能保持长期稳定，也是一个没有解决的问题。尽可能多地除掉病毒基因组不需要的部分，以便能插入约 1kb 的外源 DNA 是一个理想的办法。然而，能插入的 DNA 长度仍然很有限。此外，花椰菜的花叶病毒作为载体利用，受到它有限的寄主范围（它主要侵染芸薹属的种）和没有种子传染的限制。然而，它可以作为其他病毒载体的制造模型和作为研究小基因表达的实验工具[239]。

3.3 真核生物的克隆载体

在真核寄生菌中，如真菌，还没有发现与作为原核生物克隆载体相似的质粒。已知的大部分真菌质粒，大都存在于非寄生的真菌属，像柄孢壳属（*Podospora*），粪盘菌属（*Ascobolus*），脉孢菌属（*Newrospora*），麦角菌属（*Claviceps*）和羊肝菌属（*Morchella*）。由寄生真菌还没有分离到质粒，其原因可能是分离步骤不够完善、质粒的不稳定性、真菌细胞的拷贝数低和质粒发生的频率低。然而，最近报道了寄生真菌所谓质粒的几种情况。

Garber 和 Yoder 测定了玉米南方叶枯秆腐病菌（*Cochliobolus heterotrophus*）的约 30 个菌株，其中只有一个菌株（T40）含有能检测到的质粒[240]。这种质粒是一种小的环状

DNA（1.9kb），它以单体到 17 体或更大的多聚体系列存在。T40 质粒与线粒体 DNA 的片段是同源的，但与核 DNA 不表现同源性。与 T40 质粒同源但稍长（2.0kb）的另一种质粒，是在另一个菌株 T21 中发现的，这两种质粒是相似的。虽然玉米南方叶枯秆腐病菌的两种质粒已被克隆，但是它们还不能成功地用于基因转移，因为它们是线粒体基因组的部分。

Kistler 和 Leong 在致病真菌萝卜黄萎病菌（*Fusarium oxysporum* f. sp. *conglutinas*）中发现了线状的类质粒 DNA。在属于萝卜黄萎病菌的 3 个致病小种的 18 个菌株中，发现了 1.9kb 的双链 DNA 分子。这种类质粒 DNA 与真菌的寄主特异性相关，例如小种 1 和小种 5 对引起甘蓝病害表现特异性，而小种 2 对日本小萝卜是特异的。Hashiba 等由致病真菌 *Rhizoctonia solanis* 分离出相似的线状 DNA 质粒[241]。*R. solani* 的致病菌株，每 3 周出现一次质粒，且在培养基上表现异常缓慢生长，对日本小萝卜幼苗弱致病。与之相反，缺乏质粒的致病菌株正常地生长，且对日本小萝卜幼苗表现高度致病。根据这两个例子很难断定质粒是否与高度或低度致病有关。然而，对含有质粒的萝卜黄萎病菌的菌系所表现的小种和寄主的专有特异性是明显的。因此应当进一步研究确定这种真菌的特异性与类质粒 DNA 之间的相关关系。

二、真菌对植物致病性的病理和分子机理

已知的约 10 万个真菌种中，大部分是严格的腐生菌，它们降解死亡的有机体物质作为营养来源。真菌中只有 8 000 个种能引起一种或一种以上的植物种发生病害，只有 100 个种对人类或动物是致病的[242]。致病真菌与腐生真菌的区别有 3 种不同的推测：①二者共有一套相同的基因，但有些基因受到不同的控制；②致病真菌具有致病的独特基因；③前述的 1 和 2 两种可能性的组合。真菌如何破坏植物阻止微生物侵袭的防卫体系，对大部分真菌病害而言是不明确的，但是，真菌致病性基因的存在和性质与引起植物识别外来生物的能力和防卫机构的功能是不可分开的。许多真菌的发育和代谢是复杂的序列，而植物也依次包含不同的反侵袭的复杂序列。在真菌与植物的相互关系中，有些步骤对真菌致病性的建立可能是关键性的步骤：①附着于植物表面；②在植物表面萌发和侵染结构的形成；③侵入寄主；④在寄主组织内定居。

有些致病真菌定居于植物的气生部分，另一些真菌侵染植物的地下部分，而比较特化的真菌侵染植物的特异器官。许多真菌通过寄主的气孔和伤口进入，它们一旦在寄主组织内定居，就穿透寄主组织的细胞壁进入细胞内。另一些真菌不产生特殊的侵染结构而通过穿刺直接进入寄主。一些真菌如番茄病原茄叶霉病菌（*Cladosporium fulvum*）只在细胞间生长。如果真菌产生特征性的症状，而且得到繁殖，这种情况的植物-真菌互作一般描述为感病的/致病的；如果植物能抵抗真菌的侵染，限制症状的发展和病原的繁殖，这种情况的植物-真菌互作被认为是抗病的/非致病的。利用重组 DNA 技术，可以改变植物的防卫体系并诱导对侵袭的抗病性，有助于对真菌致病机理以及控制这种机理的基因的理解。因此，真菌的致病性基因的鉴定是最富挑战性的实验研究工作。

为了研究真菌的致病机理，必须对致病性和致病性基因进行定义。致病性这个术语被定义为真菌引起病害的能力，这种见解是根据田间的观察形成的。许多不同的突变能影响真菌的致病性，而任何必需的管家基因（housekeeping gene）的致死突变，使原先的致病真菌变

成非致病的。而且，影响真菌田间适合度的基因，也影响致病性。例如，玉米病原玉米南方叶枯秆腐病菌的白化突变体，在温室内是完全致病的，但是在田间却不能存活。这可能是这种突变体对紫外线（UV）辐射比较敏感造成的。有缺陷的突变体不能在田间蔓延，或许是因为分生孢子接合（conidiation）所包含的基因影响了致病性。这两个例子说明，致病性基因需要更准确的定义。为了避免把承担营养突变型突变的基因描述为致病性基因，必须保证在这种真菌失掉致病基因以后也能完成它的生活周期。因此，致病性基因定义为"真菌的致病基因不是完成生活周期所必需的，在自然条件下，它直接或内在地被包含在致病性之中"。这暗示致病性中包含着基因产物，而不是通过转换最终导致致病性的发生。这本质上表明功能的丧失导致致病性的丧失。此外，致病性必须在自然条件下测定，而且对这些自然条件要尽可能准确地加以说明。在可控的实验室条件下诱导侵染与自然条件下相同植物-真菌的互作结果是否相同，存在争议。致病性基因的定义不能应用于专性的寄生菌，因为专性寄生菌一有致病性缺损，它们就不能完成生活周期。致病是特定病原致病性的程度。功能丧失只引起致病性还原的那些基因难以分类。因此，可以认为满足致病性定义的基因应称为致病基因。

稻瘟病菌引起水稻病害包括一系列过程：分生孢子利用孢子尖端黏液附着于寄主表面并萌发；萌发管分化成侵染器官，即附着胞，它紧紧地附着于表皮上；附着胞产生侵入丝穿破角质层和表皮细胞壁；稻瘟病菌在寄主细胞内生长并蔓延到相邻的表皮细胞以及表皮下的叶肉细胞。5～7d 后，菌丝分化形成分生孢子梗，由病斑中释放新的分生孢子，重新开始新一轮的侵染。

1 真菌附着于植物体表面

不同的气生植物器官和根的表面疏水性以及其他特征是不同的，真菌是利用不同的机构与寄主的这种不同的表面结合的[243]。虽然真菌孢子和萌发管附着在寄主表面是侵染的先决条件，可是，我们对完成侵染过程的机理却知道甚少。一个可能的机理是真菌通过分泌酶来改变寄主的表面并产生黏附素。真菌孢子产生各种胞外酶，例如炭疽病菌属不同种的分生孢子置于水溶性的黏液里，这种黏液含有若干种酶，保持了分生孢子的生活力。玉米炭疽病菌（Colletotrichum graminicola）含有酯酶和角质酶。植物的气生部分被果胶层、角质和蜡质层组成的表皮覆盖，角质降解酶——角质蛋白酶常常与致病性有关联[244]。当二异丙基氟基磷酸酯作为酯酶（包括角质蛋白酶）的抑制剂时，虽然玉米炭疽病菌的分生孢子产生成熟的附着胞，但是不引起玉米叶片病害。因为玉米炭疽病菌的附着胞被黑色化，穿入寄主只能依靠附着胞的膨压。如果附着胞对植物表面有牢固的附着力，也只能通过压力穿入寄主。如果这种黏附力受到角质蛋白酶和其他丝氨酸酯酶的抑制而受阻，则穿入不能发生。这些结果意味着在植物表面的变更，包含着酯酶尤其角质蛋白酶的作用，从而使真菌孢子能附着在植物表面，但是，至今还没有获得包含这些酶的相关性状的遗传证据。然而，Deising 等证明了在小扁豆锈病菌（Uromyces viciae-fabae）侵染结构的黏附作用中包含着酯酶和角质蛋白酶。这种专性寄生菌在穿入寄主之前，在豆叶上形成黏着塞。角质蛋白酶和其他丝氨酸酯酶位于孢子的表面，这些酶对植物表皮上孢子的黏附发生作用。如果这些酶被洗掉或者添加丝氨酸酯酶抑制剂，孢子的附着力就显著降低。反之，角质蛋白酶和丝氨酸酯酶的增加，就恢复了孢子附着于植物表皮的能力。锈病菌夏孢子黏附力的这些实验说明了酯酶和角质蛋白酶对真菌-植物互作的作用[245]。

2 侵染结构的形成和萌发

子囊菌稻瘟病菌（*Magnaporthe grisea*）是全世界栽培稻最严重的病害稻瘟病的病原，也是其他许多禾谷类作物和杂草的普遍病原。这种最具破坏性的病原已进行了广泛的研究，现在已经能够用分子的和常规的遗传研究分析这种病原。在实验室已经能诱导它的有性生殖。许多遗传的和分子的标记对这种研究是有效的[246,247]，而且对分子生物学的应用也是最重要的，目前已建立这种病原的转化体系。稻瘟病菌-水稻的互作是研究经济上重要的作物与危害严重的真菌病原之间互作的模式体系[248,249]。

稻株的感染是包含代谢过程和形态遗传过程的复杂系列，这种感染/侵染是在分生孢子降落到叶片之后开始的。当分生孢子被水合时，就产生孢子顶端黏液（STM），使孢子附着于表皮上。这种黏性的物质帮助孢子尖端与疏水的叶表皮结合。孢子在2h内萌发，产生萌发管，再由萌发管分化成附着胞。附着胞产生穿入栓刺破角质层和表皮细胞壁。侵染的菌丝长出分枝形成次生菌丝，在寄主组织内的细胞间和细胞内蔓延。

这里，先考虑在附着胞形成中包含的基因，然后说明稻瘟病菌如何穿过未受伤的角质层。用鉴别的cDNA克隆鉴定稻瘟病菌在植株上生长期间优先表达的致病性基因。在植株上生长期间被诱导的若干真菌基因当中，基因*MPG1*已作了进一步说明，这个基因在植物体内高度表达，而且稻瘟病菌的不同小种和寄主特异的类型中广泛存在。*MPG1*基因不被一步基因取代法（One-step gene replacement）活化[250]。这种技术可以构建重组体菌系，靠这种技术可以用突变的无功能的拷贝来取代内源的*MPG1*基因。稻瘟病菌是一种单倍体真菌，研究中利用的菌株只包含*MPG1*基因的一个拷贝。基因型的每次变化都能直接影响转基因菌系的表型。基因取代研究为确定同源背景中的特定基因的功能提供了最强有力的工具。缺失*MPG1*的转化体，附着胞发育的能力被削弱，这一点与附着胞分化和植株感染初期野生型菌株中*MPG1*基因被充分转录的这个发现是一致的。缺乏*MPG1*的突变体较少引起病症。与野生型相比，被侵染的稻叶先端的平均病斑密度降低到20%。进一步的分析表明，缺失*MPG1*的突变体，在附着胞形成之前经历了初次分化，全部萌发的分生孢子仅20%完全分化，形成成熟的附着胞。具有8个半胱氨酸残基的、分泌的中等疏水蛋白，是根据*MPG1*基因的序列，真菌疏水蛋白最典型的特征来预测的。

疏水蛋白被认为是出现真菌气生结构所必需的。荷兰榆病害中包含的真菌毒素揭示了真菌疏水蛋白的结构。已提出的关于*MPG1*疏水蛋白的作用，是这种蛋白分泌到植株表面之后，通过疏水作用与叶片角质层结合。因此，*MPG1*能对分生孢子的附着、诱发侵染和局部发生信号起作用[251]。为什么来自缺失*MPG1*的突变体分生孢子当中还有20%能形成附着胞并引起病害，对这一点尚不清楚。*MPG1*功能的丧失显著地降低致病性，但不引起致病性的丧失。根据上述所下的定义，*MPG1*是致病基因。一旦侵染结构建立起来，下一步就是穿入寄主组织。

3 穿入寄主

虽然许多致病真菌通过自然孔道如气孔或伤口穿入寄主，但是有些真菌由植物表面直接穿入。致病真菌究竟是借助机械力还是通过酶降解来达到打破植物表面的防卫障碍，这还不清楚。

机械地穿入：真菌产生各种各样的称为黑色素（melamin）的暗色素（dark pigment）。真菌的一类黑色素是由 1，8-二羟萘（DHN）的聚合作用中的聚酮化合物的生物合成产生的。1，8-二羟萘黑色素是由各种类型的真菌细胞产生，色素的最高累积正好发生在真菌穿入寄主细胞之前。这时，在附着胞细胞壁的内层沉淀着一层厚的黑色素。黑色素的作用是提高附着胞内侧的半渗透性。这个半渗透层调节流体静力压，使真菌能机械地刺穿植物表皮。1，8-二羟萘黑色素像致病因子一样存在于植物和动物的若干真菌病害之中[252]。已有证据证实，在发病期间的稻瘟病菌和黄瓜炭疽病菌（Colletotrichum lagenarium）黑色素生产的作用。杀菌剂三环唑对真菌的生长无毒害，但是抑制 DHN-黑色素的生物合成和病害发展[253]。缺乏 DHN 黑色素的 3 种突变体，都是由不连锁的位点上单拷贝基因缺损引起的。这 3 种突变体对完整的寄主植株都不致病，但在叶表皮损伤时，有的突变体又表现了致病。利用野生型 DNA 补充这种突变体，来克隆一个基因 buf。用这个基因转化不致病的突变体，突变体恢复了致病。在稻瘟病菌黑变的附着胞内形成的内膨压很高，甚至可以刺穿塑料膜[254]。遗传的和物理的研究结果证明，DHN 黑色素是一种致病因子，稻瘟病菌得以进入植物的表皮细胞，主要依靠机械力。但 DHN 黑色素提高菌的穿入率，黄瓜炭疽病菌也为此提供了直接的证据。白化突变体形成无色的附着胞，这种白化突变体是非致病的，用野生型的黄瓜炭疽病菌的基因组 DNA 文库转化白化突变体。转化体恢复了形成黑变的附着胞的能力，能与野生型一样有效地穿入寄主和引起病害。这些结果证明被克隆的 buf 这个基因是致病所需的[255]，不过不排除酶降解帮助机械穿刺角质层的可能性。稻瘟病菌和黄瓜炭疽病菌产生黑色素的能力提高了穿入率和致病作用。

稻瘟病菌在各种人为的表面上发生功能附着胞的分化，因此，能分析附着胞的离体发育序列。图 4-1 说明真菌在赛璐玢膜上分化所发生的形态变化。在稻瘟病菌接触赛璐玢膜 24~31h，穿入塞璐玢膜，在这里形成类似侵染菌丝的结构。附着胞在聚酯薄膜和聚氯乙烯表面上的形成和表现的功能，表明这两种膜有促进侵染结构发育的作用。这种作用主要是物理的和机械的作用而不是化学的作用。

现在已搞清楚，稻瘟病菌附着胞是借助一个关键的机械成分穿入的。暗色的 DHN 黑色素是附着胞穿入所需要的成分，基因 ALB1、RSY1 和 BUF1 编码 DHN 黑色素生物合成所需要的酶。Howard 和 Ferrari 证明了 DHN 黑色素是附着胞形成静压的媒介，这种高压为机械穿入提供驱动力。侵入丝利用了这种物理动力，使附着胞穿入像聚酯薄膜和聚氯乙烯这种人为的表面。

刺盘孢属（Colletotrichum）和镰刀菌属（Fusarium）穿入未受伤的寄主组织必须借助角质蛋白酶。CUT1 是与刺盘孢属（Colletotrichum）和镰刀菌属（Fusarium）的角质基因同源的稻瘟病菌基因，在实验室的测定条件下，没有检测到 CUT1 基因对稻瘟病菌穿入的明显作用，而 ALB1、RSY1 和 BUF1 基因却对穿入起关键作用。独立获得的 CUT1 缺损的菌系，在对水稻、大麦和杂草 3 种寄主的致病测定中，甚至角质层较厚的老的植株被接种时，都能与野生型菌株区分开。这些结果或许说明在田间的"硬化的"寄主植物感染期间角质蛋白起作用的可能性。

酶的消化作用：高等植物气生部分表面的角质层结构，不同植物之间的差异很大。一般地说，蜡质层在外侧，角质层和果胶层在里侧。角质层的厚度和组成成分，在种间有变化，

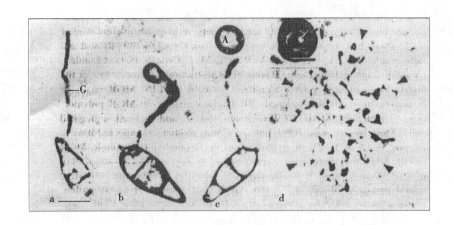

图 4-1 稻瘟病菌穿入结构离体发展各个阶段的反差光学显微照相

(a) 分生孢子顶端细胞的萌发（G 为萌发管）。(b) 早期附着胞发育包括产囊丝钩的形成和末端的膨大。(c) A 附着胞。顶端膨大引起产囊丝钩的基底提高。附着胞黑化之后，在附着胞管孔内的单一入侵丝（箭号插图）伸展到基底。(d) 在赛璐玢内由入侵丝的远端侧面产生类侵染菌丝的结构，这种类侵染菌丝的结构被折射体区带包围（箭头标明的部位），这儿的赛璐玢好像被降解。

植物发育的不同时期也有变化，这与环境因子如湿度、光照和温度有关。在土壤、腐败植被和腐败食物中，都存在一种腐生菌青霉菌（*Penicillium spinulosum*），人们首先在这种真菌中检测到角质酶的活性，并关注角质酶对真菌致病性的作用。然而，由真菌引起的上表皮蜡质层的酶降解知道甚少。详尽的生物化学和分子生物学的分析是在真菌病原子囊菌豌豆镰刀菌根腐病菌［（*Fusarium solani* f. sp. *pisi*）有性阶段：*Nectria haematococca* MP Ⅵ］的角质酶上进行的。角质酶对这种真菌侵染植物的关键性作用已得到许多证据的证实[256,257]。这种酶是用穿入部位的抗体来检测的。用多克隆抗体或化学抑制剂处理证明致病性下降了[258]。现在正利用遗传手段来确定角质酶对植物致病真菌的致病性或致病的关键性作用。角质裂解降低或裂解不足的突变体是由对毛蔓豆炭疽病菌、黄瓜炭疽病菌或豌豆镰刀病菌的化学处理和紫外线辐射诱导的。虽然毛蔓豆炭疽病菌的缺失角质酶的突变体丧失对番木瓜果实的致病性，但是，对黄瓜炭疽病菌 13 个不同突变体的广泛研究显示，角质酶与致病性之间没有相关关系。豌豆镰刀病菌的一个突变体的角质酶活性降低了 80% 到 90%，在切下的豌豆茎的实验检测中，发现致病降低了。豌豆病原豌豆镰刀根腐病菌的角质酶基因插入到番木瓜果实的一个创伤病原，转化体能侵染未受伤的番木瓜果实，这证明在这个重组体病原与其寄主的互作中包含着角质酶[259]。为了评价角质酶对豌豆镰刀菌根腐病菌对其自然寄主豌豆侵染过程的作用，通过介导转化的基因干扰，构建了一个高度致病菌系的 4 个缺失角质酶的突变体[260]。突变体的角质酶功能基因的缺失，引起可检测的角质酶活性的丧失，但是，缺失角质酶突变体的致病性，在自然条件下与野生型相比，没有被改变。因此，角质酶不是豌豆镰刀菌根腐病菌的致病性所必需的。利用光学显微镜检术和荧光显微镜检术的野生型和缺失角质酶突变体的组织病理学分析没有证明在侵染的初期阶段有可检测的差异。两个菌系都同样顺利地定居于上胚轴、下胚轴和主根上。缺失角质酶的菌系直接穿入上胚轴，偶尔与野生型一样由气孔穿入。这种研究用豌豆盆栽试验做生物测试，在接近自然界的条件下测定真菌的致病性。分生孢子的浓度分别为早期研究中用的孢子浓度的 1/100 或 1/5 000，这样的浓度延迟了可见症状的出现。全部植株约 20％开花、结实。不过，如果这种生物测定与自然界发生的情况有关，则全部植物都变成感染的，而且表现典型的萎蔫症状。

利用于评价植物-真菌互作的实际测定体系，对于这种关系的观察结果是极为重要的。所以，实验室条件的测定体系必须尽可能接近自然状态。虽然离体诱导之后不能估量角质酶的活性，但是缺失角质酶突变体不变化的致病性，不排除其他未检测的角质酶起作用的可能性。如果有其他的角质酶基因，它可能与已知基因没有序列同源性，只能是真菌在植物体内生长期间被诱发的，就像细菌病原玉米细菌性茎腐病菌的一套果胶溶酶所表现的那样。在豌豆镰刀菌根腐病菌侵染期间，设计了在寄主植物的自然侵染部位检测角质酶的实验。在豌豆感染的过程中，首先测定豌豆镰刀菌根腐病菌的角质酶活性。在野生型菌系的侵染期间，角质溶解活性清楚可测，但是缺失角质酶的突变体却不可检测，即使是宏观的症状也不能区分这究竟是由野生型菌系引起的还是由缺失角质酶的突变体引起的。所以，豌豆镰刀菌根腐病菌的角质酶基因不是对豌豆致病性所需要的。数量的分析将证明这种病菌是否以更微妙的方式帮助侵染。角质由角质酶降解，这使真菌很容易获得碳源，这可能是具有进化优势的一个特征。

定向基因破坏（targeted gene disruption）是目前研究发病中可能包含的基因的最好方法。用这种方法破坏稻瘟病菌的角质酶基因，以便测定角质层的酶降解是否帮助机械穿入。产生的转化体就像野生菌一样，对 3 个不同的寄主是致病的。然而，这些突变体保留了残余的角质酶活性，可以认为这些突变体的致病性不变[273]。这些结果表明基因破坏方法还是存在一些困难和局限。介导转化的基因破坏之后，必须细心地研究转化体，以便确定下列的各种情况：残余的酶活性是否存在，不管破坏的基因；正在研究的酶活性是否在植物内生长期间被诱导；最后，所观察到的结果是否确实由基因的破坏引起的，而不是归因于转化步骤这个无关的因子。为了排除后者的可能性，必须测定若干独立的转化体，如果能进行回交，则观察到的表型一定总是与基因的破坏共分离。

玉米病原玉米圆斑病菌（*Cochliobolus carbonum*）果胶降解多聚半乳糖醛酸酶的破坏不引起致病性的变化。单细胞壁降解酶一直被证明对真菌的致病机理起本质作用。在角质层和细胞壁降解期间，若干酶可能协同起作用，单一活性的丧失不能引起植株感染和真菌定居的可检测的变化。因此，独特转化体中若干细胞外酶功能的破坏，可能是消除或降低致病所必需的。

4　在寄主组织内定居和互作

4.1　真菌毒素与致病

真菌毒素的生产：毒素能帮助真菌穿入寄主并帮助真菌移居寄主组织。有毒的代谢产物是由一些对植物致病的真菌产生的，对各种植物可能有毒害作用。在一些情况下，病原产生只对真菌寄主植物有效的毒素，所以，这种毒素被称为寄主特异的毒素。在特定的真菌种内自然发生的一些菌株不产生寄主特异的毒素，这些小种表现降低致病或者不致病。对旋孢腔菌属内不产生毒素的种，已利用常规遗传学和分子生物学的方法进行了研究，为不产生毒素的真菌与寄主的互作提供了最好的例子。

玉米南方叶枯秆腐病菌（*Cochliobolus heterostrophus*）T-毒素的致病机理：玉米病原玉米南方叶枯秆腐病菌存在两种致病型：产生 T-毒素的小种 T 和不产生毒素的小种 O。小种 T 的全部菌株对具有得克萨斯州（得州）雄性不育细胞质的玉米都致病，而小种 O 的菌系只微弱致病。小种 T 对缺乏得州雄性不育细胞质的任何玉米品系的致病性与小种 O 的致病性等同，小种 O 对得州雄性不育细胞质品系的致病性比小种 T 的致病性差。小种间的杂交表明，Tox1 位点决定着毒素的产生。这个位点承担着玉米南方叶枯秆腐病菌（小斑病菌）不同程度的致病性，所以，这个位点应看成致病因子。Tox1 的克隆是了解构成毒素生产基础的遗传机理和产生新毒素小种的进化所需要的。玉米南方叶枯秆腐病菌特别适用于分子生物学研究。小种 O 与小种 T 之间差异的遗传性质是复杂的，尚未被充分理解。通过常规的遗传技术和与 Tox1 区域有关的 RFLP 作图，已经发现了易位的断裂点和若干不同的重复元件。T-毒素是链长度 C35 - C45 的 10～15 个线性聚酮化合物的家族。得州雄性不育细胞质玉米对 T-毒素的敏感性，是由寄主的线粒体内膜发现的 T-毒素结合蛋白引起的[262]。这种蛋白由具有得州雄性不育细胞质玉米的线粒体基因组独有的嵌合基因编码[263]。直到最近才明确缺乏毒素的菌系来源于田间的小种 O 菌株，所有这种菌株与产生毒素的菌株不同在于 Tox1 位点的杂合性。玉米南方叶枯秆腐病菌毒素生产不足的小种 T 的突变体是最近发生的，这种突变体或者化学诱变或者质粒插入的突变体。所有的突变都以单一位点分离并作图于 Tox1 位点，但是，它们不是彼此为等位基因，可能彼此相距 125kb。缺失毒素的一些突变体的非等位基因性质说明，Tox1 或者编码基因簇，或者是编码大基因。因为 T-毒素是聚酮化合物，所以 Tox1 区域可能编码一个大的聚酮化合物合成酶，这种酶决定了构建 T-毒素分子所需的全部酶活性。现在，已经能说明小种 T 和小种 O 之间的分子差异。

玉米圆斑病菌（*Cochliobolus carbonum*）致病机理中 HC-毒素的复杂作用：真菌病原玉米圆斑病菌小种 1 引起玉米叶斑病和叶耳霉病。这个小种产生环四肽，这种化合物对寄主的毒性（HC-毒素）具有选择性，专门影响 hm1 位点纯合的玉米[264]。Tox2 位点控制 HC-毒素生产，这种情况与玉米南方叶枯秆腐病菌相似。具有引起病害的能力是这个小种固有的特征，而毒素的产生使致病增强，病害严重程度随毒素生产的增加而增强。来自玉米圆斑病菌的小种 1、具有类肽合成酶活性的两种酶已被纯化，这两种酶的活性只能用小种 1 检测。编码这两种酶的一个基因最有可能被克隆，因为已经证明这个基因位于被复制的基因组 DNA 的 22kb 区域。这个 22kb 的区域包含一个 15.7kb 的开放阅读框，在不生产这种毒素的菌株或旋孢腔菌属的种中不存在这个开放阅读框。为了确定 HC-毒素生产中开放阅读框的复杂情况，进行了基因破坏实验。如果复制区的一个拷贝被破坏，则酶浓度降低到 50%，而致病性不变。在 2 个拷贝都受破坏时，酶活性和致病性就都消失了。新的结果表明，原先分离的具有类肽合成酶活性的、小种 1 特异的两种酶被编码为 570ku 的一个多肽，这两种酶或者翻译后被加工或者像人为产物一样被破坏。玉米对 HC-毒素的抗病性 HM1 等位基因是通过转座子标记克隆的[265]。这个等位基因编码羟基还原酶，这种酶降解 HC-毒素，使它成为非毒性产物。感病植株不转录隐性的 hm1 等位基因[266]。在这个体系中，真菌的致病性是以有毒性的次生代谢物的生产为基础的，植物抗病性受这种毒素的酶失活所控制。现在已经能研究真菌的致病性基因以及寄主的抗病性基因之间的互作关系。

4.2 诱导的植物防卫分子的降解

豌豆镰刀菌根腐病菌的植物抗毒素解毒作用：病原一旦进入植物组织内，侵入的真菌可能遭遇到植物不同防卫体系的抵抗。除了像细胞壁和细胞壁沉积作用的结构障碍之外，称为植物抗毒素的抗微生物小分子，也能对微生物的侵袭作出反应。植物抗毒素和其他防卫反应都能由微生物的或植物的或非生物来源的各种激发子诱导。对大部分的植物-病原互作而言，植物抗毒素还没有确立对抗病性的决定作用。结论性的遗传证据只在豌豆-豌豆镰刀菌根腐病菌这个体系中获得。豌豆植物在对微生物侵袭的反应中，产生一种称为豌豆素的异黄酮类化合物。豌豆镰刀菌根腐病菌的田间菌株，引起病害的能力十分不同。所有的致病菌株都产生豌豆素脱甲基酶（pda），通过脱甲基作用使豌豆素脱毒而变成无毒的化合物。豌豆素脱甲基酶与致病性的关联有力地说明，某种脱甲基的能力是豌豆镰刀菌根腐病菌对豌豆致病所必需的。豌豆素脱甲基酶基因是利用高度致病的、产生豌豆素脱甲基酶的豌豆镰刀菌根腐病菌菌系的黏粒文库，在缺乏豌豆素脱甲基酶活性的玉米贮藏霉变病菌（*Aspergillus nidulans*）中的异种表达克隆的。因此，对致病期间豌豆素脱甲基酶的作用能作出更直接的评价。首先，豌豆素脱甲基酶基因在玉米病原玉米南方叶枯秆腐病菌中过度表达。玉米南方叶枯秆腐病菌产生豌豆素脱甲基酶的转化体保持了对玉米的致病，但是，在豌豆茎上产生的病斑比对照菌系产生的病斑大。因此，高度的豌豆素脱甲基酶活性能单独使玉米病原引起豌豆茎的显著危害，虽然接种 1 周，病斑的大小只达到豌豆镰刀菌根腐病菌产生的病斑大小的 30%。1 周后，产生豌豆素脱甲基酶的玉米南方叶枯秆腐病菌转化体的病斑不能进一步扩大，而豌豆镰刀菌根腐病菌却定居于整个豌豆茎。这些结果说明豌豆镰刀菌根腐病菌具有玉米南方叶枯秆腐病菌所缺乏的对豌豆致病的其他若干致病基[267]。为了评估同源系统在侵染过程中植物抗毒素解毒的作用，利用定向基因取代，以无功能的拷贝取代豌豆素脱甲基酶基因。缺乏豌豆素脱甲基酶活性的转化体被获得，转化体保持了对豌豆的致病。因此，不管遗传资料和异源的表达结果如何，豌豆素脱甲基酶基因不是豌豆镰刀根腐病菌对豌豆的致病性所需要的，而且，在植物防卫期间植物抗毒素的作用依然需要进一步阐明。豌豆素脱甲基酶是否对豌豆镰刀菌根腐病菌的致病有影响，或者豌豆素脱甲基酶基因附近的一个或一个以上的基因是否承担致病性以及是否与豌豆素脱甲基酶共分离，这有待进一步试验。

4.3 植物固有的防卫分子的降解

高粱轮斑鞘枯病菌的氰化物解毒：植物不仅用对病原反应中产生的有毒化合物，而且也用固有的毒素对抗微生物的侵袭，保护植物体本身。在植物细胞内，通常在液泡内的这些有毒物质被分成各自独立的几部分。当细胞受到物理伤害或者细胞膜受到破坏时，这些物质就被释放。生氰的植物如高粱、木薯和亚麻，当它们的组织受真菌侵染或其他原因而受损伤时，能释放氰化物。氰化物对大部分生物是有毒的，因为它抑制了线粒体的呼吸作用。然而，生氰植物的真菌病原能忍耐氰化物：真菌病原使氰化物解毒，把氰化物转换成无毒的化合物，例如真菌含有的氰化物水合酶能把氰化物转化成甲酰胺或者改变不敏感的可变的线粒体的呼吸作用。一般地说，对生氰植物致病的真菌产生氰化物水合酶，在非生氰植物的病原和腐生菌中很少发现这种酶。所以，氰化物水合酶是真菌侵染生氰植物的先决条件。为了直接估价氰化物水合酶的作用，已描述了高粱病原高粱轮纹斑鞘枯病菌（*Gloeocercospora sorghi*）的这种酶，证明它是氰化物诱导的并以 45ku 多肽组成的聚合蛋白起作用。相应的基因已被克隆。这个基因的唯一拷贝受到进入内源基因的内基因片段同源整合的破坏。离体的突变体对氰化物高度敏感，但对高粱引起的症状与野生型一样。所以，这就排除了氰化物水合酶是高粱轮纹斑病病菌对高粱致病的本质功能的论断。在植物内定居期间观察到的真菌对氰化物不敏感性的机理仍不清楚。

燕麦全蚀病菌的燕麦碱解毒作用：子囊菌禾顶囊壳菌（*Gaeumannomyces graminis*）侵染大部分禾谷类作物和其他一些杂草的根和茎基。这个种区分为大麦全蚀病菌变种（var. *graminis*）、小麦全蚀病菌变种（var. *tritici*）、燕麦全蚀病菌变种（var. *avenae*）、玉米全蚀病菌变种（var. *maydis*）。燕麦变种是燕麦全蚀病的病原体，由它引起的病害是温带气候带一种广泛分布的、具破坏性的病害。燕麦变种侵染包括燕麦在内的所有的禾谷类作物，而其他变种不侵染燕麦。燕麦产生的燕麦碱，能抑制离体真菌的生长。燕麦碱位于根冠和根的表皮，是植物固有的防卫分子。燕麦全蚀病菌的这种侵染性与它使燕麦碱解毒的能力有关。燕麦病原能使燕麦碱产生酶促代谢变化，而其他变种缺乏这种能力。这种酶已被纯化，相应的基因也已被克隆。这种基因在粗糙脉孢菌（*Neurospora crassa*）中表达之后，这种真菌对燕麦碱变为抵抗的，证明了这个分离基因的功能。燕麦碱酶基因的本质作用被利用于破坏由燕麦全蚀病菌转化的基因。具有破坏的燕麦碱酶基因的转化体，对燕麦碱比野生型敏感。这种转化体对小麦的致病性不变，而对燕麦的致病性降低到几乎等于 0。所以，燕麦碱酶基因是致病基因，是燕麦全蚀病菌侵染燕麦所必要的。其他的致病真菌是否显示与燕麦碱酶相似的酶和基因，是现在可以提出的、今后应当研究的问题。

三、基因-对-基因体系的植物抗病基因和 病原非致病基因的鉴定克隆和验证

1 亚麻品种抗病基因的克隆和转化

1.1 亚麻品种 L - 位点等位基因的特异性

亚麻的 *L* 基因与烟草的病毒抗病基因 *N* 及拟南芥的白粉病抗病基因 *RPP - 5* 一样编码 TIR - NBS - LRR 类抗病性蛋白[268]。这些蛋白具有 N -端结构域（TIR）、中央核苷酸结合部位（NBS）结构域和 C -端富含亮氨酸重复（LRR）结构域。

具有 *L*-位点的抗锈病等位基因的亚麻品系是分析基因-对-基因特异性分子基础的理想遗传材料。*L*-位点的 13 个等位抗病基因，每个基因都控制着亚麻不同抗锈性的特异性，含有这些等位基因的亚麻植株，可以根据它们对具有或不具有相应非致病基因的大量亚麻锈病菌的抗病反应或感病反应来区分[269]。对所有亚麻锈病菌系都感病的亚麻品种 Hoshangabad 中存在第 14 个抗病基因 *LH*。亚麻的 14 个抗病等位基因当中，有 13 个基因的 DNA 序列已得到描述，这些基因的特异性是由基因的编码区决定的。等位基因产物的预测氨基酸序列与包括 *L-2*，*L-6* 和 *L-10* 等位基因在内的离体的基因内交换的比较，作为若干等位基因之间的特异性差异的决定因子用于鉴定 TIR 和 LRR 区域。此外，DNA 序列分析证明，一些等位基因在 LRR-编码区发生了大量的复制和缺失事件，这些等位基因具有嵌合性质，这可能是由于重组而在原型的等位基因中出现的变异再分配造成的。

1.2 亚麻品种 L - 位点等位基因的克隆

从等位基因 *L-2* 和 *L-10* 纯合的亚麻品系分离 DNA，并把 *L-2* 和 *L-10* 等位基因克隆

到 λ 载体 EMBL4 中。利用来自 L-6 启动子区域的探针 Lu-1 的 $EcoR$Ⅰ-限制性酶切 DNA 的凝胶印迹分析，鉴定了 8～9kb 的单一 $EcoR$Ⅰ 片段。植物 DNA 和 λ 载体 EMBL4 的 DNA 用 EcoRⅠ 酶切并连接起来。基因组 DNA 凝胶印迹分析表明，在目标 EcoRⅠ 片段内没有发生 SalI 限制性位点，在包装之前用 SalI 切下连接物以消除背景克隆。用探针 Lu-1 筛选 λ 文库，再把 $EcoR$Ⅰ 插入片段克隆到质粒载体 PUC119。克隆的片段的大小与基因组凝胶印迹中观察到的 $EcoR$Ⅰ 片段相同，在利用 L-位点特异的片段 PCR 扩增之后，已克隆了 L，L-1，L-3，L-4，L-5，L-7，L-8，L-9 和 L-11 等诸多等位基因。L-6 是利用转座子标记法最早从 L-位点基因中克隆的基因。现在已证明含有 L-6 的基因组克隆或 cDNA 克隆的转基因亚麻植株控制 L-6 特异的锈病抗病性。用这个基因的启动子区域的探针 Lu-1，对 L-2，L-10，等位基因为纯合的亚麻品系做成的基因组文库进行筛选和克隆。被克隆的 L-2 和 L-10 等位基因也控制转基因植株的特异的锈病抗病性。这些结果证实了 L 基因的等位基因克隆序列的同一性。其余的 10 个等位基因利用由这些等位基因都为纯合的亚麻品系分离的 DNA，用大尺度的 PCR 扩增，并克隆到质粒载体上。这 10 个等位基因被克隆和测序，为解释有关等位基因的进化及它们的基因-对-基因特异性提供了基本的信息。

1.3　L-位点等位基因克隆的转化和特异性

在着手进行等位基因完全的序列分析之前，要先做一些实验来确定这些序列是否真实地编码基因-对-基因抗病性特异性。利用花椰菜花叶病毒 35S 启动子表达的 L-2，L-6 和 L-10 等位基因的基因组克隆和 L-6 的 cDNA 克隆，通过农杆菌介导的转化，把这些等位基因导入亚麻，而产生的转基因植株用亚麻锈病菌株接种，以确定克隆的等位基因是否控制特异的锈病抗病性。用 L-2 克隆转化不表达 L-2 特异性的亚麻品系 Forge，获得了对锈病菌系 Sp-y 是抗病的两株转基因植株，Sp-y 这个菌系对 L-2 是非致病的，但对 Forge 是致病的。用克隆的 L-6 基因转化一个普感的亚麻品系 Hoshangabad，获得了含有 L-6 的一株转基因植株。这个植株抗对 L-6 为非致病的菌系 CH5F2-84，用 L^{10} 基因转化亚麻品系 Ward，所产生的 4 株转基因植株对锈病菌系 BS-1 都表现抗病，菌系 BS-1 对 Ward 是致病的，但对携带 L-10 基因的植株是非致病的。在所有转基因植株的受感染叶片上出现了过敏反应的小斑点，不形成夏孢子；被接种的感病植株，产生感病反应，出现携带大量橙色夏孢子的孢子堆。由这些结果可见转基因植株的抗病性表型是十分明确的。而且，表达了 L-2、L-6 和 L-10 抗病性的转基因植株，对不具有与这些抗病基因相对应的非致病基因的锈病菌系表现感病，由此证明了每个转基因控制着基因-对-基因的特异性。

除利用基因组克隆转化植株之外，也利用 35S-L-6cDNA 表达载体转化亚麻品系 Tracl，这个品系是通过激活子（Activator）转座子引起 L-6 失活，所以 Tracl 的 L-6 失去了锈病抗病性。Tracl 品系对菌系 CH5F2-84 是感病的，而 L-6 植株对这个菌株抗病，用 35S-L-6cDNA 转化的 Tracl 植株有 3 个植株对菌系 CH5F2-84 表现抗病。35S-L-6cDNA 植株的抗病性表型与含有未改变的 L-6 基因的植株抗病性表型相同。35S-L-6cDNA 是一个转基因的纯合品系。这个品系对携带与 L-6 基因相对应的非致病基因 A-L-6 的锈病菌系 CH5F2-84 是抗病的，对不携带非致病基因 a_{L-6} 的菌系 Sp-y 是感病的。为了证实这些植株表达的抗病性不是由用于转化的 Tracl 品系的突变体 L-6 基因的激活子引起的，Lawrence 等也通过凝胶印迹分析详细地研究了这些转基因植株。因为 35S-L-

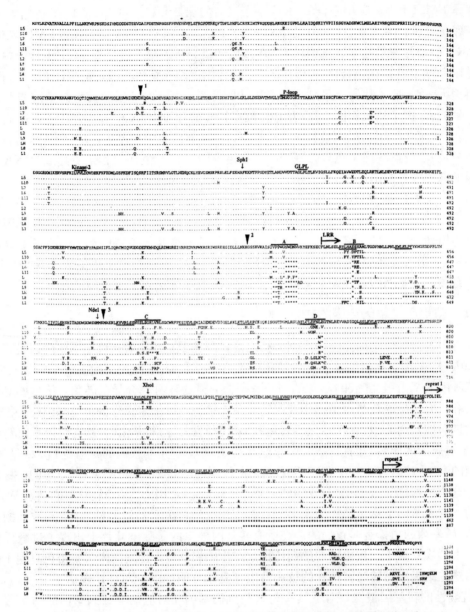

图 4-2 *L*，*L-1*，*L-2*，*L-5*，*L-11* 和 *LH* 等位基因产物的氨基酸序列比对

注：此图表示 11 种 L 多肽的氨基酸序列与上面第一排的这些序列的比较，说明每个位置最普通的残基。这儿省略了 *L-3* 和 *L-4* 序列，因为 *L-3* 和 *L-10* 相同，*L-4* 与 *L-10* 一个氨基酸不同（在残基 470，D 取代 N）。每一排的末端数目是该排最后残基的位置。与其有相同的残基以小点表示，缺失的残基用星号表示。标记出 NBS 的 P 圈和激酸-2 模体和未知功能的保守 GLPL 模体（Staskawicz 等，1995），LRR 区和 2 个直接重复的起始处用箭号表示（在本比较中不包括 *L-2* 和 4 个重复的 2 个中央重复）。核苷酸序列中的 3 个内含子的位置用编有数字的箭头表示，A、B、C、D、E 和 F 表示 6 个高变区。DNA 序列的 Sphl，Ndel 和 Xhol 位点的位置表示用于序列变换。残基 61 的反向箭号指明 L 蛋白 60 个氨基酸，延伸的末端，在烟草 N 抗病性蛋白和拟南芥 RPPs 抗病性蛋白中不存在这个末端，这个反向箭号也标记 TIR 的起始。LRR 的预测的 β 折叠-β 转角模体底下划线。

6 cDNA 只包含非翻译序列的一个区域，所以凝胶印迹实验直指 L-6 抗病性特异性决定因子的 L-6 的编码区。

关于哪个区域或哪些区域决定着 L 等位基因的特异性，有若干研究发现，等位基因之间大部分的序列变化首先在 LRR 区域发生。目前已鉴定的 6 个高变的区域当中（图 4-2），4 个区域存在于 LRR 区域内，其他的 2 个高变区域 A 和 F 也直接与 LRR 区域毗邻。

作为底物结合结构域最先被描述的是猪核糖核酸酶抑制蛋白中的这些模体。这与 Parniske 等对番茄 Cf-4/Cf-9 基因的观察相似，L-6 与亚麻抗病基因 M 的非同义的与同义的核苷酸取代比率的进化分析证明，这两个基因的 LRR 区域的假定 β 折叠链-β 转角模体已经历了多样性的选择。L-等位基因配对的相似分析也表明对 L-等位基因编码 LRR 区域的序列起作用的多样性选择[270]。LRR 区域作用的第二种迹象来自对 L-6 和 L-11 等位基因的比较，这 2 个等位基因在开头的 620 个氨基酸是相同的，仅在 LRR 区域不同。因此，这些差异是 L-6 与 L-11 特异性之间的差异。这种特异性差异大部分的直接证据来自离体序列交换实验，在这些实验中，L-2 的 LRR 区域与 L-6 或 L-10 N-端区域，包括 TIR 和 NBS 区域被结合起来。两种嵌合基因都表达 L-2 抗锈性特异性，但不表达 L-6 或 L-10 特异性。这证明 L-2 与 L^6 及 L-2 与 L-10 交换点下游之间的序列差异，包括 LRR 区域的序列差异，对 L-2 特异性是很重要的。

除了 LRR 的序列变异之外，等位基因长度的变异对特异性差异也起作用。例如，被检测的 LRR 区域，包括 LRR 的前 32 个氨基酸残基和最后的 150 个氨基酸重复单位，充分表现 L-8 特异性。L-8 蛋白分别在 LRR 的上游和起始端保持了 A 和 B 两个高变区域，在 C 端保持了 E 和 F 区域。在 L-2 蛋白的 LRR 区域出现 4 个 150 个氨基酸重复单位，而大部分 L 蛋白只包含 2 个重复。可变区域之间距离的扩大或缩小，也对寄主新的特异性进化发生作用，正如细菌非致病基因的 $avrBs$ 3 类重复单位数的变异，改变了非致病特异性一样[271]。

有两个观察表明，在这种产物的 N-端的末端区域也对特异性起作用。第一个观察，L-6 和 L-7 的产物，除了位于 N-端末端（TIR 区）的前 208 个氨基酸内的 11 个氨基酸差异之外，都是相同的。这已被包括 TIR 区域的精确序列交换所证实。第二个观察涉及嵌合的等位基因 L-2~L-$10Sph$，这个嵌合体 L-10 的 5′，端区域被 L-2 的等效区域取代，产生的新基因表达了新的特异性。含有 L-2 启动子和 L-10 编码区的嵌合基因具有 L-10 特异性，说明 L-2~L-$10Sph$ 特异性变化也是由 5′，编码区的变化引起的。LRR 决定的特异性与 TIR 决定的特异性之间的对比，不存在矛盾。这些差异可能确实与每种情况下特殊的 R 基因/非致病基因互作有关。与 L-2，L-6~L-11（资料表明 LRR 控制它们的特异性）对应的非致病基因作图于亚麻锈病菌不连锁的位置[86]。而与 L-6 和 L-7（它们的特异性差异由 TIR 区域决定）对应的非致病基因紧密连锁的、不因为重组而分开。应当确定与具有相同 LRR 区域的 L-10 和 L-2~L-$10Sph$ 对应的非致病基因是否也是紧密连锁的。同时，也要进一步查明，不连锁的非致病基因是否编码无关的产物和紧密连锁的（或等位的）基因是否编码有关产物，要解决这个问题，需要克隆亚麻锈病菌的相应非致病基因。

若干嵌合的基因不具有抗病性活性。例如，嵌合基因 L-6~L-$10Sph$ 转化不给转基因植株带来锈病的抗病性。但是，在相同部位发生的其他 3 种基因的内交换却能表达抗病性。由 L-$6Sph1$ 限制位点上游区域编码的氨基酸差异可能不形成与 L-10 蛋白的下游位点的有效互作。相似的解释可以说明 LRR 区域的无功能交换。抗病功能的缺乏可能是由亲本蛋白临时配体结合区的干扰或者用于测试嵌合基因的锈病菌不存在相应的配体造成的。

某些重组体 L 基因功能的丧失说明新抗病性特异性的进化可能不是一步的过程，基因内重组引起失活的重组体等位基因以中间产物起作用。这种中间产物通过突变或进一步重组得以"精细调节"，就提供了新的抗病性特异性。上述研究表明 L 蛋白 TIR 区域和 LRR 区对亚麻-亚麻锈病菌的基因-对-基因特异性的作用。现在必须考虑的问题是鉴定亚麻锈病菌非致病基因的产物和描述这些产物与对应的 L 抗病性蛋白之间的互作。用凝胶印迹鉴定的等位基因和 $35S$-L-6 嵌合基因的主要转基因植株，因为具有插入的单一转基因而被选择进行每个克隆的等位基因和 $35S$-L-6 嵌合基因的遗传分析。自交后代的遗传分析证明分离符合 3 抗病∶1 感病的单基因分离比率。而且，利用 DNA 凝胶印迹分析测定，获得了特异的锈病抗病性与转基因的完全共分离。

1.4　L-位点等位基因的序列变异

在亚麻 L-位点的 13 个等位基因当中，L-6 等位基因最先进行 DNA 序列的测序。为了探明这些等位基因之间序列的变异和决定等位基因特异性的区域，从 ATG 翻译起始密码子的保守部位 Sacl 162bp 下游到终止密码子的保守部位 Bg111-35bp 下游，进行等位基因测序。12 个等位基因 DNA 序列的 90% 以上都与 L-6 相同，但是每个序列都包含若干差异（除 L-3、L-4 和 L-10 之外）。每个等位基因的 3 种内含子序列相同，或者大部分等位基因有 2 种残基与 L-6 不同。L-3 和 L-10 的 DNA 序列是相同的，而 L-4 与 L-3 和 L-10 不同在于一个核苷酸发生了氨基酸取代。分别携带这 3 个等位基因的亚麻植株，是根据它们对各种不同锈病菌的反应来鉴定的[285]。但是，不存在对 1 个等位基因非致病和对其他等位基因致病的或相反的对 1 个等位基因致病而对其他等位基因非致病的可逆反应菌株。这说明了不同的等位基因的特异性。实验观察表明 L-3 和 L-10 编码相同的产物，但是具有 L-3 和 L-10 的亚麻植株对锈病表现不同的反应，这表明具有 L-3 的植株与具有 L-10 的植株可能发生了背景的遗传变异，包括未测序的启动子区可能发生的变异，都可能影响植株对锈病的反应。因此，能根据这种植株品系的不同反应把它们区分开来。L-4 与 L-3 和 L-10 单一基因的不同，或许足以说明 L-4 的特异性，而 L-4 植株的背景遗传效应则表现在它与 L-3 和 L-10 植株对锈病反应的不同。如果这三个品系的 L-位点基因编码相同的特异性，根据基因-对-基因互作的观点，等位基因 L-6、L-4 和 L-10 应当与锈病菌的相同非致病基因互作。实际上，Flor 发现的与 L-3、L-4 和 L-10 相对应的亚麻锈病菌非致病基因 avr_{L-3}、avr_{L-4} 和 avr_{L-10} 已被作图于相同的位点，因此，Lawrence 等断定 L-3、L-4 和 L-10 决定了相同的特异性。另外的 L-5、L-6 和 L-7 三个等位基因也与作图于亚麻锈病菌同一个位点的非致病基因 avr_{L-5}、avr_{L-6} 和 avr_{L-7} 互作。L-5 的序列与 L-6 和 L-7 的全测序区不同，而且 L-5 有一个不同的外显子序列，而 L-6 和 L-7 是相同的。现在也已得到了能明确鉴定这 3 个等位基因的亚麻锈病菌系，这说明 L-5，L-6 和 L-7 编码不同的基因-对-基因特异性。

在亚麻品系 Hoshangabad 中存在 LH 等位基因，这个品系对采自栽培种和澳大利亚野生近缘种 $L. marginale$ 的全部被测的亚麻锈病菌株是感病的。用 L-6 转化 Hoshangabad，产生了抗病的转基因植株，这说明这个品系的感病性是由 LH 等位基因引起的，而不是由信号途径基因的突变造成的。LH 的序列分析没有说明等位基因失活的任何明显的特征。这些特征包括转座子诱变的非插入序列或"足迹"象征、产生过早的终止密码子的非缺失或点突变以及识别的功能模体如 NBS 区域的 P 环状物和激酶-2a 模体的非主要序列的变化。而且，包含 LH 的 5 启动子区域和外显子 1 以及 L-6 下游区域的活体重组体提供了锈病抗病性。这表明 LH 这个等位基因的上游区域包括它的启动子是有功能的，它与其他等位基因外显子 1 的下游之间的序列差异，或者阻碍了基因功能，或者阻碍对被测定的任何锈病菌非致病基因的特异识别。对美国全部亚麻锈病菌株表现感病的品种 Bison 的 L-9 等位基因，控制着对一些澳大利亚锈病菌株的抗病性。所以，合适的锈病菌株的欠缺，可能使功能的抗病性等位基因显现为非功能的。

1.5 L-位点等位基因之间结构上的差异

除 L-1、L-2 和 L-8 3 个等位基因之外，所有的等位基因的结构上排列都与 L-6 一样：它们具有接近相同的长度，在编码 LRR 的外显子 4 具有−450 bp 两个直接重复的序列。在非连锁的 M 复合体的有关的亚麻抗锈病基因 M 中发生相似的直接重复。M 基因和 L 等位基因的第一和第二重复单位，可以分别根据第一重复起始端附近的 18 bp（模体 1）和第二重复末端附近的 24 bp（模体 2）这种唯一的序列模体的存在来识别（如图 4-3 黑粗线所示）。这个事实对于解释与 L-6 有十分不同结构的 L-1、L-2 和 L-8 三个等位基因的结构很重要。L-1 和 L-8 在编码 LRRs 区域时，都经过了内缺失：L-1 的外显子 4 有两次内缺失，第一次缺失是 525 bp 的缺失，发生在两个大的重复单位的上游；第二次缺失是 429 bp 的缺失，缺失了第一个直接重复的末端和第二个直接重复的起始端，其结果是 L-1 中存在着包含上述模体 1 和模体 2 的单一的重复单位。在 M 的 3 个自然发生的突变体中观察到由基因内序列变化而发生的一个相似事件，这个事件引起 M 特异性丧失。L-8 的单一至 1 434 bp的缺失从外显子 3 包括内含子 3 开始，扩展到第一个直接重复末端附近。这个等位基因包含单一重复单位，这个单位在结构上与只含有 24 bp 模体的类 L-6 等位基因的最后重复相同。L-1 和 L-8 的内缺失不改变开放阅读框，它们都编码内缺失的蛋白质。

L-2 等位基因存在序列重复，正向（直接）重复单位有 4 个拷贝（图 4-3）。L-2 的第一个和第四个重复分别与 L-6 的第一个和第二个重复相似，这两个等位基因的重复都含有适合的唯一模体，模体 1 或模体 2。然而，这两种内部重复单位缺少模体 1 和模体 2，而且在 426 个核苷酸中只有 5 个核苷酸彼此不同。为了引起小的序列差异，可以利用不等交换及其后的点突变两个步骤来扩大重复区。一个基因的第一重复与另一个基因的第二重复之间的不等交换，能产生具有一个重复的产物和具有 3 个重复的第二种产物。具有 3 个重复的 2 个基因之间后来的不等交换（或者具有 3 个重复的 1 个基因与具有 2 个重复的第 2 个基因之间的不等交换），含产生 L-2 的 4 种重复结构。

1.6 L-位点等位基因产物的氨基酸序列比较

把 11 种等位基因产物的氨基酸序列排列成直线以便进行比较（图 4-2）。为了进行这种比较，把 L-2 的 LRR 区域的 4 个重复单位的中央的 2 个单位从序列中去掉，以促成直线排列。1 294～1 304 个氨基酸中有 242 个位置是可变的；有 2 个或 2 个以上的等位基因在其中的 177 个位置上与其他等位基因不同。在大部分可变的位置上，只发生 2 个替代的残基（或残基缺失），只在 58 个位置上有 2 个以上的替代残基。由此可见，L 等位基因的产物是很相似的。外显子 1 产物有 6% 为可变状态，而外显子 2、3 和 4 的产物，分别有 13%、34% 和

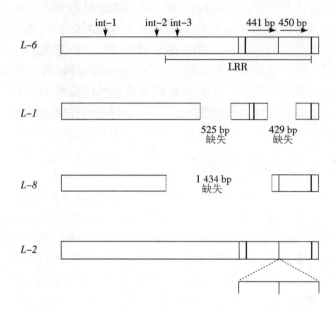

图4-3 *L-1*、*L-6* 和*L-8* 的主要结构变化*L-1*、*L-2* 和*L-8*
等位基因的编码区与*L-6* 编码区的比较

在*L-1*和*L-8*检测的区域用缺口表示。这些区域利用 BESTFIT 程序，用
L-6 的2个序列的对比来检测 (Devereux 等，1984)。保守的内含子位置
用箭头表示，LRR 区在 *L-6* 下标明，直接重复的位置在等位基因上方用
箭号表示。第一个和最后一个重复单位的唯一18 bp 和 24 bp 用黑粗线表
示。在*L-2* 下方图示的*L-2* 的中央其他2个重复缺乏这些序列。

23％为可变状态。因此，最大的变异发生于外显子3和4编码的 LRR 区域。

现在，已识别了6个短的"高变的"结构域（图4-4A 至 F）。这些结构域由6～11 种
氨基酸组成，这些氨基酸的状态几乎都是多态的，这些结构域包含具有2个以上替代残基的
若干状态。在外显子3的产物中，存在2个可变的区域。在 LRR 的起始处10个残基上游存
在的区域 A[273,274]，包含若干等位基因的缺失和/或插入。*L-5* 和 *L-10* 含有相同区域 A11
个残基序列。*L* 等位基因产物包含只有9个氨基酸（3个与 *L-5* 和 *L-10* 不同）的相似序
列，其他等位基因产物的区域 A 只包含4个残基。亚麻抗锈病基因 *M* 的产物，在这个部位
也是高度可变的，它包含与所有 *L* 等位基因蛋白不同的 10-氨基酸序列[273]。由 *M* 基因簇的
一个基因编码的第二种蛋白 FC4，在这个区域也具有单一序列。区域 B 在 LRR 起始的上游
存在5个残基，而且，区域 B 像外显子4编码的 LRR 的起始附近的区域 C 和 D 以及这些蛋
白质的 C-端附近存在的区域 E 和 F 一样，*M*-位点成员 *M* 的产物之间以及 FC4 之间也是变
化的。

1.7 *L*-位点等位基因的进化

氨基酸序列（图4-2）和 DNA 序列（图4-3）的多态状况的观察证明，等位基因的某
些组在某些区域密切相关，然后再发生趋异。例如，*L-7* 和 *L-10* 蛋白只与 TIR 结构域的
1个氨基酸的差异紧密相关。*L-6* 和 *L-7* 蛋白在 TIR 结构域有11个氨基酸残基不同。但

是，L-6 和 L-7 的 NBS 和 LRR 结构域是相同的，而与 L-10 是不同的。这说明 L-6 和 L-7 等位基因可能在外显子 1 末端附近经过一次重组事件而彼此相异。L-6 和 L-11 可能发生相似的事件，因为这两个基因编码的氨基酸序列，在 TIR 和 NBS 结构域是相同的，但是外显子 3 的产物中有 1 个氨基酸不同，因此出现相异，尤其在 LRR 的第一个直接的重复单位的末端附近表现了这种相异。在 L-6 和 L-11 进化的这种重组事件中，5 非编码区的两种 L-6/L-11 特异的多态性（EcoRV 部位缺失和 45bp 缺失）为这种进化提供更多的证据。

其他等位基因具有更复杂的关系，图 4-4 表示信息的多态性部位（IPSs）的序列对比。这些 IPSs 都具有 2 个或 2 个以上的替代核苷酸，每 1 个替代的核苷酸至少在 2 个序列中发生，所以这些部位可以用来判断系统发生的关系。这种序列对比表明，多序列交换事件可能在等位基因的进化期间发生，所以，任何等位基因都包含与不同等位基因有关的序列区段。例如，在 NBS 的起始端，L-6 和 L-1 共同具有 793bp 区域的 IPSs；在 LRR 区域起始端更远的下游，L-9 和 LH 共同具有 90 bp 的 IPSs；在 LRR 区域更远的下游，L-6 又和 L-2 共同具有 236 bp 的 IPSs；然后，在 1023 bp 区域，L-9 与 LH 共同具有 IPSs。

11 个等位基因的序列比较分析表明，8 个等位基因的 90% 以上的序列是相同的。被分析的序列存在的差异，大部分是在组成"标准的"基因产物的 1 300 个氨基酸当中的 244 个氨基酸发生变化期间由突变产生的。这些变化在 LRR 区域具有最大变异的基因产物的全长发生。在 L-1、L-2 和 L-8 三个等位基因的 LRR 区域发生了主要的结构上的变化（重复和缺失）。这些事件当中的一些事件可能以 LRR 编码区的直接重复之间不等交换发生。在亚麻的抗锈病基因 M 自然发生的突变体中和拟南芥的抗白粉病基因 RPSs 的突变体中都观察到

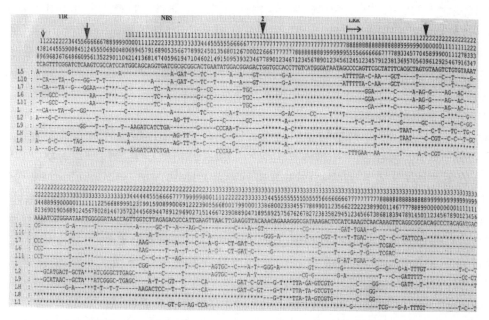

图 4-4　L-位点等位基因 DNA 序列的 IPSs 的序列对比说明通过片段交换的等位基因进化只显现 L-等位基因编码区的核苷酸的 IPSs

注：此图每个部位的核苷酸位置在共有区界域上方。与共有区序列相同的核苷酸用破折号指示，检测的核苷酸用星号表示。直的箭头表示内含子位置，并指明 LRR 的起始。编码 TIR 和 NBS 结构域的区域也用垂直箭号指明的 TIR 的起始来标记。

相似的变化[286]。前者引起抗锈性丧失，而后者不改变对白粉病的抗病性。这些结果表明，抗病基因的重复元件能协调抗病基因的进化。

L-位点等位基因的 DNA 序列的比较，揭示了序列相似性的镶嵌形态（图 4-4）。这种观察说明等位基因内可变区域广泛的再分配是经由多基因内序列变化事件发生的。L-6 和 L-7 和 L-6 与 L-11 等最紧密相关的 L-等位基因的配对比较，已分别鉴定了外显子 1 和外显子 4 的单一交换。连续世代的基因转换或序列交换事件，可以说明 L-等位基因的镶嵌性质。Islam 和 Shepherd 观察到一些 L-等位基因杂合子的配子，以约 1/1 000 的频率进行基因内重组：一些重组体等位基因表现了与亲本等位基因不同的抗病性特异性。J. G. Ellis 等定位了亲本等位基因编码区内的交换点。

形成重组底物的原来的等位基因的变异，可以由点突变或转座子活化来提供新抗病性的某种特异性变化，可以用病原的选择压来选择。因此，平衡的选择促进和保持 L 位点的多样性。Parniske 等[440] 观察到番茄的 Cf-4/Cf-9 复合位点上抗病基因序列关系的相似镶嵌，把这种现象归因于基因簇有关成员之间的基因间交换。

1.8　L-位点等位基因之间体外序列交换的分析

在鉴定了决定等位基因之间特异性差异的 DNA 区域之后，构建了包括 L-2、L-6 和 L-10 等位基因的离体重组体基因（图 4-5），现在已作出 8 种不同的基因（表达载体）。图 4-5 说明用于交换的这些嵌合体和限制位点的位置。在图 4-4 的氨基酸序列比较中，也能看到与 L 蛋白中结构模体有关的交换位置。把这些构建物导入亚麻品系 Ward，测定这些转基因植株对能鉴定 L-2、L-6 和 L-10 特异性的锈病菌系的抗病性。这些实验中利用的所有锈病菌菌系都对亚麻品系 Ward 致病。

利用外显子 2 发生的保守的 Sph1 位点做成了 4 种重组基因，Sph1-位点在编码 NBS-LRR 抗病蛋白中保守的 GLPL 氨基酸模体的 DNA 序列的 70 bp 上游（图 4-5）。这个保守的 Sph1 位点序列的上游编码约 413 个氨基酸残基，而下游编码至少 880 氨基酸残基，包括整个 LRR 和 6 个高变的部位。

包含 L-6-L-2Sph 两种转基因植株，用对 L-2 为非致病的，对 L-6 为致病的锈病菌株 CH5F2-133 接种。一种植株是抗病的，从这种植株切下的枝叶用对携带 L-6 基因为非致病的对携带 L-2 基因的植株为致病的菌系 CH5F2-87 和 CH5F2-134 测定。这些切下的枝叶对这两个锈病菌系都感病，说明嵌合的基因不表达 L-6 的特异性。所以，由这种植株的嵌合基因表达的抗病性特异性与 L-2 特异性一致。在抗病植株自交的 18 个后代植株当中，16 个植株对锈病菌系 BS-1（对 L-2 为非致病的）是抗病的，2 个植株对这个菌系感病。利用 DNA 凝胶印迹分析检测的转基因与锈病抗病性表型共分离。再用 L-10-L-2Sph 进行了一些相似的实验，发现 8 个转基因的植株当中有 4 个植株对菌系 CH5F2-133（对 L-2 为非致病、对 L-10 为致病的）是抗病的。这个结果与由 L-10-L-2Sph 表达的 L-2 特异性是一致的。在 1 个抗病的转基因植株的后代当中，观察到锈病抗病性表型与转基因的严格共分离。

在含有 L-2-L-10Sph 的 5 个独立的转基因植株当中，4 个植株抵抗对 L-2 和 L-10 都为非致病的锈病菌系 BS-1。这个结果与表达 L-2 和 L-10 特异性的嵌合基因一致。后来，再用对 L-10 致病和对 L-2 非致病的锈病菌系 CH5F2-133 测定 1 个转基因植株，这个植株是

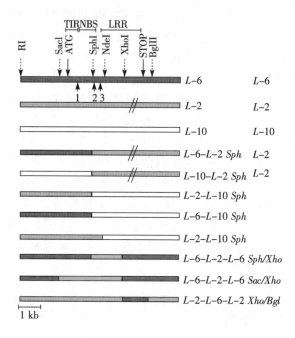

图 4-5 转基因亚麻 L 基因构建物的锈病抗病性特异性
用于亚麻转化的 L-6（黑色）、L-2（有条纹）、
L-10（白色）和重组基因构建物的图解嵌合基
因的添加限制位点指明交换的位置

上图表示克隆和离体的基因内交换的限制位点在 5'EcoRⅠ（R1）起始处。这个图也表示 ATG、终止密码子、TIR、NBS 和编码 LRR 的序列。用双条线表示 L-2 序列 2 个外重复单位的位置。用编号箭头表示 3 个内含子的位置。转基因亚麻每个基因表达的特异性在图的右侧标明。不表现抗病性的基因用符号（一）表示。受 L-2-L-10Sph 等位基因控制的修饰抗病性用"新的"（novel）表示

感病的，不表达 L-2 的抗病性。现在，还没有对 L-10 非致病、对 L-2 致病的适宜菌系可供利用。上述结果与编码 L-10 抗病性特异性的 L-2-L-10Sph 是一致的。后来发现含有 L-2-L-10Sph 的植株对识别标准 L-10 等位基因的其他若干锈病菌系是感病的，这说明嵌合基因能表达不同的特异性。

通过凝胶印迹分析，鉴定了含有 L-6-L-10Sph 的 13 个独立转基因植株，被分析的所有植株对 BS-1 锈病菌系都感病；BS-1 菌系对 L-6 和 L-10 为非致病的。这个结果与前面描述的 3 种嵌合基因的表现不同，前 3 种嵌合基因表现出所含基因的功能，而 L-6-L-10 Sph 不表现所含基因的功能，这是事先没有预料到的。嵌合基因编码区的序列分析表明，这是因为克隆期间基因没有被导入之故。而且，来自 4 个转基因植株的 DNA 反转录酶-PCR 分析发现了 2 个植株的嵌合转基因的转录。所以，编码区的突变或嵌合基因转录的缺乏不是转基因植株缺乏抗锈性的原因。

嵌合基因构建物 L-2-L-10Nde 是利用外显子 3 的 Ndel 位点做成的，这个位点在 Sph1 位点 900bp 下游和内含子 3 5'端的 10bp 上游。这种交换发生于 LRR 编码区的超始端，从其余的

高变区起分为可变区 A 和 B（图 4-4）。测定了 16 个独立的转基因植株对锈病菌系 BS-1 的抗病性，没有 1 个植株是抗病的，说明这些植株既不表达 L-2 的抗病性特异性，也不表达 L-10 抗病性特异性。此外，还构建了包括 L-2 和 L-6 的其他 3 种嵌合基因，其中 1 个基因的某个部分被另 1 个基因的相应部分取代。把 L-2 和 L-6 外显子 4 的 LRR 编码区发生的 XhoI 限制位点与另外的限制位点 SacI、SphI 或 BgⅢ1 连接起来构建其他的构建物（图 4-5）。含有 L-6-L-2-L-6Sac/Xho 的 7 个独立的转基因植株，含有 L-2-L-6-L-2Xho/Bgl（这两种构建物编码相同的蛋白）的 11 个独立转基因植株和含有 L-6-L-2-L-6Sph/Xho 的 7 个独立的转基因植株，用对 L-2 和 L-6 都为非致病的锈病菌系 BS-1 测定，没有 1 个转基因植株抗锈病，说明这些转基因植株既不表达 L-6 抗病性特异性，也不表达 L-6 抗病性特异性。

　　寄主和真菌病原最全面的遗传研究当属亚麻和亚麻锈病菌。至今为止，在亚麻品种中至少已发现了 34 个抗病基因，这些基因分属于 K、L、M、N、P、D 和 Q 等 7 个组。M 组的 7 个基因和 N 组的 3 个基因是紧密连锁的，而 L 组的 13 个基因是等位的。

2　稻瘟病菌非致病基因的鉴定克隆和转化

2.1　稻瘟病菌非致病基因的鉴定

　　稻瘟病菌是水稻和许多杂草的重要真菌病原。侵染水稻的这种病原不存在能育的雌性菌株，不可能通过不同菌株的杂交对稻瘟病菌进行遗传研究。稻瘟病菌人工有性杂交成功以后[212]，逐步开展本菌的非致病基因鉴定。对水稻和画眉草（Eragrostis curvuel）致病的不育田间菌株与只对画眉草致病的、高度可育的两性菌株杂交，选择对水稻依然致病的杂交后代与作为回交亲本、不育的水稻菌株/画眉草菌株回交 6 次。回交 6 次的后代在水稻鉴别品种上进行测定，鉴定了若干非致病基因。已鉴定的主效非致病基因 avr-CO39，avr-M201 和 avr1-YAMO 来自对画眉草致病。对水稻非致病的亲本。因为水稻病原亲本对 CO39，M201 和社糯等 3 个品种都是致病的，不可能包含这 3 个非致病基因。遗传实验证明这三个非致病基因是不连锁的。此外，还在对谷子致病的菌株中鉴定了一个与水稻抗病基因 Pi-a 对应的另一个非致病基因。以上的这些结果说明，对水稻品种特异的非致病基因，在非水稻病原的稻瘟病菌中是普遍存在的。目前，还描述了来自水稻病原的与水稻品种社糯、Maratelli、梅雨明和峰光的抗病基因对应的 avr2-YAMO、avr-MARA、avr1-TSU 和 avr1-MINE 等 4 个非致病基因。avr2-YAMO 与 avr1-YAMO 不连锁。avr2-YAMO 和 avr1-TSUY 很不稳定，经常产生对社糯和梅雨明致病的突变体菌系，这两个非致病基因来源于华中田间分离的水稻致病菌系 O-137。水稻病原的 avr-基因比画眉草病原 avr-基因稳定。非致病基因这种不稳定性可能是由于真菌基因组重复序列之间同源重组引起缺失产生的。而且，类转座子元件和类 B 染色体可能也是稻瘟病菌变异的潜在因子。这种不稳定性似乎支持了欧世璜及其同事早期的一些研究结果和结论，即稻瘟病菌是高度可变的，以致不能明确表示小种。不过，同样地区的其他研究所发现的变异并不像欧世璜所说的那么频繁。非致病基因 avr1-YAMO 和 avr2-YAMO 的作图证明这两个基因是端粒连接的。获得专门对水稻品种社糯致病的 avr2-YAMO 自然突变体，在 avr2-YAMO 所连接的端粒区 1kb 内含有不同大小的缺失。稳定的和不稳定的基因的分析，为田间水稻病原新小种产生的机理提供了新的见解。与水稻品种某些"抗病的"基因对应的非致病基因，似乎是对水稻非致病的稻瘟病菌的一些菌系共有的。

水稻与稻瘟病菌的互作是研究作物与真菌病原之间互作的模式体系。现在，经典遗传学，分子生物学，细胞学和细胞生物学的有效结合，有可能对寄主-病原互作的下列关键要素进行分析：①致病机理：在发病期间稻瘟病菌发生的一系列复杂的发育和新陈代谢过程，其中包括附着胞的形成，稻瘟病菌借助附着胞通过角质层直接穿入寄主植物体[275]；②寄主种的特异性：稻瘟病菌包括水稻病原和其他许多杂草病原。然而，就具体的一个菌株而言，它的寄主范围是有局限的；③寄主品种的特异性：根据菌株对水稻品种的成功侵染，寄生于水稻的菌株之间能区分为不同的小种（致病型）；④自发的遗传变异的程度和机理：稻瘟病菌的流行学和进化的动态一直是病理学家感兴趣的问题。水稻病原在田间表现高度的可变性，经常出现具有侵染原先抗病水稻品种的新小种。分子技术为稻瘟病菌遗传变异的关键性评价和分析提供新的方法。

2.2 稻瘟病菌非致病基因的克隆和转化

稻瘟病菌研究工作中，分子生物学方法的应用已取得一些成绩。Chumley 和 Valent 利用酿酒酵母菌（*Saccharomyces cerevisiae*）的 *ILV2* 基因作为异源探针，已克隆了编码乙酰乳酸合酶（生物合成途径中的诱导支链氨基酸第一种酶）的稻瘟病菌基因 *ILV1*。他们还利用蘑菇霉（*Neuraspora crassa*）的 *tub-2* 基因作为异源探针，克隆了稻瘟病菌 β 微管蛋白基因的抗苯菌灵的等位基因 *TUB1*[276]。利用 *Lys-1* 突变的互补作用，克隆了来自黏粒文库的稻瘟病菌的 *LYS1* 基因，*Lys-1* 突变影响了赖氨酸生物合成的未知步骤。利用抗体，通过筛选 cDNA 表达文库，已克隆了编码小柱孢酮（scytalone）脱水酶（一种黑色素生物合成酶）的 *RSY1* 基因。利用芋炭疽病菌（*Colletotrichum capsici*）的 cDNA 克隆作为异源探针克隆了稻瘟病菌的角质蛋白酶基因 *CUT1*。*RSY1* 和 *CUT1* 基因的测序证明，它们具有来自其他丝状子囊菌基因的典型特征。

稻瘟病菌第一例成功的转化，其受体是编码鸟氨酸氨甲酰基转移酶的基因突变的转氨酸营养缺陷型（arg3-12），而供体质粒携带曲霉菌（*Aspergillus nidulans*）的 *ArgB* 基因。最初的载体不携带稻瘟病菌的 DNA；供体序列通过非同源的重组整合到染色体中。虽然有些转化体包含供体质粒的单一整合拷贝，但是稻瘟病菌与其他丝状真菌一样，线状串联排列的整合（有时为序列重排）是共同的。当原生质体在极限再生琼脂的表面蔓延时，原养型的转化体以质粒 DNA 每微克约 35 个的频率发生，把被转化的原生质体嵌入最上层的琼脂内，转化的效率提高到每微克接近 100 个转化体。当用携带稻瘟病菌 *ILV1* 基因的质粒转化 *ilv1-4* 突变的异亮氨酸-缬氨酸营养缺陷型时，获得了相似的效率。*ILV1*-位点的同源重组，以转化体约 50% 发生，接近通过同源交换的质粒插入基因组的转化体的一半和基因转换的或者载体序列不被整合的双交换的转化体的一半。Daboussi 等利用补充抗氯酸、缺乏硝酸盐还原酶的突变体的曲霉属（*Aspergillus*）的硝酸盐还原酶基因来描述稻瘟病菌的转化。利用显性抗药性标记的转化体选择已得到广泛的应用，因为任何菌系都能用作受体。利用抗 Chlorimuron 乙基、苯菌灵和潮霉素 B 的显性抗性基因，已转化了稻瘟病菌。像 Chlorimuron 乙基这样的磺酰脲，通过抑制支链氨基酸的生物合成而阻止植物和微生物的生长。控制对 *Chlorimuron* 乙醇抗性的稻瘟病菌 *ILV1* 基因的显性等位基因的快速克隆是利用为酵母建立的标准回收技术完成的。抗磺酰脲的自然突变体是由含有 *ILV1* 基因复制的 Ilv[+] 转化体分离的。然后，载体加突变体基因通过用合适的限制性酶—连接酶消化的基因组 DNA 和转化的细菌进行再分离，以创制新的嵌合质粒。这种质粒把原养型的稻瘟病菌菌系转化成抗磺酰腺的菌系或转化 $iLVl^-$ 营养缺陷型为原养型。利用粗糙脉孢菌（Neurospora. crassa）或稻瘟病菌的被克隆基因 BEN，以低的效率把稻瘟病菌菌系转化成抗苯菌灵的菌系。Leung 等首先报道的稻瘟病菌抗潮霉素的转化体的选择，现在已在普遍利用。被利用的潮霉素抗性基因包含与真菌基因如曲霉菌的 gpd 和 trpC 基因或粗糙脉孢菌的 cpc-1 基因的控制元件融合的抗药性转座子 Tn903 的基因编码序列。在选择抗药性的所有情况下，转化频率的幅度为每微克的供体 DNA 得到 $1\sim15$ 个转化体。从 20 世纪 80 年代开始，许多实验室都在修改转化方案和采用电穿孔及粒子轰击等新技术来提高转化效率。

2.3 基因破坏实验

突变体遗传工程包含使被克隆基因的基因组拷贝失活的转化技术的利用，这样就能进行被克隆基因对特定表型重要性的测定。在每个单倍体基因组 1 个拷贝中显现的稻瘟病菌角质蛋白酶基因 $CUTl'$ 用于评估稻瘟病菌基因破坏的潜力，因为测定角质蛋白酶对发病机理的重要性需要 cut-突变体。利用一步基因破坏策略，构建了稻瘟病菌 CUTl 缺损突变体。Chumley 等描述了两个独立的体系。画眉草和大麦的病原，菌系 4170-1，-3（交配型 1-1，arg3-12）是第一个体系的转化受体。破坏的角质蛋白酶基因，是在体外用含有 ArgB 基因的曲霉菌的 DNA 片段取代 CUTl 基因的内限制性片段构建的。破坏载体含有 4.4 kb 的稻瘟病菌的同源 DNA，接近插入的曲霉菌属 DNA 相等长度的 DNA 片段。第二个体系的原养型水稻病原 CP983 是利用破坏载体转化的，这种载体携带与曲霉菌的 trpC 基因的控制元件融合的 Tn903 潮霉素磷酸转移酶基因。这种质粒具有插入到 CUTl 基因中间单个限制部位的嵌合潮霉素抗性基因。虽然这种载体含有 11kb 的稻瘟病菌的 DNA，但是稻瘟病菌的这种载体序列来源于画眉草病原，在总体上不可能与水稻病原受体的相应 DNA 同源。两种体系的结果是相似的。由环状质粒产生 $2\%\sim4\%$ 的转化体，这证明残存的角质蛋白酶基因被工程拷贝匀称取代。为了创制"产生重组的末端"（recombinogenic end）[277]，通过限制性酶的消化（digesting），把稻瘟病菌序列分成几个部分而使供体质粒直线化，此时，约 10% 的转化体包含简单的 cut⁻ 破坏。产生基因破坏的效率可以像酵母那样，利用具有两个重组末端的线形分子的转化进一步改进。全部潜在的 cut⁻ 插入突变体，利用 RNA 分析和在缺乏功能的 CUTl 基因的非变性聚丙烯酰胺凝胶上的酯酶活性染色来证明。通过如上分析，说明稻瘟病菌的基因破碎策略（gene disruption strategies）是可行的。

2.4 中度重复 DNA 序列

稻瘟病菌基因组的中度重复 DNA 序列的分析，导致对水稻病原特异的重复的、称为"MGR"元件的描述[292]。利用 ^{32}P 标记的全基因组 DNA 作为噬菌斑杂交探针，在含有水稻病原基因组的 λ EMBL3 文库中鉴定了含有重复 DNA 序列的重组体克隆。含有重复 DNA 序列的克隆，因为探针中丰富的重复序列，对探针的反应产生了比单拷贝克隆强烈的一个信号。近 10% 的重组体噬菌体（平均插入大小 17 kb）含有 MGR 序列。后来的分析证明，来自世界各地区的水稻病原，每个单倍体基因组有 $40\sim50$ 个 MGR 拷贝，而在侵染其他杂草的田间菌株中，不存在 MGR 序列或者有低拷贝数的 MGR。这些结果说明，来自世界各地的水稻病原是一个小的祖先群体的后代，现在的水稻病原与相同地理位置的非水稻病原在生殖上是被隔离的。对杂草致病而对水稻不致病的菌系含有与 MGR 探针有少量同源性的中度重复序列。

一个单一菌系的 MGR 序列在限制性部位和序列排列两个方面都是多态性的。两个 MGR 序列元件已进行了详细的研究，即根据亚克隆 pCB 583 确定的 MGR 583 和根据亚克隆 pCB 586 确定的 MGR 586。这两个非同源的重复序列在水稻病原的基因组中常常（但不总是）彼此相邻。MGR 586 这个序列普遍用作"MGR 指纹"，因为它鉴定了至今被测定的每个水稻病原唯一的 EcoRI 限制性片段的高度多态性的系列（图 4 - 6）[279]。水稻病原的 MGR 指纹有 50 个或 50 个以上的长度在 0.7～20 kb 的可分离的片段。MGR 指纹对于鉴定菌系、确认亲本突变体关系、基因组作图、研究田间稻瘟病菌群体的起源和进化等都极其有用。与 MGR 586 检测的高度多态性的杂交带型相比，除了带的多态性阵列之外，MGR 583 序列还检测了几个高度保守的限制性片段。最近的研究结果提供了对 MGR 583 序列性质的深刻理解。水稻病原和其他杂草病原的基因组 DNA 的 BamⅢ酶切，包含了一个与 MGR 583 同源性的 2 kb 保守片段。此外，所有水稻病原包含保守的 4.0 kb 和 5.6 kb HindⅢ片段，这两个片段包括 2 kb BamH1 片段。保守区域的 4.2 kb 片段的测序已鉴定了与类 LINE1（多聚腺苷酸型）反转录转座子的反向转录酶基因有明显同源性的 928 个氨基酸开放阅读框。保守区域与长度为 7.5、2.6、2.4 和 0.5 kb 的 4 种 mRNA 进行了杂交。因此，MGR583 可以代表稻瘟菌基因组中的多聚腺苷酸型的反转录转座子的家系。MGR586 重复序列的起源和鉴定仍然是引人关注的问题，因为 MGR586 与 MGR583 转录物没有可检测的同源性。这说明，虽然 MGR586 和 MGR583 序列常常是邻接的，但是它们不像是相同转座元件的部分。

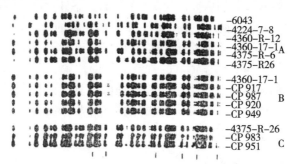

图 4 - 6　根据 MGR 序列的 DNA 指纹

指定菌系的基因组 DNA 用 EcoRI 酶切，经高分辨率琼脂糖凝胶电泳后印迹到杂交膜上，用放射性标记的 MGR586（pCB586）探查。A. MGR 序列的孟德尔分离。菌系 6043 与菌系 4224 - 7 - 8 杂交，产生菌系 4360 - R - 12 和菌系 4360 - 17 - 1。然后，后两个菌系杂交，产生菌系 4375 - R - 6 和菌系 4375 - R - 26。菌系 6043 和菌系 4224 - 7 -8 是 RFLP 作图大群体的亲本。B. 亲本突变体家系用 MGR 指纹标记。菌系 4360 - 17 - 1 是水稻病原，但对水稻品种社糯为非致病，是画眉草的非病原。菌系 CP 917 和菌系 CP 920 是菌系 4360 - 17 - 1 的独立的自然突变体，对社糯致病。菌系 CP 987 和菌系 CP 949 是自然突变体，对画眉草致病；CP 987 来源于 CP 917，CP 949 来源于 4360 - 17 - 1。C. 亲本突变体家系用 MGR 指纹标记。菌系 4375 - R - 26 是水稻病原，对品种社糯成为非致病，是画眉草的非病原。菌系 CP 983 菌系 CP 951 是菌系 4375 - R - 26 的独立的自然突变体，分别对社糯和画眉草致病

2.5 遗传作图

通过"染色体步移"克隆未知生化功能的基因，包括重叠的邻近染色体 DNA 片段的分离，这种片段跨越了与目的基因连锁的原先被克隆标记的区域。一个可靠的、密集标记的遗传图谱是在目的基因侧面进行紧密连锁遗传标记的前提。久保等曾报道了 11 个位点之间连锁的 4 种情况，可惜杂交中利用的突变体菌系已丢失，不过遗传连锁的其他几个例子已被检验。所以，主要努力集中于利用分子标记，即限制性长度多态性（RFLP）来构建遗传图谱[280]。

根据水稻病原 GUY11 与对水稻不致病的、可育的实验室菌系 2539 之间杂交制作的稻瘟病菌的初步 RFLP 图谱已经发表[281]。通过连锁检测或电泳分离的染色体杂交，已把 52 个分子标记定位到图谱上。利用同样的方法，也把 2 个乳酸脱氢酶位点（ldh1 和 ldh3）、交配型位点（Mat1）和主要的核糖体 DNA 重复定位在图谱上。虽然报道了这个杂交的 2 个寄主特异性基因的分离，但是它们没有放入图谱中。在遗传杂交的所有染色体大小 DNAs 上发现的 MGR 序列的观察和稳定的孟德尔标记的 MGR 多态性分离（图 4-6）的观察说明，MGR 序列是遗传作图有利用价值的分子标记。两个连锁的 MGR 序列位于 SMO1 位点的两侧[282]，一个特定的 MGR 序列与非致病基因连锁[283]。根据水稻病原与画眉草病菌之间杂交的 MGR 序列多态性分离，已构建了连锁图谱。

现在，正在两个水稻病原之间的遗传杂交中努力进行 RFLP 作图。这两个病原至少有 5 个寄主特异性基因发生分离。由 67 个个体组成的群体的 RFLP 分析，已确定了具有总数为 189 个分子标记和遗传标记的 6 个连锁群。在利用的 8 种限制性酶，30% 的黏粒克隆用作鉴定可记载（scoreable）的 RFLP 的探针。MGR 序列的多态性也已作图：用 MGR586 检测的近 50 个 MGR 多态性中的 20 个也已记载，它们都发生简单的分离。如果印迹杂交的一条带以上对应于单一 MGR 元件，则与预期的一样，只有 2 个 MGR 表现 100% 彼此连锁。MGR多态性作图于明确确定的全部 6 个连锁群的广泛分散的位置。利用 MGR583 和杂草病原特异的重复作探针作图附加的多态性。为了构建连锁群与独立的染色体之间的对应关系，在 CHEF 凝胶上解离的染色体的大、小 DNAs 被印迹，并与作图探针杂交。所有 5 个寄主特异性基因以正常的孟德尔标记作图。

2.6 寄主特异性的遗传学和细胞学

现在即使根据 MGR 指纹已能清楚地把水稻病原与其他杂草病原区别开来，但是，水稻病原的一些田间菌株也引起其他杂草种的病害。由于寄主范围重叠和形态上不能区分，所以文献上使用的 P. oryzae 和 P. grisea 与具有优先权的早期名称 P. grisea 为同义词。Leung 和 Williams[284]揭示有多种多样寄主特异性的、来自不同地理位置的菌株之间同工酶的多态性，这项研究的应用有利于鉴别品种与田间菌株互作反应的准确评定[299]。然而，一些水稻病原在一些品种上产生中间症状，包括小的到中等大小的病斑或者重复出现病斑大小无差异而病斑密度（接种源效率）有明显的差异。因此根据复杂表型的遗传分析充满危险，令人怀疑遗传分析结果的可信度。致病性是一种极其复杂的特性，它包括像侵染效率（决定病斑数）、病斑发育的速度、群集范围（决定病斑大小）和孢子形成效率等各种成分。此外，这种寄主-寄生菌互作的许多方面对环境变化是敏感的。所以，用照片和保存的标本来证明被清楚描述的致病性测定并证明这种测定能再现，这是至关重要的。致病性测定的准确性和致病性表型的稳定性是与稻瘟病菌的分子遗传学分析有关联的最大挑战。

水稻病原的一个田间菌株 0-42[280] 和侵染杂草画眉草和蟋蟀草的一个实验室菌系 7091-5-8，对水稻、画眉草和蟋蟀草的侵染进行了详细的组织学研究，发现其组织学的复杂性[287]。图 4-7 详细说明了在植物-真菌互作的不同部位的附着胞观察到的真菌发育的变异性。这种变异对低亲和至中等亲和的互作尤其显著。宏观的病斑可以表示在很少几个侵染点这种真菌的成功生长。由中等的成功侵染画眉草和不成功侵染蟋蟀草的病原 0-42 产生的肉眼可见的症状，分别由这两种植物上侵染点的 10% 和 1% 的病原的成功生长引起的。在不成功侵入点，其失败常常是由于大量的附着胞不能穿入造成的。病原的其他不成功侵染点的失败，伴随着被侵入的表皮细胞的细胞质颗粒形成和细胞壁荧光现象。在水稻品种 M201 最幼嫩的叶片上的 0-42 菌株，表现一种高度亲和的互作，全部附着胞的 25% 不能穿入，但在发生穿入的全部附着胞穿入点形成生长的菌落。在已知比较幼嫩叶片感病的较老稻叶上，大约全部附着胞的 70% 不能穿入，在形成生长菌落的 20% 的附着胞侵入点，菌的生长显然比较缓慢。图 4-7 所表示的那些相似的结果在菌系 4091-5-8 也观察到。

2.7 致病性基因和致病

八重樫首先报道了寄主种特异性差异的遗传分析[288]。画眉草的病原在遗传上似乎与谷子的病原在两个连锁的位点上不同，一个位点控制对画眉草的致病性，另一个位

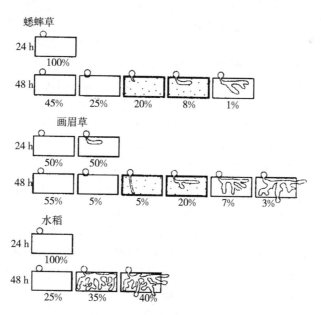

图 4-7　用菌系 0-42 接种后 24h 和 48h 比较在三个寄主种中看到的真菌生长和植物反应的最典型组合比较频率的图示

每个长方形代表表皮细胞下的真菌附着胞（小圆圈）。厚的植物细胞壁代表褐化或自显荧光，颗粒细胞质常用点的区域表示。细的垂直菌丝代表初级菌丝，比较粗的水平菌丝代表鳞茎状的次生菌丝。数值表示每种互作类型的附着胞部位的大致百分率。

点控制对谷子的致病性。Valent 等利用相同菌系中的两个菌株确定了命名为 $Pwl1$ 的一个基因，它决定了对画眉草的致病性，他们证实了在后来两个杂交中 $Pwl1$ 的分离。Heath 等通过分析 2 个完全四分体和亲本，鉴定了受 $Pwl1$ 影响的细胞学特征。导致被接种的组织完全枯萎和死亡的致病与只引起稀少的有限病斑的非致病，分别与发育生长菌落的边缘是否存在寄主的褐色细胞密切相关。其他的细胞学特征与 $Pwl1$ 无清楚的共分离。统计上有效的后代数目的进一步分析将确定 $Pwl1$ 是否通过对病斑周边细胞褐化的作用控制病斑的扩展。

与画眉草和谷子病原的分析中检测的简单遗传差异相比，水稻病原的田间菌株控制对水稻致病性的若干基因，似乎与画眉草和谷子的病原不同。这种菌系之间杂交的大部分后代，在水稻上或者产生肉眼可见的症状或者产生受限制的小病斑[289]。为了确定水稻和画眉草的病原 0-135 与对被测定的 15 个水稻品种都不产生明显症状的画眉草病原 4091-5-8 菌系之间的遗传差异，曾进行了广泛的研究。利用光学显微镜的观察研究证明，菌系 4091-5-8 在水稻品种 M201 上产生的附着胞，有一半不能穿入。当穿入成功时，该菌系不能由最初侵入的表皮细胞长出，表皮细胞出现颗粒细胞质，褐化和自显荧光。菌系 0-135 与菌系 4091-5-8 杂交的全部后代都侵染画眉草，但很少后代是水稻的致病病原，这些后代只产生带褐色圈的小病斑。

6 个后代菌株与作为轮回亲本的水稻病原 0-135 回交。这些研究的双重目的是使 4091-5-8 的高度可育性基因转入水稻病原和阐明控制侵染水稻能力的遗传差异。回交后代样品的 MGR 序列分析证明了每个世代的水稻病原遗传背景的渐进复原。生物检测来自回交的后代对水稻品种 CO39、M201 和社糯的致病性。致病性是利用病斑大小界定的 6 种"病斑型"等级（0~5 型）和能否产生能形成孢子的病斑的病原与非病原之间的界线来评定。很明显，病斑型的正常发育经常在水稻病原的后代当中发生，随着回交的进展，产生大型病斑的后代数目也在增加。侵染的病斑型测定证明，成套后代中的个别菌系的侵染等级始终与其他菌系有关。这种可重复性说明，在这些实验中，环境变化不是决定病斑大小的主要因素，但是，病斑型的分布的确是由控制水稻病斑大小的微效基因引起的。因为全部菌系都是画眉草的病原，所以这些微效基因对画眉草的致病性似乎不起作用。

除了控制水稻上病斑大小的微效基因之外，回交鉴定了分别为画眉草和水稻病原的亲本之间不同的第二种基因。在较高的回交世代，百分之百影响侵染水稻能力的主效基因发生分离越来越明显。已鉴定的 3 个不连锁的主效基因，即 $avr1$-$CO39$、$avr1$-$M201$ 和 $avr1$-$YAMO$，被称为"非致病基因"，因为它们对水稻品种 CO39，M201 和社糯分别具有品种特异性影响，即它们决定了对这些水稻品种致病或非致病。这些主效基因的非致病等位基因似乎来自画眉草的病原，即菌系 4091-5-8。八重樫和浅贺报道了 fm 病原携带与水稻抗病基因 Pi-a 对应的一个非致病基因。这些研究结果说明，对水稻品种特异的非致病基因是水稻非病原的共性。

只包括水稻病原的杂交中，在微效基因不分离的场合，非致病基因比较容易鉴定。在 RFLP 作图杂交的 4360 中，亲本菌系 4224-7-8 对水稻品种社糯、Maratelli、梅雨明和峰光为非致病，而对 CO39、M201 和 Sariceltik 为致病。第二个亲本菌系 6043 对 7 个被测定的水稻品种都致病。这个杂交中，侵染特异水稻品种的能力有差异，这种差异或者发生了分离，或者不发生分离。菌系 4224-7-8 是画眉草的病原，但 6043 不是画眉草的病原。分别对应于水稻品种社糯、Maratelli、梅雨明和 Minehikari 的 *avr2 - YAMO*、*avr1 - MARA*、*avr1 - TSUY* 和 *avr1 - MINE* 等 4 个非致病基因和控制对画眉草致病性的一个基因 *Pwl2*，已证明在若干后续的杂交中发生分离。遗传分析证明，*avr2 - YAMO* 基因与先前鉴定的非致病基因 *avr1 - YAMO* 不连锁。控制对画眉草致病性的第二个主效基因 *Pwl2* 与先前鉴定的 *Pwl1* 也不连锁。

梁等鉴定了控制稻瘟病菌的品种特异性的 4 个主效基因。*Pos1* 和 *Pos2* 两个连锁基因，是在水稻病原 GUY11 和对被测的任何水稻品种都不引起病斑的菌系 2539 之间的 RFLP 作图杂交中被鉴定的。致病性是利用包括病斑大小和病斑密度的 2 个不同尺度所明确表示的 6 种"互作表型"（IP）来评定。互作表型等级 IP0，IP1 和 IP3 用病斑大小来表示，IP5、IP7 和 IP9 用病斑密度来确定。在具有形成少量孢子的小病斑的 IP3 与具有形成极丰富孢子病斑的 IP5 之间出现非致病的和致病的后代之间的差别，因为这个杂交的一个亲本不是水稻病原，所以，对水稻致病性的微效基因可能具有复杂的分离。这种遗传的复杂性使得关于单基因分离的任何假说都必须得到若干后续杂交的支持，以证实在不同遗传背景中的分离，从而说明假设的可靠性。寄主特异性的单基因分离模式，已成功地对后续杂交的 *Pos1* 进行测定；但是，同样的这个杂交的 *Pos 2* 却产生异常的分离模式，对这个问题需要进一步研究和讨论。对梁等报道的其他 2 个基因，Ellingboe 等[290] 报道的 7 个基因或 Tharreau 报道的若干基因，都没有做后续的杂交验证。因此，这些报道只能被认为是初步的，还有待进一步的遗传分析。

2.8　已克隆的稻瘟病菌非致病基因

丝状的异宗交配的子囊菌稻瘟病菌引起 50 多种禾本科植物的病害，包括水稻、龙爪稷（*Eleusine coracana*）、弯叶画眉草（*Eragrostis curvula*）等发生的瘟病。这种真菌的寄主范围很广，但是典型的个体菌株只能侵染 1 个或几个禾本科植物种。侵染水稻的稻瘟病菌，根据侵染特定的水稻品种的能力，划分出数百个生理小种。自 1971 年发现稻瘟病菌的有性生殖以来，已利用经典的遗传学方法鉴定了 15 个以上的非致病基因。

2.8.1　寄主种特异的非致病基因 *avrPwl 2*

用对画眉草和水稻致病的 1 个菌系与只对水稻致病的 1 个菌系杂交，杂种后代对画眉草发生单基因分离。用对画眉草为非致病的后代菌株接种画眉草，偶尔在画眉草上出现几个致病的病斑，说明这个菌株发生了自然突变。对画眉草为非致病的菌株携带的非致病基因命名为 *Pwl 2*。

这个基因是利用图位克隆（map-based cloning）分离到的，用它转化对画眉草致病的菌株，使这个菌株成为非致病菌株，证明 *Pwl 2* 为显性基因。这个基因是高度特异的，只控制对画眉草的非致病特性，而不控制对水稻和大麦的非致病特性。*Pwl 2* 属于寄主种特异的非致病基因，与寄主种内的品种特异性的非致病基因 sensu strictu 不同。

Pwl 2 基因编码包括 21 个氨基酸的推断的信号序列在内的 145 个氨基酸的蛋白。它含有百分率比较高的（18%）甘氨酸和带电荷氨基酸（27.5%）。Pwl 2 蛋白与资料库的其他蛋白质之间没有发现同源性。初步的资料表明，在埃希氏菌中表达的 Pwl2 蛋白渗入画眉草组织时，似乎不诱发过敏反应。在编码序列的上游，Pwl 2 的核苷酸序列包含 3 个 47 bp 的

不完全的定向重复，其功能还不清楚。这些重复当中至少有 2 个拷贝是 *Pwl 2* 的功能所需要的。在 3′端，*Pwl 2* 也包含 19bp 重叠的完全定向重复的 2 个拷贝。RNA 印迹表明，具有 *Pwl 2* 的菌系生长于完全培养基或极限培养基上时 *Pwl 2* 不表达。DNA 印迹和致病性测定证明，不侵染画眉草的水稻田间菌株包含 1 个或 1 个以上的 *Pwl 2* 拷贝。画眉草病原或者由于缺失包含 *Pwl 2* 的 30 kb 基因组区或者由于 *Pwl 2* 基因突变而提高对画眉草这个植物种的侵染能力。

2.8.2　*Pwl* 多基因家系

由马唐（马唐属）、御谷、谷子或小麦等属于不同种的禾本科植物分离的所有菌系，都至少包含着与 *Pwl 2* 同源程度不同的一个序列。不过这些病原侵染画眉草的能力与 *Pwl 2* 同源物的存在没有直接的相关，说明不是所有的拷贝都是有功能的[305]。谷子病原包含 *Pwl2* 的两种同系物（同源物，homologue）*Pwl 1* 和 *Pwl 3*。只有作图位置与 *Pwl 2* 不同的 *Pwl 1* 被转移到画眉草病原时，才使这种病原对画眉草表现非致病。画眉草病原也含有 1 个称为 *Pwl 4* 的无功能基因，它与 *Pwl 3* 是等位的。

序列分析揭示了 *Pwl1*、*Pwl3* 和 *Pwl4* 分别编码含有 147 个、137 个和 138 个氨基酸的蛋白。这 3 种蛋白与 *Pwl2* 编码的蛋白质一样含有一个 21 个氨基酸的、推断的信号序列和大量的甘氨酸（占全部残基的 17%～19%）。*Pwl* 氨基酸序列的比较揭示，*Pwl1*、*Pwl3* 和 *Pwl4* 与 *Pwl2* 全序列的同一性分别为 75%、51% 和 57%，同一性程度最高的位于第三种蛋白质的 C-端。当 *Pwl4* 而不是 *Pwl3* 由 *Pwl1* 或 *Pwl2* 启动子表达时，*Pwl4* 就以寄主特异性状决定因子起作用。这个结果说明 *Pwl4* 不能由本身的启动子表达，尽管 *Pwl4* 是有功能，而 *Pwl3* 不编码有活性的蛋白。

菌系中存在 *Pwl1* 似乎与画眉草细胞褐化的诱导有相关性。所以，*Pwl 1* 可能与过敏反应的诱导有关。在亲和性的互作中，*Pwl* 基因产物具有对病原有利的功能，这种产物不仅保留下来，而且在表现不同的寄主特异性的稻瘟病菌菌系中还被扩增。未来的研究目标是鉴定和分离与 *Pwl 2* 对应的抗病基因。因为几乎所有的对水稻致病的稻瘟病菌菌系都携带 *Pwl 2*，所以用这种抗病基因转化水稻，可能会有效地保护水稻免受这种菌系的危害。

2.8.3　寄主品种特异的非致病基因 *avr2-YAMO*

在侵染不同水稻品种的 2 个菌系之间杂交获得的后代中，阻止稻瘟病菌侵染水稻品种社糯（Yashiro-moch）的非致病基因 *avr2-YAMO* 以单基因分离。这个基因是利用定位克隆分离的，它编码 223 个氨基酸的蛋白质，在一个短的区域，这种蛋白与中性的 Zn^{2+}-蛋白酶的活性中心具有同源性[306]。致病的菌系（几个点突变）特定的活性部位内发现的，但是，还没有报道 *avr2-YAMO* 的蛋白酶活性的直接证据。以 1.5 kb 元件插入 *avr2-YAMO* 基因或幅度约 100 bp 到 12.5 kb 以上的缺失，能引起对水稻品种社糯致病的增强。水稻品种社糯对携带 *avr2-YAMO* 的真菌菌系的抗病性受单一的抗病基因 *Pi-62* 控制。画眉草病原也携带 1 个对社糯非致病的基因 *avr1-YAMO*，这个基因也阻止病原侵染水稻品种社糯[293]。*avr1-YAMO* 与 *avr2-YAMO* 彼此不连锁。利用社糯与其他水稻品种的遗传杂交，能确定 *avr1-YAMO* 和 *avr2-YAMO* 是与相同的抗稻瘟病基因互作或者与不同的抗病基因互作。

四、基因-对-基因体系的植物抗病基因和病原非致病基因的结构和功能

1　植物抗病基因的结构和功能

目前已克隆和描述了若干植物的抗病基因。这些抗病基因编码三类蛋白：①具有蛋白激酶结构域和可能的膜固着的十四烷基化结构域的蛋白，例如番茄 Pto 基因产物[294]；②具有富含亮氨酸重复（LRR）结构域、P形腕环和可能的跨膜结构域的蛋白，例如番茄 Cf-9 基因产物[295]；③具有 LRR、亮氨酸拉链和蛋白激酶结构域的杂合物，例如水稻 Xa-21 基因产物[296]。LRR 结构域有识别激发子的功能，它可能激活激酶或 P-结构域以开始信号级联并最终引起防卫反应基因的激活。这里描述 7 个已克隆的抗病基因的结构、功能与植物抗病反应的发生（表 4-2）。

表 4-2　抗病基因结构特征的比较

寄主		病原		抗病基因产物结构				参考
植物	基因	名称	类型	N-端特征	富含亮氨酸重复	膜结合	信号传递	主要作者
水稻	Xa-21	水稻白叶枯病菌	细菌	信号序列	√	跨膜	激酶	Song，1995
番茄	Cf-2，Cf-9	茄叶霉病菌	真菌	信号序列	√	跨膜	无	Jones，1994；Dixon，1996
番茄	Pto	番茄细菌斑点病菌	细菌		×	膜结合	激酶	Martin，1993
拟南芥	$RPS2$	番茄细菌斑点病菌	细菌		√	膜结合	核苷酸结合	Mindrinos 和 Bent，1994
拟南芥	$RPM1$	十字花科细菌叶斑病菌	细菌	亮氨酸拉链	√	膜结合	核苷酸结合	Grant，1995
烟草	N	烟草花叶病毒	病毒	亮氨酸拉链	√	细胞质的	核苷酸结合	Whitham，1994
亚麻	L-6	亚麻锈病菌	真菌		√	？	核苷酸结合	Lawrence，1995
玉米	Hm-1	玉米北方叶斑穗腐病菌	真菌	无上述特征	×	无上述特征	无上述特征	Johal，1992

1.1　植物抗病基因的结构

水稻抗白叶枯病基因 Xa-21：这个基因由若干互不连接的结构域组成，根据与以前被研究的基因的同源性，这些结构域的功能如图 4-8 所示。N-端结构域是传递信号的序列，它的目标位置在细胞外。N-端结构域之后是富含亮氨酸的 LRR 重复序列，LRR 的模体涉及蛋白/蛋白互作。在 LRR 之后，蛋白含有相似跨膜的螺旋形结构，说明蛋白的 N-端是细胞外的，但是 C-端是细胞内的。来自白叶枯病菌的 avr 信号在细胞外与 LRR 结构域互作。C-端结构域是蛋白激酶的指示特征，它含有的保守序列，可能具有丝氨酸和苏氨酸的特性。这种激酶结构域可能是负责把 LRR 识别到的非致病基因（avr）信号的这种信息传递给推测

的细胞内抗病反应途径。

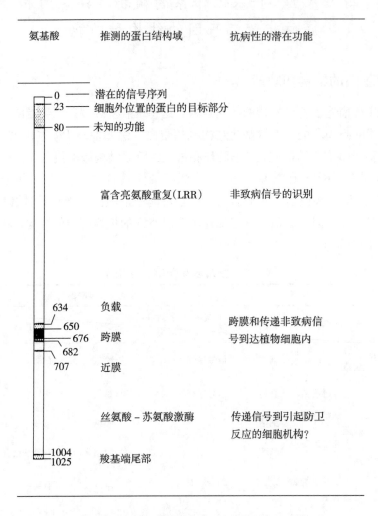

氨基酸	推测的蛋白结构域	抗病性的潜在功能

0 —— 潜在的信号序列
23 —— 细胞外位置的蛋白的目标部分
80 —— 未知的功能

富含亮氨酸重复(LRR) —— 非致病信号的识别

634 负载
650
676 跨膜 —— 跨膜和传递非致病信号到达植物细胞内
682
707 近膜

丝氨酸 – 苏氨酸激酶 —— 传递信号到引起防卫反应的细胞机构?

1004
1025 羧基端尾部

图 4-8　水稻抗病基因 *Xa-21* 的推测蛋白结构
(宋等，1995)

　　番茄的抗病基因 *Cf-2* 和 *Cf-9*：目前，已描述的番茄的茄叶霉的抗病基因至少有 11 个，其中的 *Cf-2* 和 *Cf-9* 的结构已经发表[291] *Cf-2*，*Cf-3*，*Cf-4*，*Cf-5* 和 *Cf-9* 基因已导入不含有已知抗病基因的品种 Moneymaker，育成了近等基因系。茄叶霉病菌不同的小种与番茄的这些近等基因系之间观察到的鉴别反应表明，茄叶霉病菌/番茄互作受基因-对-基因关系控制。然而，因为茄叶霉病菌不具有有性阶段，所以，在遗传上不能证明单一非致病基因的存在。因为真菌的生长受限于质外体，所以就研究了真菌群集的番茄叶的细胞间液的小种特异的激发子。特异地诱导携带互补抗病基因 *Cf-4* 和 *Cf-9* 的番茄植株过敏反应的两种肽 avr4 和 avr9 已被纯化[312]。根据激发子氨基酸序列，设计了简并的寡核苷酸，并用于分离 cDNA 和基因组克隆。avr4 和 avr9 是最早被克隆的真菌非致病基因。

　　番茄的抗病基因 *Cf-2* 和 *Cf-9*：控制对携带非致病基因 avr2 和 avr9 的真菌病原茄叶霉菌株的抗病性。*Cf-2* 位点包含两个十分相似的功能基因，它们与 *Cf-9* 也十分相似。这些基因的基本结构与 Xa -21 有许多共同点（见表 4 - 2）。Cf -2 抗病基因 N -端具有 33 个完整的和 5 个不完整、重复的 LRR 结构域，在 LRR 结构域的后面推测存在信号肽。Cf -2 和 Cf -9 这两个基因与 Xa -21 一样，LRR 结构域是细胞外的，而且具有被糖基化的潜能。这些 LRR 结构域的细胞外位置与病原菌非致病基因 $avr9$ 产物的结构和位置完全一致。活化的 $avr9$ 的产物是一种小的、富含半胱氨酸的肽。纯化形态的这种产物能引起抗病反应的只是含有 Cf -9 基因的番茄植株。这意味着或许经由 LRR 结构域介导的病原非致病基因 $avr9$ 与寄主番茄植株 Cf -9 之间的直接互作。Cf -2 和 Cf -9 的相似之处还在于 LRR 结构域是通过与跨膜区连贯的氨基酸疏水牵张之后发生的，说明细胞外的 LRR 结构域是固定在植物细胞膜上。但是，Cf -2 和 Cf -9 与 Xa -21 不同在于前二者不含有细胞内激酶结构域，因此，与防卫反应的信号传导途径的连接，需要别的成分来承担。

番茄抗病基因 Pto：番茄抗病基因 Pto 控制番茄植物对细菌病原番茄细菌斑点病菌（$Pseudomonas\ syringae\ pv.\ tomato$）一些菌株的抗病性，这些菌株具有与抗病基因 Pto 对应的非致病基因 $avrPto$。Martin 等在 1993 年克隆了 Pto 这个抗病基因，这个基因编码专门使丝氨酸和苏氨酸残基磷酸化的激酶。但是它不包含信号序列、LRR 结构或跨膜结构域。这说明这个基因的产物位于细胞质内，而且 N -端区域包含着潜在的豆蔻酰化位点，这可能意味着这种蛋白是膜结合蛋白。很显然，Pto 可能是引起抗病反应的发信号途径的一部分，但缺乏能提出与 avr 基因产物直接互作方式的某种明显的特征。因此，Pto 能发现 avr 信号，把这种信息传递给膜结合激酶，由这种激酶启动导致抗病反应的信号传递途径。

抗病基因 RPS -2，RPM -1，N 和 L -6：RPS -2 和 RPM -1 是十字花科植物拟南芥的抗病基因，前者控制对具有非致病基因 $avrRps2$ 的细菌病原番茄斑点病菌的抗病性[299]，后者控制对具有非致病基因 $avrRpm1$ 的十字花科叶斑病菌（$Pseudomonas\ syringae$ pv. $maculicola$）的抗病性[314]。烟草抗病基因 N 控制对病毒病原烟草花叶病毒（TMV）的抗病性。亚麻抗病基因 L -6 控制对真菌病原亚麻锈病菌（$Melampsora\ lini$）的抗病性。以上 4 个抗病基因都包含 LRR 结构域，RPS2，RPM1 和 N 的 LRR 结构域似乎都被定位在细胞质上，而 L -6 的 LRR 结构域可能是膜结合的。

上述 4 个抗病基因都具有核苷酸结合的结构域，它通常在已知结合 ATP/GTP 的蛋白中被发现。这种核苷酸的结合，是引起抗病反应的信号传递的一部分，对细胞内的信号传递起重要作用。N 和 L -6 抗病基因在接近它们的 N 端含有氨基酸序列，N 和 L -6 表现与果蝇蛋白和人类白介素 -1 受体（IL -1R）细胞质结构域的同源性。IL -1R 含有转录因子的易位，它引起免疫的一系列防卫的综合、发送信号蛋白的合成、炎症反应和急性期反应。N 和 L -6 的这种结构，在发现适宜的病原菌存在时，它们给有关的防卫基因发送信号的作用是一致的。

抗病基因 Hm -1：Hm -1 是控制玉米对真菌病原玉米圆斑病菌抗病性的抗病基因[301]。这个基因的存在使玉米植株能抵抗真菌小种 1 菌株，小种 1 菌株产生致病因子 HC -毒素。因此，Hm -1 与上面描述的抗病基因的明显不同是它不包含信号传递途径，如果病原缺乏产生毒素的能力，就不能侵入寄主。Hm -1 编码一种还原的烟酰胺腺嘌呤二核苷酸磷酸酯（NADPH）—HC -毒素的一种还原酶，这种还原酶能使具有 Hm -1 基因的植株消除 HC -毒素而阻止病原的侵入。

除抗病基因 Hm -1 外，至今为止所描述的抗病基因都含有信号识别和信号传递的因子。

就这些基因的大部分而言（除 Pto 之外），这两种功能都已被证明。抗病基因的 LRR 模体似乎含有对非致病信号的识别。非致病信号的性质决定了 LRR 的位置，例如 Cf - 2 和 Cf - 9 的 LRR 是细胞外的，因为病原存在于寄主细胞间隙，在这里活动并形成网状，从这些空隙中可以提取到寄主产生的活性产物；而 N 基因产物很可能是在细胞内识别烟草花叶病毒非致病信号。虽然 Pto 基因产物在细胞质中，但它能与或许含有 LRR 的另一种蛋白结合，LRR 能或者不能跨越细胞膜。显然，植物是利用 LRR 结构来识别任何侵入者。

1.2 抗病基因产物的结构域

1.2.1 丝氨酸—苏氨酸激酶

番茄抗病基因 Pto 的克隆和描述，证明了激酶诱导的信号传递在基因-对-基因植物抗病基因中的核心作用。磷酸化状态的调节是生物用于控制蛋白活性的最普遍的机理之一。生物化学上证实的大量蛋白酶序列的资料是可利用的。现在，已鉴定了蛋白激酶独特的 11 个亚结构域和 15 个不变的氨基酸残基，也确定了使丝氨酸—苏氨酸残基磷酸化的激酶中的保守区域[302]。Pto 基因衍生的氨基酸序列包含这些保守的结构域，Pto 表现体外的蛋白激酶催化活性[303]。Pto 的 N 端包含 1 个潜在的豆蔻酰化作用部位，这种部位为亲水性的蛋白提供膜固着点。

1.2.2 富含亮氨酸重复序列

富含亮氨酸重复序列（LRR）是长度约 24 个氨基酸的模体多次重复的连续序列（表 4 - 2）。LRR 包含着有规律间隔的亮氨酸或其他疏水残基，可能也含有有规律间隔的脯氨酸和天冬酰胺。现在，已确定了一种含有 LRR 的蛋白——猪核糖核酸酶抑制剂的晶体结构。这种蛋白的 LRR 产生类似拳头或弯曲弹簧的三级结构，每个螺旋状的指状物代表一个 LRR。猪核糖核酸酶抑制剂的这些重复异常长（每个重复 28～29 个氨基酸），据推测，长度较短的重复的 LRR 结构域可能是更接近类似 β 螺旋状的排列的结构[304]。上述的两种结构都是存在保守的疏水残基中存在的 LRR 的功能特异性比存在于间插的、暴露的氨基酸中少。就许多发表的编码 LRR 的序列而言，个别的重复常常包含与 LRR 共有区不相称的残基，在一些情况下，这种简并性足以说明与高度有规律结构的偏离。此外，一些 R 基因产物必需的 LRR 区域，被不能形成 LRR 结构的氨基酸的短的序列平分成两部分。根据功能已证明酵母菌、果蝇、人类和其他物种蛋白的 LRR 结构域诱导蛋白-蛋白互作。实例包括酶-对-酶抑制剂之间的互作，例如核糖核酸酶-核糖核酸酶抑制剂之间的互作；信号传递级联的细胞内成分之间的互作，例如酵母菌的网状激活系统与腺苷酸环化酶之间的互作和肽激素与跨膜受体的结合，例如性腺激素与卵泡激素的结合。

关于基因-对-基因抗病性的激发子—受体模式，激素受体的实例显然具有吸引力，它引出了这样的假说，即一些 R 基因产物的 LRR 结构域可能是适合于与 avr 产生的配体结合的结构域。LRR 能促进 R 基因产物与参与防卫信号传递的其他蛋白的互作，R 基因产物 LRR 分成许多不连续的等级，因此，LRR 结构域执行这些不同蛋白本质上不同的功能是不难理解的。目前，已发表的对抗病性的 LRR 结构域功能重要性的实验性证据，是许多不同抗病基因 LRR 结构域的保守性和 RPS - 2 和 RPM - 1 的突变体等位基因的鉴定，LRR 区域内一个氨基酸的变化导致无功能的 RPS - 2 和 RPM - 1 的突变体的产生等基因的鉴定。

1.2.3 核苷酸结合部位

编码 LRRs 的许多抗病基因也编码与已知的核苷酸结合部位（NBS）十分相似的氨基酸序列（表 4-2）。这些 NBS 结构域在具有 ATP 或 GTP 结合活性的各种蛋白中发生，例如在 ATP 合成酶 β 亚基、ras（网状激活系统）蛋白、核糖体的延伸因子和腺苷酸激酶中发生。其他蛋白的详尽的结构—功能分析的课题比 LRRs、NBS 结构域的课题更多。这些研究工作包括了晶体结构的多次重复测定、蛋白—配体互作的详细物理—化学描述和在 NBS 结构域中含有 1 个氨基酸替换的蛋白动力学分析。一些蛋白的共有序列 NBS 已确定不仅包括磷酸结合环，而且也包括位于末端的激酶 2 和激酶 3 结构域。

一些 R 基因产物中高度保守的 NBS 结构域的存在，说明核苷酸三磷酸结合是使这些蛋白起作用必不可少的。这种看法正在得到许多实验室研究结果的有力支持。改变 NBS 内关键残基部位引起的特异性突变，消除了瞬间测定中的和稳定转化的拟南芥植株的 RPS-2 诱导过敏反应的功能。在烟草的 N 基因，已构建了 20 多个 NBS 氨基酸替换突变。大部分突变使功能消失，少量的突变引起部分功能丧失和（或）显性的失活效应。NBS 结构域对植物防卫激活的机制作用依然不知。未来的重要挑战是证明核苷酸三磷酸结合和可能的水解作用，解释这些过程在 R 基因产物活化中的作用。例如，核苷酸三磷酸结合可能改变 R 基因产物与防卫信号传递级联的其他成员之间的互作。根据其他蛋白 NBS 结构域研究得到的广泛且有利的知识，可以预期这项研究将会有大的进展。

1.2.4　亮氨酸拉链

在 R 基因的 NBS-LRR 亚类内，还有更多的亚群。编码对假单胞菌（P. syringae）致病变型抗病性的 RPS-2、RPM-1 和 Prf 三个基因都编码 N-端与 NBS 结构域之间和 N-端与 LRR 结构域之间可能有的亮氨酸拉链（LZ）序列（表 4-2）。其他蛋白的这些七残基重复序列通过助长卷曲螺旋结构形成促进蛋白—蛋白互作，亮氨酸拉链对真核生物转录因子的同源二聚体化和异源二聚体化已经很熟悉，类似的卷曲螺旋结构域促进具有其他许多功能的蛋白的互作。这些蛋白包括肌球蛋白、G 蛋白以及 β 和 γ 亚基。其他蛋白的这些模体也已有更详细的结构和功能的描述，例如结晶结构的测定。因此，对于这些模体对 R 基因产物功能的作用又有更进一步的理解。检测 R 基因产物是否能进行同源二聚体化的研究正在进行，要通过实验来证实，如酵母菌双杂交文库筛选[305]的实验，以寻找能通过 LZ 区域与 R 基因产物互作的其他蛋白。

1.2.5　Toll/白介素-1 受体相似性

抗病基因 N 和 L-6 形成 R 基因 NBS-LRR 的第二个亚群，N 和 L-6 编码 N-端结构域，这个结构域与果蝇蛋白的细胞质发信号结构域及哺乳动物白介素-1 受体（IL-1R）有相似性。它们引起 Rel 家系转录因子被释放和核因子-卡巴结合（NF-kB）被活化[306]。根据推测，N 和 L-6 是通过与 Toll 和白介素-1 受体相似的机理来激活植物防卫。

N、L-6、Toll 和白介素-1 受体，除了序列相似性之外，它们所控制的途径之间是平行的。例如，细胞核因子-卡巴结合（NF-kB）的一种作用是刺激活性氧的生产，而且在基因-对-基因防卫反应中广泛地观察到氧化裂解。细胞核因子-卡巴结合（NF-kB）的活性受诸如乙酰水杨酸的水杨酸化合物的调节，水杨酸是植物防卫反应中的重要下游信号分子[307]。在抗微生物的寄主反应中，包含着细胞核因子-卡巴结合（NF-kB）和与 Rel 有关的另一种转录因子。

1.2.6　相似性的小区域

R 基因的 NBS - LRR 之间的序列相似性，还有值得注意的地方：①像 RPS - 2、RPM - 1、N 和 L - 6 等基因，在核苷酸水平上几乎完全不相似，但是，在编码的氨基酸序列的共线的伸长部分内，这些基因共有相似的许多区域。②与上述已经说过的熟悉的氨基酸模体一起，还能发现其他许多小的但是保守的模体。③这些保守区域能代表功能上有关的位点，它们在 R 基因同源物的分离中是有用的标记。

1.2.7 非 NBS 的、预测的细胞外 LRR 蛋白

番茄的 Cf - 9 和 Cf - 2 不包含明显的 NBS，因此，Cf - 9 和 Cf - 2 就形成编码 LRR 的第三类抗病基因。Cf - 9 的大部分编码 28 个 LRRs。衍生氨基酸序列的进一步分析表明，这些 LRRs 正常为细胞外的：Cf - 9 的 N-端包括跨膜传递的可能信号肽序列。蛋白的 C-端由一个明显的跨膜结构域和一个可能是细胞质的、短的 28 个氨基酸的尾部组成。由 Cf - 9 和 Cf - 2 编码的 LRRs 比 R 基因编码的 NBS - LRR 的 LRRs 更符合共有区 LRR 序列，在 LRRs 内存在一个保守的甘氨酸残基；这个甘氨酸残基也在携带推测的细胞外 LRR 结构域的其他蛋白中发现。Cf - 2 基因产物与 Cf - 9 基因产物很相似，这两个基因都编码对茄叶霉病病原特异小种的抗病性。Cf - 2 的最后 9 个 LRRs 几乎与 Cf - 9 的 LRRs 相同，清楚说明这两个基因的亲缘关系。

现在已证明 Cf - 2 -位点含有 2 个分开的基因，它们编码的产物只有 3 个氨基酸残基不同。缺乏 Cf - 2/$avr2$ 介导的抗病性的番茄品种的转化，证明 Cf - 2 位点的 2 个基因的任何一个都有完全的功能[498]。

1.2.8 跨膜受体激酶

最后的一类 R 基因是编码 LRR 蛋白的 R 基因与编码蛋白激酶的 R 基因之间的另一种基因。它们编码具有 LRR、亮氨酸拉链和蛋白激酶结构域的杂合物。Xa - 21 是目前这类 R 基因的唯一成员，是来自单子叶植物唯一的对 avr 基因特异的 R 基因。Xa - 21 编码一种明显的 LRR 受体激酶，根据与已知蛋白的相似，这种激酶的 N-端 LRRs 可能在细胞外。外部的 LRR 结构域通过跨膜区与细胞质定向的蛋白激酶结构域连接。把 Xa - 21 编码的蛋白与番茄的 Pto 和 Prf 编码的蛋白作比较如表 4 - 2 所示。Pto（编码一种激酶）和 Prf（编码 NBS - LRR 蛋白）都是抵抗番茄叶霉菌中表达 $avrPto$ 的相同非致病病原所需要的。这两种分离的蛋白与 Xa - 21 蛋白之间的相似性说明 Pto 和 Prf 蛋白质能紧密互作以发现和传递病原的非致病信号。图 4 - 6 列示的模式表示了这种设想。Pto、Prf 和 Xa - 21 的例子进一步说明 RPS - 2、Cf - 9 的基因产物和含有 LRR 的其他许多 R 基因产物也有可能存在功能上有意义的蛋白激酶配体。

1.2.9 与其他植物蛋白的相似性

R 基因产物和其他植物蛋白之间的序列相似性，提供了有关这些蛋白在防卫信号功能方面的更多线索。例如，Pto 和 Xa - 21 的激酶结构域是与芸薹属 S-受体激酶（SRK）高度相似的。SRK 蛋白（包含于花粉-柱头）对自交不亲和性的作用与 R 基因产物引起的识别反应活化十分相似。SRK 的细胞外结构域与 S 联糖蛋白（SLG）高度相似，这两种蛋白彼此发生物理互作以及与花粉特异的信号互作。Cf - 9 和 Cf - 2 与 SLG 看起来很相似，它们都缺乏明显的发信号结构域，这说明 Cf - 9 和 Cf - 2 或许与 LRR 受体激酶互作或者与引起植物防卫反应的其他一些蛋白互作。因为 Cf - 9 功能所需的其他的番茄基因已通过突变的分析鉴定了，所以能精确鉴定这些蛋白的互作。在 R 基因产物和与病原衍生的分子互作的其他蛋

白之间也存在有趣的同系物，例如拟南芥的 PR5K 是明显的跨膜激酶，它们的激酶结构域与 *Pto* 和 *Xa-21* 相似，细胞外结构域与发病有关（PR）的抗真菌蛋白 PR5 相似。同类的 SLG 和 SRK，PR5 和 PR5K 等蛋白能与共同的或有关的靶标（tanget）互作。以 *Cf-9* 和 *Cf-2* 的 LRRs 之间和抗真菌多聚半乳糖醛酸酶抑制剂蛋白（PGIPs）的 LRRs 之间的高度相似性为例来说明第二个类似的系统。真菌的多聚半乳糖醛酸酶是水解植物细胞壁的同型半乳糖醛酸聚糖的致病因子，多聚半乳糖醛酸酶抑制剂蛋白是抑制真菌多聚半乳糖醛酸酶的、特异的、高度亲和的受体。现在，已经提出了 PGIPs 对发出防卫信号的作用，因为中间体寡脱氧半乳糖醛酸酯（oligogalac turonide）分解产物显然是用于诱导防卫的化合物。

根据许多 *R* 基因产物与未知功能的蛋白，例如 LRR 受体激酶 TMK1 和 LRK5 的相似性，也可能提出新的概念和实验上的指导[308]。例如，最近发现的 LRK5 和 KAPP 蛋白磷酸酶之间的互作，可能预示防卫信号传递中包含的蛋白磷酸酶的发现。

1.3 从抗病基因到抗病性表达的途径

基因组的复杂性和变异机理的多样化，预示着寄主-寄生物互作的分子机理的多样化。寄主植物-病原的基因-对-基因关系是普遍存在的基因的互作关系，但是从抗病基因到植物对病原作出抗病反应，是一个极其复杂的生物化学过程。不同寄生体系的寄主-寄生物互作的生化过程是不一样的。有的基因-对-基因体系，由抗病基因到抗病性表达的途径可能是短的，而另外的寄生体系可能要经过很长的或曲折的生化过程。

例如，烟草对烟草花叶病毒（TMV）的抗病性，从抗病基因到抗病反应的过程，可能经过很短的途径。而由次生代谢物如植物抗毒素介导的对病原的抗病性，从抗病基因到植物作出抗病反应之间，可能比烟草花叶病需要更长的生物化学途径。植物抗毒素的产生需要若干酶的参与、要经过很长的代谢途径才能形成这种产物。每种酶都是特定基因的产物，因此，植物抗毒素的产生和抗病性的表达，受各种复杂因素的影响。突变体的等位基因能产生另一种酶，这种酶的活性比产生低浓度植物抗毒素的正常酶低。这种酶可能是不稳定的二级结构，或者在高温下变性，所以这种突变体的表型反应与温敏突变体一样。但是，如果由于染色体重排而产生这种突变体基因的第二个拷贝，则能生产大量的酶和大量的植物抗毒素。附加的增强子序列或更有效的增强子序列的插入，也能提高酶的生产水平。而转座子插入编码序列可能产生变性酶，或完全不产生酶。转座子插入基因的调控序列，可能引起酶数量降低。酶的浓度或活性变化对植物抗毒素最后数量的影响，可能与这种酶是否就是限速酶有关。植物抗毒素生产中包含的基因所发生的一系列事件的这种假定没有被证实，但是，花青苷生产所需要的基因发生的相似事件已被证实。

为了证实上述的假定，要通过经典的遗传分析。这就需要具有这种基因的一个植物群体和不具有这种基因的另一个植物群体。因为具有完全活化基因的群体与具有非活化基因的另一个群体的比较，能清楚证明单一的主效抗病基因质的差异。具有许多其他可能的等位基因的群体的比较，能证明量的差异，这就可以推断多基因的存在。如果实验条件和实验结果能把具有植物抗毒素的 50% 植株记载为感病，具有植物抗毒素的 75% 的植株记载为抗病，就能断定这个植物群体具有一个抗病基因。如果基因组具有在不同水平表达的一个基因的多拷贝，就能断定这个植物群体包含了两个基因或两种基因产物。根据经典的遗传分析判断为两个基因起作用可能是正确的，但是，断定有两种基因产物起作用的结论则是可疑的。可见，根据假定来推断各种机理是危险的，当然根据某种遗传实验的结果就假定所有的数量基因或所有的微效基因或所有的主效基因，基本上都是相同的，这也是不慎重的。

对抗病基因作用的深刻理解靠分子遗传学方法和传统遗传学方法的结合进行研究。一种方法不能取代另一种方法，两种方法结合，其威力比单独用任一种方法大得多。当然，具备丰富的抗病基因分子作用的知识，离开显著地改善抗病育种的方法还很远。

1.4　植物抗病基因的功能

1.4.1　抗病基因的复制、突变和重排

植物要具备识别广泛存在的病原的能力，基因组中存在的这种识别能力必须发生变异。抗病基因位点的基因组结构和基因本身的分子结构，为探讨植物获得这种识别能力的变异提供了线索。用一些克隆的抗病基因作为克隆到这种基因的植物基因组 DNA 印迹的探针，能揭示相似基因其他拷贝的存在。例如，用 $L-6$ 基因作 cDNA 文库的探针，至少已经鉴定了 5 种不同种类的 cDNA 文库。这些文库中只有一个文库作图于 $L-6$ 位点，而其余文库作图于不连锁的、遗传上复杂的 M 位点。这说明亚麻的抗锈病基因位点 L 和 M 是相似的，它们是通过复制和易位产生相似的基因。不同植株的不同类型的 L 位点似乎是等位的，而在 M 位点则有若干抗病性决定因子。在 M 位点似乎发生基因复制及其后的基因突变，从而产生新的抗病性特异性，而在 L 位点只发生突变。这些基因编码的 LRR 结构的重复性质，能使基因在遗传上不稳定，易于发生基因内重排而产生新的识别能力。

在番茄抗病基因 $Cf-2$ 和 $Cf-9$ 之间，发现了大量的 DNA 水平序列和蛋白结构的同源性。两个基因都是多基因家系的组成部分，多基因家系的每个成员都具有潜在的识别病原物的能力。存在于 $Cf-2$ 位点的两个接近相同的基因（它们只 3 个核苷酸不同），它们都能识别携带 $avr2$ 的茄叶霉病菌。据推测，这两个基因是由近期的 DNA 复制产生的，它们的进一步突变又能表现识别新病原菌株的能力。因此，通过复制基因和改变它们的初级结构，能使植物产生新的抗病性。Pto 位点已发现了有利于基因复制的进一步的缠绕，Pto 是复合位点的一部分，这个复合位点含有 5~7 个基因，其产物全部为丝氨酸/组氨酸激酶，与 Pto 高度相似。

在相同位点上复制基因序列的另一个优点是提高基因间重组的潜能，从而产生具有新类型抗病基因的世代。这一点在关于玉米的 $Rp-1$ 位点的研究工作中已得到最明确的证明。玉米对玉米普通锈病菌（$Puccinia\ sorghi$）的抗病性，至少有 14 种不同的特异性作图于 $Rp-1$ 位点。这个区域的分子标记分析表明，它是高度不稳定的，用分子标记能检测到基因功能的丧失。这种基因功能的丧失是由于这个位点的随机重复元件之间不等交换造成的。可见，基因间重组不仅能产生新抗病性特异性，而且也能导致功能丧失。霜霉病菌（$Peronospora\ parasitica$）与拟南芥之间的互作研究也已证明存在许多识别特异性。拟南芥的全部 5 条染色体似乎都存在抗病基因，在若干情况下，这些基因所属的区域，每一个区域覆盖约 15cM。这暗示拟南芥染色体大的区域包含具体指定的抗病基因，基因成簇可能由基因复制和基因重排引起的一种进化。

以上的研究和分析，说明基因复制、突变和重排，可以产生一系列的抗病性特异性。然而，在没有大量新抗病基因的情况下，抗病基因的结构只是揭示了植物对病原识别能力的线索，还不能解释植物为什么表现如此广泛的抗病能力。因此，这里要进一步指出抗病基因功能

的综合表达。单一抗病基因产物识别病原的能力只能限于一定范围。如果有一个以上的基因互作，则识别新的信号的能力就会大大提高。尽管还没有证据证明植物的抗病性发生这种现象，但是至今为止分析的抗病基因的结构表明这种可能性是存在的。Salmeron 等证明，与 *Pto* 及 *Fen* 基因紧密连锁的 *Prf* 基因是 *Pto* 识别非致病基因 *avrPto* 和 *Fen* 识别倍硫磷所需要的。*Prf* 基因的结构已经确定，它的产物含有 LRR 结构域和核苷酸结合部位[309]。Zhou 等分离了被 *Pto* 特异地磷酸化的一个基因 *Pti*[310]。这个基因编码另一种丝氨酸/苏氨酸激酶，它与 *Pto* 不同，不包含潜在的豆蔻酰化序列。*Pti* 不被 *Fen* 磷酸化，也不能使 *Pto* 磷酸化。

因为 *Prf* 的产物包含着 LRR 结构域，若 *Pti* 为 *Pto* 的下游，则 *Prf* 包含信号分子的直接识别。当 *avrPto* 或倍硫磷经由 *Prf* 识别时，相应的激酶 *Pto* 或 *Fen* 就被磷酸化并把特异的磷酸化信号传递到不同途径的中间物，这样就能利用单一的 LRR 基因识别两种不同的信号。含有 *Pto* 和 *Fen* 的基因簇包含其他若干激酶，所有这些激酶都能与 *Prf* 互作以识别其他信号。为什么这些激酶不与其他的 LRR 的 *R* 基因一起来识别其他信号，其原因还不清楚。上述的现象的存在，可能会大大提高少数基因识别大量病原的能力。

对茄叶霉病菌（*C. fulvum*）缺乏抗病基因（*Cf-0*）的番茄植物能与 *avr9* 的蛋白产物结合[311]。但是，只有用 *Cf-9* 基因转化的这种植株能对病原表现抗病性。这是由 *Cf-9* 与 *avr9* 产物的直接互作引起的。*avr9* 基因产物被一种或一种以上的 LRR 的 *R* 基因产物结合，或者被其他基因产物结合，通过直接的或间接的互作而提高 *Cf-9* 对病原的识别能力。通过这种方式能提高含有数目有限的 LRR 的 *R* 基因识别一系列信号分子的能力。

Rpm-1 和 *Rps-2* 的亮氨酸拉链结构表明，蛋白二聚化能对抗病基因识别能力的变异起作用[312]。亮氨酸拉链使含有这种拉链的蛋白形成二聚体，若干携带 LRR 结构域的这种蛋白质能结合成多种多样的二聚体，每种二聚体都有本身的识别能力。不过 *Rpm-1* 和 *Rps-2* 不是基因簇的一部分，所以这种推论能否成立，尚未得到证实。

1.4.2　抗病基因对非致病（*avr*）基因信号的识别

根据以上抗病基因的复制突变和重排的描述，清楚表明植物中存在着产生新的识别病原能力的巨大潜力。除了正常的突变体之外，LRR 结构的重复性质可以由基因内重排发生。这种变异通过抗病基因复制和新类型的基因产物的产生，进一步提高基因间重组的潜能。由含有两个 LRR 的 *R* 基因一起起作用或者 LRR 的 *R* 基因与一系列的蛋白酶一起起作用，其对变异性发生作用而引起的变异比潜在的变异性提高许多倍。由此可以更清楚地理解为什么植物能控制对许多潜在病原的抗病性。

富含亮氨酸重复序列分子，是抗病基因与 *avr* 基因信号分子互作的主要基因产物。这些基因产物能识别潜在的多种 *avr* 基因信号的分子，且被固定在植物细胞膜上。LRR 结构域可能是细胞内的或细胞外的，这一点或许说明被识别的 *avr* 基因产物的不同位置。图 4-9 表示一些抗病基因信号传递的几种情况：①*Cf-9* 基因与 *avr* 信号连接，然后通过与 NADPH 氧化酶直接互作引起氧化裂解来传递这种信号或者与具有联合信号传递能力的 LRR（情况 1a）互作来传递这种信号，如 *Xa-21*，或者与膜结合激酶互作来传递信号，如基因 *Pto*；②抗病基因 *Xa-21* 的细胞外 LRR，经由跨膜结构域附着在细胞内的蛋白激酶上。这些蛋白是潜在的、能识别 *avr* 基因信号，且把这种信息传递到细胞发信号的级联，从而引起抗病。这种激酶的功能能是使另一种激酶磷酸化，特殊的蛋白/蛋白互作可能由被识别的 *avr* 信号分子决定。这种结构潜藏着巨大的机动性，为了识别一系列的 *avr* 基因信号，这种结构能利用其机动性与含有 LRR 的任何数目的其他分子结合；③这种基因除了没有直接的激酶功能之外，信号传递情况与 Xa-21 相似。

为什么特定的抗病基因只识别一种 avr 信号，或者为什么 avr 信号只被一种抗病基因识别，其原因还不清楚。Busgrove 等 1994 年证明了拟南芥 Rpm-1 基因的突变引起对 $avrB$ 和 $avr9$ Rpm-1 识别的丧失。来自这些 avr 基因的蛋白产物虽然是无关的产物，但是在相似信号分子的生产中必须保持包含这种产物的可能性，这说明 Rpm-1 能识别一个以上的信号分子。Prf 的突变也表明这个基因识别一种以上的基因或基因产物（除倍硫磷之外），因为缺乏 $avrPto$ 的番茄细菌斑点病菌的非致病菌系对发生突变的植株变成致病的。而且，Rmp-1 的功能同系物存在于豌豆、蚕豆和大豆之中，这意味着与拟南芥本质上无关的这些植物的基因逐渐形成识别相同 avr 基因信号的能力。如果不同的抗病基因能存在于不同的植物，那么这些不同的抗病基因也应当在相同的植物中发生。含有 Cf-2 的植物的确携带能识别相同 avr 基因信号的两个不同的基因。

1.5 植物抗病基因的功能模式

抗病基因的功能模式，举例说明于图 4-9。富含亮氨酸重复序列（LRR）的分子，或许是抗病基因（R）与非致病基因（avr）信号分子互作的主要基因产物。LRR 结构域可能在细胞内或在细胞外，这可以说明被识别的 avr 基因产物在不同位置。寄主植物与病原菌互作产生的这些基因产物是潜在的、能识别多种 avr 基因信号的分子。具有细胞外 LRR 结构域的基因，识别细胞外的 avr 信号分子，这种结构域被固定在植物细胞膜上。

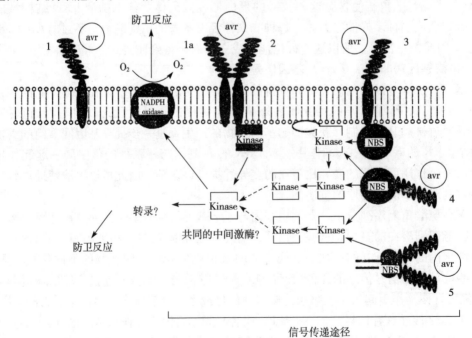

图 4-9 抗病基因功能模式

avr＝非致病基因活性产物；NBS＝核苷酸结合位点；Kinase＝激酶；
NADPH oxidase＝烟酰胺腺嘌呤二核苷酸磷酸氧化酶

　　图 4-9 的 1，表示像 *Cf-9* 这种基因与 *avr* 信号结合，然后直接与 NADPH 氧化酶互作传递这个信号，引起氧化裂解，或者与具有联合的信号传递能力的 LRR 的 *R* 基因如 *Xa-21* 互作来传递这种信号（1a），或者与膜结合蛋白激酶如 *Pto* 互作来传递信号。图 4-9 中的 2 代表像 *Xa-21* 这种基因的细胞外 LRR 经由跨膜结构域附着在细胞内的蛋白激酶上。这类蛋白能识别 *avr* 基因信号，并把这种信号传递到细胞的信号级联放大而引起抗病反应。然后，激酶的功能使另一种激酶磷酸化，特定的蛋白/蛋白互作可以用被识别的 *avr* 信号分子来确定。这种结构潜在巨大的机动性，它能与任何数目的含有 LRR 的其他分子结合，以扩大识别 *avr* 基因信号分子的范围。

　　图 4-9 中的 3 除了不含 LRR 的分子之外，可能与 *Xa-21* 的情况相似。然而，这种蛋白能与其他 LRR 蛋白结合，并与一系列激酶互作，使植物能对 *avr* 基因信号分子作出反应。LRR 蛋白也可能位于细胞内，可以假设它与其他蛋白有一系列的结合，其变异与跨膜蛋白中发现的变异相似。

　　图 4-9 中的 4 可能与 *N*，*RPS-2* 和 *RPM-1* 基因的情况相似，这里的细胞内 LRR 识别 *avr* 基因信号，经由信号传递途径把这种信号传递给病害反应基因。*N* 和 *L-6* 基因产物也包含与 Toll 和白介素-1（IL-1）蛋白序列相似的序列，这些序列可能对引起抗病反应的转录因子直接激活起作用。这种识别能力可能经由亮氨酸拉链的二聚体分子的形成而提高，*RPS-2* 和 *RPM-1* 的产物中或许存在这种拉链（图 4-9，5）。

　　avr 基因信号的存在一旦被发现，这种信息就被传递给病害反应机构（disease response mechanism）。根据对 *Pto* 基因的研究，激酶对信号传递途径起重要作用，这一点已经很清楚。*R* 基因的一种 LRR 产物与 *avr* 基因的特异产物中的一种以上的激酶互作的能力，揭示了信号识别的极为广泛的潜在变异性。一种激酶能与 *R* 基因的若干 LRR 产物互作或只与一种产物互作。这种信号能直接被传递给细胞反应机构或另一种激酶。每种激酶途径可能是独一无二的，或者抗病性表达途径可能通过共同的中间步骤漂移。

　　最后，信号识别的这种能力，可能经由基因转录或者直接经由氧化裂解引起抗病反应。Zhou 等在 1995 年报道，与 *Pto* 产物互作的一些蛋白表现与转录因子的相似性，这些转录因子能被磷酸化作用激活[310]。因此，*Pto* 的磷酸化作用会导致抗病反应中包含的若干基因的转录激活，例如查耳酮合成酶，苯丙氨酸聚合酶和与发病有关的蛋白[313]。Levine 等在 1994 年证明了蛋白磷酸化作用是大豆与亲和的大豆细菌性斑枯病菌菌株之间互作诱发氧化裂解所必需的。也有学者提出，*Pti* 能使与人类 P47 同源的蛋白磷酸化，然后被重新安排位置而激活膜 NADPH 氧化酶而引起氧化裂解。

　　尽管这种模式是推测的，不过它依然是以几个抗病基因的克隆和分析所揭示的线索为根据的，这说明识别病原的存在和对病原侵入的反应是一种复杂的、高度可变的过程。利用突变揭示的发信号途径的研究，已导致自然可变异的几个"抗病基因"功能所需要的其他几个基因的发现[314]。这些研究的例子是番茄的 *Rcr-1*，*Rcr-2* 和 *Nar-1*，*Nar-2* 基因，前二者是 *Cf-9* 的功能所需要的，后二者是由 *Mla-12* 基因介导的大麦的白粉病抗病性所需要的[329]。

　　20 世纪 90 年代，已克隆了在甘蓝叶片衰老期间特异表达的、编码类金属硫蛋白的蛋白基因。当这个基因的启动子与 β-葡糖醛糖苷酶报告基因连锁，并转化拟南芥时，就发现了它在叶片衰老期间的表达。然而，这个启动子也是在真菌病原柑橘脚腐病菌（*Phytophtho-*

ra parasitica）存在时被激活的，但是，只被来源于携带抗病基因的寄主植物的菌株激活。当植物用亲和的菌株接种时，没有出现转录。这说明在病原识别过程中包含着信号传递途径，衰老能引起相同基因的转录。在早期阶段，发信号途径可能在一些点上重叠，或者在激活特异转录因子的水平上出现少量的抗病性特异的突变体。如果抗病性和衰老的途径重叠，其他胁迫的有关反应也是通过重叠机构（overlapping mechanism）介导的，这是有可能的。这种途径的分析不仅是抗病性在当前和未来的重要研究领域，也是植物生物学当前和未来的重要研究领域。

　　一个抗病基因的产物，识别能力的范围有限。然而，如果有一个以上的基因互作，则识别新信号的能力就会大大提高。现在还没有证据说明在抗病性的表达中发生这种现象，但是，迄今分析的抗病基因的结构和功能表明，基因间的这种合作是有可能的。

　　*Pto*基因及其有关联的基因逐步变复杂的过程，是理解这种可能性的最好例子。Salmeron等在1994年证明了与*Pto*及*Fen*紧密连锁的第三个基因*Prf*是识别*avrPto*和倍硫磷所需要的。最近，*Prf*的结构已被确定，而且已证明其产物含有LRR结构域和核苷酸结合部位。Zhou等在1995年分离了被*Pto*磷酸化的一个基因*Pti*。*Pti*是另一种丝氨酸/苏氨酸激酶，它可能是细胞质的激酶，因为它不像*Pto*包含潜在的豆蔻酰化序列。*Pti*不被*Fen*磷酸化，也不使*Pto*磷酸化。

　　因为*Prf*与被克隆的其他所有抗病基因一样，其产物包含着LRR结构域，如果*Pti*在*Pto*的下游，则在信号的直接识别中包含着*Prf*。当*avrPto*或倍硫磷用相应的激酶*Prf*测定时，*Pto*或*Fen*就被磷酸化，且把特异的磷酸化信号传递到不同途径的中间物。因此，可以利用单一的含有LRR结构域的基因测定两种不同的信号。含有*Pto*和*Fen*的基因簇，包括其他若干激酶都能与*Prf*互作，以识别其他信号。这些激酶与其他含有LRR结构域的基因共同识别其他信号。这就能大大增加识别病原的数目。

　　对茄叶霉病菌缺乏抗病性的番茄植株（*Cf-0*）能与*avr9*蛋白产物结合。然而，只有用*Cf-9*基因转化的这些植株才对这种具有*avr9*的病原表现抗病性。这是令人惊奇的结果，因为根据*Cf-9*的LRR性质，意味着*avr9*基因产物或许与一种或一种以上的*R*基因的LRR产物结合。这些基因中只有*Cf-9*能传递信号或者还与其他基因结合，以直接或间接的互作提高*Cf-9*对病原反应的能力。*Cf-9*以这种方式能提高含有有限数目LRR的数目有限的基因识别信号分子的潜力。

　　*Rpm-1*和*Rps-2*的亮氨酸拉链结构表明，蛋白二聚化可能对抗病基因识别能力的变化发生作用。亮氨酸拉链使含有这种拉链的蛋白形成二聚体，所以，若干携带不同LRR结构域的这种蛋白能结合成多种多样二聚体形态，每种形态的二聚体有自身的识别能力。然而，*Rpm-1*和*Rps-2*不是基因簇的部分，所以，这种可能性只是一种假设，尚未被证实。

1.6　抗病基因的信号传递途径

　　寄主最普遍的抗病反应是在病原侵入点出现单个的细胞死亡或者侵入点周围的局部细胞死亡，这种类型的抗病反应通常称为过敏反应（HR）。同一种植物对同一种病原的不同菌株的侵染，表现不同的反应，过敏反应是植物表现抗病的一种反应，而在许多情况下，植物体的表面出现了清楚可见的大型病斑，表明植物是感病的。Holub等报道了十字花科植物拟南芥（*Arabidopsis thaliana*）与霜霉病菌之间的互作。在它们的大部分互作中，病原穿入寄主细胞，引起局部细胞死亡或产生坏死斑点，但当寄主受寄生菌株 Emoy2 侵染时，产生扩展的大病斑或坏死斑点。因此，寄主植物与病原菌互作表现的各种类型的病斑是评定寄主抗病程度和病原菌致病程度的根据。

寄主对不同寄生物作出反应的不同表型，反映了寄主-寄生物互作的重要生理差异。过敏反应或非亲和互作，最早出现的现象是寄主植物突然产生过氧化物，暗示植物抗病基因对 *avr* 信号的识别，诱导出引起氧化裂解的信号传递途径。这些结果表现为植物细胞壁被强化、细胞去区室化并产生与病理有关的几丁质酶和葡聚糖酶等蛋白和植物抗毒素。由此说明基因-对-基因互作包含侵染点周围细胞的氧化裂解和基因诱导的信号传递途径。

1.6.1　过敏反应的抗病性和信号传递模式

高等植物对致病微生物和病毒具有复杂的防卫体系。例如，植物固有的阻止病原入侵的结构障碍和化学防卫体系阻拦了潜在的病原的侵入。但是有些病原寄生菌却冲破了这些防卫体系，成功地侵入植物体。这时，病原侵入植物细胞引起有些植物的细胞发生一系列的病理的和生物化学的过程，表现为被侵入的细胞或其周围局部细胞的迅速死亡而限制侵入的病原的生长和繁殖，导致其死亡而不危害植物的其他细胞。这就是所谓的主动防卫，这种主动防卫也称为过敏反应的抗病性。如上所述，病原挑战抗病的植物时，最先被侵染的植物细胞常常很快就死亡，这就是所谓的过敏反应（HR）[315]。植物病理学家 Stakman 于 1915 年首先利用"过敏的"（hypersensitive）这个术语来描述"寄主植物受锈病菌丝侵袭时，寄主植物细胞异常迅速死亡"。过敏反应这个术语在寄主植物与病原寄生菌互作的经典遗传学和病原的生理小种研究中广泛使用。这里介绍过敏反应的分子遗传学机理。过敏反应是通过编码抗微生物的代谢物和合成蛋白的防卫基因的转录激活来完成的。当植物细胞发现病原的存在时，植物就通过加快代谢过程启动这种防卫机制，以过敏反应阻止了病原物侵入植物的其他细胞。过敏反应是由非寄主病原和寄主病原的非致病小种引起的。所以这里进一步说明一下植物细胞是如何识别病原的。关于植物过敏性抗病性的观点，是在研究寄主对真菌和细菌病原的非致病小种与具有特异抗病性品种互作的基础上形成的。这种抗病性受配对的成套寄主抗病基因和病原非致病基因控制。植物对微生物的基因-对-基因识别的生物化学基础研究不多、认识不足。植物病理遗传学家根据相关的一些遗传资料的分析和判断，达成了一个共识，即病原的化合物（所谓的激发子）应当被植物的受体识别。Keen，Gabriel 和 Rolfs 提出的模式认为寄主抗病基因编码受体，病原的非致病基因编码小种特异的激发子或者使这种激发子的合成成为可能。因为非寄主抗病性在表型上和生理上与品种特异的抗病性相似，所以这种抗病性也可能由激发子-受体互作或由许多相似的但微弱的互作的累加效应引起的[316]。过敏反应的信号传递模式包括如下过程：①介导受体的磷酯酶 C（PLC）的活化；②依赖于 PLC 的第二种信使，即肌醇三磷酸和二酰甘油的产生；③肌醇三磷酸引起的钙输入量的刺激；④未鉴定的蛋白激酶的活化；⑤由二酰甘油释放游离的脂肪酸；⑥由脂肪加氧酶催化的来自第二种信使和超氧化物的氨基酸的合成；⑦由钙和（或）脂肪加氧酶代谢物引起的交换反应的活化；⑧细胞最终死亡。虽然这个模式包含离子通道，但是它与 Gabriel 和 Rolfs 的模式不同，后者的这些通道是受体的已定位的下游，是第二信使而不是病原激发子进入的门户。发信号途径之间的这种反馈和交叉增加了这个途径的复杂性。这种模式预言，多受体（识别多种多样激发子的受体）进入共同的发信号途径，这就允许（但并不需要）非寄主和品种特异的过敏性的两种或两种以上不同受体的存在。这种特定的途径是由真菌和病毒的病原激活的。磷脂酶 A2（PLA2）或磷酯酶 D（PLD）可能会潜在地导致相似的下游事件，即提高游离脂肪酸的水平和脂肪加氧酶活性。根据与哺乳动物的系统和酵母系统的同源性，过敏反应发信号的成分可能被定位于质膜-细胞溶胶交界面的不连续区域。在许多真核生物的受体被刺激之后，磷脂酶 C（PLC）、蛋白激酶 C（PKC）、鸟苷三磷酸（GTP）、结合蛋白和脂肪加氧酶就从细胞液胶移位到质膜。这是以多种多样的机理发生的，包括蛋白酰化作用，蛋白磷酸化介导的构象变化，这种变化揭示了疏水蛋白结构域[39]。

基因-对-基因抗病性是植物育种学家开发利用的植物抗病性的一种形式，因此形成了作物病害防治的基础。抗病性的基因-对-基因关系，表示这种抗病性对植物抗病基因与病原非致病基因之间配对特异性的依赖[317]。这些基因显然控制着受体-配体的互作，这种互作激发了复杂的防卫反应。在基因-对-基因互作后发生的这种强烈的防卫反应包括抗微生物酶和代谢物的合成、激活邻近细胞防卫的信号分子的产生和侵染点植物细胞的细胞壁增强。基因-对-基因防卫的最重要特征之一，是病原侵入寄主细胞之后数小时内被侵染植物细胞的死亡，这是过敏反应（HR）的一个过程[318]。

虽然过敏反应的细胞死亡是基因-对-基因抗病性的一个标志性特征，但是这种抗病性类型的细胞死亡的相对重要性不清楚，可能因目标病原不同而有变化。抗病的寄主细胞死亡的作用包括抗微生物酶和代谢物大量释放到胞外基质中，消除了支持病原生活的细胞、激活了邻近和远处防卫信号的释放[319]。还有一种说法，过敏反应细胞死亡可能是发信号反应，如氧化裂解异常强烈激活引起的副作用，或细胞内有毒的抗微生物化合物广泛形成引起的副作用。除基因-对-基因抗病性之外的其他抗病类型的防卫反应，常常在低水平被激活，寄主细胞不发生程序性细胞死亡[320]。不过，这种类型的抗病性，阻止病原生长的效果较小。

从实验上难以评定细胞死亡对基因-对-基因抗病性的效用，因为细胞死亡一般是这种反应的主要特征。然而，以前的研究提供了一些证据证明，细胞死亡并不总是基因-对-基因抗病性所需要的。在观察到细胞死亡的正常的基因-对-基因反应中，基因-对-基因抗病性的成分，例如氧化裂解、水杨酸盐产生或与发病有关（PR）的基因表达的诱导，在过敏反应细胞死亡之前被激活。在很低的氧和高湿度环境下人工接种的植株，过敏反应细胞死亡被推迟，这样的植株也观察到植物防卫反应的成分[321]。在病原生长受限制期间，非致病基因特异的抗病基因不引起细胞死亡的例子很少。但是能找到这种例子，例如大麦组织用转录的抑制物虫草菌素处理时，在没有过敏反应的情况下，观察到大麦白粉病菌（*Erysiphe grami-nis f. sp. hordei*）的专性营养型的非致病小种的生长被降低。拟南芥 dnd1 突变体对非致病的十字花科细菌叶斑病菌表现感病性的相反表型，尽管对这类病原的反应无过敏反应表型。虽然这些例子说明细胞死亡可能不是基因-对-基因抗病性所需要的，但是有证据证明，细胞死亡是一些基因-对-基因互作中成功限制病源菌生长所需要的。有实验证明，由于过敏反应细胞死亡受抑制，Mla-型抗病性是无效的。

1.6.2 过敏反应与激发子

（1）品种特异的激发子　利用激发子-受体模式难以鉴定依赖于非致病基因的激发子。大部分生物化学方法在实验上不产生无细胞的激活过敏反应的活性。此外，诱发各种坏死的因子被错误地鉴定为过敏反应激发子。一种因子杀死植物细胞而不是植物细胞自己死亡，这个事实表明这种因子有激发过敏反应的活性。这种主张最后必须得到激发子活性的适宜的寄主或品种特异性遗传的支持和这种激发子利用与微生物来源的相同机理杀死植物细胞的证据。就是说，判断过敏反应激发子应有一定的标准作为根据，满足一个或一个以上的标准，才能认为是过敏反应的激发子。例如，烟草花叶病毒（TMV）的壳蛋白激发了携带 $N-1$ $N-1$ 基因的烟草寄主的过敏反应。受茄叶霉病菌某些小种侵染的番茄的质外体流体含有 3 049 u多肽，这是非致病基因 $avr9$ 的产物，它只激发携带相应抗病基因 $Cf-9$ 番茄植株的坏死。这种特定的非致病基因（$avr9$）已用来自纯化的激发子的 N-端氨基酸序列的寡核苷酸探针法鉴定了。研究工作者已利用遗传的方法鉴定了假单胞菌属和黄单胞杆菌属病原的许多非致病基因，然而，只鉴定了一个激发子。表达番茄细菌斑点病菌非致病基因 D 的细菌，产生低分子量的糖脂和丁香脂（syringolides），这些物质诱导对携带抗病基因 $Rpg-4$ 的大豆和番茄品种的过敏反应。在这种情况下，非致病基因编码激发子合成所需要的酶。

（2）非寄主激发子　在利用植物致病的细菌诱导非寄主植物过敏反应的研究中，分子遗传学的方法也很成功。在假单胞菌属、黄单胞杆菌属和欧文氏菌属（$Erwinia$）的一些种中，非寄主过敏反应的诱导需要 hrp（过敏反应和致病性）基因。典型的 hrp 基因簇由具有多个开放阅读框的 20～40kb 的 DNA 组成。全部或大部分的 hrp 位点是对寄主的致病性、非寄主的不亲和性和过敏反应诱导所需要的。植物真菌病原的 hrp 基因功能同系物（同源物，homologue），还没有被鉴定，这可能反映在真核生物基因组的操作上还有困难，而不是真菌病原不存在这种基因。然而，非寄主过敏反应的真菌激发子已有若干候选基因。由疫霉属（$Phytophthora$）的一些种产生的隐地蛋白（cryptogein）和相关的蛋白，引起不亲和寄主烟草的类过敏反应坏死和生理反应[322]，引起坏死的非特异激发子也已从小麦秆锈病菌和马铃薯晚疫病菌[323]分离出来。

（3）致病性因子的激发子　由细菌的 hrp 基因编码的过敏反应激发子，显然是对亲和寄主的致病和诱导过敏反应所需要的。在一些例子中，致病性的非致病基因可能也起作用。例如，棉花细菌疫病菌的一个或一个以上的致病性基因像非致病基因一样对抗病的棉花品种起作用，TMV 的外壳蛋白基因决定着对某些寄主品种的非致病。燕麦对菜豆黑斑病菌产生的寄主特异的毒素的敏感性由 $Pc-2$ 位点决定，这个位点也提供对羊茅冠锈病的抗病性。这个位点的产物以菜豆的黑斑病菌和羊茅冠锈病菌的受体起作用，是一种假定。不过，这些结果说明一些过敏反应激发子是致病性因子或者与这种因子有关系。在与病原共进化期间，植物显然形成了识别初期侵染时发出的明确信号这种因子的机制。致病性因子诱导的选择性的寄主的过敏反应，可以有以下两种方法之一产生：①如果致病性功能与过敏反应无关，抗病的寄主或许能识别这个因子并把这种信息传递给过敏反应的机构；②如果致病性的功能是降低过敏反应症状，抗病寄主就把"正常敏感的"感病反应传递给"过敏的"反应而杀死被侵染的细胞并迅速产生防卫反应。烟草花叶病毒的外壳蛋白可能符合第一种方法，通过与过敏反应激发子相同的机理提高寄主膜通透性的那些因子，可能符合第二种方法。病原提高寄主细胞膜通透性的一种方法，是通过改变 H^+ 的运输。健康植物组织中质外体的糖、氨基酸和无机磷酸的浓度比细胞溶胶或韧皮部中的这些物质低得多。

近年来，关于病原激发子信号的产生和携带相关抗病基因的植物对激发子信号的发现以及对植物抗病性的理解，已经有相当大的进步。从目前的研究结果看，病原激发子的产生和抗病植物对激发子的发现，比原来想象的更加复杂。20 世纪初以来，研究工作者就知道植物种中的一些品种能识别特定的病原并发生过敏反应，而感病的植物没有这种功能。有些抗病植物具有单一的孟德尔的植物抗病基因，从育种学的观点看，这些基因是农业上病害防治的主要支柱。然而，常常出现"克服"抗病基因的病原菌系而引起植物发生病害。这种菌系由于与原有植物抗病基因对应的非致病基因的突变或丢失，因而不能产生被抗病基因发现的、称为特异激发子的信号分子。携带有功能非致病基因的菌系产生相应的激发子，这种激发子只能被携带互补（或相对应）抗病基因的植物发现。激发子分为普通的激发子和特异的激发子两种类型，前者不表现植物种内品种间的敏感性差异，它包含与病原的基本代谢有关的物质，例如细胞壁葡萄糖、几丁质寡聚体和糖肽；而后者只对携带配对抗病基因的品种起作用并被这种抗病基因识别，通常具有如蛋白、肽和 syringolide 等比较单一的结构。特异的激发子是非致病基因的产物。

非致病基因特异的激发子的分离，有力地支持植物抗病基因与病原非致病基因互作产生的信号传递、防卫反应等一系列过程的受体-激发子假说。即病原非致病基因支配激发子的产生和植物抗病基因支配受体的产生，激发子发出信号，受体接受信号并作出防卫反应。然而，有些研究结果和解释与受体-激发子假说不同，例如植物体中确实存在识别普通激发子的植物受体[324]，而且已证明标记的特异激发子与相似亲和的植物提取物的结合与植物的抗病基因型无关。例如，Honee 观察到茄叶霉病菌的 avr9 肽激发子，与 Cf-9 或 cf-9 基因型的番茄质膜制备物的可饱和的、能取代的配体都能结合。还有，由表达非致病基因 avrD 的细菌产生的有标记的 syringolide 与大豆叶片的可溶性碎片特异地结合，这种结合与大豆品种的相关抗病基因 Rpg-4 的存在与否无关。这些结果说明抗病基因产物可能不与激发子直接结合。抗病基因产物可能是引起防卫反应基因活化的信号传递途径的成分。某些抗病基因产物蛋白的结构，例如 Pto 蛋白的结构也表明这种蛋白可能是信号传递中的成分，而不是激发子的受体。

1.6.3 防卫基因的激活和防卫反应

图 4-7 表示的模式说明，过敏反应开始时的发信号途径可能直接引起防卫细胞激活。转录的基因激活能在这种途径内的多个位点发生[325]。在大多数情况下，这或许依赖于第二种信使。转录因子的活化蛋白（AP1）家系在哺乳动物有特别详细的研究，为植物的过敏反应连接基因激活提供模式。这个家系属于在所有真核生物，包括植物中发生的碱性拉链蛋白 B-Zip 含一个碱性氨基酸控链域的一种 DNA 结合蛋白转录因子的一个较大的家系。事实上，与植物防卫基因的顺式（cis）调节因子互作的一些反式转录因子（trans）转录的产物可能是 BZip 蛋白。活化蛋白 1 家系内的转录因子形成与保守的顺式调节因子结合的异源二聚体和同源二聚体。这两种二聚体的活性受经由蛋白激酶 C 的后转录的磷酸化作用调节。因此，活化蛋白 1 目标基因被磷酯酶 C 介导的发信号途径所激活，导致蛋白激酶 C 激活子、钙和二酰甘油的产生。第二种信使环腺苷酸（cAMP）激活转录因子的不同家系。这一点虽然没有直接的证据，但是，通过胞质 pH 和离子强度对蛋白构象的影响，能潜在地调节转录因子的活性。

最近，一般认为真核生物通过质膜发信号途径的基因激活，总是依赖第二种信使。然而，还难以使在真核生物中知道得较少的几个第二信使与受体介导反应期间基因表达的复杂模式相一致。这部分地用与第二信使无关的基因激活来解释。

植物防卫一旦开始，细胞内的发信号级联最终引起一类称为防卫反应基因的转录活化[326]。这些防卫反应基因编码多种多样的一系列蛋白，包括植物抗毒素生产所需要的蛋白、细胞壁再强化的蛋白和直接拮抗病原的蛋白。生化和遗传研究已鉴定连接激发子识别和植物防卫基因活化的细胞内发信号途径的若干推定的成分（表 4-2）。含有特异地诱导 Cf-

2 和 Cf-5 番茄植物过敏反应的 $avr2$ 或 $avr5$ 的非致病小种引起特异的植物防卫反应，然而，至此为止还没能描绘完整的信号传递途径。非致病小种诱导抗病植物的胼胝质沉积[327]以及植物抗毒素和与发病有关的蛋白，如 P14[328] 的积累、几丁质酶和 1.3-β-葡萄糖酶等的积累。Cf-9 番茄植物的酸性的和碱性的几丁质酶和 1.3-β-葡萄糖酶的瞬时表达也是由 $avr9$ 特异诱导的。通过比较发现，$avr4$ 只刺激 Cf-4 番茄植物的酸性酶的差异积累[329]。这些结果说明，菌丝壁的降解过程可能包含着番茄几丁质酶和 1.3-β-葡萄糖酶。然而，离体的茄叶霉病菌对这些水解酶似乎不敏感，因此就失去了对这种易变真菌的抗病性的作用。把含有 $avr9$ 的细胞间液注射到 Cf-9 番茄子叶内，引起了若干生理反应：提高了总的和氧化的谷胱甘肽的水平、脂加氧酶活性、脂质过氧化作用、电解质渗漏和氧化裂解的提高[330]。此外，在膜的完整性丧失而游离水杨酸显著增加以后，产生了乙烯[331]。用含有 $avr2$ 的细胞间液注射 Cf-2 番茄幼苗获得了相似的结果。然而，Cf-2 植株表皮细胞的衰败、乙烯的产生和细胞生活力的丧失似乎被推迟了 4～7h。Vera-Estrella 等利用保持完整植株特异性的番茄悬浮细胞研究特异激发子的作用，发现了只有向携带抗病基因 Cf-5 的番茄细胞添加含有 $avr5$ 的细胞间液，才出现活性氧中间体、细胞外过氧化物酶和酚类化合物的迅速增加。质膜的 $avr5$ 初制备物诱导了 H^+-ATP 酶活性提高 4 倍、新细胞外介质酸化作用以及氧化还原[332,333]。氧化还原变化和 ATP 酶刺激似乎是由 G-蛋白和磷酸酯酶介导的，后二者可能激活 $avr5$ 与它的受体互作。

1.6.4　非过敏反应的抗病性

虽然与过敏反应有关的抗病性对抗了多种多样的真菌、细菌和病毒等病原而保护植物体本身，但是也有明显的例外。这些例外包括植物对土壤杆菌等病原的抗病性，土壤杆菌对任何植物种都不诱导过敏反应；另一种情况是病原具有诱导过敏反应的能力，但却对过敏反应起抑制作用。这些病原可能包括产生寄主特异毒素的病原和产生其他坏死营养因子的病原。寄主植物对这些病原的抗病性可能是由于降低对毒素或其他因子的敏感性而产生的。虽然过敏的抗病性是植物主动防卫的一种重要的抗病性，但是，植物防卫反应和防卫基因激活是多种多样"非过敏反应"的生物激发子引起的。这些激发子当中有许多激发子是植物或真菌细胞壁的寡糖被破坏而生成的产物，另外一些激发子则来自脂质或蛋白[334]。大部分非过敏反应的激发子不是高度寄主特异的，不引起细胞死亡，不是抗病性的单独决定因子。然而，这种激发子在不亲和的和亲和的寄主-病原互作期间发生，因此可能对抗病性和抑制亲和的病原起作用。植物先暴露于非过敏反应的激发子，能"诱发"植物对正常致病的病原菌的抗病性。在防卫基因激活和信号传递的一些研究领域，对非过敏反应的防卫反应的研究比对过敏反应的研究多。其原因部分地是由于缺少纯化的过敏反应激发子。

拟南芥的一个突变体系统，实际上无过敏反应的细胞死亡，不存在有效的基因-对-基因抗病性。这个在 DND 位点突变的突变体植株，对十字花科细菌叶斑病菌非致病菌株不表现过敏反应的细胞死亡，但是保持了具特征性的抗病反应。例如，与发病有关的基因表达的诱导和对病原生长的强烈限制。突变体 dnd1 植株也表现对致病的真菌、细菌和病毒等病原的抗病性提高。这种突变体表现的抗病性可以与抗病基因 RPS-2 和 RPM-1 介导的基因-对-基因的抗病性区别开来。研究结果发现，dnd1 突变植株的水杨酸化合物和与发病有关的基因的 mRNAs 的水平在组成上提高了。因此认为这种突变体获得的诱导的抗病性，可能代替了潜藏着更强的基因-对-基因防卫反应的细胞死亡。

2　病原非致病基因的功能和激发子

在分子生物学和分子遗传学水平上介绍病原非致病基因的结构和功能之前，从经典遗传学的角度概括病原非致病基因的研究结果，指出如下的非致病基因的一般性质，以作为分子遗传学研究的借鉴和研究结果验证的依据。

（1）基因数　Flor 把亚麻抗病品种与感病品种杂交，接种对抗病亲本为非致病的菌系，通过经典遗传学的常规基因分析，推断品种所含的抗病基因数。同时，把所用的非致病菌系与致病菌系杂交，分析非致病菌系的非致病基因，发现了抗病的亚麻品种含有的抗病基因数与非致病菌系含有的非致病基因数是相等的。他得出结论说，在病原菌中存在着与寄主中的抗病基因相同数目的非致病基因。这个结论后来在小麦的秆锈病菌、叶锈病菌、大麦白粉病菌和稻瘟病菌的遗传研究中得到证实。

（2）显隐性关系　关于非致病基因与致病基因的显隐性关系，只对 2 倍性期间寄生的病原进行研究，结果证明非致病基因对致病基因表现完全显性的占绝大多数。

（3）上下位关系　对分别表现抗病（R）反应和中抗（M）反应的两个抗病性程度不同的抗病基因表现非致病的菌系杂交，后代的分离比为 12 高度非致病：3 中度非致病：1 致病。研究结果表明，两个杂交的菌系分别具有与两个抗病基因对应的非致病基因。小麦秆锈病菌的杂交遗传分析，就发现这样的分离比。这是因为两个非致病基因 a 和 b 的非致病程度不同，前者为高度非致病，后者为中度非致病。假定致病基因分别为＋、＋，则 a－b－，a－＋＋表现高度非致病，＋＋b－表现中度非致病，＋＋＋＋表现致病。a 基因与 b 基因共存时，（a－b－）表现 a 基因的作用，即高度的非致病基因对中度的非致病基因为上位。这种上位性在单倍体时期寄生的病原菌中也发生，这时 ab，a＋为高度非致病，＋b 为中度非致病，＋＋为致病，表现为 2：1：1 的分离比。

（4）连锁和等位关系　病原非致病基因的等位关系和连锁关系，不像寄主那样有许多等位基因位于一个基因位点上。例如已知在亚麻的抗锈病基因 L-位点上，有 13 个复等位抗病基因，但在锈病菌中，对 L-3，L-4，L-10 的致病基因紧密连锁，这些基因与对 L-8 致病的基因疏松连锁。另外，也发现对 L-3、L-6、L-7 致病的基因有连锁关系。另外，对 P-位点上的 4 个抗病基因以及 M-2 基因位点上的抗病基因致病的基因以一个单位起作用，对应 N-位点上两个抗病基因的两个致病基因疏松连锁。两个以上的非致病基因间的等位关系，在高度非致病基因 avr_{M8} 与中度非致病基因 avr_{M3} 之间发现。在小麦的叶锈病中，已知道在 Lr-2-位点上有 5 个等位抗病基因，但是对这些抗病基因的致病性由一个致病基因控制。

Lr-14a 和 Lr-14b 起初认为是等位抗病基因，但后来查清它们以 0.16％的交换值连锁着。控制对这两个抗病基因致病的致病基因是独立遗传的。另外，Lr-15 被认为是 Lr-2 位点上的一个基因。二者的致病基因独立行动。

在寄主中，抗病基因局限于特定染色体上，根据目前的文献看，病原菌中的非致病基因也多少存在着这种局限的倾向。

2.1　病原的非致病基因

Staskawicz 等利用重组 DNA 技术，首先从大豆病原大豆细菌性斑枯病菌（*Pseudomonas syringae* pv. *glyeinea*）克隆了一个非致病基因[274]。他们把这种病原若干小种的基因组文库构建在黏粒载体上（pLARFl），并使它们保存于埃希氏菌的 DNA 文库和转入各种致病和非致病的小种中。野生型小种 5（Psg 5）对大豆品种 Harasoy 和北京（品种名称）是致病的，小种 6（Psg 6）是非致病的。当具有 Psg 6 小种特异基因的克隆由小种 6 基因组文库转入小种 5 时，这个克隆使小种 5 对品种 Harasoy 和北京表现非致病反应。就是说，这个独特的克隆（pPg6L-3）携带的非致病基因使致病的小种 5 转化为非致病的，因此不能引起大豆品种 Harasoy 和北京发病。

在寄生体系中发现的基因-对-基因关系的这种研究说明，显性的抗病等位基因和显性的非致病等位基因之间发生的非亲和性互作是遗传的。Staskawicz 等报道的分子的遗传证据表明，非致病基因对产生非亲和性互作起决定性作用[274]。Staskawicz 等鉴定了来自被选择的克隆（pPg6L3）、显然具有承担非致病的序列、长 27.2kb 的 DNA 片段。Panopoulos 和 Peet 引用的 Staskawicz 其他未发表的结果表明，一种细菌的非致病基因，在 DNA 片段的 3.5kb 区内，具有 1 个开放的阅读框。这个片段的一些部分是原先克隆这个基因的细菌小种独有的。由棉花角斑病菌的小种获得了相似的证据，从这个小种克隆了 5 个非致病基因。现在，利用物理分离的含有非致病基因的 DNA 片段已能够测序和确定基因产物。基因产物的鉴定，加深了对病原致病性性质和植物-细菌互作特异性的理解。

转座因子插入诱发突变的技术也应用于研究病原的致病性突变。Anderson 和 Mills 应用转座子诱变来分离寄生于菜豆的假单胞菌的两个致病变型的营养的和致病的突变体。当转座子 Tn5 被插入时，它就控制细菌对卡那霉素的抗性（Km^r），Tn5 的这个属性可以用作选择菜豆细菌褐斑病菌和菜豆细菌性晕斑病菌两个致病变型 Tn5 诱变处理的菌落变异体的标记。Tn5 通过与埃希氏菌含有的质粒载体 pSUP1011 的结合被导入到这些致病变型中。两种致病变型对"红墨西哥的"菜豆都是致病的，而 Tn5 诱导的突变体是非致病的。

Frank 等对来自菜豆细菌褐斑病菌一些转座子诱变的突变体作了进一步的特性描述，而且还鉴定了有关的 DNA 片段。他们鉴定了含有 30kb 插入片段的黏粒（pOSU3101），这种黏粒的限制性酶切图证明，一对大约 8.5kb 的插入片段是通过互作恢复致病的，所需要的这种插入片段大到足以包含 1 个操纵子；然而，还需要进一步研究来确定致病机理中包含的基因数目和调控。

在引起许多茄科种植物萎蔫病的茄青枯病菌（*Pseudomonas solanacearum*）中，有转座子诱变的另一个例子。细菌的易变异菌系与致病有关，不易变异的菌系与非致病有关。转座子 Tn5 被插入致病菌系的基因组中，分离到非致病突变体。用 Tn5 探找非致病突变体揭示，3.2kb 片段附着在大于 5.7kb 的序列上。Mills 讨论了细菌病原转座子诱变的另一些例子。

许多致病的真菌种的许多致病基因已通过经典的遗传分析做了鉴定。但是，这些基因没有一个是从分子的观点研究和克隆的，已克隆的寄生真菌的致病基因比较少。然而，来自非寄生真菌的许多基因已被分离、克隆，并从分子的观点做了研究。与细菌相比，致病真菌比较不适合于分子遗传分析，这是因为致病基因产物在分子遗传分析中的不可利用性和缺乏可利用的适合的载体转化体系。对致病机理起直接作用的最好的真菌代谢物是毒素和植保菌素-脱甲基化酶。目前已知道大约有 15 种寄主选择性毒素；然而，玉米南方叶枯秆腐病菌的 HmT 毒素的生产，已证明受单基因控制。毒素是次生代谢产物，所以不能用作鉴定所需要的 DNA 片段的探针。

鉴定致病基因的另一种方法是利用功能互补。这种方法需要有适合的转化体系。Yoder

及其同事成功地利用来自曲霉菌的 *amdS* 基因转化了玉米南方叶枯秆腐病菌。*amdS* 基因产生能使曲霉菌生长的唯一氮源——乙酰胺发生代谢变化的乙酰胺酶。玉米南方叶枯秆腐病菌基因组与曲霉菌的 *amdS* 基因，没有像通过 DNA 杂交技术所表现的那样的引人注目的同源性。Yoder 及其同事们当初的期待是玉米南方叶枯秆腐病菌能用 *amdS* 基因转化，且该基因得到表达，这样就具有了可选择的标记。他们把 *amdS* 基因及它的调控基因 *amd1* 克隆到质粒 p3SR2，并且把这种质粒导入了玉米南方叶枯秆腐病菌。*amdS* 基因在玉米南方叶枯秆腐病菌中得到表达。这是植物致病真菌成功转化的第一种情况，这种方法打开了利用 *amdS* 作为可选择的标记来研究有益真菌基因的许多途径。在玉米普通黑粉病菌（*Ustilago maydis*）和稻瘟病菌中，也实现了成功的转化。

Day 等描述的鉴定寄主基因的方法，也适用于鉴定真菌基因。这种方法需要在非致病的亲本菌中，像 Flor 那样在亚麻锈病菌中利用 X 射线所做的实验，来诱变和检测致病突变体。非致病菌系与致病菌系之间限制性内切酶图的比较，发现假如限制性酶切位点缺失外侧，就能在凝胶上的相对应片段，进行分子量和分子大小差异的检测。含有非致病基因的片段，能通过转化致病突变体为非致病突变体来证实。然而，这种方法对核 DNA 无效，因为它产生不能辨别的 DNA 带。

2.2　已克隆和描述的病原主要非致病基因

在 20 世纪 90 年代已经克隆和描述了 40 多个细菌病原非致病基因和数十个真菌病原非致病基因。这里只简单阐述一些非致病基因的来源、结构和功能。

2.2.1　真菌的非致病基因

（1）非致病基因 *avrPwl 2*　这个基因是用图位克隆方法分离的，用它转化对画眉草致病的菌系，使被转化菌系变成非致病菌系。

（2）非致病基因 *avrPwl* 家系　由杂草马唐和谷子或小麦分离的所有梨形孢属（*Pyricularia*）菌株含有与 *avrPwl 2* 的同源性强弱不同的一个同源序列。

（3）非致病基因 *avr2 - YAMO*　这个基因也是利用图位克隆由对水稻品种社糯非致病的稻瘟病菌株分离的。

（4）非致病基因 *avr 9*　*avr 9* 基因含有一个 59bp 的短内含子，编码包含 C-端末 28 个氨基酸的成熟激发子序列在内的 63 个氨基酸的前蛋白原。天然的 avr9 蛋白是含有 23 个氨基酸的推测的信号肽。然而，所产生的 40 个氨基酸的原蛋白从未在实验上测定到，因为它很快被真菌和植物的蛋白酶加工成为 32～34 个氨基酸的中间类型和 28 个氨基酸的激发子肽。印迹分析证明，对 *Cf - 9* 番茄植株非致病的全部小种都含有 avr9 的单拷贝，而所有的致病小种没有这个基因。用 avr9 转化致病小种，被转化的这个菌系得到了对 *Cf - 9* 番茄植株特异的非致病。而且，非致病小种中 avr9 的瓦解，会引起这个小种对 *Cf - 9* 植株致病。这些结果证明，avr9 是决定对 *Cf - 9* 番茄植株非致病的关键因子，是决定真菌非致病的唯一的遗传因子。

当真菌在番茄叶片内生长时，*avr9* 高度表达，但在液体培养的最适条件下不表达。报告 *avr9* 表达的 GUS（葡萄糖苷酸酶）活性的组织化学定位证明，在这种真菌经由气孔穿入植物以后，*avr9* 这个基因被强烈诱导。GUS 活性的最高水平是在生长于叶片维管束组织附近的菌丝体中测定到的。在含有低量氮的生长培养基中活体培养的这种真菌的 *avr9* 表达被强烈诱导，这或许反映了质外体中存在着强烈诱导 *avr9* 表达的条件。把其他的大量营养物或植物因子添加到菌生长的培养基中，都不能诱导 *avr9* 的表达。*avr9* 启动子含有模体 TAGATA 的 6 个拷贝和核心序列 GATA 的 6 个附加的拷贝。这些共同序列已被鉴定为蘑菇霉的天冬酰胺-苏氨酸 2（NTT2）蛋白的识别位点，它们在限制氮的条件下，诱导许多基因的表达。这些模体中若干模体的缺失，在低氮条件下似乎消除 *avr9* 诱导，说明 *avr9* 的表达是通过副作用的氮调节蛋白介导的。

为了确定 *avr9* 激发子活性的特异氨基酸的相对重要性，提出了诱导 *avr9* 序列的突变。一个氨基酸的交换对 AVR9 蛋白的功能都会发生影响，由无过敏反应诱导或有限的过敏反应诱导到发生比由野生型激发子诱导的更快的坏死。若干氨基酸对激发子活性是很重要的，其中 C-端的组氨酸当它被亮氨酸取代时，组氨酸强烈地降低坏死活性。此外，缺乏最后这个氨基酸的、由 27 个氨基酸合成的肽，在生物学上对 *Cf-9* 番茄植株是失活的，在水中几乎是不可溶的，说明 AVR9 C-端末对这种蛋白质的结构、稳定性和活性的重要作用。在亲和互作期间，AVR9 的本质功能还不知道。在维管束附近的菌丝 AVR9 的高水平的转录，可能表明对由维管束组织到质外体的间型养营运动起作用。在实验室的条件下，*avr9* 似乎是不需要的，因为这个基因的破坏不影响茄叶霉病菌的生长和致病性。然而，在自然界，*avr9* 的缺失会干扰这种真菌的适合度，因为缺失这个基因的茄叶霉病菌小种不越出它们适宜的地理位置。而且，在 1979 年导入番茄品系的 *Cf-9* 基因仍然在对抗茄叶霉病菌时，为番茄提供了保护，这说明如果新致病小种出现，它们的致病较低。对 *Cf-9* 番茄品系致病的两个小种的核型分析揭示，这两个小种含有包括 *avr9* 和连锁基因的缺失，这种缺失可能对这种真菌致病和适合度起作用。

（5）非致病基因 *avr4*　内含子较少的 *avr4* 基因在植物体内表达。*avr4* 编码前蛋白原，这种蛋白原有包括推定的 18 个氨基酸的 N-端信号肽的 35 个氨基酸。117 个氨基酸的剪切蛋白由植物或真菌的蛋白酶加工成 105 个氨基酸的活性激发子蛋白。成熟的 AVR4 蛋白也是富含半胱氨酸，含有上述氨基酸中的 8 个氨基酸，这种蛋白与数据库中的蛋白不表现明显的同源性。DNA 印迹证明，所有茄叶霉病菌小种都含有 *avr4* 基因。所有非致病小种的 *avr4* 等位基因的推断氨基酸序列是相同的。然而，致病小种的 AVR4 蛋白初级结构的一个氨基酸变更已得到鉴定。在 7 种情况下，半胱氨酸残基被酪氨酸取代。此外，在第四个与第五个半胱氨酸之间测定到其他 2 个氨基酸交换（酪氨酸与组氨酸交换和苏氨酸与异亮氨酸交换）。在一种情况下，一个核苷酸缺失引起了移码，是野生型 AVR4 蛋白 N-端 13 个氨基酸脱离。RNA 印迹证明，在侵染期间所有 *avr4* 等位基因都被转录。由变更的 *avr4* 等位基因编码的蛋白没有一种是用蛋白质印迹法测定的，说明这个基因的产物是不稳定的或者不是分泌型的蛋白。用有功能的基因转化含有突变的 *avr4* 等位基因的致病小种，就使被转化而产生的菌系具有非致病和产生特异诱导 *Cf-4* 番茄植株过敏反应的蛋白质。所以，这种野生型的 *avr4* 基因对突变的 *avr4* 基因似乎是显性的。因为产生截短的 AVR4 蛋白的菌系是致病的，所以有功能的 *avr4* 基因不仅是丰富的，而且也是决定对 *Cf-4* 植株非致病所需要的。这些结果表明，*avr4* 完全符合非致病基因的定义。

（6）非致病基因 *avrRrs1*　大麦云纹病菌的许多小种具有的、与大麦抗病基因 *Rrs1* 对应的非致病基因。

2.2.2　细菌的非致病基因

一般地说，植物的细菌病原的寄主范围是很有限的，常常局限于一个科、属或种的成员。特定的菌株常常更为特化，只引起特定寄主种某些栽培品种的病害。其结果是绝大多数植物抵抗大部分细菌的侵袭。寄主植物与病原的互作遗传研究形成了基因-对-基因学说，它指导了由大豆细菌性斑枯病菌成功克隆第一个非致病基因 avrA[336,337]。这个非致病基因的成功克隆，反过来在分子遗传学的水平上证实了基因-对-基因学说的正确性和进一步提供了的非致病基因/抗病性基因互作的进一步的分子生物学证据。以下阐述目前已鉴定和描述的细菌非致病基因的特性，其中 30 多个非致病基因已被克隆和测序。反映小种/品种特异性的第一个细菌非致病基因分离后不久，异源的致病变形（pathovar）的基因文库的测定提高了测定非寄主植物识别的非致病基因的可能性。这就导致一些能在小种/品种水平上起作用的基因，如豌豆细菌性疫病菌非致病基因 avrPpiA 的发现和能在致病变形/种水平上起作用的基因，如菜豆晕斑疫病菌（Pseudomonas syringae pv. phaseolicola）的非致病基因。由此看来，个别非致病基因所观察到的行为模式，可能与常规利用的寄主-病原组合的有效性有关，而不是与功能的基本差异有关。

（1）由假单胞菌的致病变型克隆的非致病基因包括 ①由菜豆晕斑疫病菌克隆的非致病基因 avrPphA、avrPphB1.R3，avrPphD，avrPphE1.R2，avrPphF.R1；②由豌豆细菌性疫病菌克隆的非致病基因 avrPpiA, R2avrPpiB.R3，avrPpiC，avrPpiD.R-5，avrPpiE；③十字花科细菌性叶斑病菌（Pseudomonas syringae pv. maculicola）克隆的非致病基因 avrPmaA-1。④由番茄细菌性斑点病菌克隆的非致病基因 avrD，avrRpt-2，avrPto，avrE；⑤由大豆细菌性斑枯病菌克隆的非致病基因 avrA，avrB，avrC[362]（表4-3）。

表4-3　由假单胞菌属的致病变型克隆的非致病基因
（Vivian等，1997）

基因名称	致病变型来源	与寄主互作	开放阅读框（nt）	预测的肽（ku）	GC%	基因定位	参考
avrPphA	菜豆晕斑疫病菌	菜豆	nd	nd	nd	nd	Shintaku等，1989
avrPphB-1.R-3	菜豆晕斑疫病菌	菜豆/R-3	801	38	48.0	染色体	Jenner等，1991
avrPphD	菜豆晕斑疫病菌	豌豆	579	27	52.5	质粒	Wood等，1994
avrPphE-1.R-2	菜豆晕斑疫病菌	菜豆/R-2	1125	41	57.6	染色体	Mansfield等，1994
avrPphF.R-1	菜豆晕斑疫病菌	菜豆/R-1	402/591	15/22	40.0/52.5	质粒	Tsiamis等，未发表
avrPpiA-1.R-2	豌豆细菌疫病菌	豌豆/R-2	660	24	44.0	染色体/质粒	Dangl等，1992
avrPpiB-1.R-3	豌豆细菌疫病菌	豌豆/R-3	831	31	40.0	质粒	Cournoner等，1995
avrPpiC	豌豆细菌疫病菌	大豆	807	29	47.0	染色体	Fillingham等，1994
avrPpiD.R-5	豌豆细菌疫病菌	豌豆/R-5	nd	nd	nd	nd	Gunn等，未发表
avrPpiE	豌豆细菌疫病菌	拟南芥/RPS-4	660	24	52.0	质粒	Hinsch等，1996
avrPmaA-1	十字花科叶斑病菌	拟南芥/RPM-1	660	24	44.0	质粒	Dangl等，1992
avrD	番茄斑点病菌	大豆/RPG-4	933	34	41.0	质粒	Kobayashi等，1990

（续）

基因名称	致病变型来源	与寄主互作	开放阅读框（nt）	预测的肽（ku）	GC%	基因定位	参考
avrRpt-2	番茄斑点病菌	大豆/*RPS-2*	768	28	51.5	或许染色体	Innes 等，1993
avrPto	番茄斑点病菌	番茄/*Pto*	492	18	50.5	或许染色体	Salmeron 等，1993
avrE	番茄斑点病菌	大豆	nd	nd	nd	染色体	Lorang 等，1995
avrA	大豆斑枯病菌	大豆/*RPG-2*	2721	100	45.0	nd	Napoli 等，1987
avrB	大豆斑枯病菌	大豆/*RPG-1*	963	36	46.0	染色体	Tamaki 等，1988
avrC	大豆斑枯病菌	大豆/*RPG-3*	1085	39	47.0	质体	Tamaki 等，1988

注：nd 为未确定。

（2）由布克氏菌属和黄单胞杆菌属克隆的非致病基因[362]　①由茄布克布属（*Burkholderia solanacearum*）克隆的两个非致病基因 *avrA* 和 *avrPopA*；②由辣椒细菌斑点病菌（*Xanthomonas vesicatoria*）克隆的非致病基因 *avrBs-1*，*avrBs-2*，*avrBsT*，*avrRxv*，*avrBs-3*，*avrBsP*，*avrBs-3-2*[335]；③由棉花细菌疫病菌克隆的非致病基因 *avrBn*，*avrb-6*，*avrB-4*，*avrb-7*，*avrB-n*，*avrb-101*，*avrB-102*，*avrB-103*，*avrB-104*，*avrB-5*；④由水稻细菌疫病菌（*Xanthomonas oryzae* pv. *oryzae*）克隆的非致病基因 *avrXa-5*，*avrXa-7*，*avrXa-10*；⑤由柑橘溃疡病菌（*Xanthomonas citri*）克隆的非致病基因 *pthA*；⑥由黄单胞杆菌属的致病变型（*X. c.* pv. *raphani*）克隆的非致病基因：*avrXca*（表 4-4）。

表 4-4　由布克氏菌属和黄单胞杆菌属克隆的非致病基因

（Vivian，1997）

基因名称	致病变型来源	与寄主互作	开放阅读框（nt）	预测的肽（ku）	重复数	基因定位	参考
avrA	*B solanacearum*	烟草	nd	nd	—	nd	Carney 等，1990
PopA	*B solanacearum*	矮牵牛	1002	33	—	质粒	Arlat，1994
avrBs-1	辣椒斑点病菌	辣椒/*Bs-1*	1335	50	—	质粒	Ronald，1978
avrBs-2	辣椒斑点病菌	辣椒/*Bs-2*	nd	nd	—	染色体	Minsavage，1990
avrBsT	辣椒斑点病菌	辣椒	nd	nd	—	质粒	Minsovage，1990
avrRxv	番茄斑点病菌	番茄，菜豆/*Rxv*	1122	42	—	染色体	Whalen 等，1993
avrXca	*X. c.* pv. *raphani*	拟南芥	1851	67	—	或许染色体	Parker 等，1993
avrBs-3							
avrBs-3	辣椒斑点病菌	辣椒/*Bs-3*	3491	122	17.5	质粒	Bonas 等，1989
avrBsP	番茄斑点病菌	番茄	nd	nd	nd	质粒	Canteros 等，1991
avrBs-3-2	番茄斑点病菌	番茄	3480	122	17.5	质粒	Bonas 等，1993

（续）

基因名称	致病变型来源	与寄主互作	开放阅读框 （nt）	预测的肽 （ku）	重复数	基因定位	参考
avrBn	棉花疫病菌	棉花	nd	nd	nd	染色体	Gagriel 等，1986
avrb-6	棉花疫病菌	棉花/*B-1*	nd	nd	13.5	质粒	De Feyter 等，1993
avrB-4	棉花疫病菌	棉花/*B-1*，*B-4*	nd	nd	19.0	质粒	De Feyter 等，1993
avrb-7	棉花疫病菌	棉花	nd	nd	19.0	质粒	De Feyter 等，1993
avrB-n	棉花疫病菌	棉花	nd	nd	21.0	质粒	De Feyter 等，1993
avrB-101	棉花疫病菌	棉花	nd	nd	22.5	质粒	De Feyter 等，1993
avrB-102	棉花疫病菌	棉花/*B-1*	nd	nd	18.0	质粒	De Feyter 等，1993
avrB-103	棉花疫病菌	棉花	nd	nd	nd	染色体	Yang 等，1996
avrB-104	棉花疫病菌	棉花	nd	nd	nd	染色体	Yang 等，1996
avrB-5	棉花疫病菌	棉花	nd	nd	nd	染色体	Yang 等，1996
avrXa-5	水稻疫病菌	水稻/*Xa-5*	nd	nd	nd	nd	Hopkins 等，1992
avrXa-7	水稻疫病菌	水稻/*Xa-7*	nd	nd	25.0	nd	Hopkins 等，1992
avrXa-10	水稻疫病菌	水稻/*Xa-10*	3306	116	15.5	染色体	Hopkins 等，1992

注：nd 为未确定。

这里就以上的一些细菌非致病基因的特性比较详细地说明如下：

（1）非致病基因 *avrD*　这个基因是从番茄细菌斑点病菌菌系 PT23 分离的[336]。从假单胞菌的致病变种中已克隆了 10 多个非致病基因，但是只有 *avrD* 这个基因在埃希氏菌或其他细菌中表达之后引导可分离的激发子的产生。这个基因在埃希氏菌和其他若干革兰氏阴性的细菌中表达时，引导称为 syringolide 的异常酰苷的产生。*avrD* 或纯化的 syringolide 的表达，引起携带 *Rpg-4* 抗病基因的大豆品种的过敏反应。其他已克隆的假单胞菌的非致病基因 *avrA*，*avrB*，*avrC*，*avrE*，*avrRpm1*，*avrRpt-2*，*avrPph3*，*avrPto* 等与 *AvrD* 不同，它们被导入埃希氏菌后不能引起被测定的植物品种的过敏反应或产生可分离的激发子。后来又克隆了 *avrD* 的 3 个新的等位基因 *avrD3*，*avrD4* 和 *avrD5*，前两个等位基因分别由假单胞菌的致病变型 *P. c.* pv. *lachrymans* 的 90 kb 质粒和 75 kb 质粒分离的，后一个等位基因是由致病变型菜豆晕斑病菌分离的[338]。根据这些等位基因之间的关系，把它们分为两类：第一类包括 *avrD1*（＝*avrD*）和 *avrD3*，第二类包括 *avrD2*（来源于大豆斑枯病菌），*avrD4* 和 *avra5*。

（2）非致病基因 *avrPphB1.R-3*　这个基因与菜豆的抗病基因 *R-3* 配对，相当于表 4-5 中推定的非致病基因 *avr3*，控制对菜豆、拟南芥和大豆的非致病。这个基因的同系物 *avrPphB2.R-3* 非致病基因是由小种 4 分离的。这两个等位基因在它们的开放阅读框内共有完全序列同一性。最近已证明 *avrPphB* 基因受 *hrpL* 基因调控。*avrPphB* 也在其他致病变型的一些菌株中起作用，控制对豌豆、拟南芥和大豆的非致病。现在已知道非致病基因与分类上不同属的寄主植物的抗病基因的有功能同系物（homologue）互作。

表 4-5 菜豆品种与菜豆晕斑疫病菌小种之间的基因-对-基因关系

（Teverson 等，1997）

菜豆品种	抗病基因（R）				非致病基因（avr）	菜豆晕斑疫病菌小种								
						1	2	3	4	5	6	7	8	9
						1	·	·	·	1	·	1	·	1
						·	2	·	2	2	·	2	·	·
						·	·	3	3	·	·	·	·	·
						·	·	·	·	4	·	·	·	·
						·	5	·	·	·	·	·	5	5
Canadian Wonder	·	·	·	·	·	+	+	+	+	+	+	+	+	+
A52（ZAA54）	·	·	·	·	4	－	+	+	－	+	－	+	+	+
Tendergreen	·	·	3	·	·	+	+	－	+	+	+	+	+	+
Red MexicanU13	1	·	·	4	·	－	+	+	－	+	+	+	+	－
1072	·	2	·	·	·	+	－	+	－	+	+	+	+	+
A53（ZAA55）	·	·	3	4	·	－	+	－	－	+	+	+	+	+
A43（ZAA12）	·	2	·	4	5	－	－	－	－	－	+	－	－	－
Guatemala 196-B	1	·	3	·	·	－	－	－	－	－	+	－	+	－

注：＋ 为感病反应；－ 为抗病反应；· 为无基因。

（3）非致病基因 $avrPphE1.R-2$ 　这个基因是由菜豆晕斑病菌的小种 4 分离的，与推定的表 4-5 抗病基因 $R-2$ 对应，位于 Rahme 等确定的 hrp 基因簇的左侧末端，与菜豆晕斑病菌中新发现的基因 $hrpY$ 相邻。后者与菜豆细菌褐斑病菌的 $hrpK$ 基因是同系物。由非致病基因 $avrPphE1$ 的内侧序列构建的 DNA 探针的利用，证明了这个基因的同系物存在于包括 5 个对含有抗病基因 $R-2$ 品种致病的全部小种之中。在缺乏 $a2$ 表型的小种显然存在无功能的 $avrPphE$ 等位基因，这是与分别对 $R-3$ 和 $R-1$ 基因型为非致病的菌株中发现的 $avrPphB$ 和 $avrPphF$ 直接比较得出的结论。在假单胞菌的非致病基因中还发现这种保守的染色体基因具有最高的 G＋C 含量，接近假单胞菌基因组 G＋C 的总含量（表 4-3）。小种 6 和 7 的非致病基因 $avrPphE$ 被 Tn3-gus 破坏似乎不影响对豆荚的致病性，但是阻碍了由小种 7 诱导的对携带 $R-2$ 的基因型，例如品种的 A43 的过敏反应，其反应降低到零。有趣的是发现番茄细菌斑点病菌的无关非致病基因 $avrE$ 位于与对应的 hrp 基因簇的另一端的 $hrpRS$ 区域的邻接处。最近由菜豆晕斑病菌的小种 5 分离了一个非致病基因，这个基因称为 $avrPphF.R-1$。命名为 $avrPphC$ 和 $avrPphD$ 的两个基因与非寄主植物特异地互作。其中的第一个基因 $avrPphC$ 是质粒携带的、在 5 kb 内与番茄斑点病菌的 $avrD$ 等位基因连锁。$avrPphC$ 的 DNA 序列与大豆斑枯病菌 0 小种的 $avrC$ 的 DNA 序列 99％ 是同源的，预测的肽不同只是两个氨基酸的取代。这两个基因与携带配对的抗病基因 $RPG3$ 的大豆品种互作的表型相同。由菜豆晕斑病菌小种的菌株 1 392A 的 150 kb 质粒克隆的 DNA 控制豌豆细菌性疫病菌对豌豆的非致病；亚克隆和转座子诱变鉴定了非致病表型所需的 DNA 的两个区域。

（4）非致病基因 $avrPpiA1.R-2$ 　这个基因相当于豌豆疫病菌小种 2 的 $A2$（表 4-6），它与豌豆抗病基因 $R-2$ 互作[339]。这个基因与十字花科细菌性叶斑病菌的非致病基因

$avrRpm$-1几乎相同。这个基因的同系物利用与只表达 A2 表型的豌豆斑点病菌的那些小种的基因特异的探针杂交来测定,而小种 2 的这个基因位于染色体上,小种 5 和 7 的同系物是质粒携带的。

表 4-6　豌豆品种与豌豆细菌疫病菌小种之间的基因-对-基因关系

(Bevan 等,1995)

豌豆品种	抗病基因 (R)					非致病基因 (avr)	豌豆细菌疫病菌小种						
							1	2	3	4	5	6	7
						1	1	•	•	•	•	•	•
						2	•	2	•	•	2	•	2
						3	3	•	3	•	•	•	3
						4	•	•	4	4	•	4	•
						•	•	•	•	•	5	•	•
						6?	6?	•	•	•	6?	•	•
Kelvedon Wonder	•	•	•	•	•	•	+	+	+	+	+	+	+
Early Onward	•	2	•	•	•	•	+	−	+	+	−	+	−
Belinda	•	•	3	•	•	•	−	+	−	+	+	+	−
Hurst Greenshaft	•	•	•	4	•	6?	−	+	−	−	−	−	+
Partridge	•	•	•	•	•	•	+	+	+	+	+	+	+
Sleaford Triumph	•	2	•	4	•	•	+	−	−	−	−	−	−
Vinco	1	2	3	•	5	•	−	−	−	+	−	+	−
Fortune	•	2	3	4	•	•	−	−	−	−	−	−	−

注:+为感病反应;−为抗病反应;? 为或许存在基因;·为不存在基因。

(5) 非致病基因 $avrPpiB1.R$-3　这个基因是质粒携带的基因,是从小种 3 分离的,相当于表 4-6 的非致病基因 avr-3。这个基因与豌豆的抗病基因 R-3 配对,小种 1 和 7 的质粒携带的这个基因的同系物已被测定。这个基因的同系物也在番茄斑点病菌、菜豆晕斑病菌、十字花科叶斑病菌等的菌株中检测到,但是目前还不知道这些同系物是否有功能。在菜豆晕斑病菌小种 1、5 和 6 中存在 $avrPpiB$ 同系物的这个发现,与菜豆的基因-对-基因互作的任何非致病位点都不一致,因此,这些被测的菜豆品种或许不具有与豌豆的 R-3 基因功能上同源的抗病基因。最近已证明小种 5 文库的黏粒克隆控制对豌豆品种 Vinco 非致病,但是不控制对 Sleaford Triumph 非致病,说明这个黏粒克隆携带与 $avr5$ 对应的决定因子[340]。

(6) 非致病基因 $avrPpiC$　在探找与菜豆的非寄主抗病基因配对的、豌豆细菌性疫病菌的非致病基因过程中,由豌豆细菌性疫病菌($P. syringae$ pv. $pisi$)小种 5 菌株 974B 基因文库获得了一个黏粒克隆,它控制豌豆疫病菌对所有菜豆品种的非致病,这个非致病基因命名为 $avrPpiC$[340]。

(7) 非致病基因 $avrRps$-4（$=avrPpiE.RPS$-4）　由豌豆疫病菌克隆的另一个非致病基因称为 $avrRps$-4。这个基因是小种 1 菌系 151 的质粒携带基因,除小种 5 菌株 974B 之外,在各种类型小种的两个 Hinc Ⅱ 片段上都具有这个基因。菌系 151 诱导拟南芥 Po-1 的过敏反应;这个克隆控制番茄疫病菌菌系 DC3000 对 Po-1、Ws-0 和其他 18 份寄主材料的基因型特异性,但是不控制对 RLD 的基因型特异性。这就能进行感病品种与抗病品种之间的遗传分析，证明 Ws-0 具有一个与 $avrPpiE.RPS-4$（$=avrRps-4$）配对的显性抗病基因 $RPS-4$。这个基因不控制豌豆疫病菌和菜豆细菌性褐斑病菌对豌豆鉴别品种的非致病。

（8）非致病基因 $avrRpm-1$（同义词：$avrPmaA-1$）　这个基因是质粒携带的基因，由十字花科叶斑病菌菌株 m2 分离获得，控制对拟南芥材料 Col-0 的非致病[341]。后来的 DNA 序列分析和杂交证明，这个基因与豌豆疫病菌的 $avrPpiA1$ 和十字花科叶斑病菌菌株 791 的 $avrPmaA-2$ 是同源的。拟南芥的配对抗病基因 $RPM-1$ 控制对携带 $avrRpm$ 或 $avr-PpiA$ 细菌菌系的抗病性，最近证明了大豆的抗病基因位点的一个等位基因或紧密连锁的基因 $RIG1$ 以基因-对-基因的方式与 $avrRpm-1$ 互作，此外，还与 $avrB$ 互作。菌株 m2 的 $avrRpm-1$ 基因标记交换的破坏引起诱导携带抗病基因 $RPM-1$ 材料 Col-0 过敏反应能力的丧失，也引起亲和的材料如 Mt-0、Nd-0 和 Fe-1 产生病症能力的丧失。转座子插入证实了非致病基因 $avrRpm-1$ 对于十字花科叶斑病菌菌株 m2 对拟南芥所起的致病作用。然而，在诱导携带抗病基因 $RPM-1$ 同系物的豌豆和菜豆的过敏反应中，没有看到交换标记的突变体的明显作用，也没有看到对诱导菌株 m2 的两种寄主萝卜和小萝卜致病性的明显作用[362]。

（9）非致病基因 $avrRpt-2$　这个基因是由 Dong 等和 Whalen 等同时从番茄斑点病菌菌系 JL1065 分离的，它与拟南芥 Col-0 的抗病基因 $RPS-2$ 配对。它转入大豆斑枯病菌时，控制对大豆品种 Centennial，Flambean 和 Harosoy 的品种特异的非致病，说明这些大豆品种可能携带拟南芥 Col-0 抗病基因 $RPS-2$ 的有功能的同系物。菜豆品种 Bush Blue Lake 也与菜豆晕斑病菌的 $avrRpt-2$ 互作，这与菜豆中存在 $RPS-2$ 的有功能同系物是一致的[345]。$avrRpt-2$ 的 DNA 序列分析揭示了在大小方面可以比较的，推测的杂水蛋白，但在序面方面与其他许多非致病基因无关。

（10）非致病基因 $avrE$　这是番茄斑点病菌的另一个基因，它控制大豆斑枯病菌小种 4 对所有大豆品种的非致病。这种活性需要一个宽泛的染色体 DNA 区域（接近 $9\sim11$ kb），这个区域位于 hrp 基因簇的右侧末端，靠近 $hrpRS$。DNA 序列分析揭示了 Ⅱ～Ⅴ 四种转录单位，其中转录单位Ⅲ和Ⅳ是 $avrE$ 功能所需要的。番茄斑点病菌菌系 DC3000 的四种转录单位的每种单位的标记交换诱变，不影响对番茄的致病或烟草和大豆的过敏反应。Lorang 和 Keen 研究的这个具体的区域与 Hendson 等研究十字花科叶斑病菌、番茄斑点病菌和有关菌株的分类所利用的区域相对应，在这些菌株和假单胞菌其他 9 个致病变型的这个区域是高度保守的。因为一些非致病基因似乎在小种/品种水平和致病变型/寄主种水平的双重功能，因此常常认为非寄主抗病性是由若干非致病基因的累加效应引起的。Lorang 等用对番茄致病且诱导所有大豆品种过敏反应的番茄斑点病菌菌系 PT23 来检验这个假设。他们使不具有质粒携带 $avrD$ 的 PT23 加工衍生物上的基因 $avrA$，$avrE$ 和 $avrPto$ 发生突变，与野生型菌系 PT23 作比较，经由突变产生的突变 MXADEP 的 $avrD$，$avrA$，$avrE$ 和 $avrPto$ 4 个基因都失活。突变体 MXADEP 保持诱导所有大豆品种和烟草过敏反应的能力，这说明这 4 个非致病基因对于大豆和烟草对番茄斑点病菌的菌系 PT23 的非寄主抗病性不起作用。

（11）非致病基因 $avrPto$　这个基因与番茄的抗病基因 Pto 配对，它也控制大豆细菌性斑枯病菌对大豆品种 Centennial 的非致病。番茄斑点病菌 $avrPto$ 的突变不引起对番茄的致病。菌系 MXADEP 保持诱导含有抗病基因 Pro 的番茄品种 Peto76R 过敏反应的能力[346]。

（12）非致病基因 $avrA$，$avrB$ 和 $avrC$ $avrA$ 是由大豆病原大豆斑枯病菌小种 6 克隆的第一个非致病基因，在其他小种中没有发现这个基因。小种 1，4，5，和 6 的这个基因侧翼的 DNA 片段表现了多杂交带，说明 DNA 的这个区域流动性的可能性。这个基因与大豆的 *RPG-2* 抗病基因配对。来源于大豆斑枯病菌小种 0 的 *avrB* 和 *avrC* 两个基因分别与抗病基因 *RPG-1* 和 *RPG-3* 配对。这两个基因的侧翼具有重复的 DNA，分别具有 46% 和 47% 的低的 G+C 总含量（表 4-3）。虽然它们各自的肽共有 42% 氨基酸的同一性，但是，它们在植物上产生的表型是不同的，*avrB* 比 *avrC* 产生更快的和坏死的过敏反应。由 *avrB* 和 *avrC* 形成的重组体证明了中央区是非致病基因活性的特异性所需要的，但是，开放阅读框的侧翼区是可互换的。嵌合基因不产生任何新的非致病表型，说明这两个基因具有催化功能。这些结果与用 *Rhizobium leguminosarum* 和 *R. trifolii* 的嵌合 nodE 基因获得的结果相似。

（13）非致病基因 *avrBs-3* 家系　现在已确认的基因家系如 *avrBs-3*，位于辣椒细菌斑点病菌（*Xanthomonas campestris* pv. *vesicatoria*）小种的菌株 71-21 的 45 kb 的 pXV11 质粒上。所以，*avrBs-3* 活性的丧失与这个质粒的丢失有关。这个基因与致病变型苜蓿细菌叶斑病菌（*Xanthomonas c.* pv. *alfalfae*）、油菜籽细菌黑腐病菌（*X. c.* pv. *campestris*）、胡萝卜细菌性凋萎病菌（*X. c.* pv. *carotae*）、大豆细菌脓疮病菌（*X. c.* pv. *glycines*）、棉花细菌疫病菌（*X. c.* pv. *malvacearum*）、菜豆暗褐色疫病菌的序列杂交，随后用主要对重复区域发生反应的抗体探查，只在苜蓿细菌叶斑病菌、大豆细菌脓疮病菌、棉花细菌疫病菌、水稻细菌疫病菌菜豆暗褐色疫病菌中发现了 *avrBs3* 蛋白。后面的 5 种致病变型诱导辣椒的过敏反应，这种过敏反应和非致病基因 *avrBs3* 与抗病基因 *Bs3* 之间的互作反应在本质上是不同的。前者是小种/品种的非致病基因/抗病基因互作，而后者是致病变型/种的非致病基因/抗病基因互作。4 363 bp（G+C 总含量的 65%）的 DNA 序列分析揭示了 *avrBs-3* 的一些独一无二的特征。已鉴定了两个开放阅读框，开放阅读框 1 后来证明与 *avrBa-3* 的活性相对应，开放阅读框 2 位于相对的 DNA 链上。这个基因内的中央区含有 102 bp 的 17.5 直接重复，编码每个重复的 34 个氨基酸。这些重复与每种变异体的 3 和 5 个氨基酸位置之间的变化有 9%～100% 是同源的。这个基因的表达在结构上与 *hrp* 基因无关，虽然它需要有功能的 *hrp* 基因簇的存在，以激发植物的小种特异的过敏反应。这个基因在埃希氏菌内的表达引起 122 ku 蛋白的产生，这种蛋白位于细胞内可溶性部分。

关于 *avrBs3* 这个基因的结构特征，研究者感兴趣的是确定重复区域是否对这个基因表现的特异性起明确的作用。在重复元件的数目可变和位置可变的重复区内，做了一系列的缺失变异体。在转入小种 2 的受体菌系后，测定这些菌系对携带抗病基因 *Bs3* 的 ECW30R 和不携带这个基因的 ECW 两个辣椒品系的活性。重复缺失的范围从缺失 1 个重复到缺失 17 个重复，根据它们对两个辣椒品系的反应，把产生的变异体分为 4 组。第一组是有 3 个重复缺失的 2 种变异体，表现与非致病基因 *avrBs3* 相同的反应；第二组是有 4 个重复缺失的 2 种变异体，获得了新的非致病表型，引起对品系 ECW 的过敏反应诱导，但是对品系 ECW30R 表现 *avrBs-3* 活性丢失；第三组有 6、10 和 12 个重复缺失的 3 种变异体，对两个辣椒品系都表现非致病反应；第四组的变异体由缺失 1 个重复到缺失 17 个重复，对两个辣椒品系都产生致病反应。当测定与非致病基因 *avrBs-3* 不互作的番茄时，番茄对小种 2 的变异体表现感病，而对第三组的全部变异体和第四组具有 6 个到 15 个重复缺失的变异体，番茄表现抗病反应。虽然许多缺失衍生物的数目相同，但属于不同的反应组，因为这不是决定特异性的关键区域的长度。这个区域缺失重复的位置和重复单位存在或缺失的类型，似乎是决定这个等位基因不同功能的因子。寄主辣椒的研究证明，在 ECW×ECW30R 杂交中，第二组的 *avrBs-3Δrep-16* 与配对的 1 个抗病基因表现 3∶1 的分离。这可能表明辣椒品系 ECW 的隐性基因 *bs-3/bs-3* 像与 *avrBs-3Δrep-16* 配对的抗病基因一样起作用。此外，大部分的 *avrBs-3Δrep* 衍生物引起番茄的抗病反应，说明番茄未知抗病基因的缺失。

利用与 *avrBs-3* DNA 的同源性，由番茄细菌性斑点病菌小种 1 的菌系 82-8 分离了命名为 *avrBs-3-2* 的一个新的非致病基因。这个基因位于质粒 pXV12 上，它控制对番茄品种 Bonny Best 的非致病。*avrBs-3* 和 *avrBs-3-2* 这两个基因几乎是相同的，二者都产生 122 ku 的蛋白产物。以前鉴定的截断的基因 *avrBsP* 与 *avrBs-3-2* 在对应的区域是相同的，这个区域由它们序列的 5′端末端延伸约 1.7kb。缺乏 C-端区和部分重复区的 *avrBs-3-2* 衍生物仍然能诱导番茄的过敏反应，这与 *avrBsP* 的情况相符。大部分新的番茄特异的 *avrBs-3* 的等位基因是小的、具有 11.5 或较少的重复。已分析的其他 *avrBs-3* 的等位基因，没有一个含有特定重复的 D 模体。*avrBs-3* 家系的所有序列的成员，包括 *avrBs-3*，*avrBs-3-2* 和 *pthA* 的侧翼都有 62 bp 的反向重复。

（14）非致病基因 *avrXa-5*，*avrXa-7 avrXa-10* 利用非致病基因 *avrBs-3*，通过杂交测定来自水稻细菌疫病菌的病原小种 2 基因文库的黏粒克隆。分别与水稻抗病基因 *Xa-5*，*Xa-7* 和 *Xa-10* 配对的 3 个非致病基因、在黏粒克隆上测定，发现这 3 个非致病基因组成一个基因家系，它们诱导水稻的基因特异的抗病性。*avrXa-10* 序列与 *avrBs-3* 很相似。

（15）非致病基因 *avrBn* 这个基因是 Gabriel 等确定和登记的棉花病原棉花细菌疫病菌的一个非致病基因。棉花抗病基因与棉花细菌疫病菌的互作是最复杂的体系之一。后来的研究工作证实了 Gabriel 所描述的其他非致病基因克隆的活性丧失并构建了菌系 XcmH 一个新的基因文库。致病的非洲菌株 XcmN 菌系的这种文库的筛选导致 *avrB-4*，*avrb-6*，*avrb-7*，*avrBIn*，*avrB-101* 和 *avrB-102* 等 6 个非致病基因的分离。这些基因存在于菌系 XcmH 的 90 kb 质粒 pXcmH 上，大部分美国菌株存在这些基因。这些基因中似乎没有 1 个基因与棉花的抗病基因发生简单的基因-对-基因互作，然而 *avrB-4* 与抗病基因 B1 和 B4 都发生互作，而抗病基因 *B-1* 与携带非致病基因 *avrB-4*，*avrb-6 avrB-102* 中任何 1 个基因的棉花细菌疫病菌的菌系相对应。De Feyter 等断定，一些棉花 R 基因，包括 *B-1*，B2BIn-3，与多种非致病基因互作，而另一些 R 基因，例如 *B-4*，*b-6*，*b-7* 和 BIn 不发生这种互作。上述的质粒携带的全部 6 个非致病基因和 4 个染色体基因，包括 *avrBn*，属于与 *avrBs-6* 表现高度同源性的一个家系，最明显的不同在于它们中央区串联重复的多重性。串联重复由 *avrb-6* 的 13.5 到 *avrB-101* 的 22.5，只有 *avrB-4* 和 *avrb-7* 具有相同的重复数目 9。这与 Herbers 等的观察一致，即这个序列的特定变异的数目和位置可能是由特定等位基因控制的特异性的关键。根据资料看，只有 *avrb-6* 基因已被测序。

当棉花细菌疫病菌菌系 XcmH 的非致病基因 *avrb-6* 受标记交换破坏时，观察到对携带抗病基因 b6 的非亲和棉花品系的非致病丧失和对感病的棉花品系 Acala-44 的致病丧失。基因 *avrb-7* 和 *avrBIn* 的相似破坏引起非致病功能的丧失，但不引起对感病品系致病的丧失。叶片上的雾滴引起野生型 XcmH 的主要病斑周围形成二级病斑，但是，标记交换的突变体的二级病斑很少。这些结果及叶片表面病原数目的观察与棉花叶片表面病原散布有作用的 *avrb-6* 基因的产物是一致的。

（16）非致病基因 *pthA* 柑橘溃疡病菌是柑橘的病原，引起亚洲柑橘溃疡，包括诱导寄主如葡萄柚增生。柑橘细菌性斑点病菌（*Xanthomonas canpestris* pv. *citrumelo*）引起柑橘细菌性斑点病，是一种机会病原（*opportunistict* pathogen）。由柑橘溃疡病菌的基因文库分离出一个 *pthA* 基因，它控制柑橘细菌性斑点病菌诱导葡萄柚溃疡的能力。当携带 *pthA* 基因的黏粒克隆导入苜蓿细菌叶斑病菌或胍尔豆细菌性萎蔫病菌时，这两种病菌都对柑橘微弱致病，原有的这两种病菌控制诱导它们正常寄主苜蓿溃疡的能力和对胍尔豆非致病的能力。这个克隆导入关系更远的菜豆细菌性疫病菌和棉花细菌性疫病菌，不影响这两种病菌作为柑橘非病原的互作。然而，它们引起对它们各自寄主菜豆和棉花的非致病。棉花细菌性疫病菌中对棉花非致病的菌系是品种特异的。柑橘细菌性斑点病菌 *pthA* 的导入，使菜豆的反应由水渍状病斑到过敏反应，这与 *pthA* 的非致病功能是一致的。根据症状和在植物内的生长情况看，柑橘溃疡病菌 *pthA* 的标记交换诱变，导致致病的完全丧失和对非寄主过敏反应的丧失。这个克隆基因的导入能恢复 *hrp* 基因的功能，但是在植物体内不能复制。非寄主的过敏反应对于菜豆对柑橘溃疡病菌的"抗病性"似乎不重要。

pthA 基因与 *avrb*-6 基因的比较，证明它们的肽序列有 98.4% 是相同的，肽序列决定三种不同的表型，即柑橘的溃疡、棉花的水浸状病斑和许多寄主的过敏反应。*pthA* 基因和 *avrb*-6 基因提高病原在寄主植物表面的散布，*avrb*-6 由病原释放到棉花叶表面，*pthA* 通过诱导组织增生，最后导致表面破裂而到达柑橘体内。病原把这些非致病基因释放到寄主的这种现象是寄主特异的。最近的突变研究表明，包括 *avrb*-6 在内的 7 个非致病基因的突变造成了引起棉花症状的能力的丧失。这些非致病基因似乎与致病性决定因子一样以数量累加方式起作用。现在，还没有证据证明任何非致病基因和 *pth* 基因影响植物体内细菌的生长，包括水渍状症状和细菌释放到叶表面。通过植物体内细菌生长的减少的对比发现，这与柑橘溃疡病菌的 *avrBs2*，*pthA* 和番茄细菌斑点病菌的 *avrA* 和 *avrE* 等非致病基因的突变有关。

利用 *pthA* 和 *avrb*-6 基因的重复区侧翼的合适的限制性核酸内切酶位点，构建由 1 个基因的 5' 和 3' 端和另 1 个基因的中央区组成的镶嵌基因。这些构建物导入合适的受体；柑橘溃疡病菌，附加 *avrb*-6 末端/*pthA* 中央区的柑橘溃疡病菌的突变体恢复对柑橘的致病，附加 *pthA* 末端/*avrb*-6 中央区的突变体提高了棉花细菌疫病菌对棉花的致病能力。因此，由这些构建物控制的表型决定于重复区，这些重复外的区域在功能上可互换。*pthA*，*avrB*-4，*avrb*-6，*avrb*-7，*avrBIn*，*avrb*-101 和 *avrB*-102 等 7 个基因都属于 *avrBs*-3 家系，每一个基因都表现棉花细菌疫病菌 Xcm1003 对不同的单抗病基因的棉花抗病系统的独有的非致病特异性。在某些情况下，自然的启动子似乎是弱的，但是，当它被埃希氏菌 LacZ 启动子取代时，非致病活性就会有相当大的提高。

avrBs-3 和 *pthA* 起作用需要 *hrp* 基因的辅助作用，如由溃疡形成的 III 型信号肽独立的分泌系统和非致病的功能的发挥都有 *hrp* 的配分。通过 *avrBs*-3 家系的 *pthA*，*avrBs*-3，*avrb*，*avrXa*-10 等已测序的全部成员的预测肽的详细研究，杨等发现了与亮氨酸拉链及 C-端区域的 3 种推测的细胞核的定位信号（NLS）相似的 7 残基重复，这些重复可能符合蛋白-蛋白结合的位点，或者符合与 DNA 直接互作的位点。NLS 在蛋白表面起作用，但是，它可能位于整个重复序列。利用微粒轰击把 C-端区域的翻译融合（traslational fusion）和 β-葡萄糖醛酸酶（*gus*）报告基因导入洋葱表皮细胞，以确定推测的 NLS 是否能针对植物细胞核的蛋白起作用。通过组织化学测定定位了 3 个独立转化试验的细胞核内的 *gus* 活性。这些结果证明 *pthA* 和 *avrb*-6 编码有功能的 NLS，但是，不知道这些

NLS是不是分别在柑橘和棉花观察到的植物反应表型所需要的。*gus* 基因的 C-端区域是 *avrBs-3* 家系大部分成员的功能所需要的。当 *gus* 基因的 C-端区域缺失 2/3（包括 NLS）并导入番茄细菌斑点病菌时，*avrBs-3-2* 对番茄的非致病功能没有丧失。

番茄细菌斑点病菌分泌直接进入植物叶肉细胞间隙的 avrBs3 蛋白，而类 *avrBs-3* 的基因产物能由受体介导的内吞作用被吸入植物细胞并转运到细胞核。非致病蛋白或蛋白复合物能对核转录因子起作用，转录因子导致不同的生理结果，例如柑橘的增生、棉花的水浸状反应或过敏反应（程序性细胞死亡）。

（17）过敏反应和致病性基因 *hrp* Lindgren 等发现了菜豆细菌性晕斑病菌大的（约 22 kb）染色体基因簇，*hrp* 基因是这种基因簇的成员之一，它具有两种功能：促使菜豆植物发病；引起非寄主植物如烟草的过敏反应。*hrp* 基因与 10 个不同的非致病基因具有共同的启动子，称之为"*avr/hrp* 盒"。这些细菌中的 *hrp* 和 *avr* 基因的共调节作用说明某些非致病基因的功能表达可能需要 *hrp* 基因簇的存在。Pirhonen 等证明，携带克隆的菜豆细菌褐斑病菌 *hrp* 基因簇（7 个已克隆的假单胞菌的 *avr* 基因：*avrA*，*avrB*，*arc*，*avrPph-3*，*avrRpm-1*，*avrRpt-2*，*avrPto* 除外）的埃希氏菌 MC4100 或马铃薯红眼病菌（*P. fluorescens*）细胞，只引起携带互补抗病基因的大豆、番茄或拟南芥的过敏反应。只表达各种非致病基因的埃希氏菌或马铃薯红眼病菌细胞不引起过敏反应，这进一步证明 *hrp* 基因簇与非致病基因共同作用引起过敏反应。在遗传上已证明过敏反应需要分泌型基因 *hrp* 的存在，但是，缺失分析表明，编码过敏蛋白（harpin）的 *hrpZ-2*，并不是过敏反应所需要的。表达 *avrD* 的埃希氏菌细胞产生预期的、与 *hrp* 基因簇无关的丁香交酯（syringolide），这与以前的研究一致。这些结果具有很重要的意义，因为这些结果表明，*hrp* 基因的分泌功能可能把假单胞菌非致病基因蛋白释放到植物细胞或植物细胞内。

假单胞菌的 *hrp* 基因表达的调控：*hrpS* 基因是 Grimm 等首先描述的基因，它的产物是与 Σ-54 细菌的增强子结合蛋白有关的 34 ku 蛋白。菜豆细菌褐斑病菌的 *hrpR* 和 *hrpS* 这两个基因与菜豆晕斑疫病菌的 *hrpRS* 在结构上很相似，但在功能上不同。Xiao 等为此提出一个假说：菜豆细菌褐斑病菌的 *hrpR* 组成反应调节基因 *hrpS* 的转录激活剂，而菜豆晕斑疫病菌的 HrpR 蛋白和 HrpS 蛋白可能以二聚体起作用。菜豆晕斑疫病菌的这两种基因可能是独立的调节基因，不存在来自祖先的双组分系统的敏感元件。这两种基因与来自假单胞菌属的藻酸生物合成操纵子（alg operon）、木糖操纵子（xyl operon）和埃希氏菌的鼠李糖操纵子（rhamnose operon）有其他的相似性。*hrpS*，*hrpR* 和 *hrpRS* 这些基因激活 *hrpL*，这些基因的产物诱导 *HrpL* 反应基因的表达。因为许多非致病基因和 *hrp* 基因在它们的开放阅读框上游具有所谓的"*hrp*-盒"序列，所以，这些基因在营养上受 *hrpRS* 和 *hrpL* 体系调节。

假单胞菌和茄布克氏菌的 *hrp* 基因表达的调控：在丰富培养基上，*hrp* 基因的表达受抑制，而在极限培养基上或在植物上，表达被诱导。辣椒细菌性斑点病菌 *hrpB* 操纵子的启动子是植物能诱导的启动子盒（PIP box），在离转录起始点 44bp 的上游。这个启动子与 Σ-45 或 Σ-70 转录结合点或 *hrp* 盒无关。虽然提出了 *avrRxv*，*avrBs-3*，*avrBsP*，*avrXa-10* 和 *avrXca* 这些基因的推断的 *hrp* 盒序列，但是，这些序列与 PIP 盒无关，对黄单胞杆菌属的细菌似乎不重要。在辣椒细菌斑点病菌的 *hrpC*，*hrpD* 和 *hrpF* 操纵子、非致病基因 *avrRxv* 和茄布克氏菌的 *hrp* 转录单位 II（＝*hrpB*）、III（＝*hrpC*）和 IV（＝*hrpD*）等的上游也发现相同的 PIP 盒。这些 PIP 盒与这些基因的转录起始点之间的关系还不清楚。

hrp 基因簇的左端是 $hrpA$，它编码单一的 64ku 蛋白 HrpA1，HrpA1 属于 II 型和 III 型蛋白分泌物中含有的 PulD 超家系。可诱导的启动子与已知的启动子元件无关，$hrpA$ 的表达与调节基因 $hrpX$ 无关。位于辣椒外膜的 HrpA1 最有可能形成多聚体。

hrp 基因与非致病基因之间的关系：利用大豆细菌性斑枯病菌的 $avrB$ 基因，通过已知成分培养基中的碳源操作，已能证明糖类例如果糖、蔗糖、甘露糖醇的存在诱导了这个基因的表达，而像柠檬酸盐、琥珀酸盐和胨之类的底物抑制这个基因的表达。在丙酮盐阶段或更早阶段进入糖类分解代谢的恩特纳-道德洛夫途径的生长底物似乎不抑制 $avrB$ 基因。现在已证明 $hrpL$，$hrpR$，$hrpS$ 这些基因，是培养中的菌和生长于植物中的菌的 $avrB$ 基因转录所需要的。这种诱导与激发子活性的快速转换有关联，而且其表达不在大豆抗病基因 $RPG-1$ 的控制之下。通过 $avrRpt-2$ 的上游区域与假单胞菌其他 9 个非致病基因上游区域的比较，已鉴定了一个高度保守的序列，这个序列定位于转录起始点上游的 6～8 个核苷酸。这个序列只有一部分原先被称为 hrp 盒。

番茄细菌斑点病菌 $avrD$ 基因上游区域的启动子功能的详细研究，发现了启动子的活性受高浓度的氮化物和 pH6.5 以上抑制。他们利用引物延伸分析证明，引物延伸的转录起始位点为在大豆叶里生长的细胞转录起始点的上游 41nt 处。在起始位点上游 14nt 处，这个位点的 $\Sigma-54$ 启动子共有区 GG-10nt-GC 和缺失 3′ 消除了启动子活性。$avrE$ 与编码 harpin 蛋白的两个基因，即菜豆细菌褐斑病菌的 $hrpZ$ 和梨火疫病菌的 $hrpN$ 有共同的特征。番茄细菌斑点病菌的 $avrE$ 和菜豆细菌褐斑病菌的 $hrpZ$ 的突变降低，但是没有消除致病。然而，$avrE$ 激发对非寄主的过敏反应，而 $hrpZ$ 不起这种作用。与 $hrpN$ 不同，$avrE$ 可能是植物种特异的，因为它不引起十字花科细菌叶斑病菌、菜豆细菌褐斑病菌、菜豆晕斑疫病菌、豌豆细菌性疫病菌等对它们"正常寄主"的过敏反应。因此，$avrE$ 可能适用于作为 hrp 与非致病基因之间的一种联系。

2.2.3 细菌性病害的寄主-病原的基因-对-基因关系

本章已在分子生物学的水平上描述了克隆的抗病基因和非致病基因的结构、功能和基因-对-基因互作的信号传递。这里以菜豆晕斑疫病和豌豆细菌性疫病为例，简单阐述寄主抗病基因与病原非致病基因互作的基因-对-基因关系。

根据菜豆晕斑病菌菌株与 8 个菜豆品种的鉴别互作，菜豆晕斑病菌菌株区分为 9 个小种（表 4-5）。在假定的 5 对寄主抗病基因/病原非致病基因当中，已经有 3 对抗病基因/非致病基因通过对应的非致病基因的分离证实它们互作的基因-对-基因关系。已分离的非致病基因 $avrPPhB1R3$ 与菜豆的抗病基因 $R3$ 配对，相当于表 4-5 中的非致病基因 $avr3$。$avrPphB1$ 基因的同系物称为 $avrPPhB2R3$，是由小种 4 分离的，也与菜豆的抗病基因 $R3$ 配对。由小种 4 分离的另一个非致病基因 $avrPphE$ 已证明与表 4-5 中的 A2 相对应。$avrPph-1/R3$，$avrPPhB2/R3$ 和 $avrPphE1/R2$ 这 3 对基因的互作已在分子生物学的水平上得到证实。$avrPPhB1$ 和 $ayrPPhB2$ 是一对等位基因，它们都与菜豆的抗病基因 $R-3$ 互作，结果表现抗病基因的抗病性和非致病基因的非致病。这两个等位基因在可读框有完全序列同一性。但是，非致病基因 $avrPphA$ 不与基因-对-基因的图解（表 4-5）中任何的特异性相对应，就是说还没有发现与这个基因对应的抗病基因。

根据豌豆疫病菌与 8 个豌豆鉴别品种的互作，已鉴定了豌豆疫病菌的 7 个自然发生的小种。表 4-6 提出了 6 对豌豆品种抗病基因/豌豆疫病菌非致病基因。6 个非致病基因当中的 2 个非致病基因已经分离并进行了描述。与表 4-6 的小种 2 非致病基因 avr2 对应的基因已分离并证明与豌豆的抗病基因 R-2 互作，这个基因称为 avrPpiA1，与十字花科叶斑病菌的 AurRpm1 几乎相同。avrPpiB1 基因是由小种 3 分离的，相当于表 4-6 中的 avr3 基因，与豌豆的抗病基因 R-3 配对。在豌豆疫病菌的小种 1 和 7 测定到 avrPpiB1 的质粒携带同系物，在番茄的斑点病菌、菜豆的晕斑病菌和十字花科叶斑病菌中也测定到这个基因的同系物，但是还不清楚这些同系物是否有功能。菜豆晕斑病菌的小种 1、5 和 6 存在 avrPpiB 同系物的这个发现与所提出的菜豆的基因-对-基因互作（表 4-5）的任何一个非致病位点不相符。因此，这些被测定的菜豆品种似乎不存在功能上与豌豆 R-3 基因同源的抗病基因或者这个抗病基因的表达依赖于菌系，正如 avrPphB 与拟南芥的互作关系一样。

Fillingham 在研究与菜豆的非寄主抗病基因配对的豌豆疫病菌的非致病基因时，由小种 5 菌株 974B 基因文库获得了一个黏粒克隆，这个克隆的 avrPpiC 基因控制了菜豆晕斑病菌对所有菜豆品种的非致病。豌豆疫病菌的另一个基因 avrRps4（或称为 avrPpiE.RPS-4）是小种 1 菌系 151 的质粒携带的基因。菌系 151 诱导拟南芥 Po-1 的过敏反应[343]。来自菌系 151 的这个克隆控制番茄斑点病菌菌系 DC3000 对拟南芥 Po-1，Ws-0 和其他 18 个材料的基因型特异性。这使人们能够通过感病材料和抗病材料之间的遗传分析来证实 Ws-0 具有一个与非致病基因 avrPpiE.RPS-4 配对的一个显性抗病基因 RPS-4。这个基因不控制豌豆疫病菌或菜豆褐斑病菌对豌豆鉴别品种的非致病。

2.3　真菌的致病与蛋白

在真菌致病性的研究中，已鉴定了细胞核输入蛋白 NIP1，NIP2 和 NIP3 3 种诱导坏死的蛋白。在真菌培养滤液和感病植物中发现的这些蛋白，是小的分泌蛋白，分子量小于 10ku，它们的发生与病斑的发展有相关性。NIP1 和 NIP3 的毒性似乎是通过对感病的和抗病的大麦植株以及其他单子叶和双子叶植物的植物细胞膜 H^+-ATP 酶的刺激诱导的。而 NIP2 的作用模式还不清楚。用非致病的菌系接种 Rrs1 植株，寄主反应的特征是编码过氧化物酶和类 PR5 蛋白的 mRNAs 的快速和瞬间的诱导。在研究真菌培养滤液和细胞壁的 NIPs 以及其他部分的激发子活性之后发现，只有 NIP1 能特异地诱导基因型 Rrs1 植株的这类 mRNA。而且，用致病小种的混合孢子和纯化的 NIP 接种大麦植株，纯化的 NIP1 阻止这个小种侵染 Rrs1 基因型植株，但是不能阻止侵染 rrs1 基础型植株。所以，NIP1 除了它的有毒活性之外，还具有激发子活性，它可能是真菌非致病基因 avrRrs1 的产物。根据纯化的 NIP1 的氨基酸序列，设计了简并的寡核苷酸引物，利用 PCR 方法分离基因组克隆和 cDNA 克隆。Nip1 基因由 65bp 内含子隔开的 2 个外显子组成。推断的氨基酸序列揭示了推断的 22 个氨基酸的信号肽。这种成熟的蛋白含有 60 个氨基酸，其中 10 个是半胱氨酸。DNA 印迹揭示了缺乏 nip1 基因的所有小种对 Rrs-1 基因型植株是致病的，而所有非致病小种都具有 nip1 的同系物。不同的非致病小种的 nip1 等位基因编码的（推定的）氨基酸序列分为有 3 个氨基酸不同的两类。其变更包括丙氨酸-40 被谷氨酸取代，组氨酸-43 被谷氨酰胺取代，苏氨酸-77 被赖氨酸取代。两种类型的 NIP1 是激发子活性的来自两个小种的 NIP1 的激发子活性被一个附加的氨基酸交换消除，包括丝氨酸-45 被脯氨酸取代和丝氨酸被甘氨酸取代。用遗传互补和基因破坏已证明了编码激发子活性蛋白的 nip1 基因与非致病之间的基本关系。用有功能的 *nip1* 基因来转化致病小种，使这个菌系对 Rrs1 植株变成为非致病的，证明 *nip1* 足以决定对抗病植株的非致病。对 Rrs1 基因型植株非致病而对 rrs1 基因型植株致病的小种的 *nip1* 基因的破坏，使这个菌系能诱导两个品种都出现病症。所以，*nip1* 基因与非致病基因 *avrRrs1* 一样，在与 Rrs1 基因组合时，决定了真菌的非致病。然而，*nip1* 受破坏的突变体对 Rrs1 基因型大麦植株和 rrs1 基因型大麦植株的致病比亲本菌系对 rrs1 基因型大麦植株的致病弱。这个突变体菌系的致病表型与缺乏 *nip1* 基因的野生型小种的致病表型相似，证实 NIP1 的这种致病的毒性作用是不可忽略的。目前正在用 *nip1* 转化最近的一个菌系，以确定是否能获得转化后的菌系对 rrs1 基因型植株的完全致病。

下面要进一步讨论 NIP1 的毒性和激发子两种功能是不是由相同的受体介导的。在亲和的互作中，生长着的真菌产生大量的 NIP1，它通过刺激质膜 H^+-ATP 酶和诱导坏死而起致病因子的作用；在非亲和的互作中，NIP1 以很低的浓度起植物防卫反应的激发子的作用，这种防卫反应使真菌的生长受到抑制。为了阐明 NIP1 的两种功能中是否包含 NIP1 的不同结构域，合成了跨越成熟蛋白的完全初级序列的 3 种肽。这 3 种肽单独或全部可能的组合都不能诱导 PR5 mRNA 的积累。然而，包括与 NIP1 的中央部分和 C-端部分对应的肽全部组合，诱导了抗病的大麦植株的坏死。为了决定这些肽是否也刺激质膜 H^+-ATP 酶，正在进行有关实验。

在发病期间，单个分子如何施行这两种对比的功能？根据配体/受体模式提出了 3 种假说来解释毒性和激发子活性。第一种假说是存在两种独立的植物受体，其中一种受体识别 NIP1 的 C-端部分的结构域。结果是引起对抗病的和感病的大麦品种的 H^+-ATP 酶刺激。另一种受体是 Rrs1 基因的产物，它或许识别 NIP1 蛋白的另一种结构域，产生植物防卫反应的诱导。第二种假说是 NIP1 与单一种受体互作。抗病植株的这种受体由 Rrs1 基因编码，并介导了对 H^+-ATP 酶的刺激和防卫反应的诱导。由于结合位点或效应子位点的差异，rrs1 编码的感病植株的受体只刺激依靠 NIP1 结合的 H-ATP 酶活性。第三种假设是 NIP1 受体不是由 *Rrs1* 编码，它在抗病的和感病的植株中都表达，因此引起对依靠结合的 H^+-ATP 酶的刺激。如果 *Rrs1* 基因的产物，信息传递途径的下游成分与受体互作，就诱导防卫反应，而 rrs1 基因型植株不发生特异互作或信息传递。利用非致病的真菌小种接种的叶片或用 NIP1 处理的叶片横断面的原位杂交揭示，*Rrs1* 基因型植株的叶肉中发生 PR5 mRNA 的积累，而表皮中不发生这种积累。此外，利用 NIP1-处理的、离体的叶组织的初步资料表明，表皮和叶肉的存在是 PR5 mRNA 诱导所需要的。这说明推断的 NIP1 激发子受体位于表皮内，在这里可能发生初级的防卫反应，这种反应包括引起叶肉内 PR 蛋白合成的信号发生。今后的研究目标是利用原有的 NIP1 和合成的肽鉴定 NIP1 受体和分析诱导抗病性或感病性的信号途径。

附　录
本书病害名称英汉对照和病原名称拉汉对照

病害英汉名称	病原拉汉学名
flax rust 亚麻锈病	*Melampsora lini*（Her.）Lev 亚麻锈病菌
flax fusarium wilt 亚麻枯萎病	*Fusarium lini* Bolley 亚麻枯萎病菌
wheat stem rust 小麦秆锈病	*Puccinia graminis* Persoon f. sp. *tritici* Eriks. et Henn. 小麦秆锈病菌
bentgrass black stem rust 剪股颖秆锈病	*Puccinia graminis* Persoon f. sp. *agrostidis* Erkss. 剪股颖秆锈病菌
wheat leaf rust 小麦叶锈病	*Puccinia recondita* Roberge et Desmaz. f. sp. *tritici*（Eriks. et E. Henn）D. M. Henderson 小麦叶锈病菌
wheat stripe rust 小麦条锈病	*Puccinia striiformis* Westendorp 小麦条锈病菌
wheat loose smut 小麦散黑穗病	*Ustilago tritici*（Pers.）Rostr. 小麦散黑穗病菌
wheat common bunt 小麦腥黑穗病	*Tilletia caries*（DC.）Tul. 小麦腥黑穗病菌
wheat dwarfbunt 小麦矮腥黑穗病	*Tilletia controversa* Kuhn in Rabenh. 小麦矮腥黑穗病菌
wheat storage mold 小麦储藏霉变病	*Aspergillus* ssp. 小麦储藏霉变病菌
wheat powdery mildew 小麦白粉病	*Erysiphe graminis* de Candolla f. sp. *tritici*　Em. Marchal 小麦白粉病菌
barley black rust 大麦秆锈病	*Puccinia graminis* Persoon f. sp. *secalis* Eriksson et Hennings 大麦秆锈病菌
wheat eyespot 小麦眼斑病	*Pseudocercosporella herpotrichoides* 小麦眼斑病菌
barley leaf rust 大麦叶锈病	*Puccinia hordei* Otth 大麦叶锈病菌
barley stripe rust 大麦条锈病	*Puccinia striiformis* Westendorp f. sp. *hordei* Eriksson 大麦条锈病菌
barley leaf blotch 大麦云纹病	*Rhynchosporium seclis*（Oudemans）J. J Davis f. sp. *hordei* Kujiwara 大麦云纹病菌
barley powdery midew 大麦白粉病	*Erysiphe graminis* de Candolla f. sp. *hordei* Em. Marchal 大麦白粉病菌

（续）

病害英汉名称	病原拉汉学名
barley covered smut 大麦坚果穗病	*Ustilago hodei*（Persoon）Lagerheim 大麦坚黑穗病菌
barley smut semi-loose 大麦半散黑穗病	*Ustilago avenae*（Persoon）Rostrup 大麦半散黑穗病菌
barley cereal cyst nematode 大麦禾谷胞囊线虫病	*Heterodera avenae* Wollenweber 大麦禾谷胞囊线虫
rye leaf rust 黑麦叶锈病	*Puccinia recondita* Roberge et Desmaz f. sp. *secalis* 黑麦叶锈病菌
rye head smut 黑麦粒黑粉病	*Tilletia* spp. 黑麦粒黑粉病菌
fescue crown rust 羊茅冠锈病	*Puccinia coronata* Corda f. sp. *fectucae* Erikss 羊茅冠锈病菌
cat stem rust 燕麦秆锈病	*Puccinia graminis* Persoon 燕麦秆锈病菌
oat take-all 燕麦全蚀病	*Gaeumannomyces graminis* var. *avenae*（E. M. Turner）Dennis 燕麦全蚀病菌
cat loose smut 燕麦散黑穗病	*Ustilago avenae*（Persoon）Rostrup 燕麦散黑穗病菌
oat victoia blight 燕麦维多利亚疫病	*Cochloibolus victoriae* R. R. Nelson 燕麦维多利亚疫病菌
oat halo-blight 燕麦晕斑病	*Pseudomonas corona faciens* （Elliott）F. L. Stevens 燕麦晕斑病菌
potato late blight 马铃薯晚疫病	*Phytophthora infestans*（Mont.）de Bary 马铃薯晚疫病菌
tobacco black shank 烟草黑胫病	*Phytophthora parasitica* var. *nicotionae* Tucker 烟草黑胫病菌
sugar beet phytophthora root rot 甜菜块根霉腐病	*Phytophthora drechsleri* Tucker 甜菜块根霉腐病菌
potato early blight 马铃薯早疫病	*Alternaria solani* Sorauer 马铃薯早疫病菌
potato wart 马铃薯癌肿病	*Synchytrium endobioticum*（Schilb.）Perc. 马铃薯癌肿病菌
potato golden nematode 马铃薯金线虫病	*Heterodera rostochiensis* Wollenweber 马铃薯金线虫
potato cyst golden nematode 马铃薯胞囊金线虫病	*Globodera rostochiensis*（Wollenweber）Mulvey et Stone 马铃薯胞囊金线虫
potato pink eye 马铃薯红眼病	*Pseudomonas fluorescens* Migula 马铃薯红眼病菌
eggplant leaf mold 茄叶霉病	*Cladosporium fulvum* Gke. 茄叶霉病菌
eggplant southem bacterial wilt 茄青枯病	*Pseudomonas solanacearum* E. F. Smith 茄青枯病菌

（续）

病害英汉名称	病原拉汉学名
tomato bacterial speck 番茄细菌性斑点病	*Pseudomonas syringae* pv. tomato young et al. 番茄细菌性斑点病菌
cabbage yellow 甘蓝黄萎病	*Fusarium oxysporum* Schl. 甘蓝黄萎病菌
leaf mustard bacterial leaf spot 芥菜细菌性黑斑病	*Pseudomonas maculicola* Stevens 芥菜细菌性黑斑病菌
rapeseed bacterial pod rot 油菜籽细菌荚腐病	*Pseutomonas syringae* pv. *maculicola* Young et al. 油菜籽细菌荚腐病菌
rapeseed bacterial black rot 油菜籽细菌黑腐病	*Xanthomonas campestris* pv. *campestris* 油菜籽细菌黑腐病菌
crucifers bacterial leaf spot 十字花科细菌叶斑病	*Pseudomonas syringae* pv. *maculicola* Young et al. 十字花科细菌叶斑病
crucifers downy mildew 十字花科霜霉病	*Peronospora parasitica*（Pers.：Fr.）Fr. 十字花科霜霉病菌
pepper bacterial spot 辣椒细菌性斑点病	*Xanthomonas vesicatoira*（Doidqe）Dowson 辣椒细菌性斑点病菌
cucumber anthracnose 黄瓜炭疽病	*Colletotrichum lagenarium*（Pass.）Ell. et Halst. 黄瓜炭疽病菌
carrot rhizoctonia rot 胡萝卜根腐病	*Rhizoctonia solani* Kuhn 胡萝卜根腐病菌
carrot bacterial blight 胡萝卜细菌性凋萎病	*Xanthomonas carotae*（Kendrick）Dowson 胡萝卜细菌性凋萎病菌
lettuce downy mildew 莴苣霜霉病	*Bremia lactucae* Regel 莴苣霜霉病菌
pumpkin phytophthora stem rot 南瓜蔓腐病	*Phytophthora capsici* Leonian 南瓜蔓腐病菌
taro anthracnose 芋炭疽病	*Colletotrichum capsici* E. J. Butler et Bisby 芋炭疽病菌
rice blast 稻瘟病	*Magnaporthe grisea*（Hebert）Barr 稻瘟病菌（有性阶段）
rice blast 稻瘟病	*Pyricularia oryzae* Cavara 稻瘟病菌（无性阶段）
rice blast 稻瘟病	*Pyricularia grisea* Saccardo 珍珠粟叶斑病菌（稻瘟病菌）
rice bacterial leaf blight 水稻白叶枯病	*Xanthomonas oryzae* Dowson 水稻白叶枯病菌
rice bacterial blight 水稻细菌疫病	*Xanthomonas oryzae* pv. *oryzae*（Ishiyama）Swings et al. 水稻细菌疫病菌
soybean bacterial blight 大豆细菌性斑枯病	*Pseudomonas syringae* pv. *glysinea* Young et al. 大豆细菌性斑枯病菌
soybean bacterial blight 大豆细菌性斑枯病	*Pseudomonas glycinea* Coerper 大豆细菌性斑枯病菌

（续）

病害英汉名称	病原拉汉学名
soybean bacterial pustule 大豆细菌脓疱病	*Xanthomonas campestris* pv. *glycines*（Nakano）Dye 大豆细菌脓疱病菌
bean anthracnose 菜豆炭疽病	*Colletotrichum lindemuthianum* Lam.－Scrib. 菜豆炭疽病菌
bean bacterial halo blight 菜豆细菌性晕斑病	*Pseudomonas phasecolicola* Dowson 菜豆细菌性晕斑病菌
bean halo blight 菜豆晕斑疫病	*Pseudomonas syringae* pv. *phaseolicola* Young 菜豆晕斑疫病菌
bean helminthosporium 菜豆黑斑病	*Helminthosporium victoriae* Mechan et Murphy 菜豆黑斑病菌
bean bacterial brown spot 菜豆细菌褐斑病	*Pseudomonas syringae* pv. *syringae* van Hall 菜豆细菌褐斑病菌
bean fuscous blight 菜豆暗褐色疫病	*Xanthomonas campestris* pv. *phaseoli*（Smith）Dye 菜豆暗褐色疫病菌
bean bacterial common blight 菜豆细菌性疫病	*Xanthomonas phaseoli*（F. F. Smith）Dowson 菜豆细菌性疫病菌
pea fusarium root rot 豌豆镰刀菌根腐病	*Nectria haematococca* MP Ⅵ 豌豆镰刀菌根腐病菌
pea bacterial blight 豌豆细菌性疫病	*Pseudomonas syringae* pv. *pisi* Young et al 豌豆细菌性疫病菌
lentil rust 小扁豆锈病	*Uromyces viciae-fabae* Schroet 小扁豆锈病菌
calopogonium muconoides anthracnose 毛蔓豆炭疽病	*Colletotrichum gloeosporioides*（Pena.）Penz. et Saccardoin 毛蔓豆炭疽病菌
guar bacterial blight 胍尔豆细菌性萎蔫病	*Xanthomonas campestris* pv. *cyamopsidis* Patel. et Petel 胍尔豆细菌性萎蔫病菌
alfalfa bacterial leaf spot 苜蓿细菌叶斑病	*Xanthomonas campestris* pv. *alfalfae*（Riker et al.） 苜蓿细菌叶斑病菌
corn common maize rust 玉米普通锈病	*Puccinia sorghi* Schw. 玉米普通锈病菌
corn or maize southern corn leaf blight and stalk rot 玉米南方叶枯秆腐病	*Cochliobolus heterostrophus* Drechsler 玉米南方叶枯秆腐病菌
corn bacterial stalk rot 玉米细菌性茎腐病	*Erwinia chrysanthemi* Burkh 玉米细菌性茎腐病菌
corn helminthosporium leaf spot 玉米圆斑病	*Helminthosporium carbonum* Ullstrup 玉米圆斑病菌
leafspot helminthosporium ear rot 玉米北方叶斑穗腐病	*Cochliobolus carbonum* R. R. Nelson 玉米北方叶斑穗腐病菌
cron anthracnose 玉米炭疽病	*Colletotrichum graminicola*（Ces）G. W. Wilson 玉米炭疽病菌
cron（maize）storage rot 玉米储藏霉变病	*Aspergillus nidulans* 玉米储藏霉变病菌

（续）

病害英汉名称	病原拉汉学名
sorghum zonate leaf spot and sheath blight 高粱轮斑鞘枯病	*Gloeocercospora sorghi* Bain Edgerton ex Deighton 高粱轮斑鞘枯病菌
cotton bacterial blight 棉花细菌疫病	*Xanthomonas campestris* pv. *malvacearum* Dye 棉花细菌疫病菌
cotton angular leaf spot 棉花角斑病	*Xanthomonas malvacearum* Dowson 棉花角斑病菌
citrus foot rot 柑橘脚腐病	*Phytophthora parasitica* Dastur 柑橘脚腐病菌
citrus canker 柑橘溃疡病	*Xanthomonas citri* （Hasse） Dowson 柑橘溃疡病菌
citrus bacterial spot 柑橘细菌性斑点病	*Xanthomonas campestris* pv. *citrumelo* 柑橘细菌性斑点病菌
apple scab 苹果疮痂病	*Venturia inaequalis* Wint. 苹果疮痂病菌
apple crown gall 苹果冠瘿病	*Agrobacterium tumefaciens* Conn. 土壤杆菌
apple wood rot 苹果木腐病	*Schizophyllum commune* Fr. 苹果木腐病菌
Penicilliosis 青霉素病	*Penicillium spinulosum* Thom 小刺青霉病菌
pear fire blight 梨火疫病	*Erwinia amylovora* Winslow et al. 梨火疫病菌
sunflower rust 向日葵锈病	*Puccinia helianthi* Schw. 向日葵锈病菌
coffee leaf rust 咖啡锈病	*Hemileia vastatrix* Berkeley et Broome 咖啡锈病菌
rubber white root rot 橡胶白根腐病	*Rigidoporus lignosus* Imazeki 橡校白根腐病菌

参 考 文 献

[1] FLOR H H. Inheritance of pathogenecity in *Melampsora lini* [J]. Phytopathology, 1942, 32: 653 - 669.

[2] PERSON C. Gene-for-gene relationship in host: parasite systems [J]. Canadian Journal of Botany, 1959, 37: 1101 - 1130.

[3] SIDHU G S. Gene-for-gene relationship in plant parasitic system [J]. Sci. Prog. Oxf., 1975, 62: 467 - 485.

[4] PERSON C, et al. The gene-for-gene concept [J]. Nature, 1962, 194: 561 - 562.

[5] FLOR H H. Inheritance of reaction to rust in flax [J]. Journal Research, 1947, 74: 241 - 262.

[6] FLOR H H. Host-parasite interaction in flax rust—its genetics and implications [J]. Phytopathology, 1955, 45: 680 - 685.

[7] FLOR H H. Current status of the gene-for-gene concept [J]. Annu. Rew. Phytopathol., 1971, 9: 275 - 296.

[8] FLOR H H, Comstock V E. Flax cultivars with multiple rust-conditioning genes [J]. Crop Science, 1947, 11: 64 - 66.

[9] STATLER G D. Inheritance of virulence of *Melampsora lini* race 218 [J]. Phytopathology, 1979, 69: 257 - 259.

[10] BLACK W A. genetical basis for the classification of strains of *Phytophthora infestans* [J]. Proc. Roy. Soc., Edinb. B., 1952, 65: 36 - 51.

[11] BLACK W, Mastenbroek C, Mills W R, et al. A proposal for an international nomenclature of races ofPhytoththora infestans and of genes controlling immunity in *Solanum demissum* derivatives [J]. Euphytica, Netherland Journal of Plant Breeding, 1953, 2 (3): 173 - 179.

[12] HEBERT T T. The perfect stage of *Pyricularia grisea* [J]. Phytopathology, 1971, 61: 83 - 87.

[13] 山崎义人，高坂淳尔. 稻瘟病与抗病育种 [M]. 凌忠专，孙昌其，译. 林世成，校. 北京：中国农业出版社，1990：352 - 421.

[14] SILUE D, Nottghem J L, Tharreau D. Evidence of a gene-for-gene relationship in the *Oryza sativa-Magnaporthe grisea* pathosystem [J]. Phytopathology, 1992, 82: 577 - 580.

[15] LAU G W, CHAO C T, Ellingboe A H. Interaction of genes controlling avirulence/virulence of *Mmagnaporthe grisea* on rice cultivar Katy [J]. Phytopathology, 1993, 83: 375 - 382.

[16] KIYOSAWA S. Inheritance of resistance of the rice variety Pi No. 4 to blast [J]. Jpn. J. Breed., 1967, 17: 165 - 172.

[17] STAKMAN E C. A study in cereal rust (physiological races) [J]. Agricultural experiment station bulletin, 1914: 138.

[18] JOHNSON T. Mendelian inheritance of certain pathogenic characters of *Puccinia graminis tritici* [J]. Canadian Journal of Research, 1940, 18: 599 - 611.

[19] LEOGERING W Q. Inheritance of pathogenicity in a cross of physiological races 111 and 36 of Puccinia graminis f. sp. *tritici* [J]. Phytopathology, 1962, 52: 547 - 554.

[20] WILLIAMS N D, et al. Interaction of pathogenicity genes in *Puccinaia graminis* f. sp. *tritici* and reac-

tion genes in *Triticum aestivum* ssp. *vulgare* "Marquis" and "Reliance" [J] . Crop science, 1966, 6: 245 -248.

[21] MODE C J. A mathematical model for the co-evolution of obligate parasites and their hosts [J] . Evolution, 1958, 12: 158 - 162.

[22] PERSON C. Genetic aspects of parasitism [J] . Canadian Journal of Botany, 1967, 45: 1193 - 1204.

[23] JOHNSON T. Man-guided evolution in plant rust [J] . Science, 1961, 133: 357 - 372.

[24] FLOR H H. Genetics of pathogenici in *Melampsora lini* [J] . Journal of Agricultural Research, 1946, 73 (11, 12): 335 - 357.

[25] MAYO G M E. Linkage in *Linum ustatissimum* and in *Melampsora lini* between genes controlling host-pathogen reactions [J] . Australian J. Biol. Sci. , 1956, 9: 18 - 36.

[26] TALBOYS P W, Garrett M E, et al. A guide to the use of term in plant pathology [J] . Phytopathol. 1971, 17: 15.

[27] ROBINSON R A. Disease resistance terminology [J] . Rew. Appl. Mycol. , 1969, 48: 593 - 606.

[28] NELSON R R, MACKENZIE D R, SCHEIFELE G L. Interaction of genes for pathagenicity and virulence in *Trichometasphaeria turcica* with different numbers of genes for vertical resistance in *Zea mays* [J] . Phytopathology, 1970, 60: 1250 - 1254.

[29] GREGORY S. Nomenclature and concepts of pathogenicity and virulence [J] . Annu. Rev. Phytopathol. , 1992, 30: 47 - 66.

[30] WALKEY D G A. Applied plant virology [M] . New York: Wiley, 1985: 329.

[31] ROELFS A P, CASPER D H, et al. Races of *Puccinia graminis* in the United States and Mexico during 1987 [J] . Plant Dis. , 1989, 73: 385 - 388.

[32] WOLFE M S. Changes and diversity in population of the fungal pathogen [J] . Ann. Appl Biol. , 1993, 75: 132 - 136.

[33] BARRETT J A. Estimating relative fitness in plant parasites: Some general problems [J] . Phytopathology, 1983, 73: 510 - 512.

[34] FLEMING R A. On estimating parasitic fitness [J] . Phytopathology, 1981, 71: 665 - 666.

[35] SCHEFFER R P, NELSON R R, et al. Inheritance of toxin production and pathogenicity in *Cochiobolus carbonum* and *Cochliobolus victoriae* [J] . Phytopathology, 1967, 57: 1288 - 1291.

[36] HEATH M C. A generalized concept of host-parasite specificity [J] . Phytopathology, 1981, 71 (11): 1121 - 1123.

[37] NEATB K W. New varieties of spring wheat resistance to stem rust in the Canadian west and their genetical background [J] . Emp. J. Exp. Agric. , 1942, 10: 245 - 252.

[38] VANDERPLANK J E. The gene-for-gene hypotheses and test to distinguish them [J] . Plant Pathology, 1991, 40: 1 - 3.

[39] NEWTON A C, ANDRIVON D. Assumptions and implications of current gene-for-gene hypotheses [J] . Plant Pathology, 1995, 44: 607 - 618.

[40] ROELFS A P. Race specificity and methods of study [C] //The cereal rusts. 1984, 1: 131 - 163.

[41] LEVINE M N, STAKMAN E C. Biologic specialization of *Puccinia graminis secalis* [J] . Phytopathology, 1923, 13: 35.

[42] LEVINE M N. Biometrical studies on the variation of physiologic forms of *Puccinia graminis tritici* and the effects of ecological factors on the susceptibility of wheat varieties [J] . Phytopathology, 1928, 18: 7 - 12.

[43] HARTLEY M J, WILLIAMS P G. Morphological and cultural difference between races of *Puccinia*

graminis f. sp. *tritici* in axenic culture [J] . Trans. Br. Mycol. Soc, 1971, 57: 137 - 144.

[44] BURDON J J, MARSHALL D R, et al. Isozyme studies on the origin and evolution of *Puccinia graminis* f. sp. *tritici* in Australia [J] . Aust. J. Biol. Sci. , 1982, 35: 231 - 238.

[45] LUIG N H, RAJARAM S. The effect of temperature and genetic background on host gene expression and interaction to *Puccinia graminis tritici* [J] . Phytopathology, 1972, 62: 1171 - 1174.

[46] VANDERPLANK J E. Disease resistance in plants [M] . Orlando: F L. Academic Press. 1984: 10 -15.

[47] VANDERPLANK J E. A replay to Browder L E. and Eversmeyer M G E. [J] . Phytopathology, 1986, 76: 382.

[48] ELLINGBOE A H. Genetics of host-parasite interactions [C] //Heiterfuss R, Williams P H. Physiological Plant Pathology. Berlin: Springer, 1976: 761 - 788.

[49] ELLINGBOE A H. Genetics of the host-parasite relations: An essay [J] . Adv. Plant Pathol. , 1984, 2: 131 - 151.

[50] SCHEFFER R P, NELSON R R. Inheritance of toxin production and pathogenicity in *Cochliobolus carbonum* and *Cochliobolus victoriae* [J] . Phytopathology, 1967, 57: 1288 - 1291.

[51] FLOR H H. The inheritance of X-ray-induced mutantions to virulence in a urediospore culture of race 1 of *Melampsora lini* [J] . Phytopathology, 1960, 50: 603 - 605.

[52] STASKAWICZ B J, DAHLBECK D, et al. Cloned avirulence gene of *Pseudomonas syringae* pv. *glysinea* determines race specific incompatibility on *Glycine max* (L.) Merr [J] . PNAS (USA), 1984, 81: 6024 - 6028.

[53] GABRIEL D W, BURGESS A, et al. Gene-for-gene interactions of five cloned avirulence genes from *Xanthomonas campestris* pv. *malvacearum* with specific resistance genes in cotton [J] . PNAS (USA), 1986, 83: 6415 - 6419.

[54] LOEGERING W Q, SEARS E R. Genetic control of disease expression in stem rust of wheat [J] . Phytopathology, 1981, 71: 425 - 428.

[55] GARIEL D W, LISKER N, et al. The induction and analysis of two classes of mutations affecting pathogenicity in an obligate parasite [J] . Phytopathology, 1982, 72: 1026 - 1028.

[56] GABRIEL D W. Specificity and gene function in plant-pathogen interactions [J] . ASM News. , 1986, 52: 19 - 25.

[57] 清泽茂久. 作物抗病育种及其基础研究 [J] . 农业与园艺, 1978, 53 (7) .

[58] 谈家桢. 基因和遗传 [M] . 北京: 科学普及出版社, 1980: 2 - 52.

[59] FARRER W. The making and improvement of wheat for Australian conditions [J] . Agric. Gaz. News. , 1898, 9: 131 - 168.

[60] BIFFEN R H. Mendel's laws of inheritance and wheat breeding [J] . J. Agric. Sci. , 1903, 1: 4 - 48.

[61] DEWIT P J G M. Molecular characterization of gene-for-gene systems in plant-fungus interactions and the application of avirulence genes in control of plant pathogens [J] . Annu. Rev. Phytopathol. , 1992, 30: 391 - 418.

[62] HART H. Morphologic and physiologic studies on stem rustresistance in cereal [J] . USDA Tech. Bull. , 1931, 266: 1 - 75.

[63] PARLEVLIET J E. Resistance of the non-race-specific type [C] //Alan, P. The cereal rust. Vol. II. USA: Academic Press, 1985: 501: 525.

[64] M ü. LLER K O, HAIGH J C. Nature of field resistance of the potato to *Phytophthora infestans* de Bary [J] . Nature, 1953, 171: 781 - 783.

[65] CHIEN C C. Studies on the pathogenicity of the different monoconidial cultures of *Piricularia oryzae*

Cav. isolated from single lesion（in Chinese）［J］. J. Taiwan Agr. Res.，1968，17：22 - 29.

［66］ GIATGONG P，FREDERIKSEN R A. Pathogeni variability and cytology of monoconidial subcultures of *Piricularia oryzae*［J］. Phytopathology，1969，59：1152 - 1157.

［67］ LATTERELL F M. Two views of pathogenic stability of *Piricularia oryzae*（Absttr）［J］. Phytopathology，1972，62：771.

［68］ 藤川隆，富来务，等. 稻瘟病菌菌型的简易鉴定法：关于稻瘟病菌菌型的共同研究：第 3 集［C］// 农作物有害动植物发生预测特别报告.1972，24：132 - 135.

［69］ 藤川隆，富来务，等. 九州地方稻瘟病菌菌型分类和分布：关于稻瘟病菌菌型的共同研究：第 5 集［C］//农作物有害动植物发生预测特别报告.1972.24：60 - 65.

［70］ 凌忠专. 稻瘟病菌致病性的自然突变及其在遗传育种中的应用［C］//凌忠专，等. 稻瘟病研究论文集. 北京：中国农业出版社，2005：344 - 348.

［71］ BAGGA H S，BOONE D M. Genes in *Venturia inaequalis* controlling pathogenicity to crab apples［J］. Phytopathology，1968，58：1176 - 1182.

［72］ BOONE D M. Genetics of *Venturia inaequalis*［J］. Ann. Rev. Phytopathol.，1971，9：297 - 318.

［73］ BOONE，D. M.，KEITT，G. W. *Venturia inaequalis*（Cke.）Wint. ⅩⅢ. Genes controlling pathogenicity of wild-type lines［J］. Phytopathology，1957，47：403 - 409.

［74］ ANDERSON R V，MART H. Effects of ionizing radiation on the host-parasite relationship of stem rust of wheat（Abstr）［J］. Phytopathology，1956，46：6.

［75］ SCHWINGHOMER E A. The relation between radiation dose and the frequency of mutations for pathogenicity in *Melampsora lini*［J］. Phytopathology，1959，49：260 - 269.

［76］ PARMETER J R，SNYDER W C，et al. Heterokaryosis and variability in plant-pathogenic fungi［J］. Ann. Rve. Phytopathol.，1963，1：51 - 76.

［77］ FLOR H H. Genetics of somatic variation for pathogenicity in *Melampsora lini*［J］. Phytopathology，1964，54：823 - 826.

［78］ 清泽茂久. 作物抗病育种及其基础研究［J］. 农业与园艺，1979，54（6）：823 - 826.

［79］ 清泽茂久. 作物抗病育种及其基础研究［J］. 农业与园艺，1979，54（6）：946 - 951.

［80］ 高桥万右卫门，佐木四郎，等. 稻瘟病抗病基因与标记基因的连锁关系［J］. 育种学杂志，1968，18：153 - 154.

［81］ 清泽茂久. 作物抗病育种及其基础研究［J］. 农业与园艺，1980，55（4）：110 - 112.

［82］ 清泽茂久. 作物抗病育种及其基础研究［J］. 农业与园艺，1980，55（5）：113 - 118.

［83］ KNOTT D R，ANDERSON R G. The inheritance of stem rust resistance［J］. Can. J. Agr. Sci.，1965，36：174 - 195.

［84］ KIYOSAWA S. Proc. symp. on rice diseases and their control by growing resistant varieties and other measures［J］. Agr. Forest. Fish. Res. Council. Minist. Agr. Forest.，1967：137 - 153.

［85］ LAWRENCE G J. *Melampsora lini*，rust of flax and linseed［J］. Advances in Plant Pathology，1988，6：313 - 331.

［86］ LAWRENCE G J，et al. Interactions between genes con trolling pathogenicity in the flax rust fungus［J］. Phytopathology，1981，71：12 - 19.

［87］ 清泽茂久. 作物抗病育种及其基础研究［J］. 农业与园艺，1979，54（9）：1193 - 1198.

［88］ FLOR H H. Inheritance of rust reaction in a cross between the flax varieties Buda and J. W. S［J］. J. Agr. Rev.，1941，63：369 - 388.

［89］ HENRY A W. Inheritance of immunity from flax rust［J］. Phytopathology，1930，20：707 - 721.

［90］ MYERS W M. The nature and interaction of genes conditioning reactions to rust in flax. Jour［J］.

Agr. Rev. , 1937, 55: 631 - 666.

[91] ISLAM M R, SHEPHERD K W, et al. Effect of genotype and temperature on the expression of L genes in flax conferring resistance to rust [J] . Physiol. Molec. Pl. Pathol. , 1989, 35: 141 - 150.

[92] JONES D A. Genetic properties of inhibitor genes in flax rust that alter avirulence to virulence on flax [J] . Phytopathology, 1988, 78: 342 - 344.

[93] JANES D A. A genetic and biochemical study in the interaction between flax and its rust [D] . University of Adelaide, Australia. Ph. D thesis, 1983.

[94] FLOR H H. Seed-flax improvement. 3. Flax rust [J] . Adv. Agron. , 1954, 6: 157 - 161.

[95] MISRA D P. Genes conditioning resistance of some more Flor's differentials against Indian races of linseed rust [J] . Indian J. Genet. Pl. Breed. , 1966, 26: 295 - 310.

[96] KERR H B. The inheritance of resistance of *Linum usitatissimum* L. to the Australian *Melampsora lini* [J] . Proc. Linn. Soc. , N. S. W. Australia. , 1960, 85: 273 - 321.

[97] FLOR H H. Gene for resistance to rust in victory flax [J] . Agron. J. , 1951, 43: 527 - 531.

[98] MASTENBROEK, C. Investigations into the inheritance of the immunity from *Phytophthora infestans* de B. of *Solanum demissum* Lindl [J] . Euphytica, 1952, 1: 187 - 198.

[99] M Ü LLER K O, BEHR L. Mechanism of *Phytophthora* resistance of potatoes [J] . Nature (Lond), 1949, 163: 498 - 499.

[100] WARD E W B, STOESSL A. On the question of "elicitors" or "inducers" in incompatible interactions between plants and pathogen [J] . Phytopathology, 1976, 66: 940 - 941.

[101] MASTENBROEK C. Experiments on the inheritance of blight immunity in potatoes derived from *Solanum demissum* Lindl [J] . Euphytica, 1953, 2: 197 - 206.

[102] SPIELMAN L J, et al. The genetics of *Phytophthora infestans*: Segregation of allozyme markers in F_2 and backcross progeny and the inheritance of virulence against potato resistance gene *R2* and *R4* in F_1 progeny [J] . Experimental Mycology, 1990, 14: 57 - 69.

[103] TOOLEY P W, et al. Isozyme characterization of sexual and asexual *Phytophthora infestans* population [J] . Journal of Heredity, 1985, 76: 431 - 435.

[104] SPIELMAN L J, et al. Dominance and recessiveness at loci for virulence against potato and tomato in *Phytophthora infestans* [J] . Theor Appl Genet. , 1989, 77: 832 - 838.

[105] 新关宏夫. 关于爱知旭存在的抗稻瘟病基因 [J] . 农业与园艺, 1960, 35: 1321 - 1322.

[106] 岩田勉, 成田武四, 等."坊主"和"旭"系品种对长89菌株的抗病基因解析: 关于稻瘟病菌菌型的共同研究: 第一集 [C] //病虫害发生预测特别报告. 1961, 5: 77 - 80.

[107] 清泽茂久, 井上正胜, 等. 关于水稻稻瘟病抗病性的分类及其想法 [J] . 植物防疫, 1978, 32: 455 -461.

[108] KIYOSAWA S. Genetic studies on host-pathogen relationship in the rice blast disease [J] . Trop. Agr. Res. Ser. , 1967, 1: 137 - 153.

[109] 清泽茂久. 抗稻瘟病品种的育成和抗病性的遗传 [J] . 植物防疫, 1967, 21: 145 - 152.

[110] KIYOSAWA S. Studies on inheritance of rice varieties to blast [J] . Japan. J. Breed. , 1966, 16: 87 -95.

[111] 清泽茂久. 水稻品种社糯的抗稻瘟病基因分析 [J] . 农业与园艺, 1969, 44: 107 - 108.

[112] KIYOSAWA S. The inheritance of resistance of the Zenith type varieties of rice to the blast fungus [J] . Japan. J. Breed. , 1967, 17: 99 - 107.

[113] KIYOSAWA S. The inheritance of blast resistance transferred from some indica varieties in rice [J] . Bull. Nat. Inst. Agr. Sci. D. , 1972, 23: 69 - 96.

[114] YOKOO M, KIYOSAWA S. Inheritance of blast resistance of the rice variety. Toride 1，Selected from the cross Norin8×TKM1 [J] . Jaran. J. Breed. ，1970, 20：129 - 132.

[115] KIYOSAWA S, YOKOO M. Inheritance of blast resistance of the rice variety，Toride 2. bred by transferring resistance of the Indian varidty，CO25 [J] . Japan. J. Breed. ，1970，20：181 - 186.

[116] KIYOSAWA S. Identification of blast-resistance gene in some rice varieties [J] . Japan. J. Breed. ，1978，28：287 - 296.

[117] KIYOSAWA S. Inheritance of blast-resistance in West Pakistanis rice variety，Pusur [J] . Japan. J. Breed. ，1969, 19：121 - 128.

[118] KIYOSAWA S. Inheritance of blast resistance of a U. S rice variety，Dawn [J] . Japan. J. Breed. ，1974，24：117 - 124.

[119] KIYOSAWA S, MURTY V V S. The inheritance of blast resistance in Indian rice variety，HR - 22 [J] . Japan. J. Breed. ，1969，19：269 - 276.

[120] KIYOSAWA S. Inheritance of resistance of rice varieties to a Philippine fungus strain of *Pyricularia oryzae* [J] . Japan. J. Breed. ，1969，19：61 - 73.

[121] HASAMAIN S Z. Resistance of certain Kenya wheats to *Puccinia graminis tritici* race 15B as a trigenic character [J] . Plant Breed. ，1950，20：70.

[122] KNOTT D R, ANDERSON R G. The inheritance of rust resistance [J] . Candian Journal of Agricutural Science, 1956, 36：174 - 195.

[123] PRIDHAM J T. A successful cross between *Triticum vulgare* and *Triticum timopheevi* [J] . J. Aust. Inst. Agr. Sci. ，1939，3：160 - 162.

[124] SEARS E R, RODERHISER H. A nullisomic analysis of stem rust resistance in *Triticum valgare* var. *timstein* [J] . Genetics, 1948, 33：123 - 124.

[125] PLESSERS A B. Genetic studies of stem rust reaction in crosses of Lee wheat with Chinese monosomic testers [J] . Agr. Inst. Rew. ，1954，9 (3)：37.

[126] MILLS W R, PETERSON L C. Potato blight investigations [J] . Amer. Potato Journal. ，1949，126：98 (Abstr) .

[127] MCVEY D V, LONG D L，et al. Races of *Puccinia graminis* in the United States during 1994 [J] . Plant Dis. ，1996，80：85 - 89.

[128] KNOTT D R. Near-isogenic lines of wheat earring genes for stem rust resistance [J] . Crop Sci. ，1990，30：901 - 905.

[129] LUIG N H. A survey of virulence genes in wheat stem rust *Puccinia graminis* f. sp. *tritici* [J] . Advances in plant breeding, 1983：198.

[130] SEARS E R, LOEGERING W Q，et al. Idenfification of chromosomes carrying genes for stem rust resistance in four varieties of wheat [J] . Agron. J. ，1957，49：208 - 212.

[131] GREEN G J, KNOTT D R，et al. Seedling reaction to stem rust of lines of Marquis wheat with substituted genes for rust resistance [J] . Can. J. plant Sci. ，1960，40：524 - 538.

[132] Knott D R. The inheritance of rust resistance [J] . Can. J. Plant Sci. ，1959，39：215 - 228.

[133] SNYDER L A, MILLER J D，et al. Aneuploid analysis of resistance in a Kenya wheat to isolates of stem rust race 15B [J] . Can. J. Genet. Cytol. ，1963，5：389 - 397.

[134] BERG L A, GOUGH F J. Inheritance of stem rust resistance in two wheat varieties，Marquis and Kota [J] . Phytopathology, 1963, 53：904 - 908.

[135] STAKMAN E C. The genetics of plant pathogens [C] //Stakman E C. Principles of Plant Pathology. New York ：The Ronald Press, 1957：121 - 174.

［136］佐佐木，林太郎．关于稻瘟病菌菌型的存在［J］．病虫害杂志，1922，9：631-645.

［137］佐佐木，林太郎．关于稻瘟病病菌型的存在［J］．病虫害杂志，1923，10：1-10.

［138］HART H. Factors affecting the development of flax rust, *Melampsora lini* (pers) Lev［J］. Phytopathology, 1926, 16：185-205.

［139］FLOR H H. Physiologic Specialization of *Melampsora lini* on *Linum usitatissimum*［J］. Journa of Agricultural Research, 1935, 51 (9)：819-837.

［140］BLACK W. Inheritance of resistance to blight in potato：inter-relationships of genes and strains［J］. Proc. Roy. Soc., Edinb. B., 1952, 64：312-352.

［141］MILLS W R, Peterson L C. The development of races of *Phytophthora infestance* (Mont) de Bary on potato hybrids［J］. Phytopathology, 1952, 42：26 (Abstr).

［142］后藤和夫，等．关于病菌菌型的共同研究［C］//病虫害发生预测的特别报告. 1961, 5：1-89.

［143］ATKINS J G. An international set of rice varieties for differentiating race of *Pyricularia oryzae*［J］. Phytopathology, 1967, 57：297-301.

［144］YAMADA M, KIYOSAWA S, et al. Proposal of a new method for differentiating races of *Pyricularia oryzae* Cavara in Japan［J］. Ann. Phytopath., Soc. Japan., 1976, 42：216-219.

［145］MACKILL D J, BONMAN J M. Inheritance of blast resistance in near-isogenic lines of rice［J］. Phytopatheology, 1992, 82：746-749.

［146］凌忠专，雷财林，王久林，等．稻瘟病菌生理小种研究的回顾与展望［C］//稻瘟病研究论文集．北京：中国农业出版社，2005：216-231.

［147］BONMAN J M, VERGEL DE DIOS T I, et al. Physiologic specialization of *Pyricularia oryzae* in the Philippines［J］. Plant Dis., 1986, 70：767-769.

［148］洪章训，简锦忠，林淑媛，等．稻热病原生理型之研究［J］．农业研究（台湾），1961，10 (1)：27-34.

［149］李银钟，松本省平．关于1962—1963年韩国产稻瘟病菌小种［J］．日植病报，1966，32：40-45.

［150］OU S H, AYAD M R. Pathogenic races of *Pyricularia oryzae* originating from single lesion and monoconidial culture［J］. Phytopathology, 1965, 58：179-182.

［151］ATKINS J G, ROBERT A L, et al. An international set of rice varieties for differentiating races of *Pyricularia oryzae*［J］. Phytopathology, 1967, 57：297-301.

［152］PADMANABHAN S Y. Physiologic specialization of *Pyricularia oryzae* Cav., the causal organism of blast disease of rice［J］. Curr. Sci., 1965, 34：307-398.

［153］PADMANABHAN S Y, CHAKRABARTI N K, et al. Identification of pathogenic races of *Pyricularia oryzae* in India［J］. Phytopathology, 1970, 60：1574-1577.

［154］全国稻瘟病生理小种联合试验组．我国稻瘟病菌生理小种研究［J］．植物病理学报，1980，10 (2)：746-749.

［155］凌忠专，T MEW，王久林，等．中国水稻近等基因系的育成及其稻瘟病菌生理小种鉴别能力［J］．中国农业科学，2000，33 (4)：1-8.

［156］凌忠专，蒋琬如，王久林，等．水稻品种丽江新谷普感特性的研究和利用［J］．中国农业科学，2001，31 (1)：116.

［157］IMBE T, MATSURNOTO S. In heritance of resistance of rice varieties to the blast fungus strains virulent to the variety "Reiho"［J］. Japanese Journal of Breeding, 1985：332-339.

［158］GILMOUR J. Octal notation for designating physiologic races of plant pahogens［J］. Nature, 1973, 242：260.

［159］清泽茂久．作物的抗病育种及其基础研究［J］．农业与园艺，1979，54 (3)：469-472.

［160］朱有勇．生物多样性持续控制作物病害理论与技术［C］．昆明：云南科技出版社，2004：101-105.

［161］HAMER J E，GIVAN S. Generic mapping with dispersed repeated sequences in the rice blast fungus，mapping the SMO locus［J］. Molecular and General Genetics，1990，223：487-495.

［162］林艳，王宝华，鲁国东，等．稻瘟病菌无毒基因 AVRPI-2 的 RAPD 标记 SCAR 转化［C］//第二届全国稻瘟病会议论文集．2003：73-78.

［163］沈瑛，朱培良，袁筱萍，等．中国稻瘟病菌的遗传多样性［J］．植物病理学报，1993，23（4）：309-313.

［164］STAKMAN E C，LEVME M N. The determination of biologic forms of *Puccinia graminis* on *Triticum* spp［J］. Minn，Agr. Exp. Sta. Tech. Bul. ，1922，8.

［165］COTTER R U，LEVINE M N. Physiological Specialization in *Puccinia graminis srcalis*［J］. J. Agric. Res. ，1932，45：297-315.

［166］WATERHOUSE W L. A preliminary account of the origin of two new Australian physiologic forms of *Puccinia graminis tritici*［J］. Proc. Linn. Soc. New South Wales. ，1929，54：96-106.

［167］ROELFS A P. Wheat and rye stem rust［C］//Alan P. The cereal rusts Ⅱ. New York：Academic Press，1985：4-33.

［168］LOEGERING W Q，HARMON D L. Wheat lines near-isogenic for reaction of *Puccinia graminis tritici*［J］. Phytopathology，1969，59：456-459.

［169］ROELFS A P，MARTENS J W. An international system of nomenclature for *Puccinia graminis* f. sp. *tritici*［J］. Phytopathology，1988，78（5）：526-533.

［170］SEARS E R，LOEGERING W Q，et al. Idenfification of chromosomes carrying genes for stem rust resistance in four varieties of wheat［J］. Agron. J. ，1957，49：208-212.

［171］LOEGERING W Q. A second gene for resistance to *Puccinia graminis* f. sp. *tritici* in the Red Egyptian2D wheat substitution line［J］. Phytopathology，1968，58：584-586.

［172］ADUSEMUS E R，HARRINGTON J B，et al. A summary of genetic studies in hexaploid wheat［J］. J. Amer. Soc. Agron. ，1946，38：1082-1099.

［173］ROMELL J B，LOEGRING W Q，et al. Genetic model for physiologic studies of mechanisms governing development of infection type in wheat stem rust［J］. Phytopathology，1963，53：932-937.

［174］SEARS E R，LOEGERING W Q. Mapping of stem-rust genes *Sr9* and *Sr16* of wheat［J］. Crop Science，1968，8：371-373.

［175］LOEGERING W Q，SEARS E R. Distarted inheritance of stem-rust resistance of Timstein wheat caused by a pollen-killing gene［J］. Can. J. Genetics and Cytology，1963，5：65-72.

［176］OU S H. Breeding rice for resistance to blast-A critical review［C］//Proc. Rice Blast Workshop. Philippines：IRRI，1979：81-137.

［177］后藤和夫．稻热病菌的菌型共同研究：第2集［C］//病虫害生预察特别报告．1964，18：1-132.

［178］OU S H. Pathogenic variability of *Pyricularia oryza* and its significance on varietal resistance［C］//Proc. lst Intern. Congr. Tokyo：IAMS，1974，1：436-454.

［179］江塚，昭典，等．关于水稻品种对稻瘟病的抗病性研究［J］．中国农试报 E，1969，4：1-31；33-53.

［180］EZUKA A. Some comments in regard to the critical review of Dr. S. H. Ou［C］//Rice Blast Workshop. IRRI，Philippines，1977：21-23.

［181］PARLEVLIET J E，ZADOK J C. The integrated concept of disease resistance：A new view including horizontal and vertical resistance in plants［J］. Euphytica，1977，26：5-21.

［182］VANDERPLANK J E. Plant disease：Epidemics and control［M］. New York and London：Academic

Press，1963.

[183] 清泽茂久. 从生态上看到的抗病品种的感病化和育种对策 [J] . 农业技术, 1965, 20：465 - 470; 510 - 512.

[184] YORINORI J T，THURSTO H D. Factors which may express general resistance in rice to *Pyricularia oryzae* Cav. [C] //Proc. Horiz. Resist. Plant Dis. ，Rice. Colombia：CIAT Ser. Ce - 9，Cali，1975：117 -135.

[185] RODRIGUEZ M，GALVEZ G E. Indications of partial resistance of rice to the fungus *Pyricularia oryzae* Cav. [C] //Proc. Horiz. Resist. Blast Dis. Rice. Colombia：CIAT Ser. Ce - 9，Cali. 1975：137 -154.

[186] JOHNSON R. Durable resistance ：Difinition of genetic control and attainment in plant breeding [J] . Phytopathology, 1981, 71 (6)：567 - 568.

[187] MORTENSEN K，GREEN G J. Assessment of receptivity and urediospore production as components of wheat stem rust resistance [J] . Can J. Bot, 1978, 56：1827 - 1839.

[188] GREEN G J. Campbell A B. Wheat cultivars resistant to *Puccinia graminis tritici* in western Canada ：their development performance and economic value [J] . Can. J. Plant Pathol. , 1979, 1：3 - 11.

[189] KNOTT D R. The inheritance of resistance to stem rust races 56 and 15B-IL in the wheat varieties Hope and H - 44 [J] . Can. J. Gytol. , 1968, 10：311 - 320.

[190] WILLIANMS J G K，KUBELIK A R，et al. DNA Polymorphisms amplified by arbitrary primers are useful as genetic markers [J] . Nucleic Acids Res. , 1990, 18：6531 - 6535.

[191] MICHELMORE R W，HULBERT S H. Molecular markers for genetic analysis of phytopathogenic fungi [J] . Annu Rew Phytopathol. , 1987, 25：383 - 404.

[192] WORLAND A J，LAW C N，et al. Location of a gene for resistance to eyespot (*Pseudocercosporella herpotrichoides*) on chromosome 7D of bread wheat [J] . Plant Breed. , 1988, 101：43 - 51.

[193] YOUNG N D，TANKSLEY S D. RFLP analysis of the size of chromosomal segments retained around the Tm - 2 locus of tomato during backcross breeding [J] . Theor Appl Genet. , 1989, 77：353 - 359.

[194] FRIEND J，REYNOLDS S B，et al. Phenylalanine ammonia lyase. chlorogenic acid and lignin in potato tuber infected with *Phytophthora infestans* [J] . Physiological Plant Pathology, 1973, 3：495.

[195] FEHRMARM H，DIMOND A E. Peroxidase activity and *Phytophthora* resistance in different organs of potato plant [J] . Phytopathology, 1967：57 - 69.

[196] TOXOPEUS H J. Treasure digging for blight resistance in potatoes [J] . Euphytica, 1964, 13：206.

[197] DESHMUKH M J，HOWARD H W. Field resistance to potato blight (*Ghytophthora infestans*) [J] . Nature, London, 1956：177 - 179.

[198] THURSTON H D. Relationship of general resistance late blight of potato [J] . Phytopathology, 1971, 16：620.

[199] M Ü LLER K O，HAIGH J C. Nature of field resistance of the potato to *Phytophthora infestans* de Bary [J] . Nature, London, 1953, 171：781.

[200] HODGSON W A. Studies on the nature of partial resistance in the potato to *Phytophthora infestans* [J] . American potato Jounnal, 1962, 39：8.

[201] TAI G C，HODGSON W A. Estimating general combining ability of potato parents for field resistance to late blight [J] . Euphytica, 1975, 24：285.

[202] GARCIA V A，THURSTON H D. A greenhouse method for large scale testing of potatoes for general resistance to *Phytophthora infestans* [J] . Plant Disease Reporter, 1977, 61：820.

[203] GUZMAN J N. Nature of partial resistance of certain clones of three *Solanum* Species to *Phytophthora*

infestans [J] . Phytopathology, 1964, 54: 1398.

[204] LAPMOOD D H. Laboratory assessinents of the susceptibility of potato haulm to blight (*Phytophthora infestans*) [J] . European Potato Journal, 1961, 4: 117.

[205] HOMARD H W, LANGTON F A, et al. Testing for field susceptibility of potato tubers to blight (*Phytophthora infestans*) [J] . Plant Pathology, 1976, 25: 13.

[206] LAPMOOD D H. Laboratory assessments of the susceptibility of potato tubers to infection by blight (*Phytophthora infestans*) [J] . European Potato Journal. 1967, 10: 127.

[207] LANGTON F A. The development of a laboratory method of assessing varietal resistance of potato tubers to late blight [J] . Potato Research, 1972, 15: 290.

[208] ZALEWSKI J L, HELGESON J P, et al. A method for large scale laboratory inoculation of potato tubers with late blight fungus [J] . American Potato Journal, 1974, 51: 403.

[209] WALNSLEY-WOODMARD D J, LEWIS B G. Laboratory studies of potato tuber resistance to infection by *Phytophthora infestans* [J] . Annals of Applied Biology, 1977, 85: 43.

[210] TOXOPEUS H J. Notes on the inheritance of field resistance of the foliage of Solanum tuberosum to *Phytophthora infestans* [J] . Euphytica, 1959, 8: 117.

[211] KILLICK K J, MALCOMSON J F. Inheritance in potatoes of field resistance to late blight [J] . Physiological Plant Pathology, 1973, 3: 121.

[212] GREEN G J, DYCK P L. The reaction of Thatcher wheat to Canadian races of stem rust [J] . Canadian Plant Disease Survey, 1975, 55: 85.

[213] PETERSON R F. Twenty-five years' progress in breeding new varieties of wheat for Canada [J] . Journal of Experimental Agriculture, 1958, 26: 104.

[214] KNOTT D R. The inheritance of rust resistance II . The inheritance of stem rust resistance in six additional vaxieties of common wheat [J] . Canadian Journal of Plant Science, 1957, 37: 177.

[215] MCINTOSH R A, DGCK P L. et al. Inheritance of leaf rust and stem rust resistance in wheat cultivars Agent and Agatha [J] . Australian Journal of Agricultural Research, 1977, 28: 37.

[216] 凌忠专, 王久林, 邢祖颐, 等. 稻瘟病抗源筛选和抗病基因分析 [C] //凌忠专, 等. 稻瘟病研究论文集. 北京: 中国农业出版社, 2005: 357-361.

[217] 凌忠专, 李梅芳, 仇丕冲, 等. Pi-Z^t 基因的导入及其应用效果 [C] //凌忠专, 等. 稻瘟病研究论文集. 北京: 中国农业出版社, 2005: 205-210.

[218] BORLAUG N E. The use of multilineal or composite varieties to control airborne epidemic disease of selfpollinated crop plant [C] //Proc. lst Intern. Wheat Genetics Symp. 1959: 12-27.

[219] SASAHARA M. Rice blast control with Sasanishiki in Miyagi prefecture [C] //Kawasaki, S. 3rd International Rice Blast Conference (Abstr) . Tsukuba, Japan, 2002: 60.

[220] YOICHIRO K, TAKESHI E, et al. Development and utilization of isogenic lines, Koshihikari Toyama BL with blast resistance genes on genetic background of japonica rice variety "Koshihikari" [C] // Kawasaki, S. 3rd International Rice Blast Conference (Abstr) . Tsukuba, Japan, 2002: 61.

[221] 凌忠专, 李梅芳, 仇丕冲, 等. 花培抗稻瘟病育种的基础理论研究——花培抗病育种的效果 [C] . 凌忠专, 等. 稻瘟病研究论文集. 北京: 中国农业出版社, 2005: 198-205.

[222] KERR A. The impact of molecular genetics on plant pathology [J] . Ann. Rev. Phtorathol. , 1978, 25: 87-110.

[223] FLUHR R, KIHLEMEIER C, et al. Organ-specific and light-induced expression of plant gene [J] . Science, 1986, 232: 1106-1112.

[224] MILLS D. Transposon mutagenesis and its potential for studying virulence genes in plant pathogens

[J] . Ann. Rew. Phytopathol. , 1985, 23: 297 - 320.

[225] SOUTHEM E M. Detection of specific sequences among DNA fragments separated by gel electrophore-sis [J] . J. Mol. Biol. , 1975, 98: 503 - 517.

[226] ThOMAS P S. Hybridization of denatured RNA and small DNA fragments fransfered to nitrocellulose [J] . Proc. Natl. Acad. Sci. USA. , 1980, 77: 5201 - 5205.

[227] PANOPOULOS N J, PEET R C. Molecular genetics of plant pathogenic bacteria and their plasmids [J] . Annu. Rev. Phytopath. , 1985, 23: 381 - 419.

[228] FRIEDMAN A, LONG S, et al. Construction of a broad host range cosmid cloning vector and its use in the genetic analysis of *Rhizobium mutants* [J] . Gene, 1982, 18: 289 - 296.

[229] LONG S, BUIKEMA R W, et al. Cloning of *Rhizobium meliloti* nodulation genes by direct comple-mentation of nod mutants [J] . Nature, 1982, 298: 485 - 488.

[230] CHILTON M, DRUMMOND D M, et al. Stable incorporation of plasmid DNA into higher plant cells: the molecular basis of crown gall tumorigenesis [J] . Cell, 1977, 11: 263 - 271.

[231] NESTER E W, KOSUGE T. Plasmids specifying plant hyperplasia [J] . Annu. Rev. Microbiol. , 1981, 35: 531 - 565.

[232] LUNDQUIST R C, TIMOTHY J C, et al. Genetic complementation of *Agrobacterium tumefaciens* Ti plasmid mutants in the virulence region [J] . Mol. Gen. Genet. , 1984, 193: 1 - 7.

[233] MATZKE A J M, CHILTON M D. Site-specific insertion of genes into T DNA of the *Agrobacterium* tumorinducing plasmid: An approach to genetic engineering of higher plant cells [J] . J. Mol. Appl. Genet. , 1981, 1: 39 - 49.

[234] QTTEN L D, DE GREVE J P, et al. Mendelian transmission of genes introduced into plants by the Ti plasmids of *Agrobacterium tumefaciens* [J] . Mol. Genet. , 1981, 183: 209 - 213.

[235] BRSSON N J, PASZKOWSKI J R, et al. Expression of a bacterial gene in plants by using a viral vec-torf [J] . Nature, 1984, 310: 511 - 514.

[236] HOWELL S H, WALTER L L, et al. Rescue of in vitro generated mutants of cloned cauliflower mo-saic virus genome in infected plants [J] . Nature, 1981, 293: 483 - 486.

[237] DIXON L, KOENIG K, et al. Mutagenesis of cauliflower mosaic virus [J] . Gene, 1983, 25: 189 -199.

[238] GRONENBORN B R C, GARDNER S, et al. Propagation of foreign DNA in plant using cauliflower mosaic virus as vectors [J] . Nature, 1981, 294: 773 - 776.

[239] OLSZEWSKI N, HAGEN G, et al. A transcriptionally active covalently closed minichromosome of cauliflower mosaic virus DNA isolated from infected turnip leaves [J] . Cell, 1982, 29: 395 - 402.

[240] GARBERM R C, YODER O C. Isolation of DNA from filamentous fungi and separation into nuclear, mitochondrial, ribosomal, and plasmid components [J] . Anal. Biochem. , 1983, 135: 416 - 422.

[241] HASHIBA T, HOMMA Y, et al. Isolation of a DNA plasmid in the fungus *Rhizoctonia solani* [J] . J. Gen. Microbiol. , 1984, 130: 2067 - 2070.

[242] WILHELM SCH FER. Molecular mechanisms of fungal pathogenicity to plants [J] . Annu. Rev. Phy-topathol. , 1994, 32: 461 - 477.

[243] MAENDGEN K, DEISING H. Infection structures of plant pathogen—A cytological and physiological evaluation [J] . Newphytol. , 1993, 124: 193 - 213.

[244] KOLATTUKUDY P E. Enzymatic penetration of the plant cuticle by fungal pathogens [J] . Annu. Rev. Phytopathol. , 1985, 23: 223 - 250.

[245] DEISING H, NICHOLSON R L, et al. Adhesion pad formation and the involve ment of cutinase and

esterases in the attachment of uredospores to the host cuticle [J] . Plant Cell, 1992, 4: 1101 - 1111.

[246] LEUNG H, TAGA M. *Magnaporthe grisea* the blast fungus [J] . Adv. Plant Pathol. , 1988, 6: 175 -188.

[247] RAMAO J, HAMER J E. Genetic organization of a repeated DNA sequence family in the rice blast fungus [J] . Proc. Natl. Acad. Sci. USA. , 1992, 89: 5316 - 5320.

[248] VALENT B. Rice blast as a model system for plant pathology [J] . Phytopathology, 1990, 80: 33 -36.

[249] VALENT B, CHUMLEY F G. Molecular genetic analysis of the rice blast fungus, *Magnaporthe grisea* [J] . Annu. Rev. Phytopathol. , 1991, 29: 288 - 290.

[250] ROTHSTEIN R J. One-step gene disruption in yeast [J] . Methods Enzymol. , 1983, 101: 202 - 211.

[251] TALTOT N J, EBBOLE D J, et al. Identification and characterization of Mpgl, a gene involved in pathogenicity from the rice blast fungus *Magnaporthe grisea* [J] . Plant Cells, 1993, 15: 75 - 90.

[252] WHEELER M H, BELL A A. Melanins and their importance in pathogenic fungi [J] . Curr. Top. Med. Mycol. , 1987, 2: 338 - 387.

[253] KUBO Y, SUZUKI K, et al. Effect of tricyclazole on appressorial pigmentation and penetration from appressoria of *Colletotrichum lagenarium* [J] . Phytopathology, 1982, 72: 1198 - 1200.

[254] HOWARD R J, FERRARI M A, et al. Penetration of hard substrates by a fungus employing enormous turgor pressures [J] . Proc. Natl. Acad. Sci. USA. , 1991, 88: 11281 - 11284.

[255] KUBO Y, NAKAMURA H, et al. Cloning of a melanin biosynthetic gene essential for appressorial penetration of *Colletotrichum tagenarium* [J] . Mol. Plant Microbe Interact. , 1991, 4: 440 - 445.

[256] MAITI I B, KOLATTUKUDY P E. Prevention fo fungal infection of plants by specific inhibition of cutinase [J] . Science, 1979, 205: 507 - 508.

[257] PODILA G K, DICKMAN M B, et al. Transcriptional activation of a cutinase gene in isolated fungal nuclei by plant cutin monomers [J] . Science, 1988, 242: 922 - 925.

[258] K ÖLLER W, ALLAN C R, et al. Protection of *Pisum sativum* from *Fusarium solani* f. sp. *pisi* by inhibition of cutinase with organophosphorus pesticides [J] . Phytopathology, 1982, 72: 1425 - 1430.

[259] DICKMAN M B, PODILA G K, et al. Insertion of cutinae gene into a wound pathogen enables it to infect intact host [J] . Nature, 1989, 342: 446 - 529.

[260] STAHL D J, SCH FER W. Cutinase is not required for fungal pathogenicity on pea [J] . Plant Cell, 1992, 4: 621 - 629.

[261] SWEIGARD J A, CHUMLEY F G, VALENT B. Disruption of a *Magnaporthe grisea* cutinase gene [J] . Mol. Gen. Genet. , 1992, 232: 183 - 190.

[262] LEVINGS C S, SIEDOW J N. Molecular basis of disease susceptibility in the Texas cytoplasm of maize [J] . Plant Mol. Biol. , 1992, 19: 135 - 147.

[263] DEWEY R E, SIEDOW J N, et al. A 13 - kilodalton maize mitochondrial protein in E . coli confers sensitivity to *Bipolaris maydis* toxin [J] . Science, 1988, 239: 293 - 295.

[264] WALTON J D, EARLE E D, et al. Purification and structure of the host-specific toxin from *Helminthosporium carbonum* [J] . Biochem. Biophys. Res. Commun. , 1982, 107: 785 - 794.

[265] JOHAL G S, BRIGGS S P. Reductase activity encoded by the HMI disease resistance gene in maize [J] . Science, 1992, 258: 985 - 987.

[266] MEELEY R B, JOHAL G S, et al. A biochemical phenotype for a disease resistance gene of maize [J] . Plant. Cell, 1992, 4: 71 - 77.

[267] SCH FER W, STRANEY D, et al. One enzyme makes a fungal pathogen, but not a saprophyte, vir-

ulent on a new host plant [J] . Science, 1989, 246: 247 - 279.

[268] BAKER B, ZAMBRYSKI P, et al. Signaling in plant microbe interactions [J] . Science, 1997: 726 -733.

[269] ISLAM M R, MAYO G M E. A compendium on host genes in flax conferring resistance to flax rust [J] . Plant Breed. , 1990, 104: 89 - 100.

[270] PARNISKE M, HAMMOND-KOSACK K E, et al. Novel disease resistance speificities result from sequence exchange between tandemly repeated genes at the *Cf 4/9* locus of tomato [J] . Cell, 1997, 91: 821 - 832.

[271] ELLIS J G, LAMRENCE G J, et al. Identification of regions in alleles of the flax rust resistance gene L that determine differrences in gene-for-gene specificity [J] . The Plant Cell, 1999, 11: 495 - 506.

[272] TIMMIS J N, WHISSON D L, et al. Deletion mutation as a means of isolating avirulence genes in flax rust [J] . Theor. Appl. Genet, 1990, 79: 411 - 416.

[273] ANDERSON P A, LAWRENCE G J, et al. Inactivation of the flax rust resistance gene M associated with loss of a repeated unit within the leucin-rich repeat coding region [J] . Plant Cell, 1997, 9: 641 -651.

[274] StASKAWICZ B J, AUSUBEL F M, et al. Molecular genetics of plant disease resis tance [J] . Science, 1995, 268: 661 - 667.

[275] BOURETT T M, HOMARD R J. In vitro development of penetration structures in the rice blast fungus *Magnaporthe grisea* [J] . Can. J. Bot. , 1990, 68: 329 - 342.

[276] CHUMLEY F G, VALENT B. Genetic analysis of melanin-deficient, nonpathogenic mutants of *Magnaporthe grisea* [J] . Mol. Plant-Micr. Interact. , 1990, 3: 135 - 143.

[277] ORR-WEAVER T L, SZOSTAK J W. Yeast recombination: the association between double-strand gap repair and crossing-over [J] . Proc. Natl. Acad. Sci. USA. , 1983, 80: 4417 - 4421.

[278] HAMER J E, FARRALL L, et al. Host species-specific conservation of a family of repeated DNA sequences in the genome of a fungal plant patbogen [J] . Proc. Natl. Acad. Sci USA. , 1989, 86: 9981 - 9985.

[279] LEVY M, ROMAO J, et al. DNA fingerprinting with a dispersed repeated sequence resolves pathotype diversity in the rice blast fungus [J] . Plant Cell, 1991, 3: 95 - 102.

[280] MICHELMORE R W, HULBERT S H. Molecular markers for genetic analysis of phytopathogenic fungi [J] . Annu. Rev. Phytopathol. , 1987, 25: 383 - 404.

[281] LEUNG H, BORROMEO E S, et al. Genetic analysis of virulence in the rice blast fungus *Magnaporthe grisea* [J] . Phytopathology, 1988, 78: 1227 - 1233.

[282] HAMER J E, GIVAN S, et al. Genetic mapping with dispersed repeated sequences in the rice blast fungus: Mapping the SMO locus [J] . Mol. Gen. Genet. , 1990, 223: 487 - 101.

[283] VALENT B, FARRALL L, et al. *Magnaporthe grisea* genes for pathogenicity and virulence identified through a series of backcrosses [J] . Genetics, 1991, 127: 87 - 101.

[284] LEUNG H, WILLIAMS P H. Enzyme polymorphism and genetic differentiation among geographic isolates of the rice blast fungus [J] . Phytopathology, 1986, 76: 778 - 783.

[285] LING K C, OU S H. Standarization of the international race numbers of *Pyricularia oryzae* [J] . Phytopathology, 1969, 59: 339 - 342.

[286] BOURETT T M, HOWARD R J. In vitro development of penetration structures in the rice blast fungus *Magnaporthe grisea* [J] . Can. J. Bot. , 1990, 68: 329 - 342.

[287] HEATH M C, VALENT B, et al. Interactions of two strains of *Magnaporthe grisea* with rice,

goosegrass and weeping lovegrass [J] . Can. J. Bot. , 1990，68：1627-1637.

[288] YAEGASHI H. Inheritance of pathogenicity in crosses of *Pyricularia* isotates from weeping lovegrass and finger millet [J] . Ann. Phytopathol. Soc. Jpn. , 1978，44：626-632.

[289] YAEGASHI H, ASAGA K. Further studies on the inheritance of pathogenicity in crosses of *Pyricularia oryzae* with *Pyricularia* sp. from finger millet [J] . Ann. Phytopathol. Soc. Jpn. , 1981，47：677-679.

[290] ELLINGBOE A H, WU B C, et al. Inheritance of avirulence/virulence in a cross of two isolates of *Magnaporthe grisea* pathogenic to rice [J] . Phytopathology, 1990，80：108-111.

[291] KANG S. The *PWL* host specificity gene family in the blast fungus *Magnaporthe grisea* [J] . Molecular Plant-Microbe Interactions, 1995，8：939-948.

[292] DE WIT P J G M, et al. Fungal avirulence genes and plant resistance genes: unraveling the molecular basis of gene-for-gene interactions [J] . Advance in Botanical Research, 1995，21：148-185.

[293] VALENT B. Molecular genetic analysis of the rice blast fangus *Magnaporthe grisea* [J] . Annual Review of Phytopathology, 1991，29：443-467.

[294] MARTIN G B. Map-based cloning of a protein kinase gene conferring disease resistance in tomato [J] . Science, 1993，262：1432-1436.

[295] JONES D A, et al. Isolation of the tomato *Cf-9* gene for resistance to *Cladosporium fulvum* by transposon tagging [J] . Science, 1994，266：789-793.

[296] SONG W Y, et al. A receptor kinase-like protein encoded by the rice disease resistance gene, Xa 21 [J] . Science, 1995，270：1804-1806.

[297] DIXON M S, JONE D A, et al. The tomato *Cf-2* disease resistance locus comprises two functional genes encoding leucine-rich repeat proteins [J] . Cell, 1996，84：451-459.

[298] VAN KAN J A L, et al. Cloning and characterization of cDNA of avirulence gene AVR9 of the fungal pathogen *Cladosporium fulvum*, causal agent of tomato leaf mould [J] . Molecular Plant-Microbe Interactions, 1991，4：53-59.

[299] BENT A F, KUNKEL B N, et al. RPS2 of Arabidopsis thaliana: a leucine-rich repeat class of plant disease resistance genes [J] . Science, 1994，265：1856-1860.

[300] DEBENER T. Identification and molecular mapping of a single Arabidopsis locus conferring resistance gainst a phytopathogenic *Pseudomonas isolate* [J] . The plant Journal, 1991，1：289-302.

[301] JOHAL G S. Reductase activity encoded by the *HM1* disease resistance gene in maize [J] . Science, 1992，258：985-987.

[302] HANKS S K, QUINN A M, et al. The protein kinase family: Conserved feaures and deduced phylogeny of the catalytic domains [J] . Science, 1988，241：42-52.

[303] LOH Y T, MARTIN G B. The *Pto* bacterial resistance gene and the Fen insecticide sensitivity gene encode functional protein kinases with serine/threonine specificity [J] . Plant Physiol. , 1995，108：1935-1739.

[304] YODER M D, KEEN N T, et al. New domain motif: The structure of pectate lyase C, a secreted plant virulence factor [J] . Science, 1993，260：1503-1507.

[305] FIELDS S, SONG O K. A novel genetic system to detect protein-protein interactions [J] . Nature, 1989，340：245-246.

[306] LAWRENCE G J, FINNEGAN E J, et al. The L^6 gene for flax rust resistance is related to the *Arabidopsis* bacterial resistance gene is related to the Arabidopsis bacterial resistance gene RPS2 and the tobacco viral resistance gene N [J] . Plant Cell, 1995，7：1195-1206.

[307] MORISATO D，ANDERSON K V. The signaling pathways that establish dorsal-ventral pattern of the Drosophila embryo [J]. Annu. Rev. Genet.，1995，29：371-399.

[308] WALKER J C. Structure and function of receptor-like protein kinases of higher plants. Plant [J]. Mol. Biol.，1994，26：1599-1609.

[309] GABRIEL D W，ROELFS B G. Working models of specific recognition in plant microbe interactions [J]. Annual Reviews of Phytopathology，1990，28：365-391.

[310] ZHOU J. The tomato gene *Pti* encodes a serine/threonine kinase that is phosphorylated by *Pto* and is involved in the hypersensitive response [J]. Cell，1995，83：925-935.

[311] JONES D A. Isolation of the tomato *Cf-9* gene for resistance to *Cladosporium fulvum* by transposon tagging [J]. Science，1994，266：789-793.

[312] BENT A F. *RPS2* of Arabidopsis thaliana：a leucine-rich repeat class of plant disease resistance genes [J]. Science，1994，265：1856-1860.

[313] HAMMOND-KOSACK K E，JONES J D G. Identification of two genes required in tomato for full *Cf-9* dependent resistance to *Claadosporium fulvum* [J]. Plant Cell，1994，6：361-374.

[314] DIXON R A. Early events in the activation of plant defense responses [J]. Annu. Rev. Phytopathol.，1994，32：479-501.

[315] HAMMOND-KOSACK K E，et al. Race-pecific elicitors of *Cladosporium Fulvum* induce changes in cell morphology and the synthesis of ethylene and salicylic acid in tomato plants carrying the corresponding *Cf* disease resistance gene [J]. Plant physiol.，1996，110：1381-1394.

[316] CENTURY K S. NDR1，A locus of Arabidopsis thaliana that is required for disease resisyance to both a bacterial and a fungal pathogen [J]. Proc. Natl. Acad. Sci. USA.，1995，92：6597-6601.

[317] CULVER J N. Point mutations in the coat protein gene of tobacco mosaic virus induce hypersensitivity in *Nicotiana sylvestris* [J]. Mol. Plant，Microbe Interact.，1989，2：209-213.

[318] SCHOLTENS-TOMA I M J，et al. Purification and primary structure of a necrosis-inducing peptide from the apoplastic fruids of tomato infected with *Cladosporium fulvum* [J]. Physiol. Mol. Plant Pathol.，1988，33：59-67.

[319] VAN DEN ACKERVEKEN. Molecular analysis of the avirulence gene *avr9* of the fungal tomato pathogen *Cladosporium fulvum* hully supports the gene-for-gene hypothesis [J]. The Plant Journal，1992，2：359-366.

[320] GABRIEL D W. Working models of specific recognition in plant-microbe interactions [J]. Annual Review of Phytopathology，1990，28：365-391.

[321] WILLIS D K. *hrp* genes of phytopathogenic bacteria [J]. Molecular Plant-Microbe Interactions，1991，4：132-138.

[322] LAZAROVITS G. Ultrastructure of susceptible，resistant and immune reactions of tomato to races of *Cladosporium fulvum* [J]. Canadian Journal of Botany，1976，54：235-249.

[323] JOOSTEN M H A J. Identification of several pathogenesis-related protein in tomato leaves inoculated with *Cladosporium fulvum* as 1，3-β-glucanases and chiatinases [J]. Plant Physiology，1989，89：945-951.

[324] Ashfield T，et al. Cf genes-dependent induction of aβ-1，3-glucanase promoter in tomato plants infected with *Cladosporium fulvum* [J]. molecular Plant Microbe Interactions，1994，7：645-657.

[325] JOOSTEN M H A J. The phytopathogenic fungus *Cladosporium fulvum* is not sensitive to the chitinase andβ-1，3-glucanase defence protein of its host，tomato [J]. Physiological and Molecular Plant Pathology，1995，46：45-59.

[326] VERA-ESTRELLA R. Plant defence response to fungal pathogens: Activation of host-plasma membrane H$^+$-ATPase by elicitor induced enzyme dephosphorylation [J]. Plant Physiology, 1994, 104: 209-215.

[327] LAMB C J. Signals and transduction mechanisms for activation of plant defenses against microbial attack [J]. Cell, 1989, 56: 215-224.

[328] YU G L. Arabidopsis mutations at the *RPS2* locus result in loss of resistance to *Pseudomonas syringae* strains expressing the avirulence gene *avrRpt 2* [J]. Molecular Plant-Microbe Interactions, 1993, 6: 434-443.

[329] VAN KAN J A I. Cloning and characterization of cDNA of avirulence gene *avr9* of the fungal pathogen *Cladosporium fulvum*, causal agent of tomato leaf mold [J]. Molecular Plant-Microbe Interactions, 1991, 4: 52-59.

[330] MARMEISSE R. Disruption of the avirulence gene *avr9* in two races of the tomato pathogen *Cladosporium fulvum* causes virulence on tomato genotypes with the complementary resistance gene *Cf-9* [J]. Molecular Plant-Microbe Interactions, 1993, 6: 412-417.

[331] VAN DEN ACKERVEKEN G F J M. Nitrogen limitation induces expression of the avirulence gene *avr9* in the tomato pathogen *Cladosporium fulvum* [J]. Molecular and General Genetics, 1994, 243: 277-285.

[332] HONEE G. Molecular characterization of the interaction between the fungal pathogen *Cladosporium fulvum* and tomato [J]. Euphytica, 1994, 79: 219-225.

[333] TALBOT N J. Pulsed field gel electrophoresis reveals chromosome length differences between strains of the rice blast fungus, *Magnaporthe grisea* [J]. Annual Rewie of Phytopathology, 1991, 29: 443-467.

[334] JOOSTEN M H A J. Host resistance to a fungal tomato pathogen lost by a single base-pair change in an avirulence gene [J]. Nature, 1994, 367: 384-386.

[335] SCHULTE R. Expresion of the *Xanthomonas campestris* pv. *vesicatoria hrp* gene cluster, which determins pathogenicity and hypersensitivity on pepper and tomato, is plant-inducible [J]. Journal of Bacteriology, 1992, 174: 815-823.

[336] LORANG J M. Characterization of *avrE* from *Pseudomonas syringae* pv. *tomato*: a *hrp*-linked avirulence locus consisting of at least two transcriptional units [J]. Molecular Plant-Microbe Interactions, 1995, 8: 49-57.

[337] LORANG J M. *avrA* and *avrE* in *Pseudomonas syringae* pv. *tomato* PT23 play a role in virulence on tomato plants [J]. Molecular Plant-Microbe Interactions, 1994, 7: 508-515.

[338] YUCEL I. Avirulence gene *avrPphC* from *Pseudomonas syringae* pv. *phaseolicola*: a plasmid-borne homologue of *avrC* closely linked to an *avrD* allele [J]. Molecular Plant-Microbe Interactions, 1994, 7: 131-139.

[339] WOOD J R. Detection of a gene in pea controlling nonhost resistance to *Pseudomonas syringae* pv. *phaseolicola* [J]. Molecular Plant-Microbe Interactions, 1994, 7: 534-537.

[340] COURNOYER B. Molecular characterization of the *Pseudomonas syringae* pv. *pisi* plasmid-borne avirulence gene *avrPpiB* which matches the *R3* resistance locus in pea [J]. Molecular Plant-Microbe Interactions, 1995, 8: 700-708.

[341] SIMONICH M T. A disease resistance gene in *Arabidopsis* with specificity for the *avePph3* gene of *Pseudomonas syringae* pv. *phaseolicola* [J]. Molecular Plant-Microbe Interations, 1995, 8: 637-640.

［342］RITTER C. The *avrRpml* gene of *Pseudomonas syringae* pv. *maculicola* required for virulence on *Arabidopsis* ［J］. Molecular Plant-Microbe Interactions，1995，8：444 - 453.

［343］DONG X. Induction of *Arabidopsis* defense genes by virulent and avirulent *Pseudomonas syringae* strains and by a cloned avirulence gene ［J］. The Plant Cell，1991，3：61 - 72.

［344］WHALEN M C. Identification of the *Pseudomonas syringae* pathogens of *Arabidopsis* and bacterial locus determining avirulence on both *Arabidopsis* and soybean ［J］. The Plant Cell，1991，3：49 - 59.

［345］INNES R W. Molecular analysis of avirulence gene *avrRpt2* and identification of a putative regulatory sequence common to all known *Pseudomonas syringae* avirulence genes ［J］. Journal of Bacteriology，1993，175：4859 - 4869.

［346］RONALD P C. The cloned avirulence gene *avrPto* induces disease resistance in tomato cultivars containing the *Pto* resistance gene ［J］. Journal of Bacteriology，1992，174：1604 - 1611.

图书在版编目（CIP）数据

作物-病原互作遗传的基因-对-基因关系和作物抗病育种/凌忠专编著.—北京：中国农业出版社，2011.10

ISBN 978-7-109-15675-3

Ⅰ.①作… Ⅱ.①凌… Ⅲ.①作物育种：抗病育种
Ⅳ.①S332.2

中国版本图书馆 CIP 数据核字（2011）第 090418 号

中国农业出版社出版
（北京市朝阳区农展馆北路 2 号）
（邮政编码 100125）
责任编辑　舒　薇

中国农业出版社印刷厂印刷　新华书店北京发行所发行
2012 年 6 月第 1 版　2012 年 6 月北京第 1 次印刷

开本：787mm×1092mm　1/16　印张：20.5
字数：482 千字
定价：120.00 元
（凡本版图书出现印刷、装订错误，请向出版社发行部调换）